"十二五"普通高等教育本科国家级规划教材

张三慧　编著

C8版

大学物理学

下册

（第三版）

清华大学出版社
北京

内 容 简 介

本书是张三慧编著的《大学物理学》(第三版)中的下册。热学部分包括温度和气体动理论,热力学第一定律和第二定律。光学部分讲述波动光学的光的干涉、衍射、偏振等规律。相对论部分主要讲述狭义相对论。量子物理部分包括微观粒子的二象性、薛定谔方程(定态)、原子中的电子能态。

本书可作为高等院校的物理教材,也可以作为中学物理教师教学或其他读者自学的参考书。

版权所有,侵权必究。举报: 010-62782989, beiqinquan@tup.tsinghua.edu.cn

图书在版编目(CIP)数据

大学物理学. 下册: C8 版 / 张三慧编著. —3 版. —北京: 清华大学出版社, 2017(2024.9重印)
ISBN 978-7-302-46760-1

Ⅰ. ①大… Ⅱ. ①张… Ⅲ. ①物理学－高等学校－教材 Ⅳ. ①O4

中国版本图书馆 CIP 数据核字(2017)第 048603 号

责任编辑: 朱红莲
封面设计: 傅瑞学
责任校对: 王淑云
责任印制: 曹婉颖

出版发行: 清华大学出版社
网　　址: https://www.tup.com.cn, https://www.wqxuetang.com
地　　址: 北京清华大学学研大厦 A 座　　邮　编: 100084
社 总 机: 010-83470000　　邮　购: 010-62786544
投稿与读者服务: 010-62776969, c-service@tup.tsinghua.edu.cn
质量反馈: 010-62772015, zhiliang@tup.tsinghua.edu.cn
印 装 者: 三河市龙大印装有限公司
经　　销: 全国新华书店
开　　本: 185mm×260mm　印　张: 20　字　数: 483 千字
版　　次: 1982 年 1 月第 1 版　2017 年 5 月第 3 版　印　次: 2024 年 9 月第 9 次印刷
定　　价: 58.00 元

产品编号: 073944-04

这部《大学物理学》(第三版)C8版含力学篇、电磁学篇、热学篇、光学篇、相对论篇和量子物理篇,共6篇。

本书内容完全涵盖了2006年我国教育部发布的"非物理类理工学科大学物理课程基本要求"。书中各篇对物理学的基本概念与规律进行了正确明晰的讲解。讲解基本上都是以最基本的规律和概念为基础,推演出相应的概念与规律。笔者认为,在教学上应用这种演绎逻辑更便于学生从整体上理解和掌握物理课程的内容。

力学篇是以牛顿定律为基础展开的。除了直接应用牛顿定律对问题进行动力学分析外,还引入了动量、角动量、能量等概念,并着重讲解相应的守恒定律及其应用。除惯性系外,还介绍了利用非惯性系解题的基本思路,刚体的转动、振动、波动这三章内容都是上述基本概念和定律对于特殊系统的应用。

电磁学篇按照传统讲法,讲述电磁学的基本理论,包括静止和运动电荷的电场,运动电荷和电流的磁场,介质中的电场和磁场,电磁感应,电磁波等。

热学篇的讲述是以微观的分子运动的无规则性这一基本概念为基础的。除了阐明经典力学对分子运动的应用外,特别引入并加强了统计概念和统计规律,包括麦克斯韦速率分布律的讲解。对热力学第一定律也阐述了其微观意义。对热力学第二定律是从宏观热力学过程的方向性讲起,说明方向性的微观根源,并利用热力学概率定义了玻耳兹曼熵,说明了熵增加原理。

光学篇以电磁波和振动的叠加的概念为基础,讲述了光电干涉和衍射的规律。第21章光的偏振讲述了电磁波的横波特征。

以上力学、电磁学、热学、光学各篇的内容基本上都是经典理论,但也在适当地方穿插了量子理论的概念和结论以便相互比较。

相对论篇对狭义相对论的讲解以两条基本假设为基础,从同时性的相对性这一"关键的和革命的"(杨振宁语)概念出发,逐渐展开得出各个重要结论。这种讲解可以比较自然地使学生从物理上而不只是从数学上弄懂狭义相对论的基本结论。

量子物理篇是从波粒二象性出发以定态薛定谔方程为基础讲解的。介绍了原子、分子和固体中电子的运动规律以及核物理的知识。

本书除了 6 篇基本内容外，还开辟了"今日物理趣闻"栏目，介绍物理学的近代应用与前沿发展，而"科学家介绍"栏目用以提高学生素养，鼓励成才。

本书各章均配有习题，以帮助学生理解和掌握已学的物理概念和定律或扩充一些新的知识。这些题目有易有难，绝大多数是实际现象的分析和计算。题目的数量适当，不以多取胜。也希望学生做题时不要贪多，而要求精，要真正把做过的每一道题从概念原理上搞清楚，并且用尽可能简洁明确的语言、公式、图像表示出来，须知，对一个科技工作者来说，正确地书面表达自己的思维过程与成果也是一项重要的基本功。

本书在保留经典物理精髓的基础上，特别注意加强了现代物理前沿知识和思想的介绍。本书内容取材在注重科学性和系统性的同时，还注重密切联系实际，选用了大量现代科技与我国古代文明的资料，力求达到经典与现代、理论与实际的完美结合。

物理教学除了"授业"外，还有"育人"的任务。为此本书介绍了十几位科学大师的事迹，简要说明了他们的思想境界、治学态度、开创精神和学术成就，以之作为学生为人处事的借鉴。本书的撰写和修订得到了清华大学物理系老师的热情帮助(包括经验与批评)，也采纳了其他兄弟院校的教师和同学的建议和意见。此外也从国内外的著名物理教材中吸取了很多新的知识、好的讲法和有价值的素材。这些教材主要有：新概念物理教程(赵凯华等)，Feyman Lectures on Physics，Berkeley Physics Course(Purcell E M, Reif F, et al.)，The Manchester Physics Series(Mandl F, et al.)，Physics(Chanian H C.)，Fundamentals of Physics(Resnick R)，Physics(Alonso M, et al.)等。

对于所有给予本书帮助的老师和学生以及上述著名教材的作者，本人在此谨致以诚挚的谢意。大连海事大学诸位老师在第三版 B 版的基础上进行了修改，特在此一并致谢。

目录

下 册

第 3 篇 热 学

第 14 章 温度和气体动理论 ……………………………… 3
  14.1 平衡态 ………………………………………………… 3
  14.2 温度的概念 …………………………………………… 4
  14.3 理想气体温标 ………………………………………… 5
  14.4 理想气体状态方程 …………………………………… 7
  14.5 气体分子的无规则运动 ……………………………… 9
  14.6 理想气体的压强 ……………………………………… 11
  14.7 温度的微观意义 ……………………………………… 14
  14.8 能量均分定理 ………………………………………… 16
  14.9 麦克斯韦速率分布律 ………………………………… 18
  14.10 麦克斯韦速率分布律的实验验证 …………………… 21
  提要 ………………………………………………………… 23
  习题 ………………………………………………………… 24
  科学家介绍 玻耳兹曼 …………………………………… 27

第 15 章 热力学第一定律 ……………………………………… 30
  15.1 功 热量 热力学第一定律 ………………………… 30
  15.2 准静态过程 …………………………………………… 32
  15.3 热容 …………………………………………………… 35
  15.4 绝热过程 ……………………………………………… 40
  15.5 循环过程 ……………………………………………… 43
  15.6 卡诺循环 ……………………………………………… 46
  15.7 致冷循环 ……………………………………………… 48

提要 ……………………………………………………………… 50
　　习题 ……………………………………………………………… 51
　　科学家介绍　焦耳 ……………………………………………… 54

第 16 章　热力学第二定律 …………………………………… 57
　16.1　自然过程的方向 …………………………………………… 57
　16.2　不可逆性的相互依存 ……………………………………… 59
　16.3　热力学第二定律及其微观意义 …………………………… 60
　16.4　热力学概率与自然过程的方向 …………………………… 62
　16.5　玻耳兹曼熵公式与熵增加原理 …………………………… 65
　16.6　可逆过程 …………………………………………………… 67
　　提要 ……………………………………………………………… 68

今日物理趣闻 D　耗散结构 …………………………………… 69
　D.1　宇宙真的正在走向死亡吗 ………………………………… 69
　D.2　生命过程的自组织现象 …………………………………… 69
　D.3　无生命世界的自组织现象 ………………………………… 71
　D.4　开放系统的熵变 …………………………………………… 72
　D.5　稍离平衡的系统 …………………………………………… 73
　D.6　远离平衡的系统 …………………………………………… 74
　D.7　通过涨落达到有序 ………………………………………… 75

第 4 篇　光　　学

第 17 章　振动 …………………………………………………… 79
　17.1　简谐运动的描述 …………………………………………… 79
　17.2　简谐运动的动力学 ………………………………………… 82
　17.3　简谐运动的能量 …………………………………………… 84
　17.4　阻尼振动 …………………………………………………… 85
　17.5　受迫振动　共振 …………………………………………… 87
　17.6　同一直线上同频率的简谐运动的合成 …………………… 89
　17.7　同一直线上不同频率的简谐运动的合成 ………………… 90
　*17.8　两个相互垂直的简谐运动的合成 ………………………… 91
　　提要 ……………………………………………………………… 92
　　习题 ……………………………………………………………… 94

第 18 章　波动 ··· 96
18.1　行波 ·· 96
18.2　简谐波 ··· 97
18.3　物体的弹性形变 ··· 102
18.4　弹性介质中的波速 ·· 103
18.5　波的能量 ·· 105
18.6　惠更斯原理与波的反射和折射 ·························· 108
18.7　波的叠加　驻波 ··· 111
18.8　声波 ··· 115
18.9　多普勒效应 ··· 116
提要 ·· 120
习题 ·· 121

第 19 章　光的干涉 ·· 124
19.1　杨氏双缝干涉 ··· 124
19.2　相干光 ·· 128
19.3　光程 ··· 130
19.4　薄膜干涉(一)——等厚条纹 ······························ 132
19.5　薄膜干涉(二)——等倾条纹 ······························ 136
19.6　迈克耳孙干涉仪 ··· 138
提要 ·· 139
习题 ·· 140
科学家介绍　托马斯·杨和菲涅耳 ····························· 142

第 20 章　光的衍射 ·· 145
20.1　光的衍射和惠更斯-菲涅耳原理 ························· 145
20.2　单缝的夫琅禾费衍射 ······································· 146
20.3　光学仪器的分辨本领 ······································· 151
20.4　光栅衍射 ·· 153
20.5　光栅光谱 ·· 158
20.6　X 射线衍射 ··· 161
提要 ·· 163
习题 ·· 164

第 21 章　光的偏振 ·· 165
21.1　光的偏振状态 ··· 165
21.2　线偏振光的获得与检验 ···································· 167
21.3　反射和折射时光的偏振 ···································· 169

21.4 由散射引起的光的偏振 …………………………………………… 170
21.5 双折射现象 …………………………………………………………… 171
*21.6 椭圆偏振光和圆偏振光 ……………………………………………… 175
*21.7 偏振光的干涉 ………………………………………………………… 178
*21.8 人工双折射 …………………………………………………………… 179
*21.9 旋光现象 ……………………………………………………………… 180
提要 ………………………………………………………………………… 182
习题 ………………………………………………………………………… 183

今日物理趣闻 E 全息照相 ………………………………………………… 185

E.1 全息照片的拍摄 ……………………………………………………… 185
E.2 全息图像的观察 ……………………………………………………… 187
E.3 全息照相的应用 ……………………………………………………… 188

今日物理趣闻 F 光学信息处理 …………………………………………… 189

F.1 空间频率与光学信息 ………………………………………………… 189
F.2 空间频谱分析 ………………………………………………………… 190
F.3 阿贝成像原理和空间滤波 …………………………………………… 191
F.4 θ 调制 …………………………………………………………………… 193

第 5 篇 相 对 论

第 22 章 狭义相对论基础 …………………………………………………… 197

22.1 牛顿相对性原理和伽利略变换 ……………………………………… 197
22.2 爱因斯坦相对性原理和光速不变 …………………………………… 200
22.3 同时性的相对性和时间延缓 ………………………………………… 201
22.4 长度收缩 ……………………………………………………………… 205
22.5 洛伦兹坐标变换 ……………………………………………………… 207
22.6 相对论速度变换 ……………………………………………………… 211
22.7 相对论质量 …………………………………………………………… 212
*22.8 力和加速度的关系 …………………………………………………… 215
22.9 相对论动能 …………………………………………………………… 216
22.10 相对论能量 ………………………………………………………… 217
22.11 动量和能量的关系 ………………………………………………… 220
提要 ………………………………………………………………………… 223

习题 …… 224
　　科学家介绍　爱因斯坦 …… 226

今日物理趣闻 G　弯曲的时空——广义相对论简介 …… 228

G.1　等效原理 …… 228
G.2　光线的偏折和空间弯曲 …… 230
G.3　广义相对论 …… 231
G.4　引力时间延缓 …… 233
G.5　引力波 …… 234
G.6　黑洞 …… 236

第 6 篇　量 子 物 理

第 23 章　波粒二象性 …… 241

23.1　黑体辐射 …… 241
23.2　光电效应 …… 244
23.3　光的二象性　光子 …… 245
23.4　康普顿散射 …… 248
23.5　粒子的波动性 …… 251
23.6　概率波与概率幅 …… 255
23.7　不确定关系 …… 258
提要 …… 261
习题 …… 262
科学家介绍　德布罗意 …… 264

第 24 章　薛定谔方程 …… 266

24.1　薛定谔得出的波动方程 …… 266
24.2　无限深方势阱中的粒子 …… 270
24.3　势垒穿透 …… 273
24.4　谐振子 …… 277
提要 …… 279
习题 …… 279
科学家介绍　薛定谔 …… 281

第 25 章　原子中的电子 …… 283

25.1　氢原子 …… 283

25.2　电子的自旋与自旋轨道耦合 ……………………………………… 289
25.3　微观粒子的不可分辨性和泡利不相容原理 ………………………… 294
25.4　各种原子核外电子的组态 …………………………………………… 295
　　提要 …………………………………………………………………… 296
　　习题 …………………………………………………………………… 298
　　科学家介绍　玻尔 …………………………………………………… 299

数值表 ……………………………………………………………………… 301

习题答案 …………………………………………………………………… 303

第 3 篇 热 学

热学研究的是自然界中物质与冷热有关的性质及这些性质变化的规律。

冷热是人们对自然界的一种最普通的感觉,人类文化对此早有记录。我国山东大汶口文化(6000年前)遗址发现的陶器刻画符号,就有如右下图所示的"热"字。该符号是"繁体字",上面是日,中间是火,下面是山。它表示在太阳照射下,山上起了火。这当然反映了人们对热的感觉。现今的"热"字虽然和这一符号不同,但也离不开它下面那四点所代表的火字。

对冷热的客观本质以及有关现象的定量研究约起自 300 年前。先是人们建立了温度的概念,用它来表示物体的冷热程度。伽利略就曾制造了一种"验温器"(如下页图)。他用一根长玻璃管,上端和一玻璃泡连通,下端开口,插入一个盛有带颜色的水的玻璃容器内,他根据管内水面的高度来判断其周围的"热度"。他的玻璃管上没有刻度,因此

还不能定量地测定温度。此后,人们不断设计制造了比较完善的能定量测定温度的温度计,并建立了几种温标。今天仍普遍使用的摄氏温标就是 1742 年瑞典天文学家摄尔修斯(A. Celsius)建立的。

温度概念建立之后,人们就探讨物体的温度为什么会有高低的不同。最初人们把这种不同归因于物体内所含的一种假想的无重量的"热质"的多少。利用这种热质的守恒规律曾定量地说明了许多有关热传递、热平衡的现象,甚至热机工作的一些规律。18 世纪末伦

福特伯爵(Count Rumford)通过观察大炮膛孔工作中热的不断产生,否定了热质说,明确指出热是"运动"。这一概念随后就被迈耶(R. J. Mayer)通过计算和焦耳(J. P. Joule)通过实验得出的热功当量加以定量地确认了。此后,经过亥姆霍兹(Hermann von Helmholtz)、克劳修斯(R. Clausius)、开尔文(Kelvin, William Thomson, Lord)等人的努力,逐步精确地建立了热量是能量传递的一种量度的概念,并根据大量实验事实总结出了关于热现象的宏观理论——热力学。热力学的主要内容是两条基本定律——热力学第一定律和热力学第二定律。这些定律都具有高度的普遍性和可靠性,但由于它们不涉及物质的内部具体结构,所以显得不够深刻。

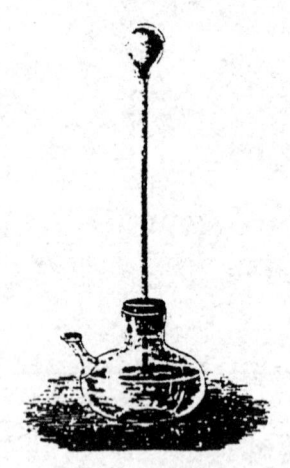

对热现象研究的另一途径是从物质的微观结构出发,以每个微观粒子遵循的力学定律为基础,利用统计规律来导出宏观的热学规律。这样形成的理论称为统计物理或统计力学。统计力学是从 19 世纪中叶麦克斯韦(J. C. Maxwell)等对气体动理论的研究开始,后经玻耳兹曼(L. Boltzmann)、吉布斯(J. W. Gibbs)等人在经典力学的基础上发展为系统的经典统计力学。20 世纪初,建立了量子力学。在量子力学的基础上,狄拉克(P. A. M. Dirac)、费米(E. Fermi)、玻色(S. Bose)、爱因斯坦等人又创立了量子统计力学。由于统计力学是从物质的微观结构出发的,所以更深刻地揭露了热现象以及热力学定律的本质。这不但使人们对自然界的认识深入了一大步,而且由于了解了物质的宏观性质和微观因素的关系,也使得人们在实践中,例如在控制材料的性能以及制取新材料的研究方面,大大提高了自觉性。因此,统计力学在近代物理各个领域都起着很重要的作用。

在本篇热学中,我们将介绍统计物理的基本概念和气体动理论的基本内容以及热力学的基本定律,并尽可能相互补充地加以讲解。

第14章

温度和气体动理论

本章先从宏观角度介绍平衡态温度、状态方程等热学基本概念,然后在气体的微观特征——大量分子的无规则运动——的基础上讲解平衡态统计理论的基本知识,即气体动理论。这包括气体的压强、温度的微观意义和气体分子的麦克斯韦速率分布等规律。关于气体的统计理论是整个物理学的基础理论之一,读者通过本章的学习,可理解其基本特点、思想和方法。

14.1 平衡态

在热学中,我们把作为研究对象的一个物体或一组物体称为**热力学系统**,简称为**系统**,系统以外的物体称为**外界**。

一个系统的各种性质不随时间改变的状态叫做**平衡态**,热学中研究的平衡态包括力学平衡,但也要求其他所有的性质,包括冷热的性质,保持不变。对处于平衡态的系统,其状态可用少数几个可以直接测量的物理量来描述。例如封闭在汽缸中的一定量的气体,其平衡态就可以用其体积、压强以及组分比例来描述(图 14.1)。这样的描述称为**宏观描述**,所用的物理量叫系统的**宏观状态参量**。

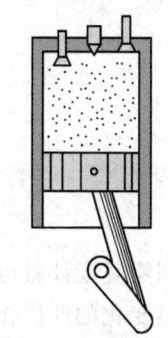

图 14.1 气体作为系统

平衡态只是一种宏观上的寂静状态,在微观上系统并不是静止不变的。在平衡态下,组成系统的大量分子还在不停地无规则地运动着,这些微观运动的总效果也随时间不停地急速地变化着,只不过其总的平均效果不随时间变化罢了。因此我们讲的平衡态从微观的角度应该理解为**动态平衡**。

基于实际的热力学系统都是由分子构成的这一事实,也可以通过对分子运动状态的说明来描述系统的宏观状态。这样的描述称为**微观描述**。但由于分子的数量巨大,且各分子的运动在相互作用和外界的作用下极其复杂,要逐个说明各分子的运动是不可能的。所以对系统的微观描述都采用**统计**的方法。在平衡态下,系统的宏观参量就是说明单个分子运动的**微观参量**(如质量、速度、能量等)的**统计平均值**。本章将对这一方法加以详细的介绍。

由于一个实际的系统总要受到外界的干扰,所以严格的说不随时间变化的平衡态是不存在的。平衡态是一个理想的概念,是在一定条件下对实际情况的概括和抽象。但在许多实际问题中,往往可以把系统的实际状态近似地当做平衡态来处理,而比较简便地得出与实际情况基本相符的结论。因此,平衡态是热学理论中的一个很重要的概念。

本书热学部分只限于讨论组分单一的系统,特别是单纯的气体系统,而且只讨论涉及其平衡态的性质。

14.2 温度的概念

将两个物体(或多个物体)放到一起使之接触并不受外界干扰(例如,将热水倒入玻璃杯内放到保温箱内(图 14.2)),由于相互的能量传递,经过足够长的时间,它们必然达到一个平衡态。这时我们的直觉认为它们的冷热一样,或者说它们的温度相等。这就给出了温度的定性定义:**共处于平衡态的物体,它们的温度相等**。

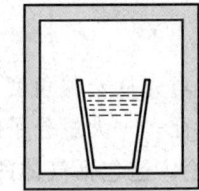

图 14.2 水和杯在塑料箱内会达到热平衡

温度的完全定义需要有温度的数值表示法,这一表示方法基于以下实验事实,即:**如果物体 A 和物体 B 能分别与物体 C 的同一状态处于平衡态(图 14.3(a)),那么当把这时的 A 和 B 放到一起时,二者也必定处于平衡态(图 14.3(b))**。这一事实被称为**热力学第零定律**。根据这一定律,要确定两个物体是否温度相等,即是否处于平衡态,就不需要使二者直接接触,只要利用一个"第三者"加以"沟通"就行了,这个"第三者"就被称为**温度计**。

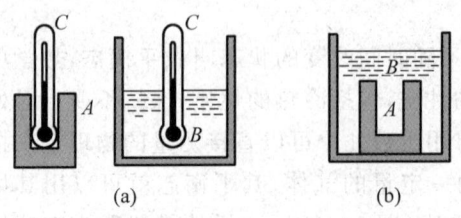

图 14.3　热力学第零定律的说明
(a) A(铁槽)和 B(一定量的水)分别和 C(测温器)的同一状态处于平衡态;
(b) A 和 B 放到一起也一定处于平衡态

利用温度计就可以定义温度的数值了,为此,选定一种物质作为测温物质,以其随温度有明显变化的性质作为温度的标志。再选定一个或两个特定的"**标准状态**"作为温度"**定点**"并赋予数值就可以建立一种**温标**来测量其他温度了。常用的一种温标是用水银作测温物质,以其体积(实际上是把水银装在毛细管内观察水银面的高度)随温度的膨胀作为温度标志。以 1 atm 下水的冰点和沸点为两个定点,并分别赋予二者的温度数值为 0 与 100。然后,在标有 0 和 100 的两个水银面高度之间刻记 100 份相等的距离,每一份表示 1 度,记作 1℃。这样就做成了一个水银温度计,由它给出的温度叫**摄氏温度**。这种温度计量方法叫**摄氏温标**。

建立了温度概念,我们就可以说,**两个相互接触的物体,当它们的温度相等时,它们就达到了一种平衡态**。这样的平衡态叫**热平衡**。

以上所讲的温度的概念是它的宏观意义。温度的微观本质，即它和分子运动的关系将在 14.7 节中介绍。

14.3 理想气体温标

一种有重要理论和实际意义的温标叫**理想气体温标**。它是用理想气体作测温物质的，那么什么是理想气体呢？

玻意耳定律指出：一定质量的气体，在一定温度下，其压强 p 和体积 V 的乘积是个常量，即

$$pV = 常量 \quad (温度不变) \tag{14.1}$$

对不同的温度，这一常量的数值不同。各种气体都近似地遵守这一定律，而且压强越小，与此定律符合得也越好。为了表示气体的这种共性，我们引入理想气体的概念。**理想气体就是在各种压强下都严格遵守玻意耳定律的气体**。它是各种实际气体在压强趋于零时的极限情况，是一种理想模型。

既然对一定质量的理想气体，它的 pV 乘积只决定于温度，所以我们就可以据此**定义**一个温标，叫**理想气体温标**，这一温标指示的温度值与该温度下一定质量的理想气体的 pV 乘积成正比，以 T 表示理想气体温标指示的温度值，则应有

$$pV \propto T \tag{14.2}$$

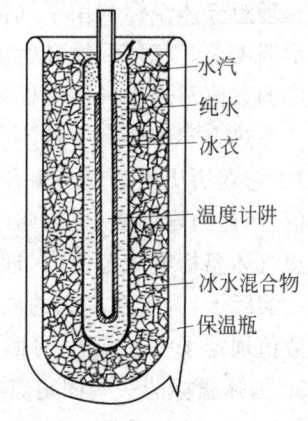

图 14.4 水的三相点装置

这一定义只能给出两个温度数值的比，为了确定某一温度的数值，还必须规定一个特定温度的数值。1954 年国际上规定的**标准温度定点**为水的**三相点**，即水、冰和水汽共存而达到平衡态时（图 14.4 所示装置的中心管内）的温度（这时水汽的压强是 4.58 mmHg，约 609 Pa）。这个温度称为水的**三相点温度**，以 T_3 表示此温度，它的数值**规定**为

$$T_3 \equiv 273.16 \text{ K} \tag{14.3}$$

式中 K 是理想气体温标的温度单位的符号，该单位的名称为开[尔文]。

以 p_3, V_3 表示一定质量的理想气体在水的三相点温度下的压强和体积，以 p, V 表示该气体在任意温度 T 时的压强和体积，由式(14.2)和式(14.3)，T 的数值可由下式决定：

$$\frac{T}{T_3} = \frac{pV}{p_3 V_3}$$

或

$$T = T_3 \frac{pV}{p_3 V_3} = 273.16 \frac{pV}{p_3 V_3} \tag{14.4}$$

这样，只要测定了某状态的压强和体积的值，就可以确定和该状态相应的温度数值了。

实际上测定温度时，总是保持一定质量的气体的体积（或压强）不变而测它的压强（或体

积),这样的温度计叫**定体**(或定压)气体温度计。图 14.5 是定体气体温度计的结构示意图。在充气泡 B(通常用铂或铂合金做成)内充有气体,通过一根毛细管 C 和水银压强计的左臂 M 相连。测量时,使 B 与待测系统相接触。上下移动压强计的右臂 M',使 M 中的水银面在不同的温度下始终保持与指示针尖 O 同一水平,以保持 B 内气体的体积不变。当待测温度不同时,由气体实验定律知,气体的压强也不同,它可以由 M 与 M' 中的水银面高度差 h 及当时的大气压强测出。如以 p 表示测得的气体压强,则根据式(14.4)可求出待测温度数值应是

$$T = 273.16 \frac{p}{p_3} \tag{14.5}$$

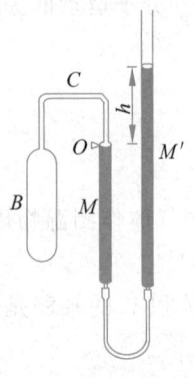

图 14.5 定体气体温度计

由于实际仪器中的充气泡内的气体并不是"理想气体",所以利用此式计算待测温度时,事先必须对压强加以修正。此外,还需要考虑由于容器的体积、水银的密度随温度变化而引起的修正。

理想气体温标利用了气体的性质,因此在气体要液化的温度下,当然就不能用这一温标表示温度了。气体温度计所能测量的最低温度约为 0.5 K(这时用低压 ^{3}He 气体),低于此温度的数值对理想气体温标来说是无意义的。

在热力学中还有一种不依赖于任何物质的特性的温标叫**热力学温标**(也曾叫绝对温标)。它在历史上最先是由开尔文引进的(见 15.6 节),通常也用 T 表示,这种温标指示的数值,叫**热力学温度**(也曾叫绝对温度)。它的 SI 单位为开[尔文],符号为 K。可以证明,在理想气体温标有效范围内,理想气体温标和热力学温标是完全一致的,因而都用 K 作单位。

实际上,为了在广大的温度范围内标定各种实用的温度计,国际上按最接近热力学温标的数值规定了一些温度的**固定点**。用这些固定点标定的温标叫**国际温标**。现在采用的 1990 国际温标的一些固定点在表 14.1 中用 * 号标记。以 $t(\text{℃})$ 表示摄氏温度,它和热力学温度 $T(\text{K})$ 的关系是

$$t = T - 273.15 \tag{14.6}$$

表 14.1 给出了一些实际的温度值。表中最后一行给出了 1995 年朱棣文等利用激光冷却的方法获得的目前为止实验室内达到的最低温度,即 2.4×10^{-11} K。这已经非常接近 0 K 了,但还不到 0 K。实际上,要想获得越低的温度就越困难,而热学理论已给出:**热力学零度**(也称绝对零度)是不能达到的!这个结论叫**热力学第三定律**。

表 14.1 一些实际的温度值

激光管内正发射激光的气体	<0 K(负温度)
宇宙大爆炸后的 10^{-43} s	10^{32} K
氢弹爆炸中心	10^8 K
实验室内已获得的最高温度	6×10^7 K
太阳中心	1.5×10^7 K
地球中心	4×10^3 K
乙炔焰	2.9×10^3 K
金的凝固点*	1337.33 K

	续表
地球上出现的最高温度（利比亚）	331 K(58℃)
吐鲁番盆地最高温度	323 K(50℃)
水的三相点*	273.16 K(0.01℃)
地球上出现的最低温度（南极）	185 K(-88℃)
氮的沸点(1 atm)	77 K
氢的三相点*	13.8033 K
氦的沸点(1 atm)	4.2 K
星际空间	2.7 K
用激光冷却法获得的最低温度	2.4×10^{-11} K

① 负温度指的是系统的热力学温度值为**负值**，它是从统计意义上对系统状态的一种描述。根据玻耳兹曼分布律，在热力学温度为 T 时，构成系统的粒子（如分子、原子或电子）在高能级（E_1）上的数目（N_1）与在低能级（E_2）上的数目（N_2）之比为 $N_1/N_2 = e^{-(E_1-E_2)/kT}$。在实际的正常情况下，$T>0$，因而总有 $N_1 < N_2$。在特定情况下，可以使 $N_1 > N_2$，这时由上述等式给出系统的温度 T 的值就小于零而为负值了。激光器发出激光时其中气体所处的"布居数反转"状态就是这样的状态，因而其温度为负值。

14.4 理想气体状态方程

由式(14.4)可得，对一定质量的同种理想气体，任一状态下的 pV/T 值都相等（都等于 p_3V_3/T_3），因而可以有

$$\frac{pV}{T} = \frac{p_0V_0}{T_0} \tag{14.7}$$

其中 p_0, V_0, T_0 为**标准状态**下相应的状态参量值。

实验又指出，在一定温度和压强下，气体的体积和它的质量 m 或摩尔数 ν 成正比。若以 $V_{m,0}$ 表示气体在标准状态下的摩尔体积，则 ν mol 气体在标准状态下的体积应为 $V_0 = \nu V_{m,0}$，以此 V_0 代入式(14.7)，可得

$$pV = \nu \frac{p_0 V_{m,0}}{T_0} T \tag{14.8}$$

阿伏伽德罗定律指出，在相同温度和压强下，1 mol 的各种理想气体的体积都相同，因此上式中的 $p_0 V_{m,0}/T_0$ 的值就是一个对各种理想气体都一样的常量。用 R 表示此常量，则有

$$R \equiv \frac{p_0 V_{m,0}}{T_0} = \frac{1.013 \times 10^5 \times 22.4 \times 10^{-3}}{273.15}$$
$$= 8.31 \text{ (J/(mol·K))} \tag{14.9}$$

此 R 称为**普适气体常量**。利用 R，式(14.8)可写作

$$pV = \nu RT \tag{14.10}$$

或

$$pV = \frac{m}{M} RT \tag{14.11}$$

上式中 m 是气体的质量，M 是气体的摩尔质量。式(14.10)或式(14.11)表示了**理想气体在任一平衡态下各宏观状态参量之间的关系**，称理想气体状态方程。它是由实验结果

(玻意耳定律、阿伏伽德罗定律)和理想气体温标的定义综合得到的。各种实际气体,在通常的压强和不太低的温度的情况下,都近似地遵守这个状态方程,而且压强越低,近似程度越高。

1 mol 的任何气体中都有 N_A 个分子,
$$N_A = 6.023 \times 10^{23}/\text{mol}$$
这一数值叫阿伏伽德罗常量。

若以 N 表示体积 V 中的气体分子总数,则 $\nu = N/N_A$。引入另一普适常量,称为**玻耳兹曼常量**,用 k 表示:
$$k \equiv \frac{R}{N_A} = 1.38 \times 10^{-23} \text{ J/K} \tag{14.12}$$
则理想气体状态方程(14.10)又可写作
$$pV = NkT \tag{14.13}$$
或
$$p = nkT \tag{14.14}$$
其中 $n = N/V$ 是单位体积内气体分子的个数,叫气体分子数密度。

按上式计算,在标准状态下,1 cm³ 空气中约有 2.9×10^{19} 个分子。

例 14.1

一房间的容积为 5 m×10 m×4 m。白天气温为 21℃,大气压强为 0.98×10^5 Pa,到晚上气温降为 12℃ 而大气压强升为 1.01×10^5 Pa。窗是开着的,从白天到晚上通过窗户漏出了多少空气(以 kg 表示)?视空气为理想气体并已知空气的摩尔质量为 29.0 g/mol。

解 已知条件可列为 $V = 5 \times 10 \times 4 = 200$ m³;白天 $T_d = 21℃ = 294$ K,$p_d = 0.98 \times 10^5$ Pa;晚上 $T_n = 12℃ = 285$ K,$p_n = 1.01 \times 10^5$ Pa;$M = 29.0 \times 10^{-3}$ kg/mol。以 m_d 和 m_n 分别表示在白天和晚上室内空气的质量,则所求漏出空气的质量应为 $m_d - m_n$。

由理想气体状态方程式(14.11)可得
$$m_d = \frac{p_d V_d}{T_d} \frac{M}{R}, \quad m_n = \frac{p_n V_n}{T_n} \frac{M}{R}$$
由于 $V_d = V_n = V$,所以
$$m_d - m_n = \frac{MV}{R}\left(\frac{p_d}{T_d} - \frac{p_n}{T_n}\right)$$
$$= \frac{29.0 \times 10^{-3} \times 200}{8.31}\left(\frac{0.98 \times 10^5}{294} - \frac{1.01 \times 10^5}{285}\right)$$
$$= -14.6 \text{ (kg)}$$
此结果的负号表示,实际上是从白天到晚上有 14.6 kg 的空气流进了房间。

例 14.2

恒温气压。求大气压强 p 随高度 h 变化的规律,设空气的温度不随高度改变。

解 如图 14.6 所示,设想在高度 h 处有一薄层空气,其底面积为 S,厚度为 dh,上下两面的气体压强分别为 $p + dp$ 和 p。该处空气密度为 ρ,则此薄层受的重力为 $dmg = \rho g S dh$。力学平衡条件给出
$$(p + dp)S + \rho g S dh = pS$$
$$dp = -\rho g dh$$

视空气为理想气体,由式(14.11)可以导出

$$\rho = \frac{pM}{RT}$$

将此式代入上一式可得

$$dp = -\frac{pMg}{RT}dh \tag{14.15}$$

将右侧的 p 移到左侧,再两边积分:

$$\int_{p_0}^{p}\frac{dp}{p} = -\int_{0}^{h}\frac{Mg}{RT}dh = -\frac{Mg}{RT}\int_{0}^{h}dh$$

可得

$$\ln\frac{p}{p_0} = -\frac{Mg}{RT}h$$

或

$$p = p_0 e^{-\frac{Mgh}{RT}} \tag{14.16}$$

即大气压强随高度按指数规律减小。这一公式称做**恒温气压公式**。

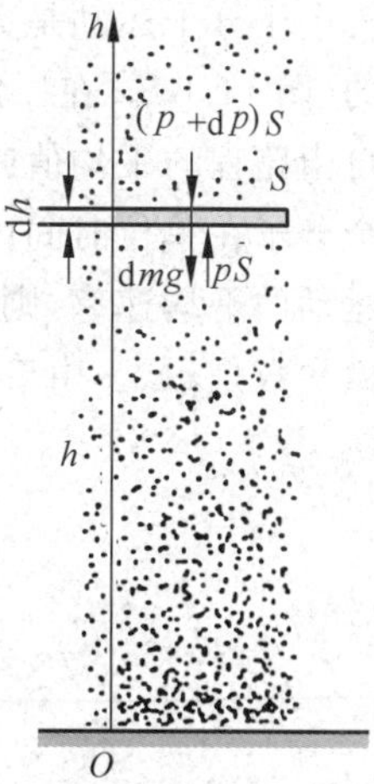

图 14.6　例 14.2 用图

按此式计算,取 $M = 29.0$ g/mol,$T = 273$ K,$p_0 = 1.00$ atm。在珠穆朗玛峰(图 14.7)峰顶,$h = 8844.43$ m(2005 年测定值),大气压强应为 0.33 atm。实际上由于珠峰峰顶温度很低,该处大气压强要比这一计算值小。一般地说,恒温气压公式(14.16)只能在高度不超过 2 km 时才能给出比较符合实际的结果,而这就是一种**高度计**的原理。

图 14.7　本书作者在飞机上拍得的珠峰南侧雄姿

实际上,大气的状况很复杂,其中的水蒸气含量、太阳辐射强度、气流的走向等因素都有较大的影响,大气温度也并不随高度一直降低。在 10 km 高空,温度约为 -50℃。再往高处去,温度反而随高度而升高了。火箭和人造卫星的探测发现,在 400 km 以上,温度甚至可达 10^3 K 或更高。

14.5　气体分子的无规则运动

下面开始介绍气体动理论,就是从分子运动论的观点来说明气体的宏观性质,以说明统计物理学的一些基本特点与方法。大家已知道气体的宏观性质是分子无规则运动的整体平均效果。本节先介绍一下气体分子无规则运动的特征,即分子的无规则碰撞与平均自由程概念,以帮助大家对气体分子的无规则运动有些具体的形象化的理解。

由于分子运动是无规则的,一个分子在任意连续两次碰撞之间所经过的自由路程是不同的(图 14.8)。在一定的宏观条件下,一个气体分子在连续两次碰撞之间所可能经过的各段自由路程的平均值叫**平均自由程**,用 $\bar{\lambda}$ 表示。它的大小显然和分子的碰撞频繁程度有关。一个分子在单位时间内所受到的平均碰撞次数叫**平均碰撞频率**,以 $\bar{z}$ 表示。若 $\bar{v}$ 代表气体分子运动的平均速率,则在 Δt 时间内,一个分子所经过的平均距离就是 $\bar{v}\Delta t$,而所受到的平均碰撞次数是 $\bar{z}\Delta t$。由于每一次碰撞都将结束一段自由程,所以平均自由程应是

$$\bar{\lambda} = \frac{\bar{v}\Delta t}{\bar{z}\Delta t} = \frac{\bar{v}}{\bar{z}} \tag{14.17}$$

图 14.8 气体分子的自由程

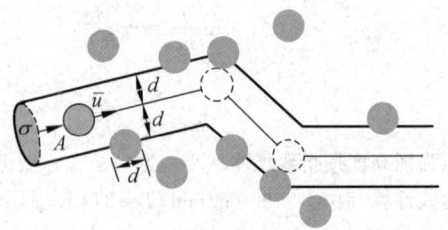

图 14.9 $\bar{z}$ 的计算

有哪些因素影响 $\bar{z}$ 和 $\bar{\lambda}$ 值呢?以同种分子的碰撞为例,我们把气体分子看做直径为 d 的钢球。为了计算 $\bar{z}$,我们可以设想"跟踪"一个分子,例如分子 A(图 14.9),计算它在一段时间 Δt 内与多少分子相碰。对碰撞来说,重要的是分子间的相对运动。为简便起见,可先假设其他分子都静止不动,只有分子 A 在它们之间以平均相对速率 $\bar{u}$ 运动,最后再做修正。

在分子 A 运动过程中,显然只有其中心与 A 的中心间距小于或等于分子直径 d 的那些分子才有可能与 A 相碰。因此,为了确定在时间 Δt 内 A 与多少分子相碰,可设想以 A 为中心的运动轨迹为轴线,以分子直径 d 为半径作一曲折的圆柱体,这样凡是中心在此圆柱体内的分子都会与 A 相碰,圆柱体的截面积为 σ,叫做分子的**碰撞截面**。对于大小都一样的分子,$\sigma = \pi d^2$。

在 Δt 时间内,A 所走过的路程为 $\bar{u}\Delta t$,相应的圆柱体的体积为 $\sigma\bar{u}\Delta t$,若 n 为气体分子数密度,则此圆柱体内的总分子数,亦即 A 与其他分子的碰撞次数应为 $n\sigma\bar{u}\Delta t$,因此平均碰撞频率为

$$\bar{z} = \frac{n\sigma\bar{u}\Delta t}{\Delta t} = n\sigma\bar{u} \tag{14.18}$$

可以证明,气体分子的平均相对速率 $\bar{u}$ 与平均速率 $\bar{v}$ 之间有下列关系:

$$\bar{u} = \sqrt{2}\,\bar{v} \tag{14.19}$$

将此关系代入式(14.18)可得

$$\bar{z} = \sqrt{2}\,\sigma\bar{v}n = \sqrt{2}\,\pi d^2 \bar{v}n \tag{14.20}$$

将此式代入式(14.17),可得平均自由程为

$$\bar{\lambda} = \frac{1}{\sqrt{2}\,\sigma n} = \frac{1}{\sqrt{2}\,\pi d^2 n} \tag{14.21}$$

这说明,平均自由程与分子的直径的平方及分子的数密度成反比,而与平均速率无关。又因为 $p = nkT$,所以式(14.21)又可写为

$$\bar{\lambda} = \frac{kT}{\sqrt{2}\pi d^2 p} \qquad (14.22)$$

这说明当温度一定时,平均自由程和压强成反比。

对于空气分子,$d \approx 3.5 \times 10^{-10}$ m。利用式(14.22)可求出在标准状态下,空气分子的 $\bar{\lambda} = 6.9 \times 10^{-8}$ m,即约为分子直径的 200 倍。这时 $\bar{z} \approx 6.5 \times 10^9$/s。每秒钟内一个分子竟发生几十亿次碰撞!

在 0℃,不同压强下空气分子的平均自由程计算结果如表 14.2 所列。由此表可看出,压强低于 1.33×10^{-2} Pa(即 10^{-4} mmHg,相当于普通白炽灯泡内的空气压强)时,空气分子的平均自由程已大于一般气体容器的线度(1 m 左右),在这种情况下空气分子在容器内相互之间很少发生碰撞,只是不断地来回碰撞器壁,因此气体分子的平均自由程就应该是容器的线度。还应该指出,即使在 1.33×10^{-4} Pa 的压强下,1 cm³ 内还有 3.5×10^{10} 个分子!

表 14.2 0℃ 时不同压强下空气分子的平均自由程(计算结果)

p/Pa	$\bar{\lambda}$/m
1.01×10^5	6.9×10^{-8}
1.33×10^2	5.2×10^{-5}
1.33	5.2×10^{-3}
1.33×10^{-2}	5.2×10^{-1}
1.33×10^{-4}	52

14.6 理想气体的压强

气体对容器壁有压强的作用,大家在中学物理中已学过,气体对器壁的压强是大量气体分子在无规则运动中对容器壁碰撞的结果,并作出了定性的解释。本节将根据气体动理论对气体的压强作出定量的说明。为简单起见,我们讨论理想气体的压强。关于理想气体,我们在 14.3 节中已给出**宏观**的定义。为了从微观上解释气体的压强,需要先了解理想气体的分子及其运动的特征。对于这些我们只能根据气体的表现作出一些假设,建立一定的模型,然后进行理论推导,最后再将导出的结论与实验结果进行比较,以判定假设是否正确。

气体动理论关于理想气体模型的基本微观假设的内容可分为两部分:一部分是关于分子个体的;另一部分是关于分子集体的。

1. 关于每个分子的力学性质的假设

(1) 分子本身的线度比起分子之间的平均距离来说,小了很多,以至可以忽略不计。

(2) 除碰撞瞬间外,分子之间和分子与容器壁之间均无相互作用。

(3) 分子在不停地运动着,分子之间及分子与容器壁间发生着频繁的碰撞,这些碰撞都是完全弹性的,即在碰撞前后气体分子的动能是守恒的。

(4) 分子的运动遵从经典力学规律。

以上这些假设可概括为理想气体分子的一种微观模型:理想气体分子像一个个极小的彼此间无相互作用的遵守经典力学规律的弹性质点。

2. 关于分子集体的统计性假设

(1) 每个分子运动速度各不相同,而且通过碰撞不断发生变化。

(2) 平衡态时,若忽略重力的影响,每个分子的位置处在容器内空间任何一点的机会(或概率)是一样的,或者说,**分子按位置的分布是均匀的**。如以 N 表示容器体积 V 内的分子总数,则分子数密度应到处一样,并且有

$$n = \frac{dN}{dV} = \frac{N}{V} \tag{14.23}$$

(3) 在平衡态时,气体分子的运动是完全无规则的,这表现为每个分子的速度指向任何方向的机会(或概率)都是一样的,或者说,**分子速度按方向的分布是均匀的**。因此速度的每个分量的平方的平均值应该相等,即

$$\overline{v_x^2} = \overline{v_y^2} = \overline{v_z^2} \tag{14.24}$$

其中各速度分量的平方的平均值按下式定义:

$$\overline{v_x^2} = \frac{v_{1x}^2 + v_{2x}^2 + \cdots + v_{Nx}^2}{N}$$

由于每个分子的速率 v_i 和速度分量有下述关系:

$$v^2 = v_{ix}^2 + v_{iy}^2 + v_{iz}^2$$

所以取等号两侧的平均值,可得

$$\overline{v^2} = \overline{v_x^2} + \overline{v_y^2} + \overline{v_z^2}$$

将式(14.24)代入上式得

$$\overline{v_x^2} = \overline{v_y^2} = \overline{v_z^2} = \frac{1}{3}\overline{v^2} \tag{14.25}$$

上述(2),(3)两个假设实际上是关于分子无规则运动的假设。它是**一种统计性假设**,只适用于**大量分子的集体**。上面的 n, $\overline{v_x^2}$, $\overline{v_y^2}$, $\overline{v_z^2}$, $\overline{v^2}$ 等都是**统计平均值**,只对大量分子的集体才有确定的意义。因此在考虑如式(14.23)中的 dV 时,从宏观上来说,为了表明容器中各点的分子数密度,它应该是非常小的体积元;但从微观上来看,在 dV 内应包含大量的分子。因而 dV 应是**宏观小、微观大**的体积元,不能单纯地按数学极限来了解 dV 的大小。在我们遇到的一般情形,这个物理条件完全可以满足。例如,在标准状态下,1 cm³ 空气中有 2.7×10^{19} 个分子,若 dV 取 10^{-9} cm³(即边长为 0.001 cm 的正立方体),这在宏观上看是足够小的了。但在这样小的体积 dV 内还包含 10^{10} 个分子,因而 dV 在微观上看还是非常大的。分子数密度 n 就是对这样的体积元内可能出现的分子数统计平均的结果。当然,由于分子不停息地作无规则运动,不断地进进出出,因而 dV 内的分子数 dN 是不断改变的,而 dN/dV 值也就是不断改变的,各时刻的 dN/dV 值相对于平均值 n 的差叫**涨落**。通常 dV 总是取得这样大,使这一涨落比起平均值 n 可以小到忽略不计。

在上述假设的基础上,可以定量地推导理想气体的压强公式。为此设一定质量的某种理想气体,被封闭在体积为 V 的容器内并处于平衡态。分子总数为 N,每个分子的质量为 m,各个分子的运动速度不同。为了讨论方便,我们把所有分子**按速度区间分为若干组**,在每一组内各分子的速度大小和方向都差不多相同。例如,第 i 组分子的速度都在 v_i 到 $v_i + dv_i$ 这一区间内,它们的速度基本上都是 v_i,以 n_i 表示这一组分子的数密度,则总的分子数密度应为

$$n = n_1 + n_2 + \cdots + n_i + \cdots$$

14.6 理想气体的压强

从微观上看，气体对容器壁的压力是气体分子对容器壁频繁碰撞的总的平均效果。为了计算相应的压强，我们选取容器壁上一小块面积 dA，取垂直于此面积的方向为直角坐标系的 x 轴方向(图 14.10)，首先考虑速度在 v_i 到 $v_i + dv_i$ 这一区间内的分子对器壁的碰撞。设器壁是光滑的（由于分子无规则运动，大量分子对器壁碰撞的平均效果在沿器壁方向上都相互抵消了，对器壁无切向力作用。这相当于器壁是光滑的），在碰撞前后，每个分子在 y, z 方向的速度分量不变。由于碰撞是完全弹性的，分子在 x 方向的速度分量由 v_{ix} 变为 $-v_{ix}$，其动量的变化是 $m(-v_{ix}) - mv_{ix} = -2mv_{ix}$。按动量定理，这就等于每个分子在一次碰撞器壁的过程中器壁对它的冲量。根据牛顿第三定律，每个分子对器壁的冲量的大小应是 $2mv_{ix}$，方向垂直指向器壁。

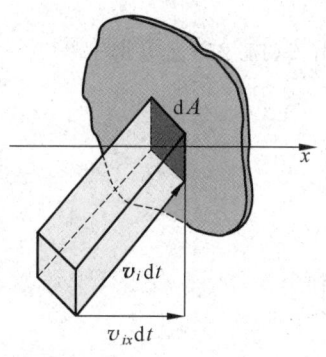

图 14.10 速度基本上是 v_i 的这类分子对 dA 的碰撞

在 dt 时间内有多少个速度基本上是 v_i 的分子能碰到 dA 面积上呢？凡是在底面积为 dA，斜高为 $v_i dt$（高为 $v_{ix} dt$）的斜形柱体内的分子在 dt 时间内都能与 dA 相碰。由于这一斜柱体的体积为 $v_{ix} dt dA$，所以这类分子的数目是

$$n_i v_{ix} dA dt$$

这些分子在 dt 时间内对 dA 的总冲量的大小为

$$n_i v_{ix} dA dt (2mv_{ix})$$

计算 dt 时间内碰到 dA 上所有分子对 dA 的总冲量的大小 $d^2 I$[①]，应把上式对所有 $v_{ix} > 0$ 的各个速度区间的分子求和（因为 $v_{ix} < 0$ 的分子不会向 dA 撞去），因而有

$$d^2 I = \sum_{(v_{ix}>0)} 2mn_i v_{ix}^2 dA dt$$

由于分子运动的无规则性，$v_{ix} > 0$ 与 $v_{ix} < 0$ 的分子数应该各占分子总数的一半。又由于此处求和涉及的是 v_{ix} 的平方，所以如果 $\sum$ 表示对所有分子（即不管 v_{ix} 为何值）求和，则应有

$$d^2 I = \frac{1}{2} \left(\sum_i 2mn_i v_{ix}^2 dA dt \right) = \sum_i mn_i v_{ix}^2 dA dt$$

各个气体分子对器壁的碰撞是断续的，它们给予器壁冲量的方式也是一次一次断续的。但由于分子数极多，因而碰撞**极其频繁**。它们对器壁的碰撞宏观上就成了**连续地**给予冲量，这也就在宏观上表现为气体对容器壁有**持续的压力**作用。根据牛顿第二定律，气体对 dA 面积上的作用力的大小应为 $dF = d^2 I / dt$。而气体对容器壁的宏观压强就是

$$p = \frac{dF}{dA} = \frac{d^2 I}{dt dA} = \sum_i mn_i v_{ix}^2 = m \sum_i n_i v_{ix}^2$$

由于

$$\overline{v_x^2} = \frac{\sum n_i v_{ix}^2}{n}$$

所以

[①] 因为此总冲量为两个无穷小 dt 和 dA 所限，所以在数字上相应的总冲量的大小应记为 $d^2 I$。

$$p = nm\overline{v_x^2}$$

再由式(14.25)又可得

$$p = \frac{1}{3}nm\overline{v^2}$$

或

$$p = \frac{2}{3}n\left(\frac{1}{2}m\overline{v^2}\right) = \frac{2}{3}n\bar{\varepsilon}_t \tag{14.26}$$

其中

$$\bar{\varepsilon}_t = \frac{1}{2}m\overline{v^2} \tag{14.27}$$

为分子的**平均平动动能**。

式(14.26)就是气体动理论的压强公式,它把宏观量 p 和统计平均值 n 和 $\bar{\varepsilon}_t$ (或 $\overline{v^2}$)联系起来。它表明气体压强具有统计意义,即它对于大量气体分子才有明确的意义。实际上,在推导压强公式的过程中所取的 dA, dt 都是"**宏观小微观大**"的量。因此在 dt 时间内撞击 dA 面积上的分子数是非常大的,这才使得压强有一个稳定的数值。对于微观小的时间和微观小的面积,碰撞该面积的分子数将很少而且变化很大,因此也就不会产生有一稳定数值的压强。对于这种情况宏观量压强也就失去意义了。

14.7 温度的微观意义

将式(14.26)与式(14.14)对比,可得

$$\frac{2}{3}n\bar{\varepsilon}_t = nkT$$

或

$$\bar{\varepsilon}_t = \frac{3}{2}kT \tag{14.28}$$

此式说明,各种理想气体在平衡态下,它们的分子**平均平动动能**只和温度有关,并且与热力学温度成正比。

式(14.28)是一个很重要的关系式。它说明了温度的微观意义,即热力学温度是分子平均平动动能的量度。粗略地说,温度反映了物体内部分子无规则运动的激烈程度(这就是中学物理课程中对温度的微观意义的定性说明)。再详细一些,关于温度概念应注意以下几点:

(1) 温度是描述热力学系统**平衡态**的一个物理量。这一点在从宏观上引入温度概念时就明确地说明了。当时曾提到热平衡是一种动态平衡,式(14.28)更定量地显示了"动态"的含义。对处于非平衡态的系统,不能用温度来描述它的状态(如果系统整体上处于非平衡态,但各个微小局部和平衡态差别不大时,也往往以不同的温度来描述各个局部的状态)。

(2) 温度是一个**统计**概念。式(14.28)中的平均值就表明了这一点。因此,温度只能用来描述大量分子的集体状态,对单个分子谈论它的温度是毫无意义的。

(3) 温度所反映的运动是分子的**无规则运动**。式(14.28)中分子的平动动能是分子的无规则运动的平动动能。温度和物体的整体运动无关,物体的整体运动是其中所有分子的

一种有规则运动(即系统的机械运动)的表现。因此式(14.28)中的平均平动动能是相对于系统的**质心参考系**测量的,系统内所有分子的平动动能的总和就是系统的**内动能**。例如,物体在平动时,其中所有分子都有一个共同的速度,和这一速度相联系的动能是物体的轨道动能。温度和物体的轨道动能无关。例如,匀高速开行的车厢内的空气温度并不一定比停着的车厢内的空气的温度高,冷气开放时前者温度会更低一些。正因为温度反映的是分子的无规则运动,所以这种运动又称**分子热运动**。

(4) 式(14.28)根据气体分子的热运动的平均平动动能说明了温度的微观意义。实际上,不仅是平均平动动能,而且分子热运动的平均转动动能和振动动能也都和温度有直接的关系。这将在 14.8 节介绍。

由式(14.27)和式(14.28)可得

$$\frac{1}{2}m\overline{v^2} = \frac{3}{2}kT$$

由此得

$$\overline{v^2} = 3kT/m$$

于是有

$$\sqrt{\overline{v^2}} = \sqrt{\frac{3kT}{m}} = \sqrt{\frac{3RT}{M}} \tag{14.29}$$

$\sqrt{\overline{v^2}}$ 叫气体分子的**方均根速率**,常以 v_{rms} 表示,是分子速率的一种统计平均值。式(14.29)说明,在同一温度下,质量大的分子其方均根速率小。

例 14.3

求 0℃时氢分子和氧分子的平均平动动能和方均根速率。

解 已知

$$T = 273.15 \text{ K}$$
$$M_{\text{H}_2} = 2.02 \times 10^{-3} \text{ kg/mol}$$
$$M_{\text{O}_2} = 32 \times 10^{-3} \text{ kg/mol}$$

H_2 分子与 O_2 分子的平均平动动能相等,均为

$$\overline{\varepsilon}_t = \frac{3}{2}kT = \frac{3}{2} \times 1.38 \times 10^{-23} \times 273.15$$
$$= 5.65 \times 10^{-21} \text{ (J)} = 3.53 \times 10^{-2} \text{ (eV)}$$

H_2 分子的方均根速率

$$v_{\text{rms},\text{H}_2} = \sqrt{\frac{3RT}{M_{\text{H}_2}}} = \sqrt{\frac{3 \times 8.31 \times 273.15}{2.02 \times 10^{-3}}}$$
$$= 1.84 \times 10^3 \text{ (m/s)}$$

O_2 分子的方均根速率

$$v_{\text{rms},\text{O}_2} = \sqrt{\frac{3RT}{M_{\text{O}_2}}} = \sqrt{\frac{3 \times 8.31 \times 273.15}{32.00 \times 10^{-3}}} = 461 \text{ (m/s)}$$

此后一结果说明,在常温下气体分子的平均速率与声波在空气中的传播速率数量级相同。

例 14.4

"**量子零度**"。按式(14.28),当温度趋近 0 K 时,气体分子的平均平动动能趋近于 0,即分子要停止运动。这是经典理论的结果。金属中的自由电子也在不停地作热运动,组成"电子气",在低温下并不遵守经典统计规律。量子理论给出,即使在 0 K 时,电子气中电子的平

均平动动能并不等于零。例如，铜块中的自由电子在 0 K 时的平均平动动能为 4.23 eV。如果按经典理论计算，这样的能量相当于多高的温度？

解 由式(14.28)可得

$$T = \frac{2\bar{\varepsilon}_t}{3k} = \frac{2 \times 4.23 \times 1.6 \times 10^{-19}}{3 \times 1.38 \times 10^{-23}} = 3.19 \times 10^4 \,(\text{K})$$

量子理论给出的结果与经典理论结果的差别如此之大！

14.8 能量均分定理

14.7 节讲了在平衡态下气体分子的平均平动动能和温度的关系，那里只考虑了分子的平动。实际上，各种分子都有一定的内部结构。例如，有的气体分子为单原子分子（如 He, Ne），有的为双原子分子（如 H_2, N_2, O_2），有的为多原子分子（如 CH_4, H_2O）。因此，气体分子除了平动之外，还可能有转动及分子内原子的振动。为了用统计的方法计算分子的平均转动动能和平均振动能量，以及平均总能量，需要引入**运动自由度**的概念。

按经典力学理论，一个物体的能量常能以"平方项"之和表示。例如一个自由物体的平动动能可表示为 $E_{k,t} = \frac{1}{2}mv_x^2 + \frac{1}{2}mv_y^2 + \frac{1}{2}mv_z^2$，转动动能可表示为 $E_{k,r} = \frac{1}{2}J_x\omega_x^2 + \frac{1}{2}J_y\omega_y^2 + \frac{1}{2}J_z\omega_z^2$，而一维振子的能量为 $E = \frac{1}{2}kx^2 + \frac{1}{2}mv^2$ 等。一个物体的能量表示式中这样的平方项的数目称做物体的运动自由度数，简称自由度。

考虑气体分子的运动能量时，对单原子分子，当做质点看待，只需计算其平动动能。一个单原子分子的自由度就是 3。这 3 个自由度叫**平动自由度**。以 t 表示平动自由度，就有 $t=3$。对双原子分子，除了计算其平动动能外，还有转动动能。以其两原子的连线为 x 轴，则它对此轴的转动惯量 J_x 甚小，相应的那一项转动能量可略去。于是，一个双原子分子的**转动自由度**就是 $r=2$。对一个多原子分子，其转动自由度应为 $r=3$。

仔细来讲，考虑双原子分子或多原子分子的能量时，还应考虑分子中原子的振动。但是，由于关于分子振动的能量经典物理不能作出正确的说明，正确的说明需要量子力学；另外在常温下用经典方法认为分子是刚性的也能给出与实验大致相符的结果；所以作为统计概念的初步介绍，下面将不考虑分子内部的振动而认为气体分子都是刚性的。这样，一个气体分子的运动自由度就如表 14.3 所示。

表 14.3 气体分子的自由度

分子种类	平动自由度 t	转动自由度 r	总自由度 $i(i=t+r)$
单原子分子	3	0	3
刚性双原子分子	3	2	5
刚性多原子分子	3	3	6

现在考虑气体分子的每一个自由度的**平均动能**。14.7 节已讲过，一个分子的平均平动动能为

$$\bar{\varepsilon}_t = \frac{1}{2}m\overline{v^2} = \frac{3}{2}kT$$

利用分子运动的无规则性表示式(14.25),即

$$\overline{v_x^2} = \overline{v_y^2} = \overline{v_z^2} = \frac{1}{3}\overline{v^2}$$

可得

$$\frac{1}{2}m\overline{v_x^2} = \frac{1}{2}m\overline{v_y^2} = \frac{1}{2}m\overline{v_z^2} = \frac{1}{3}\left(\frac{1}{2}m\overline{v^2}\right) = \frac{1}{2}kT \tag{14.30}$$

此式中前三个平方项的平均值各和一个平动自由度相对应,因此它说明分子的每一个平动自由度的平均动能都相等,而且等于 $\frac{1}{2}kT$。

式(14.30)所表示的规律是一条统计规律,它只适用于大量分子的集体。各平动自由度的平动动能相等,是气体分子在无规则运动中不断发生碰撞的结果。由于碰撞是无规则的,所以在碰撞过程中动能不但在分子之间进行交换,而且还可以从一个平动自由度转移到另一个平动自由度上去。由于在各个平动自由度中并没有哪一个具有特别的优势,因而**平均来讲**,各平动自由度就具有相等的平均动能。

这种能量的分配,在分子有转动的情况下,应该还扩及转动自由度。这就是说,在分子的无规则碰撞过程中,平动和转动之间以及各转动自由度之间也可以交换能量(试想两个枣仁状的橄榄球在空中的任意碰撞),而且就能量来说这些自由度中也没有哪个是特殊的。因而就得出更为一般的结论:各自由度的平均动能都是相等的。在理论上,经典统计物理可以更严格地证明:**在温度为 T 的平衡态下,气体分子每个自由度的平均能量都相等,而且等于 $\frac{1}{2}kT$**。这一结论称为**能量均分定理**。在经典物理中,这一结论也适用于液体和固体分子的无规则运动。

根据能量均分定理,如果一个气体分子的总自由度数是 i,则它的**平均总动能**就是

$$\bar{\varepsilon}_k = \frac{i}{2}kT \tag{14.31}$$

将表 14.3 的 i 值代入,可得几种气体分子的平均总动能如下:

单原子分子 $\qquad \bar{\varepsilon}_k = \frac{3}{2}kT$

刚性双原子分子 $\qquad \bar{\varepsilon}_k = \frac{5}{2}kT$

刚性多原子分子 $\qquad \bar{\varepsilon}_k = 3kT$

作为质点系的总体,宏观上气体具有**内能**。气体的内能是指它所包含的所有分子的无规则运动的动能和分子间的相互作用势能的总和。对于理想气体,由于分子之间无相互作用力,所以分子之间无势能,因而理想气体的内能就是它的所有分子的动能的总和。以 N 表示一定的理想气体的分子总数,由于每个分子的平均动能由式(14.31)决定,所以这理想气体的内能就应是

$$E = N\bar{\varepsilon}_k = N\frac{i}{2}kT$$

由于 $k = R/N_A, N/N_A = \nu$,即气体的摩尔数,所以上式又可写成

$$E = \frac{i}{2}\nu RT \tag{14.32}$$

对已讨论的几种理想气体，它们的内能如下：

单原子分子气体 $\qquad E = \dfrac{3}{2}\nu RT$

刚性双原子分子气体 $\qquad E = \dfrac{5}{2}\nu RT$

刚性多原子分子气体 $\qquad E = 3\nu RT$

这些结果都说明一定的理想气体的内能**只是温度的函数，而且和热力学温度成正比**。这个经典统计物理的结果在与室温相差不大的温度范围内和实验近似地符合。在本篇中也只按这种结果讨论有关理想气体的能量问题。

14.9 麦克斯韦速率分布律

在14.6节中关于理想气体的气体动理论的统计假设中，有一条是每个分子运动速度各不相同，而且通过碰撞不断发生变化。对任何一个分子来说，在任何时刻它的速度的方向和大小受到许多偶然因素的影响，因而是不能预知的。但从整体上统计地说，气体分子的速度还是有规律的。早在1859年（当时分子概念还是一种假说）麦克斯韦就用概率论证明了（见本节末）在平衡态下，理想气体的分子按速度的分布是有确定的规律的，这个规律现在就叫**麦克斯韦速度分布律**。如果不管分子运动速度的方向如何，只考虑分子按速度的大小即速率的分布，则相应的规律叫做**麦克斯韦速率分布律**。作为统计规律的典型例子，我们在本节介绍麦克斯韦速率分布律。

先介绍**速率分布函数**的意义。从微观上说明一定质量的气体中所有分子的速率状况时，因为分子数极多，而且各分子的速率通过碰撞又在不断地改变，所以不可能逐个加以说明。因此就采用统计的说明方法，也就是指出在总数为N的分子中，具有各种速率的分子各有多少或它们各占分子总数的百分比多大。这种说明方法就叫给出**分子按速率的分布**。正像为了说明一个学校的学生年龄的总状况时，并不需要指出一个个学生的年龄，而只要给出各个年龄段的学生是多少，即学生数目按年龄的分布，就可以了。

按经典力学的概念，气体分子的速率v可以连续地取0到无限大的任何数值。因此，说明分子按速率分布时就需要采取按速率区间分组的办法，例如可以把速率以10 m/s 的间隔划分为$0\sim 10$ m/s, $10\sim 20$ m/s, $20\sim 30$ m/s,$\cdots$的区间，然后说明各区间的分子数是多少。一般地讲，速率分布就是要指出速率在v到$v+dv$区间的分子数dN_v是多少，或是dN_v占分子总数N的百分比，即dN_v/N是多少。这一百分比在各速率区间是不相同的，即它应是速率v的函数。同时，在速率区间dv足够小的情况下，这一百分比还应和区间的大小成正比，因此，应该有

$$\dfrac{\mathrm{d}N_v}{N} = f(v)\mathrm{d}v \tag{14.33}$$

或

$$f(v) = \dfrac{\mathrm{d}N_v}{N\mathrm{d}v} \tag{14.34}$$

式中，函数$f(v)$就叫速率分布函数，它的物理意义是：**速率在速率v所在的单位速率区间内的分子数占分子总数的百分比**。

将式(14.33)对所有速率区间积分，将得到所有速率区间的分子数占总分子数百分比的总和。它显然等于1，因而有

$$\int_0^N \frac{\mathrm{d}N_v}{N} = \int_0^\infty f(v)\mathrm{d}v = 1 \qquad (14.35)$$

所有分布函数必须满足的这一条件叫做**归一化条件**。

速率分布函数的意义还可以用**概率**的概念来说明。各个分子的速率不同，可以说成是一个分子具有各种速率的概率不同。式(14.33)的 $\mathrm{d}N_v/N$ 就是一个分子的速率在速率 v 所在的 $\mathrm{d}v$ 区间内的概率，式(14.34)中的 $f(v)$ 就是一个分子的速率在速率 v 所在的单位速率区间的概率。在概率论中，$f(v)$ 叫做分子速率分布的**概率密度**。它对所有可能的速率积分就是一个分子具有不管什么速率的概率。这个"总概率"当然等于1，这也就是式(14.35)所表示的归一化条件的概率意义。

麦克斯韦速率分布律就是在一定条件下的速率分布函数的具体形式。它指出：**在平衡态下，气体分子速率在 v 到 $v+\mathrm{d}v$ 区间内的分子数占总分子数的百分比为**

$$\frac{\mathrm{d}N_v}{N} = 4\pi \left(\frac{m}{2\pi kT}\right)^{3/2} v^2 \mathrm{e}^{-mv^2/2kT} \mathrm{d}v \qquad (14.36)$$

和式(14.33)对比，可得**麦克斯韦速率分布函数**为

$$f(v) = 4\pi \left(\frac{m}{2\pi kT}\right)^{3/2} v^2 \mathrm{e}^{-mv^2/2kT} \qquad (14.37)$$

式中 T 是气体的热力学温度，m 是一个分子的质量，k 是玻耳兹曼常量。由式(14.37)可知，对一给定的气体（m 一定），麦克斯韦速率分布函数只和温度有关。以 v 为横轴，以 $f(v)$ 为纵轴，画出的图线叫做**麦克斯韦速率分布曲线**（图14.11），它能形象地表示出气体分子按速率分布的情况。图中曲线下面宽度为 $\mathrm{d}v$ 的小窄条面积就等于在该区间内的分子数占分子总数的百分比 $\mathrm{d}N_v/N$。

从图中可以看出，按麦克斯韦速率分布函数确定的速率很小和速率很大的分子数都很少。在某一速率 v_p 处函数有一极大值，v_p 叫**最概然速率**，它的物理意义是：若把整个速率范围分成许多相等的小区间，则 v_p 所在的区间内的分子数占分子总数的百分比最大。v_p 可以由下式求出：

$$\left.\frac{\mathrm{d}f(v)}{\mathrm{d}v}\right|_{v_\mathrm{p}} = 0$$

由此得

$$v_\mathrm{p} = \sqrt{\frac{2kT}{m}} = \sqrt{\frac{2RT}{M}} \approx 1.41\sqrt{\frac{RT}{M}} \qquad (14.38)$$

而 $v = v_\mathrm{p}$ 时，

$$f(v_\mathrm{p}) = \left(\frac{8m}{\pi kT}\right)^{1/2} \Big/ \mathrm{e} \qquad (14.39)$$

式(14.38)表明，v_p 随温度的升高而增大，又随 m 增大而减小。图14.11画出了氮气在不同温度下的速率分布函数，可以看出温度对速率分布的影响，温度越高，最概然速率越大，$f(v_\mathrm{p})$ 越小。由于曲线下的面积恒等于1，所以温度升高时曲线变得平坦些，并向高速区域扩展。也就是说，温度越高，速率较大的分子数越多。这就是通常所说的温度越高，分子运动越剧烈的真正含义。

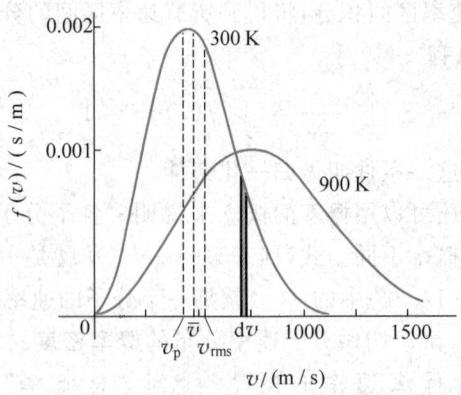

图 14.11 氮气的麦克斯韦速率分布曲线

应该指出,麦克斯韦速率分布定律是一个统计规律,它只适用于大量分子组成的气体。由于分子运动的无规则性,在任何速率区间 v 到 $v+\mathrm{d}v$ 内的分子数都是不断变化的。式(14.36)中的 $\mathrm{d}N_v$ 只表示在这一速率区间的分子数的统计平均值。为使 $\mathrm{d}N_v$ 有确定的意义,区间 $\mathrm{d}v$ 必须是宏观小微观大的。如果区间是微观小的,$\mathrm{d}N_v$ 的数值将十分不确定,因而失去实际意义。至于说速率正好是某一确定速率 v 的分子数是多少,那就根本没有什么意义了。

已知速率分布函数,可以求出分子运动的**平均速率**。平均速率的定义是

$$\bar{v} = \Big(\sum_{i}^{N} v_i\Big)/N = \int v \mathrm{d}N_v / N = \int_0^\infty v f(v) \mathrm{d}v \tag{14.40}$$

将麦克斯韦速率分布函数式(14.37)代入式(14.40),可求得平衡态下理想气体分子的平均速率为

$$\bar{v} = \sqrt{\frac{8kT}{\pi m}} = \sqrt{\frac{8RT}{\pi M}} \approx 1.60\sqrt{\frac{RT}{M}} \tag{14.41}$$

还可以利用速率分布函数求 v^2 的平均值。由平均值的定义

$$\overline{v^2} = \Big(\sum_{i}^{N} v_i^2\Big)/N = \int v^2 \mathrm{d}N_v / N = \int_0^\infty v^2 f(v) \mathrm{d}v$$

将麦克斯韦速率分布函数式(14.37)代入,可得

$$\overline{v^2} = \int_0^\infty v^4 \, 4\pi \Big(\frac{m}{2\pi kT}\Big)^{3/2} \mathrm{e}^{-mv^2/2kT} \mathrm{d}v = 3kT/m$$

这一结果的平方根,即方均根速率为

$$v_{\mathrm{rms}} = \sqrt{\overline{v^2}} = \sqrt{\frac{3kT}{m}} = \sqrt{\frac{3RT}{M}} \approx 1.73\sqrt{\frac{RT}{M}} \tag{14.42}$$

此结果与式(14.29)相同。

由式(14.39)、式(14.41)和式(14.42)确定的三个速率值 $v_\mathrm{p}, \bar{v}, v_\mathrm{rms}$ 都是在统计意义上说明大量分子的运动速率的典型值。它们都与 $\sqrt{T}$ 成正比,与 $\sqrt{m}$ 成反比。其中 v_rms 最大,$\bar{v}$ 次之,v_p 最小。三种速率有不同的应用,例如,讨论速率分布时要用 v_p,计算分子的平均平动动能时要用 v_rms,以后讨论分子的碰撞次数时要用 $\bar{v}$。

例 14.5

大气组成。计算 He 原子和 N_2 分子在 20℃ 时的方均根速率,并以此说明地球大气中为何没有氦气和氢气而富有氮气和氧气。

解 由式(14.40)可得

$$v_{rms,He} = \sqrt{\frac{3RT}{M_{He}}} = \sqrt{\frac{3 \times 8.31 \times 293}{4.00 \times 10^{-3}}} = 1.35 \text{ (km/s)}$$

$$v_{rms,N_2} = \sqrt{\frac{3RT}{M_{N_2}}} = \sqrt{\frac{3 \times 8.31 \times 293}{28.0 \times 10^{-3}}} = 0.417 \text{ (km/s)}$$

地球表面的逃逸速度为 11.2 km/s,通过计算得出的 He 原子的方均根速率约为此逃逸速率的 1/8,还可算出 H_2 分子的方均根速率约为此逃逸速率的 1/6。这样,似乎 He 原子和 H_2 分子都难以逃脱地球的引力而散去。但是由于速率分布的原因,还有相当多的 He 原子和 H_2 分子的速率超过了逃逸速率而可以散去。现在知道宇宙中原始的化学成分(现在仍然如此)大部分是氢(约占总质量的 3/4)和氦(约占总质量的 1/4)。地球形成之初,大气中应该有大量的氢和氦。正是由于相当数目的 H_2 分子和 He 原子的方均根速率超过了逃逸速率,它们不断逃逸。几十亿年过去后,如今地球大气中就没有氢气和氦气了。与此不同的是,N_2 和 O_2 分子的方均根速率只有逃逸速率的 1/25,这些气体分子逃逸的可能性就很小了。于是地球大气今天就保留了大量的氮气(约占大气质量的 76%)和氧气(约占大气质量的 23%)。

实际上大气化学成分的起因是很复杂的,许多因素还不清楚。就拿氦气来说,1963 年根据人造卫星对大气上层稀薄气体成分的分析,证实在几百千米的高空(此处温度可达 1000 K),空气已稀薄到接近真空,那里有一层氦气,叫"氦层",其上更有一层"氢层",实际上是"质子层"。

14.10 麦克斯韦速率分布律的实验验证

由于未能获得足够高的真空,所以在麦克斯韦导出速率分布律的当时,还不能用实验验证它。直到 20 世纪 20 年代后由于真空技术的发展,这种验证才有了可能。史特恩(Stern)于 1920 年最早测定分子速率,1934 年我国物理学家葛正权曾测定过铋(Bi)蒸气分子的速率分布,实验结果都与麦克斯韦分布律大致相符。下面介绍 1955 年密勒(Miller)和库什(P. Kusch)做得比较精确地验证麦克斯韦速率分布定律的实验[①]。

他们的实验所用的仪器如图 14.12 所示。图 14.12(a) 中 O 是蒸气源,选用钾或铊的蒸气。在一次实验中所用铊蒸气的温度是 870 K,其蒸气压为 0.4256 Pa。R 是一个用铝合金制成的圆柱体,图 14.12(b) 表示其真实结构。该圆柱长 $L = 20.40$ cm,半径 $r = 10.00$ cm,可以绕中心轴转动,它用来精确地测定从蒸气源开口逸出的金属原子的速率,为此在它上面沿纵向刻了很多条螺旋形细槽,槽宽 $l = 0.0424$ cm,图中画出了其中一条。细槽的入口狭缝处和出口狭缝处的半径之间夹角为 $\varphi = 4.8°$。在出口狭缝后面是一个检测器 D,用它测

[①] 麦克斯韦速率分布定律本是对理想气体建立的。但由于这里指的分子的速率是分子质心运动的速率,又由于质心运动的动能总是作为分子总动能的独立的一项出现,所以,即使对非理想气体,麦克斯韦速率分布仍然成立。实验结果就证明了这一点,因为实验中所用的气体都是实际气体而非真正的理想气体。

定通过细槽的原子射线的强度,整个装置放在抽成高真空(1.33×10^{-5} Pa)的容器中。

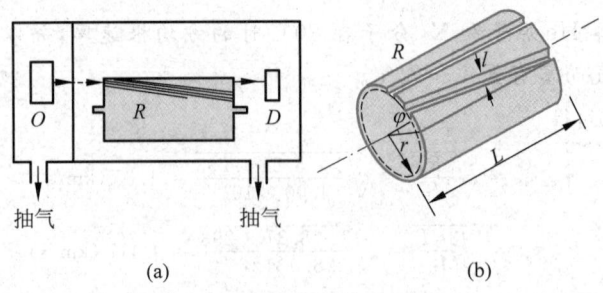

图 14.12　密勒-库什的实验装置

当 R 以角速度 ω 转动时,从蒸气源逸出的各种速率的原子都能进入细槽,但并不都能通过细槽从出口狭缝飞出,只有那些速率 v 满足关系式

$$\frac{L}{v}=\frac{\varphi}{\omega}$$

或

$$v=\frac{\omega}{\varphi}L \tag{14.43}$$

的原子才能通过细槽,而其他速率的原子将沉积在槽壁上。因此,R 实际上是个滤速器,改变角速度 ω,就可以让不同速率的原子通过。槽有一定宽度,相当于夹角 φ 有一 $\Delta\varphi$ 的变化范围,相应地,对于一定的 ω,通过细槽飞出的所有原子的速率并不严格地相同,而是在一定的速率范围 v 到 $v+\Delta v$ 之内。改变 ω,对不同速率范围内的原子射线检测其强度,就可以验证原子速率分布是否与麦克斯韦速率分布律给出的一致。

需要指出的是,**通过细槽**的原子和从**蒸气源逸出的射线**中的原子以及**蒸气源内**原子的速率分布都不同。在蒸气源内速率在 v 到 $v+\Delta v$ 区间内的原子数与 $f(v)\Delta v$ 成正比。由于速率较大的原子有更多的机会逸出,所以在原子射线中,在相应的速率区间的原子数还应和 v 成正比,因而应和 $vf(v)\Delta v$ 成正比。据速率的公式(14.43)可知,能通过细槽的原子的速率区间 $|\Delta v|=\frac{\omega L}{\varphi^2}\Delta\varphi=\frac{v}{\varphi}\Delta\varphi$,因而通过细槽的速率在 Δv 区间的原子数应与 $v^2f(v)\Delta\varphi$ 成正比。由于 $\Delta\varphi=l/r$ 是常数,所以由式(14.37)可知,通过细槽到达检测器的、速率在 v 到 $v+\Delta v$ 区间的原子数以及相应的强度应和 $v^4\mathrm{e}^{-mv^2/2kT}$ 成正比,其极大值应出现在 $v'_\mathrm{p}=(4kT/m)^{1/2}$ 处。图 14.13 中的理论曲线(实线)就是根据这一关系画出的,横轴表示 v/v'_p,纵轴表示检测到的原子射线强度。图中小圆圈和三角黑点是密勒和库什的两组实验值,实验结果与理论曲线的密切符合,说明蒸气源内的原子的速率分布是遵守麦克斯韦速率分布律的。

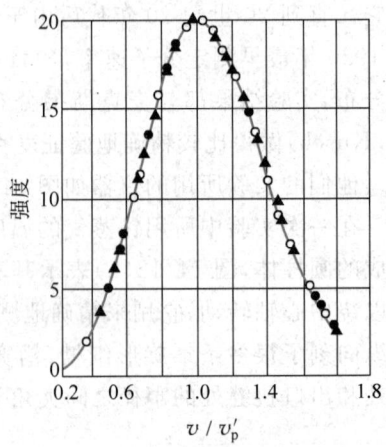

图 14.13　密勒-库什的实验结果

在通常情况下,实际气体分子的速率分布和麦克斯韦速率分布律能很好地符合,但在密度大的情况下就不符合了,这是因为在密度大的情况下,经典统计理论的基本假设不成立了。在这种情况下必须用量子统计理论才能说明气体分子的统计分布规律。

提 要

1. 平衡态:一个系统的各种性质不随时间改变的状态。处于平衡态的系统,其状态可用少数几个宏观状态参量描写。从微观的角度看,平衡态是分子运动的**动态平衡**。

2. 温度:处于平衡态的物体,它们的温度相等。温度相等的平衡态叫热平衡。

3. 热力学第零定律:如果 A 和 B 能分别与物体 C 的同一状态处于平衡态,那么当把这时的 A 和 B 放到一起时,二者也必定处于平衡态。这一定律是制造温度计,建立温标,定量地计量温度的基础。

4. 理想气体温标:建立在玻意耳定律($pV=$常量)的基础上,选定水的三相点温度为 $T_3 = 273.16$ K,以此制造气体温度计。

在理想气体温标有效的范围内,它和热力学温标完全一致。

摄氏温标 t(℃)和热力学温标 T(K)的关系:
$$t = T - 273.15$$

5. 热力学第三定律:热力学(绝对)零度不能达到。

6. 理想气体状态方程:在平衡态下,对理想气体有
$$p = \nu RT = \frac{m}{M}RT$$
或
$$p = nkT$$
其中,气体普适常量
$$R = 8.31 \text{ J/(mol·K)}$$
玻耳兹曼常量
$$k = R/N_A = 1.38 \times 10^{-23} \text{ J/K}$$

7. 气体分子的无规则运动

平均自由程($\bar{\lambda}$):气体分子无规则运动中各段自由路程的平均值。

平均碰撞频率($\bar{z}$):气体分子单位时间内被碰撞次数的平均值。
$$\bar{\lambda} = \bar{v}/\bar{z}$$

碰撞截面(σ):一个气体分子运动中可能与其他分子发生碰撞的截面面积,
$$\bar{\lambda} = \frac{1}{\sqrt{2}\sigma n} = \frac{kT}{\sqrt{2}\sigma p}$$

8. 理想气体压强的微观公式
$$p = \frac{1}{3}nm\overline{v^2} = \frac{2}{3}n\bar{\varepsilon}_t$$

式中各量都是统计平均值,应用于宏观小微观大的区间。

9. 温度的微观统计意义

$$\bar{\varepsilon}_t = \frac{3}{2}kT$$

10. 能量均分定理：在平衡态下，分子热运动的每个自由度的平均动能都相等，且等于 $\frac{1}{2}kT$。以 i 表示分子热运动的总自由度，则一个分子的总平均动能为

$$\bar{\varepsilon}_k = \frac{i}{2}kT$$

ν(mol)理想气体的内能，只包含有气体分子的无规则运动动能，

$$E = \frac{i}{2}\nu RT$$

11. 速率分布函数：指气体分子速率在速率 v 所在的单位速率区间内的分子数占总分子数的百分比，也是分子速率分布的概率密度，

$$f(v) = \frac{\mathrm{d}N_v}{N\mathrm{d}v}$$

麦克斯韦速率分布函数：对在平衡态下，分子质量为 m 的气体，

$$f(v) = 4\pi \left(\frac{m}{2\pi kT}\right)^{3/2} v^2 \mathrm{e}^{-mv^2/2kT}$$

三种速率：

最概然速率 $\quad v_p = \sqrt{\dfrac{2kT}{m}} = \sqrt{\dfrac{2RT}{M}} = 1.41\sqrt{\dfrac{RT}{M}}$

平均速率 $\quad \bar{v} = \sqrt{\dfrac{8kT}{\pi m}} = \sqrt{\dfrac{8RT}{\pi M}} = 1.60\sqrt{\dfrac{RT}{M}}$

方均根速率 $\quad v_{\mathrm{rms}} = \sqrt{\dfrac{3kT}{m}} = \sqrt{\dfrac{3RT}{M}} = 1.73\sqrt{\dfrac{RT}{M}}$

习题

14.1 定体气体温度计的测温气泡放入水的三相点管的槽内时，气体的压强为 6.65×10^3 Pa。
(1) 用此温度计测量 373.15 K 的温度时，气体的压强是多大？
(2) 当气体压强为 2.20×10^3 Pa 时，待测温度是多少 K？多少℃？

14.2 温度高于环境的物体会逐渐冷却。实验指出，在物体温度 T 和环境温度 T_s 差别不太大的情况下，物体的冷却速率和温差 $(T-T_s)$ 成正比，即

$$-\frac{\mathrm{d}T}{\mathrm{d}t} = A(T-T_s)$$

其中 A 是比例常量。试由上式导出，在 T_s 保持不变，物体初温度为 T_1 的情况下，经过时间 t，物体的温度变为

$$T = T_s + (T_1 - T_s)\mathrm{e}^{-At}$$

一天早上房内温度是 25℃时停止供暖，室外气温为 −10℃。40 min 后房内温度降为 20℃，再经过多长时间房内温度将降至 15℃？

14.3 在 90 km 高空，大气的压强为 0.18 Pa，密度为 3.2×10^{-6} kg/m³。求该处的温度和分子数密

度。空气的摩尔质量取 217.0 g/mol。

14.4 一个大热气球的容积为 2.1×10^4 m³，气球本身和负载质量共 4.5×10^3 kg，若其外部空气温度为 20℃，要想使气球上升，其内部空气最低要加热到多少度？

14.5 目前可获得的极限真空度为 1.00×10^{-18} atm。求在此真空度下 1 cm³ 空气内平均有多少个分子？设温度为 20℃。

14.6 在较高的范围内大气温度 T 随高度 y 的变化可近似地取下述线性关系：

$$T = T_0 - \alpha y$$

其中，T_0 为地面温度；α 为一常量。

(1) 试证明在这一条件下，大气压强随高度变化的关系为

$$p = p_0 \exp\left[\frac{Mg}{\alpha R}\ln\left(1-\frac{\alpha y}{T_0}\right)\right]$$

(2) 证明 $\alpha\to 0$ 时，上式转变为式(14.16)。

(3) 通常取 $\alpha=0.6$℃/100 m，试求珠穆朗玛峰峰顶的温度和大气压强。已知 $M=29.0$ g/mol，$T_0=273$ K，$P_0=1.00$ atm。

14.7 氮分子的有效直径为 3.8×10^{-10} m，求它在标准状态下的平均自由程和连续两次碰撞间的平均时间间隔。

14.8 真空管的线度为 10^{-2} m，其中真空度为 1.33×10^{-3} Pa，设空气分子的有效直径为 3×10^{-10} m，求 27℃时单位体积内的空气分子数、平均自由程和平均碰撞频率。

14.9 在 160 km 高空，空气密度为 1.5×10^{-9} kg/m³，温度为 500 K。分子直径以 3.0×10^{-10} m 计，求该处空气分子的平均自由程与连续两次碰撞相隔的平均时间。

14.10 一篮球充气后，其中有氮气 8.5 g，温度为 17℃，在空中以 65 km/h 做高速飞行。求：

(1) 一个氮分子（设为刚性分子）的热运动平均平动动能、平均转动动能和平均总动能；

(2) 球内氮气的内能；

(3) 球内氮气的轨道动能。

14.11 温度为 27℃时，1 mol 氦气、氢气和氧气各有多少内能？1 g 的这些气体各有多少内能？

14.12 一容器被中间的隔板分成相等的两半，一半装有氦气，温度为 250 K；另一半装有氧气，温度为 310 K。二者压强相等。求去掉隔板两种气体混合后的温度。

14.13 有 N 个粒子，其速率分布函数为

$$f(v) = av/v_0 \quad (0\leqslant v\leqslant v_0)$$
$$f(v) = a \quad (v_0\leqslant v\leqslant 2v_0)$$
$$f(v) = 0 \quad (v > 2v_0)$$

(1) 作速率分布曲线并求常数 a；

(2) 分别求速率大于 v_0 和小于 v_0 的粒子数；

(3) 求粒子的平均速率。

14.14 火星的质量为地球质量的 0.108 倍，半径为地球半径的 0.531 倍，火星表面的逃逸速度多大？以表面温度 240 K 计，火星表面 CO_2 和 H_2 分子的方均根速率多大？以此说明火星表面有 CO_2 而无 H_2（实际上，火星表面大气中 96% 是 CO_2）。

木星质量为地球的 318 倍，半径为地球半径的 11.2 倍，木星表面的逃逸速度多大？以表面温度 130 K 计，木星表面 H_2 分子的方均根速率多大？以此说明木星表面有 H_2（实际上木星大气 78% 质量为 H_2，其余是 He，其上盖有冰云，木星内部为液态甚至固态氢）。

14.15 烟粒悬浮在空气中受空气分子的无规则碰撞作布朗运动的情况可用普通显微镜观察，它和空气处于同一平衡态。一颗烟粒的质量为 1.6×10^{-16} kg，求在 300 K 时它悬浮在空气中的方均根速率。此烟粒如果是在 300 K 的氢气中悬浮，它的方均根速率与在空气中的相比会有不同吗？

14.16 一汽缸内封闭有水和饱和水蒸气,其温度为 100℃,压强为 1 atm,已知这时水蒸气的摩尔体积为 3.01×10^4 cm^3/mol。

(1) 每 cm^3 水蒸气中含有多少个水分子?

(2) 每秒有多少水蒸气分子碰撞到 1 cm^2 面积的水面上?

(3) 设所有碰到水面上的水蒸气分子都凝聚成水,则每秒有多少水分子从 1 cm^2 面积的水面上跑出?

(4) 等温压进活塞使水蒸气的体积缩小一半后,水蒸气的压强是多少?

科学家介绍

玻耳兹曼

(Ludwig Boltzmann,1844—1906 年)

玻耳兹曼像

《气体理论演讲集》的扉页

  1844 年 2 月 20 日,玻耳兹曼生于奥地利首都维也纳。他从小勤奋好学,在维也纳大学毕业后,曾获得牛津大学理学博士学位。

  1867 年他到维也纳物理研究所当斯忒藩的助手和学生。1869 年起先后在格拉茨大学、维也纳大学、慕尼黑大学和莱比锡大学任教并被伦敦、巴黎、柏林、彼得堡等科学院吸收为会员。1906 年 9 月 5 日在意大利的一所海滨旅馆自杀身亡。

  玻耳兹曼与克劳修斯(R. Clausius)和麦克斯韦(J. C. Maxwell)同是分子运动论的主要奠基者。1868—1871 年,玻耳兹曼由麦克斯韦分布律引进了玻耳兹曼因子 $e^{-E/kT}$,据此他又得到了能量均分定理。

  为了说明非平衡的输运过程的规律,需要确定非平衡态的分布函数 $f(r,v,t)$。这个问题首先由玻耳兹曼在 1872 年解决了。他从某一状态区间的分子数的变化是由于分子的运动和碰撞两个原因出发,建立了一个关于 f 的既含有积分又含有微分的方程式。这个方程式现在就叫玻氏积分微分方程,利用它就可以建立输运过程的精确理论。

玻耳兹曼还利用分布函数 f 引进了一个函数 H,即

$$H = \iiint f\ln f \mathrm{d}v_x \mathrm{d}v_y \mathrm{d}v_z$$

他证明了当 f 变化时,H 随时间单调地减小,即总有

$$\frac{\mathrm{d}H}{\mathrm{d}t} \leqslant 0$$

而**平衡态相当于 H 取极小值的状态**。这一结论在当时是非常令人吃惊的。它的意义是,H 随时间的改变率给人们一个系统趋向平衡的标志。这就是著名的 H 定理。它第一次用统计物理的微观理论证明了**宏观过程的不可逆性**或**方向性**。

在这之前的 1865 年,克劳修斯用宏观的热力学方法建立了关于不可逆过程的定律,即熵增加原理(参看本书第 16 章热力学第二定律)。它指出孤立系统的熵总是要增加的,H 定理和熵增加原理是相当的。但从微观上这样解释不可逆过程,在当时是很难令人接受的,因而很受到一些知名学者的攻击。就连支持分子运动理论的洛喜密特(Loschmidt)也提出了驳难,他在 1876 年提出:分子的运动遵守力学定律,因而是可逆的,即当全体分子的速度都反过来后,分子运动的进程应当向着与原来方向相反的方向进行。而 H 定理的不可逆性是和这不相容的。当时的知名学者实证论者马赫(E. Mach)和唯能论者奥斯特瓦德(W. Ostwald)根本否定分子原子的存在,当然对建立在分子运动理论基础上的 H 定理更是大肆攻击了。

对于洛喜密特的驳难,玻耳兹曼的回答是:H 定理本身是统计性质的,它的结论是 H 减小的概率最大。所以宏观不可逆性是统计规律性的结果,这与微观可逆性并不矛盾,因为微观可逆性是建立在确定的微观运动状态上的,而统计结论则仅适用于微观状态不完全确定的情形。因此 H 定理并不是说 H 绝对不能增加,只是增加的机会极小而已。这些话深刻地阐明了**统计规律性**,今天仍保持着它的正确性,但在当时并不能为反对者所理解。

正是在解释这种"不可逆性佯谬"的过程中,1877 年玻耳兹曼提出了把熵 S 和热力学概率 W 联系起来,得出

$$S \propto \ln W$$

1900 年普朗克引进了比例常量 k,写出了著名公式

$$S = k\ln W$$

这一公式现在就叫**玻耳兹曼关系**,常量 k 就叫**玻耳兹曼常量**。他还导出了 H 和熵 S 的关系,即 H 和 S(或 $\ln W$)的负值成正比(或相差一个常数)。这样 H 的减小和 S 的增大相当就被完全证明了。

在众多的非难和攻击面前,玻耳兹曼清醒地认识到自己是正确的,因此坚持他的统计理论。在 1895 年出版的《气体理论讲义》第一册中,他写道:"尽管气体理论中使用概率论这一点不能直接从运动方程推导出来,但是由于采取概率论后得出的结果和实验事实一致,我们就应当承认它的价值。"在 1898 年出版的这本讲义的第二册的序言中,他又写道:"我坚持认为(对于动力论的)攻击是由于对它的错误理解以及它的意义目前还没有完全显示出来,如果对这一理论的攻击使它遭到像光的波动说在牛顿的权威影响下所遭受的命运一样而被人

遗忘的话，那将是对科学的一次很大的打击。我清楚地认识到在反对目前这种盛行的舆论时我个人力量的薄弱。为了保证以后当人们回过头来研究动力论时不至于作过多的重复性努力，我将对该理论最困难而且被人们错误地理解了的部分尽可能清楚地加以解说。"这些话一方面表明了玻耳兹曼的自信，另一方面也流露出了他凄凉的心情。有人就认为这种长期受到攻击的境遇是他在1906年自杀的重要原因之一。

真理是不会被遗忘的。1902年美国的吉布斯(J. W. Gibbs)出版了《统计力学的基本原理》，其中大大地发展了麦克斯韦、玻耳兹曼的理论，利用系综的概念建立了一套完整的统计力学理论。1905年爱因斯坦在理论上以及1909年皮兰在实验上对布朗运动的研究最终确立了分子的真实性。就这样统计力学成了一门得到普遍承认的、应用非常广泛的而且不断发展的科学理论，在近代物理研究的各方面发挥着极其重要的基础作用。

第15章

热力学第一定律

第 14 章讨论了热力学系统,特别是气体处于平衡态时的一些性质和规律。除了说明宏观规律外,还引进统计概念说明了微观本质。本章说明热力学系统状态发生变化时在能量上所遵循的规律,这一规律实际上就是能量守恒定律。能量守恒的概念源于 18 世纪末人们认识到热是一种运动,作为能量守恒定律真正得到公认则是在 19 世纪中叶迈耶(J. R. Mayer)关于热功当量的计算,特别是焦耳(J. P. Joule)关于热功当量的实验结果发表之后(焦耳的最重要的实验是利用重物下落带动许多叶片转动,叶片再搅动水使水的温度升高,见图 15.1)。随着物质结构的分子学说的建立,人们对热的本质及热功转换有了更具体更实在的认识,并有可能用经典力学对机械能和热的转换和守恒作出说明,这一转换和守恒可以说是能量守恒定律的最基本或最初的形式。本章讨论的热力学第一定律就限于能量守恒定律这一"最初形式"。

热力学第一定律及有关概念,如功、热量、内能、绝热过程等大家在中学物理课程中也都学过,对它们都有一定的认识和理解。本章所讨论的内容,包括定律本身及相关概念,包括热容量、各种单一过程、循环过程等都更

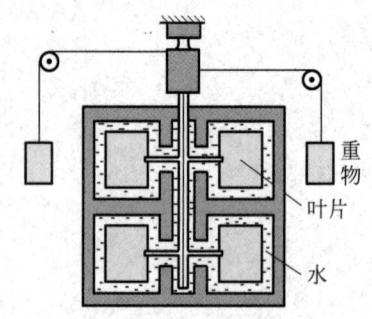

图 15.1 焦耳实验示意图

加全面和深入,不但讲了它们的宏观意义,而且还尽可能说明其微观本质。希望同学们仔细领会,不但多知道些热学知识,而且对热学的思维方法也能有所体会。

15.1 功 热量 热力学第一定律

在 4.6 节中曾导出了机械能守恒定律(式(4.24)),即
$$A_{ex} + A_{in,n\text{-}cons} = E_B - E_A$$
并把它应用于保守系统,即 $A_{in,n\text{-}cons}=0$,得式(4.25),即
$$A_{ex} = E_B - E_A = \Delta E \quad (保守系统)$$
把式(4.25)应用于系统的质心参考系,得到
$$A'_{ex} = E_{in,B} - E_{in,A}$$
此式说明,对于一个保守系统,在其质心参考系内,外力对它做的功等于它的内能的增量。

现在让我们在分子理论的基础上把这一"机械能"守恒定律应用于我们讨论的**单一组分**的热力学系统,组成这种热力学系统的"质点"就是分子。由于分子间的作用力是保守力,因此这种热力学系统就是保守系统。由于我们只考虑这种热现象而不考虑系统整体的运动,所以也就是在系统的质心参考系内讨论系统的规律。这样,内能 E_{in} 就是系统内所有分子的无规则运动动能和分子间势能的总和。它由系统的状态决定,因而是一个**状态量**。

理想气体的内能已由式(14.32)给出,即

$$E = \frac{i}{2}\nu RT$$

外力,或说外界,对系统内各分子做功的情况,从分子理论的观点看来,可以分两种情况。一种情况和系统的边界发生宏观位移相联系。例如以汽缸内的气体为系统,当活塞移动时,气体和活塞相对的表面就要发生宏观位移而使气体体积发生变化。在这一过程中,活塞将对气体做功:气体受压缩时,活塞对它做正功;气体膨胀时,活塞对它做负功。这种宏观功都会改变气体的内能。从分子理论的观点看来,这一做功过程是外界(如此例中的活塞)分子的有规则运动动能和系统内分子的无规则运动能量传递和转化的过程,表现为宏观的机械能和内能的传递和转化的过程。由于这一过程中做功的多少,亦即所传递的能量的多少,可以直接用力学中功的定义计算,所以这种情况下外界对系统做的功可称为**宏观功**,以后就直接称之为**功**,并以 A' 表示[①]。

另一种外界对系统内分子做功的情况是在没有宏观位移的条件下发生的。例如,把冷水倒入热锅中后,在没有任何宏观位移的情况下,热锅(作为外界)也会向冷水(作为系统)传递能量。从分子理论的观点看来,这种做功过程是由于水分子不断和锅的分子发生碰撞,在碰撞过程中两种分子间的作用力会在它们的微观位移中做功。大量分子在碰撞过程中做的这种**微观功**的总效果就是锅的分子无规则运动能量传给了水的分子,表现为外界和系统之间的内能传递。这种内能的传递,从微观上说,只有在外界分子和系统分子的平均动能不相同时才有可能。从宏观上说,也就是这种内能的传递需要外界和系统的温度不同。这种由于外界和系统的温度不同,通过分子做微观功而进行的内能传递过程叫做**热传递**,而所传递的能量叫**热量**。通常以 Q 表示热量,它的单位就是能量的单位 J。

综合上述宏观功和微观功两种情况可知,从分子理论的观点看来,外力对系统做的功 A'_{ex} 可写成

$$A'_{ex} = A' + Q$$

进而得到

$$A' + Q = \Delta E \tag{15.1}$$

此式说明,在一给定过程中,外界对系统做的功和传给系统的热量之和等于系统的内能的增量。这一结论现在叫做**热力学第一定律**。

[①] 电流通过电阻丝时,电阻丝要发热而改变状态。这里没有宏观位移,但是从微观上看来,这一过程是带电粒子在集体定向运动中与电阻丝的正离子进行无规则碰撞而增大后者的无规则运动能量的过程。这也是一种有规则运动向无规则运动转化和传递的过程。所以这一过程也归类为做功过程,我们说电流对电阻丝**做了电功**。又由于电阻丝内的带电粒子的定向运动是电场作用的结果,我们也可以说这一过程是电场做功。将这一概念再引申一步,电磁辐射(如光)的照射引起被照射系统的状态发生改变,也可归类为做功过程。不过,由于辐射的照射常常是使物体发热(即温度升高),所以辐射的作用又被归为"热传递"。归根结底,它就是一种能量传递的方式。

如果以 A 表示过程中系统对外界做的功,则由于总有 $A=-A'$,所以式(15.1)又可以写成

$$Q = \Delta E + A \tag{15.2}$$

这是热力学第一定律常用的又一种表示式。本书后面将采用这一表示式。

式(15.1)实际上就是能量守恒定律的"最初形式"。因为,从微观上来说,它只涉及分子运动的能量。从上面的讨论看来,它是可以从经典力学导出的,因而它具有狭隘的机械的性质。但是,不要因此而轻视它的重要意义。实际上,认识到物质由分子组成而把能量概念扩展到分子的运动,建立内能的概念,从而认识到热的本质,是科学史上一个重要的里程碑,从此打开了通向普遍的能量概念以及普遍的能量守恒定律的大门。随着人们对自然界的认识的扩展和深入,功的概念扩大了,并且引入电磁能、光能、原子核能等多种形式的能量。如果把这些能量也包括在式(15.1)的能量 E 中,则式(15.1)就成了普遍的能量守恒的表示式。当然,对式(15.1)的这种普遍性的理解已不再是经典力学的结果,而是守恒思想和实验结果的共同产物了。

15.2 准静态过程

一个系统的状态发生变化时,我们说系统在经历一个**过程**。在过程进行中的任一时刻,系统的状态当然不是平衡态。例如,推进活塞压缩汽缸内的气体时,气体的体积、密度、温度

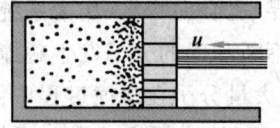

图 15.2 压缩气体时气体内各处密度不同

或压强都将发生变化(图 15.2),在这一过程中任一时刻,气体各部分的密度、压强、温度并不完全相同。靠近活塞表面的气体密度要大些,压强也要大些,温度也高些。在热力学中,为了能利用系统处于平衡态时的性质来研究过程的规律,引入了**准静态过程**的概念。所谓准静态过程是这样的过程,**在过程中任意时刻,系统都无限地接近平衡态**,因而任何时刻系统的状态都可以当平衡态处理。这也就是说,准静态过程是由一系列依次接替的平衡态所组成的过程。

准静态过程是一种理想过程。实际过程进行得越缓慢,经过一段确定时间系统状态的变化就越小,各时刻系统的状态就越接近平衡态。当实际过程进行得无限缓慢时,各时刻系统的状态也就无限地接近平衡态,而过程也就成了准静态过程。因此,准静态过程就是实际过程无限缓慢进行时的极限情况。这里"无限"一词,应从相对意义上理解。一个系统如果最初处于非平衡态,经过一段时间过渡到了一个平衡态,这一过渡时间叫**弛豫时间**。在一个实际过程中,如果系统的状态发生一个可以被实验查知的微小变化所需的时间比弛豫时间长得多,那么在任何时刻进行观察时,系统都有充分时间达到平衡态。这样的过程就可以当成准静态过程处理。例如,原来汽缸内处于平衡态的气体受到压缩后再达到平衡态所需的时间,即弛豫时间,大约是 10^{-3} s 或更小,如果在实验中压缩一次所用的时间是 1 s,这时间是上述弛豫时间的 10^3 倍,气体的这一压缩过程就可以认为是准静态过程。实际内燃机汽缸内气体经历一次压缩的时间大约是 10^{-2} s,这个时间也已是上述弛豫时间的 10 倍以上。从理论上对这种压缩过程作初步研究时,也把它当成准静态过程处理。

准静态过程可以用系统的**状态图**,如 p-V 图(或 p-T 图、V-T 图)中的一条曲线表示。

在状态图中,任何一点都表示系统的一个平衡态,所以一条曲线就表示由一系列平衡态组成的准静态过程,这样的曲线叫**过程曲线**。在图 15.3 的 p-V 图中画出了几条**等值过程**的曲线:a 是**等压过程**曲线,b 是**等体[积]过程**曲线,c 是**等温过程**(理想气体的)曲线。非平衡态不能用一定的状态参量描述,非准静态过程也就不能用状态图上的一条线来表示。

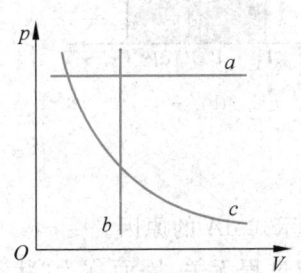

图 15.3　p-V 图上几条等值过程曲线

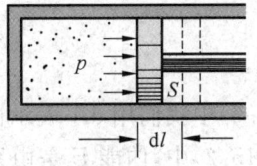

图 15.4　气体膨胀时做功的计算

对于准静态过程,功的大小可以直接利用系统的状态参量来计算。在系统保持静止的情况下常讨论的功是和系统体积变化相联系的机械功。如图 15.4 所示,设想汽缸内的气体进行无摩擦的准静态的膨胀过程,以 S 表示活塞的面积,以 p 表示气体的压强。气体对活塞的压力为 pS,当气体推动活塞向外缓慢地移动一段微小位移 dl 时,**气体对外界做的微量功**为

$$dA = pSdl$$

由于

$$Sdl = dV$$

是气体体积 V 的增量,所以上式又可写为

$$dA = pdV \tag{15.3}$$

这一公式是通过图 15.5 的特例导出的,但可以证明它是准静态过程中"**体积功**"的一般计算公式。它是用系统的状态参量表示的。很明显,如果 $dV > 0$,则 $dA > 0$,即系统体积膨胀时,系统对外界做功;如果 $dV < 0$,则 $dA < 0$,表示系统体积缩小时,系统对外界做负功,实际上是外界对系统做功。

当系统经历了一个有限的准静态过程,体积由 V_1 变化到 V_2 时,**系统对外界做的总功**就是

$$A = \int dA = \int_{V_1}^{V_2} pdV \tag{15.4}$$

如果知道过程中系统的压强随体积变化的具体关系式,将它代入此式就可以求出功来。

由积分的意义可知,用式(15.4)求出的功的大小等于 p-V 图上过程曲线下的**面积**,如图 15.5 所示。比较图 15.5(a),(b)两图还可以看出,使系统从某一初态 1 过渡到另一末态 2,功 A 的数值与过程进行的**具体形式**,即过程中压强随体积变化的具体关系直接有关,只知道初态和末态并不能确定功的大小。因此,**功是"过程量"**。不能说系统处于某一状态时,具有多少功,即功不是状态的函数。因此,微量功不能表示为某个状态函数的全微分。这就

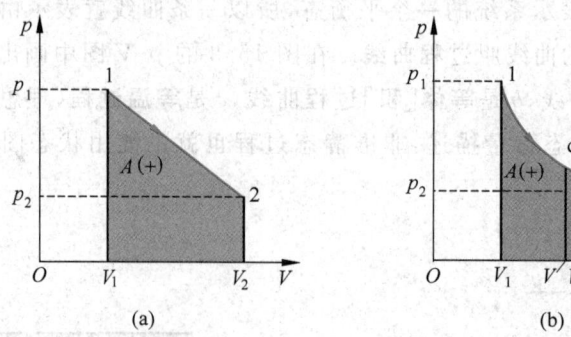

图 15.5 功的图示

是在式(15.3)中我们用 dA 表示微量功而不用全微分表示式 dA 的原因。

在式(15.2)中,内能 E 是由系统的状态决定的而与过程无关,因而称为"状态量"。既然功是过程量,内能是状态量,则由式(15.2)可知,热量 Q 也一定是"过程量",即决定于过程的形式。说系统处于某一状态时具有多少热量是没有意义的。对于微量热量,我们也将以 dQ 表示而不用 dQ。

关于热量的计算,对于固体或液体,如果吸热只引起温度的升高,通常是用下式计算热量:

$$Q = cm\Delta T \tag{15.5}$$

式中,m 为被加热物体的质量(kg),ΔT 为物体温度的升高(K),c 为该物体所属物质的比热(J/(kg·K))。不同的固体和液体,它们的比热各不相同。关于气体的比热将在 15.3 节讨论。

在有的过程中,系统和外界虽有热传递,但系统温度并不改变的实际的这种例子有系统发生的相变,如熔化、凝固、汽化或液化等。固体(晶体)在熔点熔化成液体时吸热而温度不变,液体在沸点汽化时吸热温度也不改变。物体在相变时所吸收(或放出)的热量叫**潜热**。具体来说,固体熔化时吸收的热量叫**熔化热**,这熔化成的液体在凝固时将放出同样多的热量。液体在沸点汽化时吸收的热量叫**汽化热**,所生成的蒸气在液化时也将放出同样的热。不同物质的熔化热和汽化热各不相同。如冰在 0℃ 时的熔化热为 6.03 kJ/mol,水在 100℃ 时的汽化热为 40.6 kJ/mol,铜在 1356 K 时的熔化热是 8.52 kJ/mol,液氮在 77.3 K 时的汽化热为 5.63 kJ/mol。

最后,再说明一点。传热和做功都是系统内能变化的过程。一个具体的过程是传热还是做功往往和所选择的系统的组成有关。例如,在用"热得快"烧水的过程中,如果把水和电阻丝一起作为系统,当接通电源,电流通过电阻丝会使电阻丝和水的温度升高,这是外界对系统做功而使系统内能增加的情形。如果只是把水作为系统,当接通电源,电流通过电阻丝,先是电阻丝温度升高而和水有了温度差,这时系统(水)的内能的增加就应归因于外界(包括电阻丝)对它的传热了。

例 15.1

气体等温过程。ν(mol)的理想气体在保持温度 T 不变的情况下,体积从 V_1 经过准静

态过程变化到 V_2。求在这一等温过程中气体对外做的功和它从外界吸收的热。

解 理想气体在准静态过程中,压强 p 随体积 V 按下式变化:
$$pV = \nu RT$$
由这一关系式求出 p 代入式(15.4),并注意到温度 T 不变,可求得在**等温过程**中气体对外做的功为
$$A = \int_{V_1}^{V_2} p dV = \int_{V_1}^{V_2} \frac{\nu RT}{V} dV = \nu RT \int_{V_1}^{V_2} \frac{dV}{V} = \nu RT \ln \frac{V_2}{V_1} \tag{15.6}$$
此结果说明,气体等温膨胀时($V_2 > V_1$),气体对外界做正功;气体等温压缩时($V_2 < V_1$),气体对外界做负功,即外界对气体做功。

理想气体的内能由公式(14.32)
$$E = \frac{i}{2} \nu RT$$
给出。在等温过程中,由于 T 不变,$\Delta E = 0$,再由热力学第一定律公式(15.2)可得气体从外界吸收的热量为
$$Q = \Delta E + A = A = \nu RT \ln \frac{V_2}{V_1} \tag{15.7}$$
此结果说明,气体等温膨胀时,$Q > 0$,气体从外界吸热;气体等温压缩时,$Q < 0$,气体对外界放热。

例 15.2

汽化过程。压强为 1.013×10^5 Pa 时,1 mol 的水在 100℃ 变成水蒸气,它的内能增加多少?已知在此压强和温度下,水和水蒸气的摩尔体积分别为 $V_{l,m} = 18.8 \text{ cm}^3/\text{mol}$ 和 $V_{g,m} = 3.01 \times 10^4 \text{ cm}^3/\text{mol}$,而水的汽化热 $L = 4.06 \times 10^4 \text{ J/mol}$。

解 水的汽化是等温等压相变过程。这一过程可设想为下述准静态过程:汽缸内装有 100℃ 的水,其上用一重量可忽略而与汽缸无摩擦的活塞封闭起来,活塞外面为大气,其压强为 1.013×10^5 Pa,汽缸底部导热,置于温度比 100℃ 高一无穷小值的热库上(图 15.6)。这样水就从热库缓缓吸热汽化,而水汽将缓缓地推动活塞向上移动而对外做功。在 $\nu = 1$ mol 的水变为水汽的过程中,水从热库吸的热量为
$$Q = \nu L = 1 \times 4.06 \times 10^4 = 4.06 \times 10^4 \text{(J)}$$

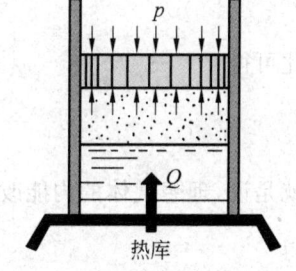

图 15.6 水的等温等压汽化

水汽对外做的功为
$$A = p(V_{g,m} - V_{l,m})$$
$$= 1.013 \times 10^5 \times (3.01 \times 10^4 - 18.8) \times 10^{-6}$$
$$= 3.05 \times 10^3 \text{(J)}$$

根据式(15.2),水的内能增量为
$$\Delta E = E_2 - E_1 = Q - A = 4.06 \times 10^4 - 3.05 \times 10^3$$
$$= 3.75 \times 10^4 \text{(J)}$$

15.3 热容

很多情况下,系统和外界之间的热传递会引起系统本身温度的变化,这一温度的变化和热传递的关系用**热容**表示。不同物质升高相同温度时吸收的热量一般不相同。1 mol 的物

质温度升高 dT 时,如果吸收的热量为 dQ,则该物质的**摩尔热容**①定义为

$$C_m = \frac{dQ}{dT} \tag{15.8}$$

由于热量是过程量,同种物质的摩尔热容也就随过程不同而不同。常用的摩尔热容有定压热容和定体热容两种,分别由定压和定体条件下物质吸收的热量决定。对于液体和固体,由于体积随压强的变化甚小,所以摩尔定压热容和摩尔定体热容常可不加区别。气体的这两种摩尔热容则有明显的不同。下面就来讨论理想气体的摩尔热容。

对 ν(mol)理想气体进行的压强不变的准静态过程,式(15.2)和式(15.3)给出在一元过程中气体吸收的热量为

$$(dQ)_p = dE + pdV$$

气体的摩尔定压热容为

$$C_{p,m} = \frac{1}{\nu}\left(\frac{dQ}{dT}\right)_p = \frac{1}{\nu}\frac{dE}{dT} + \frac{p}{\nu}\left(\frac{dV}{dT}\right)_p$$

将 $E = \frac{i}{2}\nu RT$ 和 $pV = \nu RT$ 代入,可得

$$C_{p,m} = \frac{i}{2}R + R \tag{15.9}$$

对于体积不变的过程,由于 $dA = pdV = 0$,在一元过程中气体吸收的热量为

$$(dQ)_V = dE$$

由此得摩尔定体热容为

$$C_{V,m} = \frac{1}{\nu}\left(\frac{dQ}{dT}\right)_V = \frac{1}{\nu}\frac{dE}{dT} \tag{15.10}$$

由此可得

$$\Delta E = E_2 - E_1 = \nu \int_{T_1}^{T_2} C_{V,m} dT \tag{15.11}$$

这就是说,理想气体的内能改变可直接由**定体**热容求得。将 $E = \frac{i}{2}\nu RT$ 代入式(15.10),又可得

$$C_{V,m} = \frac{i}{2}R \tag{15.12}$$

比较式(15.9)和式(15.12)可得

$$C_{p,m} - C_{V,m} = R \tag{15.13}$$

迈耶在 1842 年利用该公式算出了热功当量,对建立能量守恒作出了重要贡献,这一公式就叫**迈耶公式**。

以 γ 表示摩尔定压热容和摩尔定体热容的比,叫**比热比**,则对理想气体,根据式(15.9)和式(15.12),就有

$$\gamma = \frac{C_{p,m}}{C_{V,m}} = \frac{i+2}{i} \tag{15.14}$$

---

① 如果式(15.8)中的 dQ 是单位质量的物质温度升高 dT 时所吸收的热量,则 dQ/dT 定义为物质的比热容,简称比热,以小写的 c 代表。

对单原子分子气体,
$$i = 3, \quad C_{V,m} = \frac{3}{2}R, \quad C_{p,m} = \frac{5}{2}R, \quad \gamma = \frac{5}{3} = 1.67$$

对刚性双原子分子气体,
$$i = 5, \quad C_{V,m} = \frac{5}{2}R, \quad C_{p,m} = \frac{7}{2}R, \quad \gamma = 1.40$$

对刚性多原子分子气体,
$$i = 6, \quad C_{V,m} = 3R, \quad C_{p,m} = 4R, \quad \gamma = \frac{4}{3} = 1.33$$

表 15.1 列出了一些气体的摩尔热容和 γ 值的理论值与实验值。对单原子分子气体及双原子分子气体来说符合得相当好,而对多原子分子气体,理论值与实验值有较大差别。

表 15.1　室温下一些气体的 $C_{V,m}/R$, $C_{p,m}/R$ 与 γ 值

气体	理论值			实验值		
	$C_{V,m}/R$	$C_{p,m}/R$	γ	$C_{V,m}/R$	$C_{p,m}/R$	γ
He	1.5	2.5	1.67	1.52	2.52	1.67
Ar	1.5	2.5	1.67	1.51	2.51	1.67
H_2	2.5	3.5	1.40	2.46	3.47	1.41
N_2	2.5	3.5	1.40	2.48	3.47	1.40
O_2	2.5	3.5	1.40	2.55	3.56	1.40
CO	2.5	3.5	1.40	2.69	3.48	1.29
H_2O	3	4	1.33	3.00	4.36	1.33
CH_4	3	4	1.33	3.16	4.28	1.35

上述经典统计理论给出的理想气体的热容是与温度无关的,实验测得的热容则随温度变化。图 15.7 为实验测得的氢气的摩尔定压热容和普适气体常量的比值 $C_{p,m}/R$ 同温度的关系,这个图线有三个台阶。在很低温度($T < 50$ K)下, $C_{p,m}/R \approx 5/2$,氢分子的总自由度数为 $i=3$;在室温($T \approx 300$ K)附近, $C_{p,m}/R \approx 7/2$,氢分子的总自由度数 $i=5$;在很高温度时, $C_{p,m}/R \approx 9/2$,氢分子的总自由度数变成了 $i=7$。可见,在图示的温度范围内氢气的摩尔热容是明显地随温度变化的。这种热容随温度变化的关系是经典理论所不能解释的。

经典理论所以有这一缺陷,后来认识到,其根本原因在于,上述热容的经典理论是建立

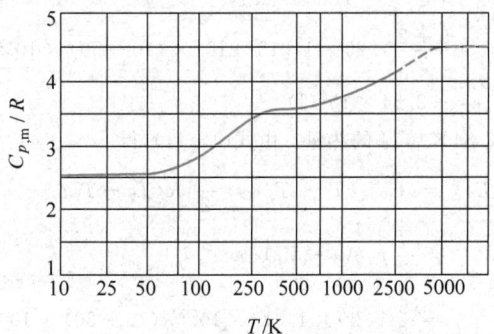

图 15.7　氢气的 $C_{p,m}/R$ 与温度的关系

在能量均分定理之上,而这个定理是以粒子能量可以连续变化这一经典概念为基础的。实际上原子、分子等微观粒子的运动遵从量子力学规律,经典概念只在一定的限度内适用,只有量子理论才能对气体热容作出较完满的解释。

例 15.3

20 mol 氧气由状态 1 变化到状态 2 所经历的过程如图 15.8 所示。试求这一过程的 A 与 Q 以及氧气内能的变化 $E_2 - E_1$。氧气当成刚性分子理想气体看待。

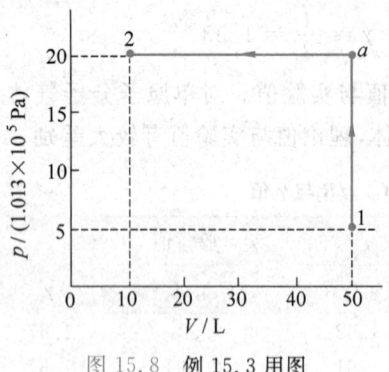

图 15.8 例 15.3 用图

解 图示过程分为两步:$1 \to a$ 和 $a \to 2$。

对于 $1 \to a$ 过程,由于是**等体过程**,所以由式(15.4),$A_{1a} = 0$,得

$$Q_{1a} = \nu C_{V,m}(T_a - T_1) = \frac{i}{2}\nu R(T_a - T_1)$$

$$= \frac{i}{2}(p_2 V_1 - p_1 V_1)$$

$$= \frac{i}{2}(p_2 - p_1)V_1$$

$$= \frac{5}{2} \times (20 - 5) \times 1.013 \times 10^5 \times 50 \times 1 \times 10^{-3}$$

$$= 1.90 \times 10^5 \text{ (J)}$$

此结果为正,表示气体从外界吸了热。由式(15.11),得

$$(\Delta E)_{1a} = \nu C_{V,m}(T_a - T_1) = Q_{1a} = 1.90 \times 10^5 \text{ (J)}$$

气体内能增加了 1.90×10^5 J。

对于 $a \to 2$ 过程,由于是**等压过程**,所以式(15.4)给出

$$A_{a2} = \int_{V_1}^{V_2} p \mathrm{d}V = p\int_{V_1}^{V_2} \mathrm{d}V = p_2(V_2 - V_1)$$

$$= 20 \times 1.013 \times 10^5 \times (10 - 50) \times 10^{-3}$$

$$= -0.81 \times 10^5 \text{ (J)}$$

此结果的负号表示气体的内能减少了 0.81×10^5 J。

$$Q_{a2} = \nu C_{p,m}(T_2 - T_a) = \frac{i+2}{2}\nu R(T_2 - T_a)$$

$$= \frac{i+2}{2}p_2(V_2 - V_1)$$

$$= \frac{5+2}{2} \times 20 \times 1.013 \times 10^5 \times (10 - 50) \times 10^{-3}$$

$$= -2.84 \times 10^5 \text{ (J)}$$

负号表明气体向外界放出了 2.84×10^5 J 的热量。由式(15.11),得

$$(\Delta E)_{a2} = \nu C_{V,m}(T_2 - T_a) = \frac{i}{2}\nu R(T_2 - T_a)$$

$$= \frac{i}{2}p_2(V_2 - V_1)$$

$$= \frac{5}{2} \times 20 \times 1.013 \times 10^5 \times (10 - 50) \times 10^{-3}$$

$$= -2.03 \times 10^5 \text{ (J)}$$

负号表示气体的内能减少了 2.03×10^5 J。

对于整个 1→a→2 过程，

$$A = A_{1a} + A_{a2} = 0 + (-0.81 \times 10^5) = -0.81 \times 10^5 \text{(J)}$$

气体对外界做了负功或外界对气体做了 0.81×10^5 J 的功。

$$Q = Q_{1a} + Q_{a2} = 1.90 \times 10^5 - 2.84 \times 10^5 = -0.94 \times 10^5 \text{(J)}$$

气体向外界放出了 0.94×10^5 J 热量。

$$\begin{aligned}\Delta E &= E_2 - E_1 = (\Delta E)_{1a} + (\Delta E)_{a2} \\ &= 1.90 \times 10^5 - 2.03 \times 10^5 \\ &= -0.13 \times 10^5 \text{(J)}\end{aligned}$$

气体内能减小了 0.13×10^5 J。

以上分别独立地计算了 A,Q 和 ΔE，从结果可以验证 1→a 过程、a→2 过程以及整个过程，它们都符合热力学第一定律，即 $Q = \Delta E + A$。

例 15.4

20 mol 氮气由状态 1 到状态 2 经历的过程如图 15.9 所示，其过程图线为一斜直线。求这一过程的 A 与 Q 及氮气内能的变化 $E_2 - E_1$。氮气当成刚性分子理想气体看待。

解 对图示过程求功，如果还利用式(15.4)积分求解，必须先写出压强 p 作为体积的函数。这虽然是可能的，但比较繁琐。我们知道，任一过程的功等于 p-V 图中该过程曲线下到 V 轴之间的面积，所以可以通过计算斜线下梯形的面积而求出该过程的功，即气体对外界做的功为

$$\begin{aligned}A &= -\frac{p_1 + p_2}{2}(V_1 - V_2) \\ &= -\frac{5 + 20}{2} \times 1.013 \times 10^5 \times (50 - 10) \times 10^{-3} \\ &= -0.51 \times 10^5 \text{(J)}\end{aligned}$$

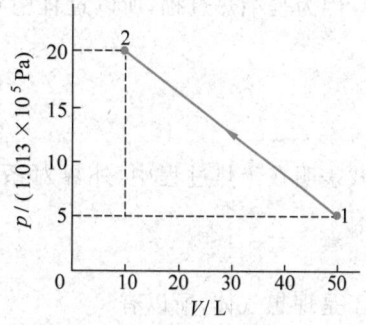

图 15.9 例 15.4 用图

负号表示外界对气体做了 0.51×10^5 J 的功。

图示过程既非等体，亦非等压，故不能直接利用 $C_{V,m}$ 和 $C_{p,m}$ 求热量，但可以先求出内能变化 ΔE，然后用热力学第一定律求出热量来。由式(15.11)得从状态 1 到状态 2 气体内能的变化为

$$\begin{aligned}\Delta E &= \nu C_{V,m}(T_2 - T_1) \\ &= \frac{i}{2}\nu R(T_2 - T_1) = \frac{i}{2}(p_2 V_2 - p_1 V_1) \\ &= \frac{5}{2} \times (20 \times 10 - 5 \times 50) \times 1.013 \times 10^5 \times 10^{-3} \text{(J)} \\ &= -0.13 \times 10^5 \text{(J)}\end{aligned}$$

负号表示气体内能减少了 0.13×10^5 J。

再由热力学第一定律式(15.2)，得

$$Q = \Delta E + A = -0.13 \times 10^5 - 0.51 \times 10^5 = -0.64 \times 10^5 \text{(J)}$$

是气体向外界放了热。

15.4 绝热过程

绝热过程是系统在和外界无热量交换的条件下进行的过程,用隔能壁(或叫绝热壁)把系统和外界隔开就可以实现这种过程。实际上没有理想的隔能壁,因此用这个方法只能实现近似的绝热过程。如果过程进行得很快,以致在过程中系统来不及和外界进行显著的热交换,这种过程也近似于绝热过程。蒸汽机或内燃机汽缸内的气体所经历的急速压缩和膨胀,空气中声音传播时引起的局部膨胀或压缩过程都可以近似地当成绝热过程处理就是这个原因。

下面我们讨论理想气体的绝热过程的规律。举两个例子,一个是准静态的,另一个是非准静态的。

1. 准静态绝热过程

我们研究理想气体经历一个**准静态**绝热过程时,其能量变化的特点及各状态参量之间的关系。

因为是绝热过程,所以过程中 $Q=0$,根据热力学第一定律得出的能量关系是

$$E_2 - E_1 + A = 0 \tag{15.15}$$

或

$$E_2 - E_1 = -A$$

此式表明在绝热过程中,外界对系统做的功等于系统内能的增量。对于微小的绝热过程应有

$$dE + dA = 0$$

由于是理想气体,所以有

$$dE = \frac{i}{2}\nu R dT$$

又由于是准静态过程,所以又有

$$dA = p dV$$

因而绝热条件给出

$$\frac{i}{2}\nu R dT + p dV = 0 \tag{15.16}$$

此式是由能量守恒给定的状态参量之间的关系。

在准静态过程中的任意时刻,理想气体都应满足状态方程

$$pV = \nu RT$$

对此式求微分可得

$$p dV + V dp = \nu R dT \tag{15.17}$$

在式(15.16)与式(15.17)中消去 dT,可得

$$(i+2)p dV + i V dp = 0$$

再利用 γ 的定义式(15.14),可以将上式写成

$$\frac{dp}{p} + \gamma \frac{dV}{V} = 0$$

这是理想气体的状态参量在准静态绝热过程中必须满足的微分方程式。在实际问题中，γ 可当做常数。这时对上式积分可得

$$\ln p + \gamma \ln V = C$$

或

$$pV^{\gamma} = C_1 \tag{15.18}$$

式中 C 为常数，C_1 为常量。式(15.18)叫**泊松公式**。利用理想气体状态方程，还可以由此得到

$$TV^{\gamma-1} = C_2 \tag{15.19}$$

$$p^{\gamma-1}T^{-\gamma} = C_3 \tag{15.20}$$

式中 C_2，C_3 也是常量。除状态方程外，理想气体在准静态绝热过程中，各状态参量还需要满足式(15.18)或式(15.19)或式(15.20)，这些关系式叫绝热过程的**过程方程**。

在图 15.10 所示的 p-V 图上画出了理想气体的绝热过程曲线 a，同时还画出了一条等温线 i 进行比较。可以看出，绝热线比等温线陡，这可以用数学方法通过比较两种过程曲线的斜率来证明。

从气体动理论的观点看绝热线比等温线陡是很容易解释的。例如同样的气体都从状态 1 出发，一次用绝热压缩，一次用等温压缩，使其体积都减小 ΔV。在等温条件下，随着体积的减小，气体分子数密度将增大，但分子平均动能不变，根据公式 $p = \frac{2}{3} n \bar{\varepsilon}_t$，气体的压强将增大 Δp_i。在绝热条件下，随

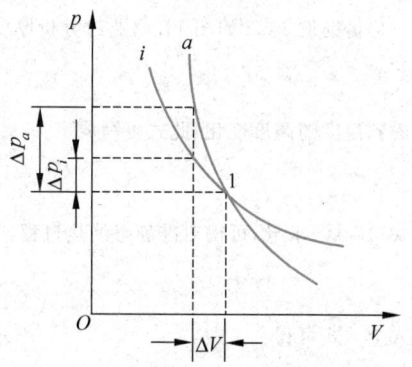

图 15.10 绝热线 a 与等温线 i 的比较

着体积的减小，不但分子数密度要同样地增大，而且由于外界做功增大了分子的平均动能，所以气体的压强增大得更多了，即 $\Delta p_a > \Delta p_i$，因此绝热线要比等温线陡些。

例 15.5

一定质量的理想气体，从初态 (p_1, V_1) 开始，经过准静态绝热过程，体积膨胀到 V_2，求在这一过程中气体对外做的功。设该气体的比热比为 γ。

解 由泊松公式(15.18)得

$$pV^{\gamma} = p_1 V_1^{\gamma}$$

由此得

$$p = p_1 V_1^{\gamma} / V^{\gamma}$$

将此式代入计算功的式(15.4)，可直接求得功为

$$A = \int_{V_1}^{V_2} p \, dV = p_1 V_1^{\gamma} \int_{V_1}^{V_2} \frac{dV}{V^{\gamma}} = p_1 V_1^{\gamma} \frac{1}{1-\gamma}(V_2^{1-\gamma} - V_1^{1-\gamma})$$

$$= \frac{p_1 V_1}{\gamma - 1}\left[1 - \left(\frac{V_1}{V_2}\right)^{\gamma-1}\right] \tag{15.21}$$

此式也可以利用绝热条件求得。由式(15.2)可得

$$A = -\Delta E = E_1 - E_2 = \frac{i}{2}\nu R(T_1 - T_2)$$

再利用式(15.14),可得

$$A = \frac{\nu R}{\gamma-1}(T_1 - T_2) = \frac{1}{\gamma-1}(\nu R T_1 - \nu R T_2)$$
$$= \frac{1}{\gamma-1}(p_1 V_1 - p_2 V_2) \tag{15.22}$$

再利用泊松公式,就可以得到与式(15.21)相同的结果。

例 15.6

用绝热过程模型求大气温度随高度递减的规律。

解 在例14.2中分析大气压强随高度的变化时,曾假定大气的温度不随高度改变。这当然和实际不符。实际上,在地面上一定高度内,空气的温度是随高度递减的,这个温度的变化可以用绝热过程来研究。原来,由于地面被太阳晒热,其上空气受热而密度减小,就缓慢向上流动。流动时因为周围空气导热性差,所以上升气流可以认为是经历绝热过程。这种绝热过程模型应该更符合实际。

仍借助例14.2的图14.6,通过分析厚度为 dh 的一层空气的平衡条件得到式(14.15):

$$\frac{dp}{dh} = -\frac{Mgp}{RT}$$

考虑到温度随高度变化,此式可写成

$$\frac{dp}{dT}\frac{dT}{dh} = -\frac{Mgp}{RT}$$

对式(15.20)求导,可得对准静态绝热过程,

$$\frac{dp}{dT} = \frac{\gamma}{\gamma-1}\frac{p}{T}$$

代入上一式可得

$$\frac{dT}{dh} = -\frac{\gamma-1}{\gamma}\frac{Mg}{R}$$

对空气,取 $\gamma = 7/5, M = 29 \times 10^{-3}$ kg/mol,可得

$$\frac{dT}{dh} = -9.8 \times 10^{-3} \text{ K/m} = -9.8 \text{ K/km}$$

由此可得,每升高 1 km,大气温度约下降 10 K,这和地面上 10 km 以内大气温度的变化大致符合。

实际上,大气的状况很复杂,其中的水蒸气含量、太阳辐射强度、地势的高低、气流的走向等因素都有较大的影响,大气温度并不随高度一直递减下去。在 10 km 高空,温度约为 $-50℃$。再往高处去,温度反而随高度而升高了。火箭和人造卫星的探测发现,在 400 km 以上,温度甚至可达 10^3 K 或更高。

2. 绝热自由膨胀过程

考虑一绝热容器,其中有一隔板将容器容积分为相等的两半。左半充以理想气体,右半抽成真空(图15.11)。左半部气体原处于平衡态,现在抽去隔板,则气体将冲入右半部,最后可以在整个容器内达到一个新的平衡态。这种过程叫**绝热自由膨胀**。在此过程中任一时刻气体显然不处于平衡态,因而过程是非准静态过程。

虽然自由膨胀是非准静态过程,它仍应服从热力学第一定律。由于过程是绝热的,即 $Q=0$,因而有

$$E_2 - E_1 + A = 0$$

又由于气体是向真空冲入,所以它对外界不做功,即 $A=0$。因而进一步可得

$$E_2 - E_1 = 0$$

即气体经过自由膨胀,内能保持不变。对于理想气体,由于内能只包含分子热运动动能,它只是温度的函数,所以经过自由膨胀,理想气体再达到平衡态时,它的温度将复原,即

$$T_2 = T_1 \quad \text{(理想气体绝热自由膨胀)} \quad (15.23)$$

根据状态方程,对于初、末状态应分别有

$$p_1 V_1 = \nu R T_1$$
$$p_2 V_2 = \nu R T_2$$

因为 $T_1 = T_2$,$V_2 = 2V_1$,这两式就给出

$$p_2 = \frac{1}{2} p_1$$

应该着重指出的是,上述状态参量的关系都是对气体的初态和末态说的。虽然自由膨胀的初、末态温度相等,但不能说自由膨胀是等温过程,因为在过程中每一时刻系统并不处于平衡态,不可能用一个温度来描述它的状态。又由于自由膨胀是非准静态过程,所以式(15.18)~式(15.20)诸过程方程也都不适用了。

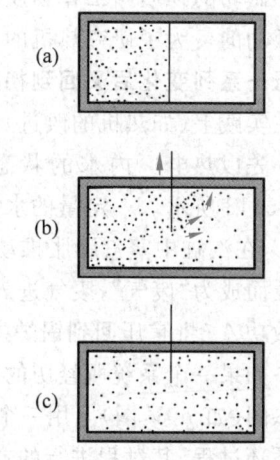

图 15.11 气体的自由膨胀
(a) 膨胀前(平衡态);(b) 过程中某一时刻(非平衡态);(c) 膨胀后(平衡态)

应该指出,上述绝热自由膨胀过程是对理想气体说的。理想气体内能只包含分子热运动动能,内能不变就意味着分子的平均动能不变,因而温度不变。实际气体经过绝热自由膨胀后,温度一般不会恢复到原来温度。原因是实际气体分子之间总存在相互作用力,而内能中还包含分子间的势能。如果在绝热自由膨胀时,分子间的平均作用力以斥力为主(这要看分子间的平均距离是怎么改变的),则绝热膨胀后,由于斥力做了正功,分子间势能要减小。这时,内能不变就意味着分子的动能增大,因而气体的温度将升高。如果在绝热自由膨胀时,分子间的平均作用力以引力为主,则绝热膨胀后,由于引力做了负功,分子间的势能要增大。这时,内能不变就意味着分子的动能减小,因而气体的温度要降低。

自由膨胀是向真空的膨胀,这在实验上难以严格做到,实际上做的是气体向压强较低的区域膨胀。如图 15.12 所示,在一管壁绝热的管道中间安置一个多孔塞(曾用棉花压紧制成,其中有许多细小的气体通道)。两侧气体压强分别为 p_1 和 p_2,且 $p_1 > p_2$。当徐徐推进左侧活塞时,气体可以通过多孔塞流入右侧压强较小区域,这一区域靠活塞的徐徐右移而保持压强 p_2 不变。气

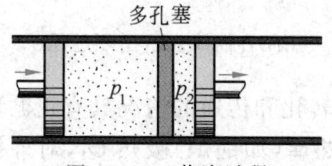

图 15.12 节流过程

体通过多孔塞的过程不是准静态过程,这一过程叫**节流过程**。也可以用一个小孔代替多孔塞进行节流过程。通过节流过程,实际气体温度改变的现象叫**焦耳-汤姆孙效应**。正的焦耳-汤姆孙效应,即节流后气体温度降低的现象,被利用来制取液态空气,使空气经过几次节流膨胀后,其温度可以降低到其中部分空气被液化的程度。

15.5 循环过程

在历史上,热力学理论最初是在研究热机工作过程的基础上发展起来的。热机是利用热来做功的机器,例如蒸汽机、内燃机、汽轮机等都是热机。在热机中被利用来吸收热量并

对外做功的物质叫**工作物质**,简称**工质**。各种热机都是重复地进行着某些过程而不断地吸热做功的。为了研究热机的工作过程,引入循环过程的概念。**一个系统**,如热机中的工质,**经历一系列变化后又回到初始状态的整个过程叫循环过程**,简称**循环**。研究循环过程的规律在实践上(如热机的改进)和理论上都有很重要的意义。

先以热电厂内水的状态变化为例说明循环过程的意义。水所经历的循环过程如图 15.13 所示。一定量的水先从锅炉 B 中吸收热量 Q_1 变成高温高压的蒸汽,然后进入汽缸 C,在汽缸中蒸汽膨胀推动汽轮机的叶轮对外做功 A_1。做功后蒸汽的温度和压强都大为降低而成为"废气",废气进入冷凝器 R 后凝结为水时放出热量 Q_2。最后由泵 P 对此冷凝水做功 A_2 将它压回到锅炉中去而完成整个循环过程。

如果一个系统所经历的循环过程的各个阶段都是准静态过程,这个循环过程就可以在状态图(如 p-V 图)上用一个闭合曲线表示。图 15.14 就画了一个闭合曲线表示任意的一个循环过程,其过程进行的方向如箭头所示。从状态 a 经状态 b 达到状态 c 的过程中,系统对外做功,其数值 A_1 等于曲线段 abc 下面到 V 轴之间的面积;从状态 c 经状态 d 回到状态 a 的过程中,外界对系统做功,其数值 A_2 等于曲线段 cda 下面到 V 轴之间的面积。整个循环过程中系统对外做的**净功**的数值为 $A=A_1-A_2$,在图 15.14 中它就等于循环过程曲线所包围的面积。在 p-V 图中,循环过程沿顺时针方向进行时,像图 15.14 中那样,系统对外做功,这种循环叫**正循环**(或热循环)。循环过程沿逆时针方向进行时,外界将对系统做净功,这种循环叫**逆循环**(或致冷循环)。

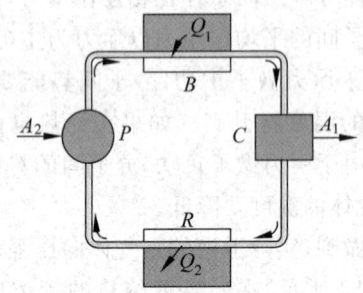
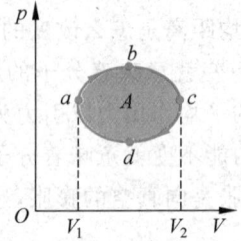

图 15.13　热电厂内水的循环过程示意图　　　图 15.14　用闭合曲线表示循环过程

在图 15.13 中,水进行的是正循环,该循环过程中的能量转化和传递的情况具有正循环的一般特征:一定量的工作物质在一次循环过程中要从**高温热库**(如锅炉)吸热 Q_1,对外做净功 A,又向**低温热库**(如冷凝器)放出热量 Q_2(只表示数值)。由于工质回到了初态,所以内能不变。根据热力学第一定律,工质吸收的**净热量** (Q_1-Q_2) 应该等于它对外做的净功 A,即

$$A = Q_1 - Q_2 \tag{15.24}$$

这就是说,工质以传热方式从高温热库得到的能量,有一部分仍以传热的方式放给低温热库,二者的**差额**等于工质对外做的净功。

对于热机的正循环,实践上和理论上都很注意它的**效率**。循环的效率是**在一次循环过程中工质对外做的净功占它从高温热库吸收的热量的比率**。这是热机效能的一个重要指标。以 η 表示循环的效率,则按定义,应该有

$$\eta = \frac{A}{Q_1} \tag{15.25}$$

再利用式(15.24),可得

$$\eta = 1 - \frac{Q_2}{Q_1} \tag{15.26}$$

例 15.7

空气标准奥托循环。燃烧汽油的四冲程内燃机中进行的循环过程叫做奥托循环,它实际上进行的过程如下:先是将空气和汽油的混合气吸入汽缸,然后进行急速压缩,压缩至混合气的体积最小时用电火花点火引起爆燃。汽缸内气体得到燃烧放出的热量,温度、压强迅速增大,从而能推动活塞对外做功。做功后的废气被排出汽缸,然后再吸入新的混合气进行下一个循环。这一过程并非同一工质反复进行的循环过程,而且经过燃烧,汽缸内的气体还发生了化学变化。在理论上研究上述实际过程中的能量转化关系时,总是用一定质量的空气(理想气体)进行的下述准静态循环过程来代替实际的过程。这样的理想循环过程就叫**空气标准奥托循环**,它由下列四步组成(图 15.15):

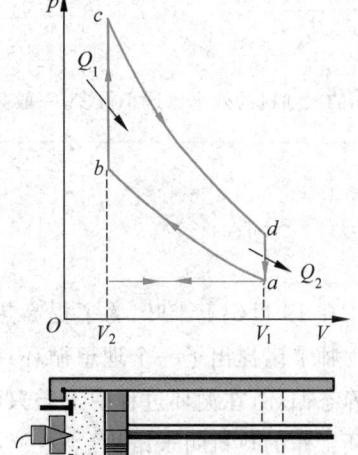

图 15.15　空气标准奥托循环

(1) 绝热压缩 $a \rightarrow b$,气体从 (V_1, T_1) 状态变化到 (V_2, T_2) 状态;

(2) 等体吸热(相当于点火爆燃过程)$b \rightarrow c$,气体由 (V_2, T_2) 状态变化到 (V_2, T_3) 状态;

(3) 绝热膨胀(相当于气体膨胀对外做功的过程)$c \rightarrow d$,气体由 (V_2, T_3) 状态变化到 (V_1, T_4) 状态;

(4) 等体放热 $d \rightarrow a$,气体由 (V_1, T_4) 状态变回到 (V_1, T_1) 状态。

求这个理想循环的效率。

解　在 $b \rightarrow c$ 的等体过程中气体吸收的热量为

$$Q_1 = \nu C_{V,m}(T_3 - T_2)$$

在 $d \rightarrow a$ 的等体过程中气体放出的热量为

$$Q_2 = \nu C_{V,m}(T_4 - T_1)$$

代入式(15.26),可得此循环效率为

$$\eta = 1 - \frac{Q_2}{Q_1} = 1 - \frac{T_4 - T_1}{T_3 - T_2}$$

由于 $a \rightarrow b$ 是绝热过程,所以

$$\frac{T_2}{T_1} = \left(\frac{V_1}{V_2}\right)^{\gamma - 1}$$

又由于 $c \rightarrow d$ 也是绝热过程,所以又有

$$\frac{T_3}{T_4} = \left(\frac{V_1}{V_2}\right)^{\gamma - 1}$$

由以上两式可得

$$\frac{T_3}{T_4} = \frac{T_2}{T_1} = \frac{T_3 - T_2}{T_4 - T_1}$$

将此关系代入上面的效率公式中,可得

$$\eta = 1 - \frac{1}{\frac{T_2}{T_1}} = 1 - \frac{1}{\left(\frac{V_1}{V_2}\right)^{\gamma-1}}$$

定义**压缩比**为 $V_1/V_2 = r$,则上式又可写成

$$\eta = 1 - \frac{1}{r^{\gamma-1}}$$

由此可见,空气标准奥托循环的效率决定于压缩比。现代汽油内燃机的压缩比约为10,更大时当空气和汽油的混合气在尚未压缩到 b 状态时,温度就已升高到足以引起混合气燃烧了。设 $r=10$,空气的 γ 值取 1.4,则上式给出

$$\eta = 1 - \frac{1}{10^{0.4}} = 0.60 = 60\%$$

实际的汽油机的效率比这小得多,一般只有30%左右。

15.6 卡诺循环

在19世纪上半叶,为了提高热机效率,不少人进行了理论上的研究。1824年法国青年工程师卡诺提出了一个理想循环,该循环体现了热机循环的最基本的特征。该循环是一种准静态循环,在循环过程中工质**只**和**两个恒温热库**交换热量。这种循环叫**卡诺循环**,按卡诺循环工作的热机叫**卡诺机**。

下面讨论以理想气体为工质的卡诺循环,它由下列几步准静态过程(图15.16)组成。

1→2:使汽缸和温度为 T_1 的高温热库接触,使气体做等温膨胀,体积由 V_1 增大到 V_2。在这一过程中,它从高温热库吸收的热量按式(15.7)为

$$Q_1 = \nu R T_1 \ln \frac{V_2}{V_1}$$

2→3:将汽缸从高温热库移开,使气体做绝热膨胀,体积变为 V_3,温度降到 T_2。

3→4:使汽缸和温度为 T_2 的低温热库接触,等温地压缩气体直到它的体积缩小到 V_4,而状态4和状态1位于同一条绝热线上。在这一过程中,气体向低温热库放出的热量为

$$Q_2 = \nu R T_2 \ln \frac{V_3}{V_4}$$

4→1:将汽缸从低温热库移开,沿绝热线压缩气体,直到它回复到起始状态1而完成一次循环。

在一次循环中,气体对外做的净功为

$$A = Q_1 - Q_2$$

卡诺循环中的能量交换与转化的关系可用图15.17那样的能流图表示。

根据循环效率公式(15.26),上述理想气体卡诺循环的效率为

15.6 卡诺循环

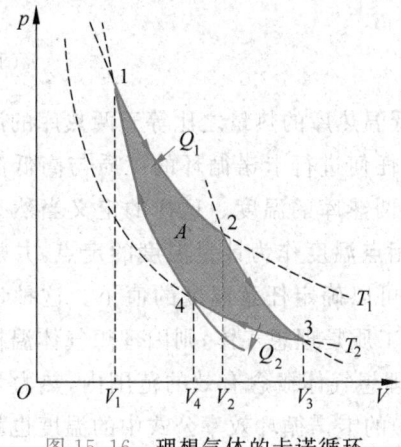

图 15.16 理想气体的卡诺循环

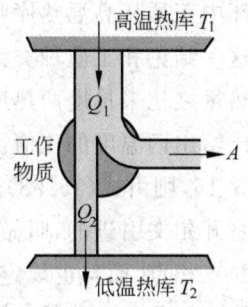

图 15.17 卡诺机的能流图

$$\eta_C = 1 - \frac{Q_2}{Q_1} = 1 - \frac{T_2 \ln \frac{V_3}{V_4}}{T_1 \ln \frac{V_2}{V_1}}$$

又由理想气体绝热过程方程，对两个绝热过程应有如下关系：

$$T_1 V_2^{\gamma-1} = T_2 V_3^{\gamma-1}$$
$$T_1 V_1^{\gamma-1} = T_2 V_4^{\gamma-1}$$

两式相比，可得

$$\frac{V_3}{V_4} = \frac{V_2}{V_1}$$

据此，上面的效率表示式可简化为

$$\eta_C = 1 - \frac{T_2}{T_1} \tag{15.27}$$

这就是说，以理想气体为工作物质的卡诺循环的效率，只由热库的温度决定。可以证明（见例 16.1），在同样两个温度 T_1 和 T_2 之间工作的**各种工质**的卡诺循环的效率都由上式给定，而且是实际热机的可能效率的最大值。这是卡诺循环的一个基本特征。

现代热电厂利用的水蒸气温度可达 580℃，冷凝水的温度约 30℃，若按卡诺循环计算，其效率应为

$$\eta_C = 1 - \frac{303}{853} = 64.5\%$$

实际的蒸汽循环的效率最高只到 36% 左右，这是因为实际的循环和卡诺循环相差很多。例如热库并不是恒温的，因而工质可以随处和外界交换热量，而且它进行的过程也不是准静态的。尽管如此，式(15.27)还是有一定的实际意义。因为它提出了提高高温热库的温度是提高效率的途径之一，现代热电厂中要尽可能提高水蒸气的温度就是这个道理。降低冷凝器的温度虽然在理论上对提高效率有作用，但要降到室温以下，实际上很困难，而且经济上不合算，所以都不这样做。

卡诺循环有一个重要的理论意义就是用它可以定义一个温标。对比式(15.26)和

式(15.27)可得

$$\frac{Q_1}{Q_2} = \frac{T_1}{T_2} \tag{15.28}$$

即卡诺循环中工质从高温热库吸收的热量与放给低温热库的热量之比等于两热库的温度之比。由于这一结论和工质种类无关，因而可以利用任何进行卡诺循环的工质与高低温热库所交换的热量之比来量度两热库的温度，或说定义两热库的温度。这样的定义当然只能根据热量之比给出两温度的比值。如果再取水的三相点温度作为计量温度的定点，并规定它的值为273.16，则由式(15.28)给出的温度比值就可以确定任意温度的值了。这种计量温度的方法是开尔文引进的，叫做**热力学温标**。如果工质是理想气体，则因理想气体温标的定点也是水的三相点，而且也规定为273.16，所以在理想气体概念有效的范围内，热力学温标和理想气体温标将给出相同的数值，这样式(15.27)的卡诺循环效率公式中的温度也就可以用热力学温标表示了。

15.7 致冷循环

如果工质做逆循环，即沿着与热机循环相反的方向进行循环过程，则在一次循环中，工质将从低温热库吸热 Q_2，向高温热库放热 Q_1，而外界必须对工质做功 A，其能量交换与转换的关系如图15.18的能流图所示。由热力学第一定律，得

$$A = Q_1 - Q_2$$

或者

$$Q_1 = Q_2 + A$$

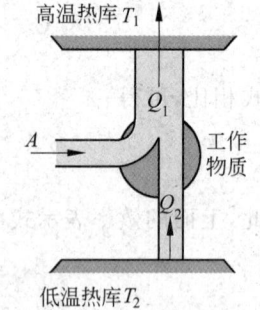

图 15.18 致冷机的能流图

这就是说，工质把从低温热库吸收的热和外界对它做的功一并以热量的形式传给高温热库。由于从低温物体的吸热有可能使它的温度降低，所以这种循环又叫**致冷循环**。按这种循环工作的机器就是**致冷机**。

在致冷循环中，从低温热库吸收热量 Q_2 是我们冀求的效果，而必须对工质做的功 A 是我们要付的"本钱"。因此致冷循环的效能用 Q_2/A 表示，吸热越多，做功越少，则致冷机性能越好。这一比值叫致冷循环的**致冷系数**，以 w 表示致冷系数，则有

$$w = \frac{Q_2}{A} \tag{15.29}$$

由于 $A = Q_1 - Q_2$，所以又有

$$w = \frac{Q_2}{Q_1 - Q_2} \tag{15.30}$$

以理想气体为工质的**卡诺致冷循环**的过程曲线如图15.19所示，很容易证明这一循环的致冷系数为

$$w_C = \frac{T_2}{T_1 - T_2} \tag{15.31}$$

这一致冷系数也是在 T_1 和 T_2 两温度间工作的各种致冷机的致冷系数的最大值。

15.7 致冷循环

常用的致冷机——冰箱——的构造与工作原理可用图 15.20 说明。工质用较易液化的物质,如氨。氨气在压缩机内被急速压缩,它的压强增大,而且温度升高,进入冷凝器(高温热库)后,由于向冷却水(或周围空气)放热而凝结为液态氨。液态氨经节流阀的小口通道后,降压降温,再进入蒸发器。此处由于压气机的抽吸作用因而压强很低。液态氨将从冷库(低温热库)中吸热,使冷库温度降低而自身全部蒸发为蒸气。此氨蒸气最后被吸入压气机进行下一循环。

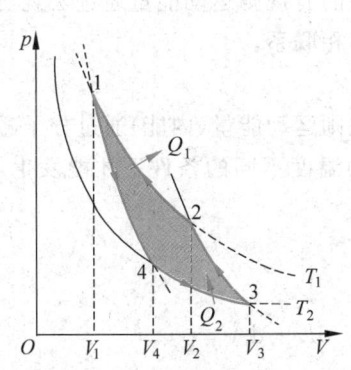

图 15.19 理想气体的卡诺致冷循环

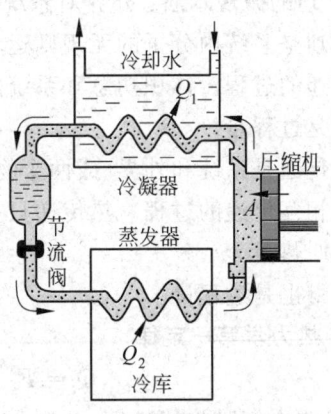

图 15.20 冰箱循环示意图

冰箱的致冷原理也可应用于房间。在夏天,可将房间作为低温热库,以室外的大气或河水为高温热库,用类似图 15.20 的致冷机使房间降温,这就是空调器的原理。如果在冬天则以室外大气或河水为低温热库,以房间为高温热库,可使房间升温变暖,为此目的设计的致冷机又叫**热泵**。图 15.21 为一空调器和热泵合为一体的装置示意图。当换向阀如图示接通后,此装置向室内供热致暖。当换向阀由图示位置转 90°时,工作物质流向将反过来,此装置将从室内带出热量使室内降温。

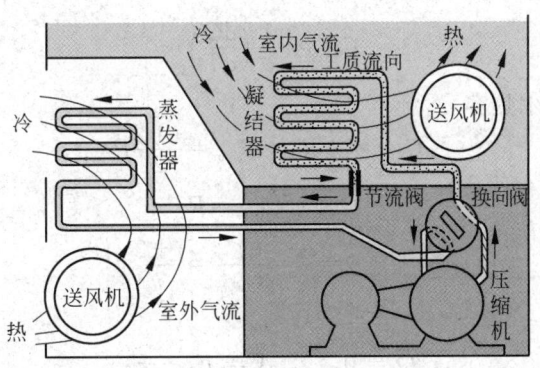

图 15.21 热泵结构图

家用电冰箱的箱内要保持 $T_2 = 270 \text{ K}$,箱外空气温度为 $T_1 = 300 \text{ K}$,按卡诺致冷循环计算致冷系数为

$$w_\text{C} = \frac{T_2}{T_1 - T_2} = \frac{270}{300 - 270} = 9$$

这表示从做功吸热角度看来,使用致冷机是相当合算的,实际冰箱的致冷系数要比这个数小些。

提要

1. 功的微观本质：外界对系统做功而交换能量有两种情形。

做功是系统内分子的无规则运动能量和外界分子的有规则运动能量通过宏观功相互转化与传递的过程。体积功总和系统的边界的宏观位移相联系。

功是过程量。

热传递是系统和外界(或两个物体)的分子的无规则运动能量(内能)通过分子碰撞时的微观功相互传递的过程。热传递只有在系统和外界的温度不同的条件下才能发生,所传递的内能叫热量。

热量也是过程量。

2. 热力学第一定律

$$Q = E_2 - E_1 + A, \quad dQ = dE + dA$$

其中,Q 为系统吸收的热量;A 为系统对外界做的功。

3. 准静态过程：过程进行中的每一时刻,系统的状态都无限接近于平衡态。

准静态过程可以用状态图上的曲线表示。

准静态过程中系统对外做的体积功：

$$dA = pdV, \quad A = \int_{V_1}^{V_2} pdV$$

4. 热容

摩尔定压热容 $\qquad C_{p,m} = \dfrac{1}{\nu}\left(\dfrac{dQ}{dT}\right)_p$

摩尔定体热容 $\qquad C_{V,m} = \dfrac{1}{\nu}\left(\dfrac{dQ}{dT}\right)_V$

理想气体的摩尔热容

$$C_{V,m} = \dfrac{i}{2}R, \quad C_{p,m} = \dfrac{i+2}{2}R$$

迈耶公式 $\qquad C_{p,m} - C_{V,m} = R$

比热比 $\qquad \gamma = \dfrac{c_p}{c_V} = \dfrac{C_{p,m}}{C_{V,m}} = \dfrac{i+2}{i}$

5. 绝热过程

$$Q = 0, \quad A = E_1 - E_2$$

理想气体的准静态绝热过程：

$$pV^\gamma = 常量, \quad A = \dfrac{1}{\gamma - 1}(p_1 V_1 - p_2 V_2)$$

绝热自由膨胀：理想气体的内能不变,温度复原。

6. 循环过程

热循环：系统从高温热库吸热,对外做功,向低温热库放热。效率为

$$\eta = \frac{A}{Q_1} = 1 - \frac{Q_2}{Q_1}$$

致冷循环：系统从低温热库吸热，接受外界做功，向高温热库放热。

致冷系数 $$w = \frac{Q_2}{A} = \frac{Q_2}{Q_1 - Q_2}$$

7. 卡诺循环：系统只和两个恒温热库进行热交换的准静态循环过程。

正循环的效率 $$\eta_C = 1 - \frac{T_2}{T_1}$$

逆循环的致冷系数 $$w_C = \frac{T_2}{T_1 - T_2}$$

8. 热力学温标：利用卡诺循环的热交换定义的温标，定点为水的三相点，$T_3 = 273.16 \text{ K}$。

习题

15.1 使一定质量的理想气体的状态按图 15.22 中的曲线沿箭头所示的方向发生变化，图线的 BC 段是以 p 轴和 V 轴为渐近线的双曲线。

(1) 已知气体在状态 A 时的温度 $T_A = 300$ K，求气体在 B，C 和 D 状态时的温度。

(2) 从 A 到 D 气体对外做的功总共是多少？

(3) 将上述过程在 V-T 图上画出，并标明过程进行的方向。

15.2 一热力学系统由如图 15.23 所示的状态 a 沿 acb 过程到达状态 b 时，吸收了 560 J 的热量，对外做了 356 J 的功。

(1) 如果它沿 adb 过程到达状态 b 时，对外做了 220 J 的功，它吸收了多少热量？

(2) 当它由状态 b 沿曲线 ba 返回状态 a 时，外界对它做了 282 J 的功，它将吸收多少热量？是真吸了热，还是放了热？

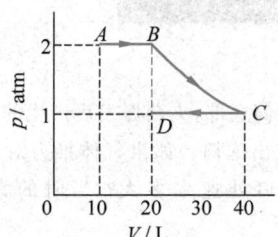

图 15.22　习题 15.1 用图

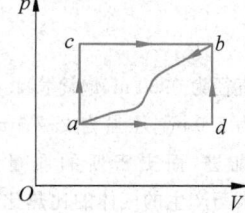

图 15.23　习题 15.2 用图

15.3 64 g 氧气的温度由 0℃ 升至 50℃，(1) 保持体积不变；(2) 保持压强不变。在这两个过程中氧气各吸收了多少热量？各增加了多少内能？对外各做了多少功？

15.4 10 g 氦气吸收 10^3 J 的热量时压强未发生变化，它原来的温度是 300 K，最后的温度是多少？

15.5 一定量氢气在保持压强为 4.00×10^5 Pa 不变的情况下，温度由 0.0℃ 升高到 50.0℃ 时，吸收了 6.0×10^4 J 的热量。

(1) 氢气的量是多少摩尔？

(2) 氢气内能变化多少？

(3) 氢气对外做了多少功？

(4) 如果氢气的体积保持不变而温度发生同样变化，它该吸收多少热量？

15.6 一定量的氮气,压强为 1 atm,体积为 10 L,温度为 300 K。当其体积缓慢绝热地膨胀到 30 L 时,其压强和温度各是多少?在过程中它对外界做了多少功?内能改变了多少?

15.7 3 mol 氧气在压强为 2 atm 时体积为 40 L,先将它绝热压缩到一半体积,接着再令它等温膨胀到原体积。

(1) 求这一过程的最大压强和最高温度;

(2) 求这一过程中氧气吸收的热量、对外做的功以及内能的变化;

(3) 在 p-V 图上画出整个过程曲线。

15.8 如图 15.24 所示,有一汽缸由绝热壁和绝热活塞构成。最初汽缸内体积为 30 L,有一隔板将其分为两部分:体积为 20 L 的部分充以 35 g 氮气,压强为 2 atm;另一部分为真空。今将隔板上的孔打开,使氮气充满整个汽缸。然后缓慢地移动活塞使氮气膨胀,体积变为 50 L。

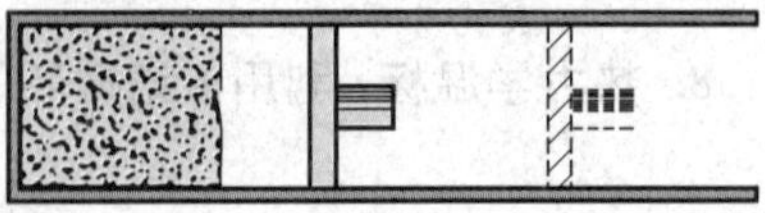

(1) 求最后氮气的压强和温度;

(2) 求氮气体积从 20 L 变到 50 L 的整个过程中氮气对外做的功及氮气内能的变化;

图 15.24 习题 15.8 用图

(3) 在 p-V 图中画出整个过程的过程曲线。

15.9 美国马戏团曾有将人体作为炮弹发射的节目。图 15.25 是 2005 年 8 月 27 日在墨西哥边境将著名美国人体炮弹戴维·史密斯发射到美国境内的情景。

图 15.25 人体炮弹发射

假设炮筒直径为 0.80 m,炮筒长 4.0 m。史密斯原来屈缩在炮筒底部,火药爆发后产生的气体在推动他之前的体积为 2.0 m³,压强为 2.7 atm,然后经绝热膨胀把他推出炮筒。如果气体推力对他做的功的 75% 用来推他前进,而史密斯的质量是 70 kg,则史密斯在出口处速率多大?当时的大气压强按 1.0 atm 计算,火药产生的气体的比热比 γ 取 1.4。

15.10 有可能利用表层海水和深层海水的温差来制成热机。已知热带水域表层水温约 25℃,300 m 深处水温约 5℃。

(1) 在这两个温度之间工作的卡诺热机的效率多大?

(2) 如果一电站在此最大理论效率下工作时获得的机械功率是 1 MW,它将以何速率排出废热?

(3) 此电站获得的机械功和排出的废热均自 25℃ 的水冷却到 5℃ 所放出的热量,问此电站将以何速率取用 25℃ 的表层水?

15.11 一台冰箱工作时,其冷冻室中的温度为 -10℃,室温为 15℃。若按理想卡诺致冷循环计算,则此致冷机每消耗 10³ J 的功,可以从冷冻室中吸出多少热量?

15.12 当外面气温为 32℃ 时,用空调器维持室内温度为 21℃。已知漏入室内热量的速率是 3.8×10⁴ kJ/h,求所用空调器需要的最小机械功率是多少?

15.13 有一暖气装置如下：用一热机带动一致冷机,致冷机自河水中吸热而供给暖气系统中的水,同时暖气中的水又作为热机的冷却器。热机的高温热库的温度是 $t_1=210℃$,河水温度是 $t_2=15℃$,暖气系统中的水温为 $t_3=60℃$。设热机和致冷机都以理想气体为工质,分别以卡诺循环和卡诺逆循环工作,那么每燃烧 1 kg 煤,暖气系统中的水得到的热量是多少?是煤所发热量的几倍?已知煤的燃烧值是 $3.34×10^7$ J/kg。

科学家介绍

焦 耳

(James Prescott Joule,1818—1889 年)

焦耳像

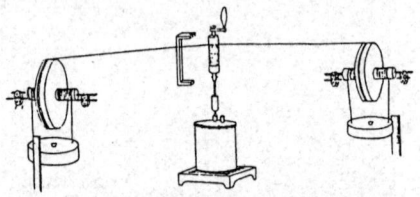

焦耳在 1849 年宣读的论文及
他的实验装置图

1818 年 12 月 24 日焦耳出生在英国曼彻斯特市郊的一个富有的酿酒厂老板的家中。从小跟父母参加酿酒劳动,没有上过正规学校。16 岁时,曾与其兄一起到著名化学家道尔顿(J. Dolton)家里学习,受到了热情的帮助和鼓励,激发了他对科学的浓厚兴趣。

19 世纪 30 年代末英国有一股研究磁电机的热潮。焦耳当时刚 20 岁,也想研制磁电机来代替父母酿酒厂中的蒸汽机,以便提高效率。他虽然没有达到预期的目的,但却从实验中发现电流可以做机械功,也能产生热,即电、磁、热和功之间存在一定的联系。于是他开始进行电流热效应的实验研究。

1840 年至 1841 年焦耳在《论伏打电流所生的热》和《电的金属导体产生的热和电解时电池组所放出的热》这两篇论文中发表了实验结果。他得出"在一定时间内伏打电流通过金属导体产生的热与电流强度的平方和导体电阻乘积成正比",这就是著名的焦耳定律。

接着焦耳进一步想到磁电机产生的感应电流和伏打电流一样产生热效应。于是他又做这方面的实验,并于1883年在《磁电的热效应和热的机械值》一文中叙述了他的实验和结果。他的实验是使一个小线圈在一个电磁体的两极间转动,通过小线圈的电流由一个电流计测量。小线圈放在一个量热器内的水中,从水温的升高可以测出小线圈放出的热量,实验给出了相同的结果:"磁电机的线圈所产生的热量(在其他条件相同时)正比于电流的平方。"他还用这一装置进行了机械功和热量的关系的实验,为此他用重物下降来带动线圈转动,机械功就用重物的重量和下降的距离求得。他得出的平均结果是:"使1磅水温度升高华氏1度的热量,等于(并可转化为)把838磅重物举高1英尺的机械功。"用现在的单位表示,这一数值约等于4.51 J/cal。

1844年焦耳曾要求在皇家学会上宣读自己的论文,但遭到拒绝。1847年又要求在牛津的科学技术促进协会上宣读自己的论文,会议只允许他作一简单的介绍。他在会上介绍了他用铜制叶轮搅动水使其温度升高的实验,并根据实验指出:"一般的规律是:通过碰撞、摩擦或任何类似的方式,活力**看来**是消灭了,但总有正好与之相当的热量产生。"这里"活力"后来叫做动能或机械能。这样焦耳就从数量上完全肯定了热是能量的一种形式。它比伦福德在年前关于"热是运动"的定性结论在热的本质方面又前进了一大步。由于当时英国学者都相信法国工程师们的热质说,所以在会上这一结论曾受到汤姆孙(W. Thomson)的质问。但正是这种质问的提出,反而使焦耳的工作更受到与会的其他人的重视。

此后焦耳还做了压缩空气或使空气膨胀时温度变化的实验,并由此也计算了热功当量。他还进行了空气的真空自由膨胀的实验,并和汤姆孙合作做了节流膨胀的实验,发现了节流膨胀后气体的温度变化的现象。这一现象现在就叫焦耳-汤姆孙效应,其中节流后引起冷却的效应对制冷技术的发展起了重要的作用。

1849年6月21日,焦耳作了一个《热功当量》的总结报告。全面整理了他几年来用叶轮搅拌和铸铁摩擦等方法测定热功当量的实验,给出了用水、汞做实验的结果。他用水得出的结果是772磅·英尺/英热单位,这相当于4.154 J/cal,和现代公认的结果十分相近。

在这以后直到1878年,焦耳又做了许多测定热功当量的实验。在前后近40年的时间里,他用各种方法做了400多次实验,用实验结果确凿地证明了热和机械能以及电能的转化,因而对能量的转化和守恒定律的建立作出了不可磨灭的贡献。

应该指出,在建立能量守恒定律方面,焦耳的同代人,英国的格罗夫(W. R. Grove)、德国的迈耶(R. Mayer)、亥姆霍兹(H. Helmholtz)、法国的卡诺(S. Carnot)、丹麦的柯尔丁(L. A. Colding)、法国的赫恩(G. A. Hirn),都曾独立地做过研究而得出了相同的结论。例如迈耶在1842年就提出能量守恒的理论,认为热是能量的一种形式,可以和机械能相互转化。他还利用空气的定压比热和定体比热之差算出了热功当量的值为3.58 J/cal。(现在就把公式$C_{p,m} - C_{V,m} = R$叫做迈耶公式。)迈耶后来曾和焦耳发生过发现能量守恒的优先权的争论,在英国未曾获胜,在他自己的祖国也遭到粗暴的、侮辱性的中伤。亥姆霍兹在1847年发表的《力的守恒》一文,论述了他的能量守恒与转化的思想,并提出了把这一原理应用到生物过程的可能性。他的这篇文章也曾受到过冷遇。卡诺早在1830年也意识到热质说的错误,得出过"动力不变"的结论,并且算出过热功当量的数值为3.6 J/cal,可惜这是1878年在他的遗稿中发现的。当然,用大量实验事实来证明能量守恒定律,完全是焦耳的功绩。在 1850 年,他的实验结果就已使科学界公认能量守恒是自然界的一条基本规律了。

焦耳是一位没有受过专业训练的自学成才的科学家。虽多次受到冷遇与热讽,但还是不屈不挠地进行科学实验研究,几十年如一日。这种精神是很令人钦佩的。他在 1850 年(32 岁)被选为英国伦敦皇家学会会员。1886 年被授予皇家学会柯普兰金质奖章,1872—1887 年任英国科学促进协会主席,1889 年 10 月 11 日在塞拉逝世,终年 71 岁。

第16章

热力学第二定律

第 15 章讲了热力学第一定律,说明在一切热力学过程中,能量一定守恒。但满足能量守恒的过程是否都能实现呢？许多事实说明,**不一定**！一切实际的热力学过程都只能按一定的方向进行,反方向的热力学过程不可能发生。本章所要介绍的热力学第二定律就是关于自然过程的方向的规律,它决定了实际过程是否能够发生以及沿什么方向进行,所以也是自然界的一条基本的规律。

本章先用实例说明宏观热力学过程的方向性,即不可逆性,然后总结出热力学第二定律。此后着重说明这一规律的微观本质：自然过程总是沿着分子运动的无序性增大的方向进行。接着引入了玻耳兹曼用热力学概率定义的熵的概念来定量地表示这一规律——熵增加原理。一个系统的熵变可以根据系统的状态参量的变化求得。

16.1 自然过程的方向

自古人生必有死,这是一个自然规律,它说明人生这个自然过程总体上是沿着向死的方向进行,是不可逆的。鸡蛋从高处落到水泥地板上,碎了,蛋黄蛋清流散了（图 16.1）,此后再也不会聚合在一起恢复成原来那个鸡蛋了。鸡蛋被打碎这个自然过程也是不可逆的。实际经验告诉我们一切自然过程都是不可逆的,是按一定方向进行的。上面的例子太复杂了,热力学研究最简单但也是最基本的情况,下面举三个典型的例子。

1. 功热转换

转动着的飞轮,撤除动力后,总是要由于轴处的摩擦而逐渐停下来。在这一过程中飞轮的机械能转变为轴和飞轮的内能。相反的过程,即轴和飞轮自动地冷却,其内能转变为飞轮的机械能使飞轮转起来的过程从来没有发生过,尽管它并不违反热力学第一定律。这一现象还可以更典型地用焦耳实验（图 16.1）来说明。在该实验中,重物可以**自动**下落,使叶片在水中转动,和水相互摩擦而使水温上升。这是机械能转变为内能的过程,或简而言之,是功变热的过程。与此相反的过程,即水温**自动**降低,产生水流,推动叶片转动,带动重物上升的过程,是热**自动地**转变为

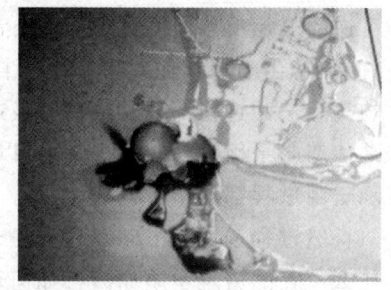

图 16.1　鸡蛋碎了,不能复原

功的过程。这一过程是不可能发生的。对于这个事实我们说,**通过摩擦而使功变热的过程是不可逆的**。

"热自动地转换为功的过程不可能发生"也常说成是**不引起其他任何变化**,因而唯一效果是一定量的内能(热)全部转变成了机械能(功)的过程是不可能发生的。当然热变功的过程是有的,如各种热机的目的就是使热转变为功,但实际的热机都是工作物质从高温热库吸收热量,其中一部分用来对外做功,同时还有一部分热量不能做功,而传给了低温热库。因此热机循环除了热变功这一效果以外,还产生了其他效果,即一定热量从高温热库传给了低温热库。热全部转变为功的过程也是有的,如理想气体的等温膨胀过程。但在这一过程中除了气体把从热库吸的热全部转变为对外做的功以外,还引起了其他变化,表现在过程结束时,理想气体的体积增大了。

上面的例子说明自然界里的功热转换过程具有**方向性**。功变热是实际上经常发生的过程,但是在热变功的过程中,如果其**唯一效果**是热全部转变为功,那这种过程在实际上就不可能发生。

2. 热传导

两个温度不同的物体互相接触(这时二者处于非平衡态),热量总是**自动地**由高温物体传向低温物体,从而使两物体温度相同而达到热平衡。从未发现过与此相反的过程,即热量**自动地**由低温物体传给高温物体,而使两物体的温差越来越大,虽然这样的过程并不违反能量守恒定律。对于这个事实我们说,**热量由高温物体传向低温物体的过程是不可逆的**。

这里也需要强调"自动地"这几个字,它是说在传热过程中不引起其他任何变化。因为热量从低温物体传向高温物体的过程在实际中也是有的,如致冷机就是。但是致冷机是要通过外界做功才能把热量从低温热库传向高温热库的,这就不是热量自动地由低温物体传向高温物体了。实际上,外界由于做功,必然发生了某些变化。

3. 气体的绝热自由膨胀

如图 16.2 所示,当绝热容器中的隔板被抽去的瞬间,气体都聚集在容器的左半部,这是一种非平衡态。此后气体将自动地迅速膨胀充满整个容器,最后达到一平衡态。而相反的过程,即充满容器的气体自动地收缩到只占原体积的一半,而另一半变为真空的过程,是不可能实现的。对于这个事实,我们说,**气体向真空中绝热自由膨胀的过程是不可逆的**。

以上三个典型的实际过程都是**按一定的方向进行的**,是**不可逆的**。相反方向的过程不能自动地发生,或者说,可以发生,但必然会产生其他后果。由于自然界中一切与热现象有关的**实际宏观过程**都涉及热功转换或热传导,特别是,都是由非平衡态向平衡态的转化,因此可以说,**一切与热现象有关的实际宏观过程都是不可逆的**。

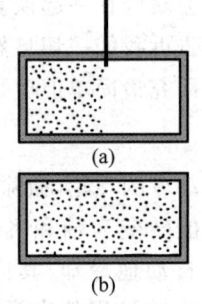

图 16.2 气体的绝热自由膨胀
(a) 膨胀前;(b) 膨胀后

自然过程进行的方向性遵守什么规律,这是热力学第一定律所不能概括的。这个规律是什么?它的微观本质如何?如何定量地表示这一规律?这就是本章要讨论的问题。

16.2 不可逆性的相互依存

关于各种自然的能实现的宏观过程的不可逆性的一条重要规律是：它们都是**相互依存的**。意思是说，一种实际宏观过程的不可逆性保证了另一种过程的不可逆性，或者反之，如果一种实际过程的不可逆性消失了，其他的实际过程的不可逆性也就随之消失了。下面通过例子来说明这一点。

假设功变热的不可逆性消失了，即热量可以自动地通过某种假想装置全部转变为功，这样我们可以利用这种装置从一个温度为 T_0 的热库吸热 Q 而对外做功 A（$A=Q$）（图 16.3(a)），然后利用这功来使焦耳实验装置中的转轴转动，搅动温度为 T（$T>T_0$）的水，从而使水的内能增加 $\Delta E=A$。把这样的假想装置和转轴看成一个整体，它们就自行动作，而把热量由低温热库传到了高温的水（图 16.3(b)）。这也就是说，热量由高温传向低温的不可逆性也消失了。

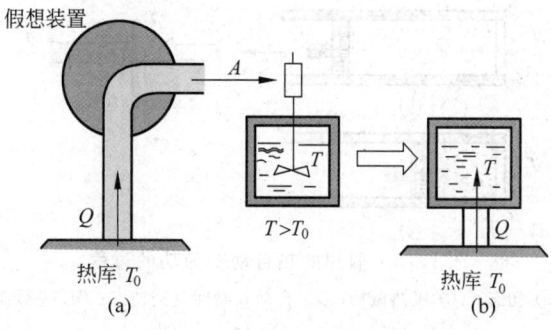

图 16.3 假想的自动传热机构

如果假定热量由高温传向低温的不可逆性消失了，即热量能自动地经过某种假想装置从低温传向高温。这时我们可以设计一部卡诺热机，如图 16.4(a)，使它在一次循环中由高温热库吸热 Q_1，对外做功 A，向低温热库放热 Q_2（$Q_2=Q_1-A$），这种热机能自动进行动作。然后利用那个假想装置使热量 Q_2 自动地传给高温热库，而使低温热库恢复原来状态。当我们把该假想装置与卡诺热机看成一个整体时，它们就能从热库 T_1 吸出热量 Q_1-Q_2 而全部转变为对外做的功 A，而不引起其他任何变化（图 16.4(b)）。这就是说，功变热的不可逆性也消失了。

再假定理想气体绝热自由膨胀的不可逆性消失了，即气体能够自动收缩。这时，如图 16.5(a)～(c)所示，我们可以利用一个热库，使装有理想气体的侧壁绝热的汽缸底部和它接触，其中气体从热库吸热 Q，作等温膨胀而对外做功 $A=Q$，然后让气体自动收缩回到原体积，再把绝热的活塞移到原位置（注意这一移动不必做功）。这个过程的唯一效果将是一定的热量变成了功，而没有引起任何其他变化（图 16.5(d)）。也就是说，功变热的不可逆性也消失了。

类似的例子还可举出很多，它们都说明各种宏观自然过程的不可逆性都是互相联系在一起或者说是相互依存的，只需承认其中之一的不可逆性，便可以论证其他过程的不可

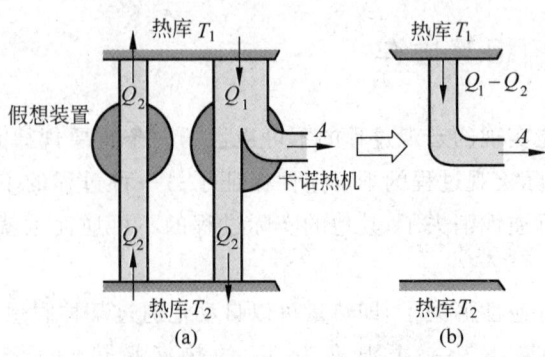

图 16.4 假想的热自动变为功的机构

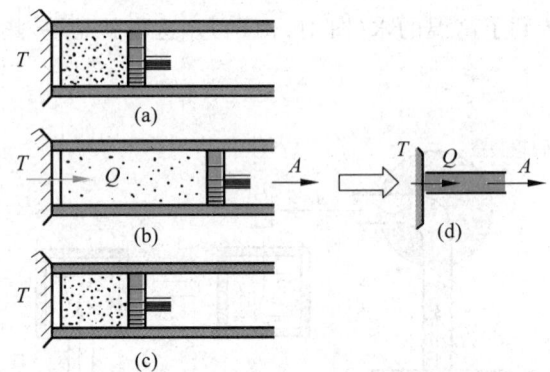

图 16.5 假想的热自动变为功的过程

(a) 初态；(b) 吸热做功；(c) 自动收缩回复到初态；(d) 总效果

逆性。

16.3 热力学第二定律及其微观意义

以上两节说明了自然宏观过程是不可逆的，而且都是按确定的方向进行的。**说明自然宏观过程进行的方向的规律叫做热力学第二定律**。由于各种实际自然过程的不可逆性是相互依存的，所以要说明关于各种实际过程进行的方向的规律，就无须把各个特殊过程列出来一一加以说明，而只要任选一种实际过程并指出其进行的方向就可以了。这就是说，任何一个实际过程进行的方向的说明都可以作为热力学第二定律的表述。

历史上热力学理论是在研究热机的工作原理的基础上发展的，最早提出的并沿用至今的热力学第二定律的表述是和热机的工作相联系的。克劳修斯 1850 年提出的热力学第二定律的表述为：**热量不能自动地从低温物体传向高温物体**。

开尔文在 1851 年提出（后来普朗克又提出了类似的说法）的热力学第二定律的表述为：**其唯一效果是热全部转变为功的过程是不可能的**。

在 16.2 节中我们已经说明这两种表述是完全等效的。

结合热机的工作还可以进一步说明开尔文说法的意义。如果能制造一台热机，**它只利用一个恒温热库工作**，工质从它吸热，经过一个**循环**后，热量全部转变为功而未引起其他效

16.3 热力学第二定律及其微观意义

果,这样我们就实现了一个"其唯一效果是热全部转变为功"的过程。这是不可能的,因而只利用一个恒温热库进行工作的热机是不可能制成的。这种假想的热机叫**单热源热机**。不需要能量输入而能继续做功的机器叫**第一类永动机**,它的不可能是由于违反了热力学第一定律。有能量输入的单热源热机叫**第二类永动机**,由于违反了热力学第二定律,它也是不可能的。

以上是从**宏观**的观察、实验和论证得出了热力学第二定律。如何从微观上理解这一定律的意义呢?

从微观上看,任何热力学过程总包含大量分子的无序运动状态的变化。热力学第一定律说明了热力学过程中能量要遵守的规律,热力学第二定律则说明大量分子运动的无序程度变化的规律,下面通过已讲过的实例定性说明这一点。

先说热功转换。功转变为热是机械能(或电能)转变为内能的过程。从微观上看,是大量分子的有序(这里是指分子速度的方向)运动向无序运动转化的过程,这是可能的。而相反的过程,即无序运动自动地转变为有序运动,是不可能的。因此从微观上看,在功热转换现象中,自然过程总是沿着使大量分子的运动从有序状态向无序状态的方向进行。

再看热传导。两个温度不同的物体放在一起,热量将自动地由高温物体传到低温物体,最后使它们的温度相同。温度是大量分子无序运动平均动能大小的宏观标志。初态温度高的物体分子平均动能大,温度低的物体分子平均动能小。这意味着虽然两物体的分子运动都是无序的,但还能按分子的平均动能的大小区分两个物体。到了末态,两物体的温度变得相同,所有分子的平均动能都一样了,按平均动能区分两物体也成为不可能的了。这就是大量分子运动的无序性(这里是指分子的动能或分子速度的大小)由于热传导而增大了。相反的过程,即两物体的分子运动从平均动能完全相同的无序状态自动地向两物体分子平均动能不同的较为有序的状态进行的过程,是不可能的。因此从微观上看,在热传导过程中,自然过程总是沿着使大量分子的运动向更加无序的方向进行的。

最后再看气体绝热自由膨胀。自由膨胀过程是气体分子整体从占有较小空间的初态变到占有较大空间的末态。经过这一过程,从分子运动状态(这里指分子的位置分布)来说是更加无序了(这好比把一块空地上乱丢的东西再乱丢到更大的空地上去,这时要想找出某个东西在什么地方就更不容易了)。我们说末态的无序性增大了。相反的过程,即分子运动自动地从无序(从位置分布上看)向较为有序的状态变化的过程,是不可能的。因此从微观上看,自由膨胀过程也说明,自然过程总是沿着使大量分子的运动向更加无序的方向进行。

综上分析可知:**一切自然过程总是沿着分子热运动的无序性增大的方向进行**。这是不可逆性的微观本质,它说明了热力学第二定律的微观意义。

热力学第二定律既然是涉及大量分子的运动的无序性变化的规律,因而它就是一条**统计规律**。这就是说,它只适用于包含大量分子的集体,而不适用于只有少数分子的系统。例如对功热转换来说,把一个单摆挂起来,使它在空中摆动,自然的结果毫无疑问是单摆最后停下来,它最初的机械能都变成了空气和它自己的内能,无序性增大了。但如果单摆的质量和半径非常小,以至在它周围作无序运动的空气分子,任意时刻只有少数分子从不同的且非对称的方向和它相撞,那么这时静止的单摆就会被撞得摆动起来,空气的内能就自动地变成单摆的机械能,这不是违背了热力学第二定律吗?(当然空气分子的无序运动又有同样的可能使这样摆动起来的单摆停下来。)又例如,气体的自由膨胀过程,对于有大量分子的系统是不可逆的。但如果容器左半部只有 4 个分子,那么隔板打开后,由于无序运动,这 4 个分子将分散到整个容器内,但仍有较多的机会使这 4 个分子又都同时进入左半部,这样就实现了"气体"的自动收缩,这不又违背了热力学第二定律吗?(当然,这 4 个分子的无序运动又会立即使它们散开。)是的! 但这种现象都只涉及少数分子的集体。对于由大量分子组成的热力学系统,是不可能观察到上面所述的违背热力学第二定律的现象的。因此说,热力学第二定律是一个统计规律,它只适用于大量分子的集体。由于宏观热力学过程总涉及极大量的分子,对它们来说,热力学第二定律总是正确的。也正因为这样,它就成了自然科学中最基本而又最普遍的规律之一。

16.4 热力学概率与自然过程的方向

16.3 节说明了热力学第二定律的宏观表述和微观意义,下面进一步介绍如何用数学形式把热力学第二定律表示出来。最早把上述热力学第二定律的微观本质用数学形式表示出来的是玻耳兹曼,他的基本概念是:"**从微观上来看,对于一个系统的状态的宏观描述是非常不完善的,系统的同一个宏观状态实际上可能对应于非常非常多的微观状态,而这些微观状态是粗略的宏观描述所不能加以区别的。**"现在我们以气体自由膨胀中分子的位置分布的经典理解为例来说明这个意思。

设想有一长方形容器,中间有一隔板把它分成左、右两个**相等**的部分,左面有气体,右面为真空。让我们讨论打开隔板后,容器中气体分子的位置分布。

设容器中有 4 个分子 a,b,c,d(图 16.6),它们在无规则运动中任一时刻可能处于左或右任意一侧。这个由 4 个分子组成的系统的任一微观状态是指出**这个**或**那个**分子各处于左或右哪一侧。而宏观描述无法区分各个分子,所以宏观状态只能指出左、右两侧各有**几个**分子。这样区别的微观状态与宏观状态的分布如表 16.1 所示。

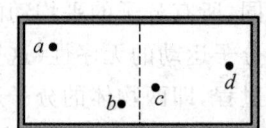

图 16.6 4 个分子在容器中

表 16.1 4 个分子的位置分布

微观状态		宏观状态		一种宏观状态对应的微观状态数 Ω
左	右			
$abcd$	无	左 4	右 0	1
abc	d			
bcd	a			
cda	b	左 3	右 1	4
dab	c			

16.4 热力学概率与自然过程的方向

续表

微观状态		宏 观 状 态		一种宏观状态对应的微观状态数 Ω
左	右			
a b	c d			
a c	b d			
a d	b c	左2	右2	6
b c	a d			
b d	a c			
c d	a b			
a	b c d			
b	c d a	左1	右3	4
c	d a b			
d	a b c			
无	a b c d	左0	右4	1

若容器中有 20 个分子,则与各个宏观状态对应的微观状态数如表 16.2 所示。

表 16.2　20 个分子的位置分布

宏 观 状 态		一种宏观状态对应的微观状态数 Ω
左20	右0	1
左18	右2	190
左15	右5	15 504
左11	右9	167 960
左10	右10	184 756
左9	右11	167 960
左5	右15	15 504
左2	右18	190
左0	右20	1

从表 16.1 及表 16.2 可以看出,对于一个宏观状态,可以有许多微观状态与之对应。系统内包含的分子数越多,和一个宏观状态对应的微观状态数就越多。实际上一般气体系统所包含的分子数的量级为 10^{23},这时对应于一个宏观状态的微观状态数就非常大了。这还只是以分子的左、右位置来区别状态,如果再加上以分子速度的不同作为区别微观状态的标志,那么气体在一个容器内的一个宏观状态所对应的微观状态数就会非常大了。

从表 16.1 及表 16.2 中还可以看出,与每一种宏观状态对应的微观状态数是不同的。在这两个表中,与左、右两侧分子数相等或差不多相等的宏观状态所对应的微观状态数最多,但在分子总数少的情况下,它们占微观状态总数的比例并不大。计算表明,分子总数越多,则左、右两侧分子数相等和差不多相等的宏观状态所对应的微观状态数占微观状态总数的比例越大。对实际系统所含有的分子总数(10^{23})来说,这一比例几乎是,或**实际上是**百分之百。这种情况如图 16.7 所示,其中横轴表示容器左半部中的分子数 N_L,纵轴表示相应的微观状态数 Ω(注意各分图纵轴的标度)。Ω 在两侧分子数相等处有极大值,而且在此极大值显露出,曲线峰随分子总数 N 的增大越来越尖锐。

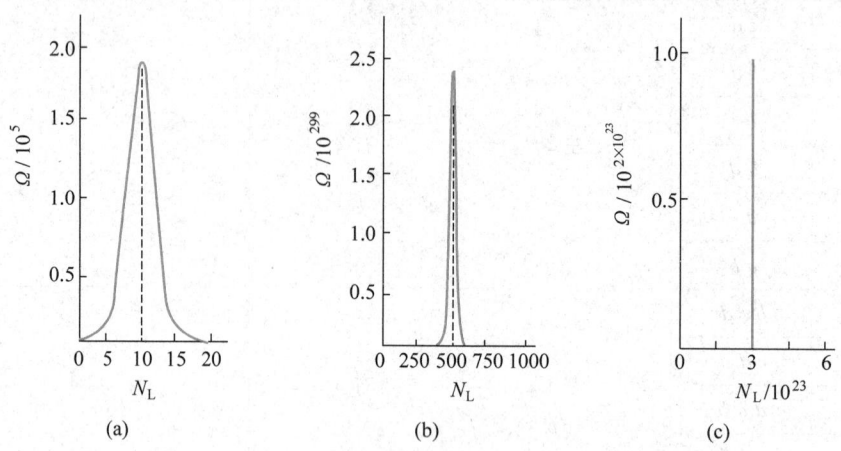

图 16.7　容器中气体的 Ω 和左侧分子数 N_L 的关系图
(a) $N=20$;(b) $N=1000$;(c) $N=6\times 10^{23}$

在一定宏观条件下,既然有多种可能的宏观状态,那么,哪一种宏观状态是实际上观察到的状态呢?从微观上说明这一规律时要用到统计理论的一个**基本假设:对于孤立系,各个微观状态出现的可能性(或概率)是相同的**。这样,对应微观状态数目多的宏观状态出现的概率就大。实际上**最**可能观察到的宏观状态就是在一定宏观条件下出现的概率最大的状态,也就是包含微观状态数最多的宏观状态。对上述容器内封闭的气体来说,也就是左、右两侧分子数相等或差不多相等的那些宏观状态。对于实际上分子总数很多的气体系统来说,这些"位置上均匀分布"的宏观状态所对应的微观状态数几乎占微观状态总数的百分之百,因此实际上观察到的总是这种宏观状态。所以**对应于微观状态数最多的宏观状态就是系统在一定宏观条件下的平衡态**。气体的自由膨胀过程是由非平衡态向平衡态转化的过程,在微观上说,是由包含微观状态数目少的宏观状态向包含微观状态数目多的宏观状态进行。相反的过程,在外界不发生任何影响的条件下是不可能实现的。这就是气体自由膨胀的过程。

一般地说,为了定量说明宏观状态和微观状态的关系,我们定义:**任一宏观状态所对应的微观状态数称为该宏观状态的热力学概率**,并用 Ω 表示。这样,对于系统的宏观状态,根据基本统计假设,我们可以得出下述结论:

(1) 对孤立系,在一定条件下的平衡态对应于 Ω 为最大值的宏观态。对于一切实际系统来说,Ω 的最大值**实际上**就等于该系统在给定条件下的所有可能微观状态数。

(2) 若系统最初所处的宏观状态的微观状态数 Ω 不是最大值,那就是非平衡态。系统将随着时间的延续向 Ω 增大的宏观状态过渡,最后达到 Ω 为最大值的宏观平衡状态。这就是实际的自然过程的方向的微观定量说明。

16.3 节从微观上定性地分析了自然过程总是沿着使分子运动更加无序的方向进行,这里又定量地说明了自然过程总是沿着使系统的热力学概率增大的方向进行。两者相对比,可知**热力学概率Ω是分子运动无序性的一种量度**。的确是这样,宏观状态的Ω越大,表明在该宏观状态下系统可能处于的微观状态数越多,从微观上说,系统的状态更是变化多端,这就表示系统的分子运动的无序性越大。和Ω为极大值相对应的宏观平衡状态就是在一定条件下系统内分子运动最无序的状态。

16.5 玻耳兹曼熵公式与熵增加原理

一般来讲,热力学概率Ω是非常大的,为了便于理论上处理,1877年玻耳兹曼用关系式

$$S \propto \ln \Omega$$

定义的**熵** S 来表示系统无序性的大小。1900年,普朗克引进了比例系数 k,将上式写为

$$S = k \ln \Omega \tag{16.1}$$

其中 k 是玻耳兹曼常量。此式叫**玻耳兹曼熵公式**。对于系统的某一宏观状态,有一个Ω值与之对应,因而也就有一个 S 值与之对应,因此由式(16.1)定义的熵是系统状态的函数。和Ω一样,熵的微观意义是系统内分子热运动的无序性的一种量度。对熵的这一本质的认识,现已远远超出了分子运动的领域,它适用于任何作无序运动的粒子系统。甚至对大量的无序地出现的事件(如大量的无序出现的信息)的研究,也应用了熵的概念。

由式(16.1)可知,熵的量纲与 k 的量纲相同,它的 SI 单位是 J/K。

注意,用式(16.1)定义的熵具有**可加性**。例如,当一个系统由两个子系统组成时,该系统的熵 S 等于两个子系统的熵 S_1 与 S_2 之和,即

$$S = S_1 + S_2 \tag{16.2}$$

这是因为若分别用 Ω_1 和 Ω_2 表示在一定条件下两个子系统的热力学概率,则在同一条件下系统的热力学概率Ω,根据概率法则,为

$$\Omega = \Omega_1 \Omega_2$$

这样,代入式(16.1)就有

$$S = k \ln \Omega = k \ln \Omega_1 + k \ln \Omega_2 = S_1 + S_2$$

即式(16.2)。

用熵来代替热力学概率Ω后,以上两节所述的热力学第二定律就可以表述如下:**在孤立系中所进行的自然过程总是沿着熵增大的方向进行**,它是不可逆的。**平衡态相应于熵最大的状态**。热力学第二定律的这种表述叫**熵增加原理**,其数学表示式为

$$\Delta S > 0 \quad (\text{孤立系,自然过程}) \tag{16.3}$$

下面我们用熵的概念来说明理想气体的绝热自由膨胀过程的不可逆性。

设 ν(mol)理想气体的体积从 V_1 经绝热自由膨胀到 V_2,气体的初末状态均为平衡态。因为气体的温度复原,所以分子速度分布不变,只有位置分布改变。因此可以只按位置分布来计算气体的热力学概率。设气体在一立方盒子内处于平衡态,盒子的三边长度分别为 x,y,z。由于平衡态时,一个气体分子到达盒内各处的概率相同,所以它沿 x 方向的位置分布的可能状态数应该和边长成正比(这和一个人在一长排空椅上的可能座次数和这一排椅子的总长成正比相类似),沿 y 和 z 方向的位置分布的可能状态数分别和 y 及 z 成正比。这样,由于对应于任一个 x 位置状态,一个分子都还可以处于任一 y 和 z 位置状态,所以一个分子在盒子内任一点的位置分布的可能状态数 ω 将和乘积 xyz,亦即气体的体积 V 成正

比。盒子内总共有 νN_A 个分子,由于各分子的位置分布是相互独立的,所以这些分子在体积 V 内的位置分布的可能状态总数 Ω($\Omega=\omega^{\nu N_A}$)就将和 $V^{\nu N_A}$ 成正比,即

$$\Omega \propto V^{\nu N_A} \tag{16.4}$$

当气体体积从 V_1 增大到 V_2 时,气体的微观状态数 Ω 将增大到 $(V_2/V_1)^{\nu N_A}$ 倍,即 $\Omega_2/\Omega_1 = (V_2/V_1)^{\nu N_A}$。按式(16.1)计算熵的增量应是

$$\Delta S = S_2 - S_1 = k(\ln \Omega_2 - \ln \Omega_1) = k\ln(\Omega_2/\Omega_1)$$

即

$$\Delta S = \nu N_A k \ln(V_2/V_1) = \nu R \ln(V_2/V_1) \tag{16.5}$$

因为 $V_2 > V_1$,所以

$$\Delta S > 0$$

这一结果说明理想气体绝热自由膨胀过程是熵增加的过程,这是符合熵增加原理的。

　　这里我们对热力学第二定律的不可逆性的统计意义作进一步讨论。根据式(16.3)所表示的熵增加原理,孤立系内自然发生的过程总是向热力学概率更大的宏观状态进行。但这只是一种可能性。由于每个微观状态出现的概率都相同,所以也还可能向那些热力学概率小的宏观状态进行。只是由于对应于宏观平衡状态的可能微观状态数这一极大值比其他宏观状态所对应的微观状态数无可比拟地大得非常多,所以孤立系处于非平衡态时,它将以完全压倒优势的可能性向平衡态过渡。这就是不可逆性的统计意义。反向的过程,即孤立系熵减小的过程,**并不是原则上不可能**,而是概率非常非常小。实际上,在平衡态时,系统的热力学概率或熵总是不停地进行着对于极大值或大或小的偏离。这种偏离叫做**涨落**。对于分子数比较少的系统,涨落很容易观察到,例如布朗运动中粒子的无规则运动就是一种位置涨落的表现,这是因为它总是只受到少数分子无规则碰撞的缘故。对于由大量分子构成的热力学系统,这种涨落相对很小,观测不出来。因而平衡态就显出是静止的模样,而实际过程也就成为不可逆的了。我们再以气体的自由膨胀为例从数量上说明这一点。

　　设容器内有 1 mol 气体,分子数为 N_A。一个分子任意处在容器左半或右半容积内的状态数是 2,N_A 个分子任意分布在左半或右半的状态总数就是 2^{N_A}。在这些所有可能微观状态中,只有一个微观状态对应于分子都聚集在左半容积内的宏观状态。为了形象化地说明气体膨胀后自行聚集到左半容积的可能性,我们设想将这 2^{N_A} 个微观状态中的每一个都拍成照片,然后再像放电影那样一个接一个地匀速率地放映。平均来讲,要放 2^{N_A} 张照片才能碰上分子集聚在左边的那一张,即显示出气体自行收缩到一半体积的那一张。即使设想 1 秒钟放映 1 亿张(普通电影 1 秒钟放映 24 幅画面),要放完 2^{N_A} 张照片需要多长时间呢?时间是

$$2^{6\times 10^{23}}/10^8 \approx 10^{2\times 10^{23}} \text{ (s)}$$

这个时间比如今估计的宇宙的年龄 10^{18} s(200 亿年)还要大得无可比拟。因此,并不是原则上不可能出现那张照片,而是实际上"永远"不会出现(而且,即使出现,它也只不过出现一亿分之一秒的时间,立即就又消失了,看不见也测不出)。这就是气体自由膨胀的不可逆性的统计意义:气体自由收缩不是不可能,而是实际上永远不会出现。

　　以熵增加原理表明的自然过程的不可逆性给出了"时间的箭头":时间的流逝总是沿着熵增加的方向,亦即分子运动更加无序的方向进行的,逆此方向的时间倒流是不可能的。一

且孤立系达到了平衡态,时间对该系统就毫无意义了。电影屏幕上显现着向下奔流的洪水冲垮了房屋,你不会怀疑此惨相的发生。但当屏幕上显现洪水向上奔流,把房屋残片收拢在一块,房屋又被重建起来而洪水向上退去的画面时,你一定想到是电影倒放了,因为实际上这种时间倒流的过程是根本不会发生的。热力学第二定律决定着在能量守恒的条件下,什么事情可能发生,什么事情不可能发生。

16.6 可逆过程

在第 15 章开始研究过程的规律时,为了从理论上分析实际过程的规律,我们曾在 15.2 节引入了**准静态过程**这一概念。现在为了说明熵的宏观意义,要引入热力学中另一个重要概念:**可逆过程**,它是对准静态过程的进一步理想化,在分析过程的方向性时显得特别重要。下面我们先以气体的绝热压缩为例说明这一点。

设想在具有绝热壁的汽缸内被一绝热的活塞封闭着一定量的气体,要使过程成为准静态的,汽缸壁和活塞之间**没有摩擦**。考虑一准静态的压缩过程。要使过程无限缓慢地准静态地进行,外界对活塞的推力必须在任何时刻都等于(严格说来,应是大一个无穷小的值)气体对它的压力。否则,活塞将加速运动,压缩将不再是无限缓慢的了。这样的压缩过程具有下述特点,即如果在压缩到某一状态时,使外界对活塞的推力减小一**无穷小的值**以致推力比气体对活塞的压力还小,并且此后逐渐减小这一推力,则气体将能准静态地膨胀而依相反的次序逐一经过被压缩时所经历的各个状态而回到未受压缩前的初态。这时,如果忽略外界在最初减小推力时的无穷小变化,则连**外界也都一起恢复了原状**。显然,如果汽缸壁和活塞之间**有摩擦**,则由于要克服摩擦,外界对活塞的推力只减小一无穷小的值是不足以使过程反向(即膨胀)进行的。推力减小一有限值是可以使过程反向进行而使气体回到初态的,但推力的有限变化必然在外界留下了不能忽略的有限的改变。

一般地说,一个过程进行时,如果使外界条件改变一无穷小的量,这个过程就可以反向进行(其结果是系统和外界能同时回到初态),则这一过程就叫做可逆过程。如上例说明的无摩擦的准静态过程就是可逆过程。

在有传热的情况下,准静态过程还要求系统和外界在任何时刻的温差是无限小。否则,传热过快也会引起系统的状态不平衡,而使过程不再是准静态的。由于温差是无限小的,所以就可以无限小地使温差倒过来而使传热过程反向进行,直至系统和外界都回到初态。这种系统和外界的**温差为无限小的热传导**有时就叫**"等温热传导"**。它是有传热发生的可逆过程。

前面已经讲过,实际的自然过程是不可逆的,其根本原因在于如热力学第二定律指出的那些摩擦生热,有限的温差条件下的热传导,或系统由非平衡态向平衡态转化等过程中有不可逆因素。由于这些不可逆因素的存在,一旦一个自然过程发生了,系统和外界就不可能同时都回复到原来状态了。由此可知,可逆过程实际是排除了这些不可逆因素的理想过程。有些过程,可以忽略不可逆因素(如摩擦)而当成可逆过程处理,这样可以简化处理过程而得到足够近似的结果。

在第 15 章中讲了卡诺循环，那里的功和热的计算都是按准静态过程进行的。工质所做的功已全部作为对外输出的"有用功"。因此那里讨论的卡诺循环实际上是可逆的，而式(15.27)给出的就是这种可逆循环的效率。

对于可逆过程，有一个重要的关于系统的熵的结论：**孤立系进行可逆过程时熵不变**，即

$$\Delta S = 0 \quad (\text{孤立系，可逆过程}) \tag{16.6}$$

这是因为，在可逆过程中，系统总处于平衡态，平衡态对应于热力学概率取极大值的状态。在不受外界干扰的情况下，系统的热力学概率的极大值是不会改变的，因此就有了式(16.6)的关系。

提 要

1. 不可逆：各种自然的宏观过程都是不可逆的，而且它们的不可逆性又是相互沟通的。
三个实例：功热转换、热传导、气体绝热自由膨胀。

2. 热力学第二定律
克劳修斯表述：热量不能自动地由低温物体传向高温物体。
开尔文表述：其唯一效果是热全部转变为功的过程是不可能的。
微观意义：自然过程总是沿着使分子运动更加无序的方向进行。

3. 热力学概率 Ω：和同一宏观状态对应的可能微观状态数。自然过程沿着向 Ω 增大的方向进行。平衡态相应于一定宏观条件 Ω 最大的状态，它也（几乎）等于平衡态下系统可能有的微观状态总数。

4. 玻耳兹曼熵公式
熵的定义：$S = k \ln \Omega$
熵增加原理：对孤立系的各种自然过程，总有

$$\Delta S > 0$$

这是一条统计规律。

5. 可逆过程：外界条件改变无穷小的量就可以使其反向进行的过程（其结果是系统和外界能同时回到初态）。这需要系统在过程中无内外摩擦并与外界进行等温热传导。严格意义上的准静态过程都是可逆过程。

今日物理趣闻

耗 散 结 构

D.1 宇宙真的正在走向死亡吗

热力学第二定律指出,自然界的一切实际过程都是**不可逆**的。从能量上来说,一个不可逆过程虽然不"消灭"能量,但总要或多或少地使一部分能量变成不能再做有用功了。这种现象叫能量的**退降**或能量的**耗散**。从微观上说,过程的不可逆性表现为:在孤立系中的各种自发过程总是要使系统的分子(或其他的单元)的运动从某种**有序**的状态向**无序**的状态转化,最后达到最无序的平衡态而保持稳定。这就是说,在孤立系中,即使初始存在着某种有序或说某种差别(非平衡态),随着时间的推移,由于不可逆过程的进行,这种有序将被破坏,任何的差别将逐渐消失,有序状态将转变为最无序的状态(平衡态);而热力学第二定律又保证了这最无序的状态的稳定性,它再也不能转变为有序的状态了。

如果把上述结论**推广**到整个宇宙,则可得出这样的结论:宇宙的发展最终走向一个除了分子热运动以外没有任何宏观差别和宏观运动的死寂状态。这意味着宇宙的死亡和毁灭,因此,有人认为热力学第二定律在哲学上预示了一幅平淡的、无差别的、死气沉沉的宇宙图像。这种"热寂说"是错误的。有一种观点认为宇宙是无限的,不能当成一个孤立系看待,因此不能将上面说明关于孤立系演变的规律套用于整个宇宙。实际上我们现在看到的宇宙万物以及迄今所知的宇宙发展确实是充满了由无序向有序的发展与变化,在我们面前完全是一幅丰富多彩、千差万别、生气勃勃的图像。

D.2 生命过程的自组织现象

生物界的有序是很明显的,各种生物都是由各种细胞按精确的规律组成的高度有序的机构。例如人的大脑就是由多至150亿个神经细胞组成的一个极精密、极有序的装置。(附带说一下,据研究,现代聪明人不过只利用了这些细胞的10%。)每个生物细胞中也有非常奇特的有序结构。现代分子生物学已证实,在一个细胞中至少含有一个DNA(脱氧核糖核酸)或它的近亲RNA(核糖核酸)这样的长链分子。一个DNA分子可能由10^8到10^{10}个原子组成。这些原子构成4种不同的核苷酸碱基,分别叫做腺嘌呤(A)、胸腺嘧啶(T)、鸟嘌呤(G)和胞嘧啶(C)。在图D.1(a)中分别利用4种符号表示这4种碱基。在一个分子中这4种碱基都与糖基S相连,而S又与磷酸基P交替结合组成长链(见图 D.1(b)),每个DNA分子有两个这样的长链,它们靠A和T以及C和G间的氢键结合在一起而且绕成螺旋状。按各种有机体的不同,长链中的A—T对和C—G对可以多至 10^6 到 10^9 个,它们都按一定严格的次序排列着。一个生物体的全部遗传信息都编码在这些核苷酸碱基排列的**次序**中,这是多么神奇有序的结构啊!而这种结构竟源于生物的食物中那些混乱无序的原子!

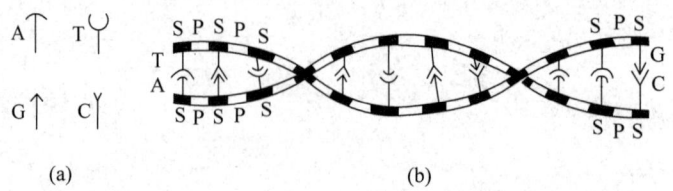

图 D.1 DNA 分子示意图

以上是生物体中**空间有序**的例子,实际上,生命过程从分子、细胞到有机个体和群体的不同水平上还呈现出**时间有序**的特征。这表现为随时间作周期性变化的振荡行为。例如在分子水平上,现在已经肯定新陈代谢过程中的**糖酵解反应**有振荡现象。在这种反应中,葡萄糖转化为乳酸。这种反应是一种为生命提供能量的过程。它涉及十几种中间产物和生物催化剂——酶。实验发现,在某些条件下,所有中间产物(以及某些酶)的浓度会随时间振荡,振荡周期一般在分钟的量级,据研究这种振荡可提高能量的利用率。"日出而作,日落而息"可以说是生物体的振荡行为,这种行为在有些生物体中表现为生物钟的有节奏的变化。生物群体的振荡行为可以举出中华鲟的例子。我国长江中特产的中华鲟总是每年秋季上溯长江到宜宾江段产卵,幼鱼返回长江下游生活。对虾在我国渤海、黄海沿岸也有每年按季的巡游。在我国北方,各种候鸟的冬去春来也是生物的时间有序现象。

以上是生命过程中有序现象的例子。如果考虑到生物体的生长和物种的进化,更可以明显地看到从无序到有序的**发展**。一个生物个体的生长发育,都是从少数细胞开始的,由此发展成各种复杂有序的器官,而所有细胞都是由很多原来无序的原子组成的。在物种起源上,尽人皆知的达尔文的生物进化论指出在地球上各种各样的生物都是经过漫长的年代由简单到复杂、由低级到高级或者说由较为有序向更加有序、精确有序发展而形成的。这种发展还可以延伸到人类社会的进化,人类社会也是逐渐由低级向高级向更加完善、更加有序的阶段发展的。这是一幅和有的物理学家所描绘的自然发展图像完全不同的另一种自然发展图像。

一个系统的内部由无序变为有序使其中大量分子按一定的规律运动的现象叫**自组织**现象。生命过程实际上就是生物体持续进行的自组织过程。这一过程是系统内不平衡的表现,而且不会达到平衡。一旦达到平衡而有序状态消失时,生命也就终止了。

长期以来,物理学家、化学家和生物学家、社会学家形成了两种关于发展的截然不同的观点。但是他们和平共处,各自立论。所以能如此,是因为他们认为生命现象以及社会现象和非生命现象是由不同规律支配的,它们之间隔着一条不可逾越的鸿沟。但是现代科学的研究使人们认识到并不是这样,人们发现,即使在无生命的世界里也大量地存在着无序到有序的自组织现象。

D.3 无生命世界的自组织现象

在地球上我们常常观察到天空中的云有时会形成整齐的鱼鳞状或带状。在高空水汽凝结会形成非常有规则的六角形雪花,由火山岩浆形成的花岗岩石中有时会发现非常有规则的环状或带状结构。这些都是大自然中产生空间有序的自组织现象的例子。就天体来讲,太阳系也是一个空间有序的结构,所有行星都大致在同一平面内运行而且绕着相同的方向。中子星以极其准确的周期自转。这些从宇宙发展上看也都经历了自组织过程。

在实验室中也发现了自组织过程。在化学实验方面有空间有序的**利色根现象**。它是利色根在 20 世纪发现的,于今又受到了重视。将碘化钾溶液加到含有硝酸银的胶体介质中,如在一根细管中做实验就发现会形成一条条间隔有规律的沉淀带,如在一个浅盘中做实验,则发现会形成一圈圈间隔有规律的沉淀环。时间有序的实验是所谓 **B-Z 反应**。它是苏联化学家别洛索夫和扎鲍廷斯基于 1958 年及以后发现的。在一个装有搅拌器的烧杯中首先将 4.292 g 丙二酸和 0.175 g 硝酸铈铵溶于 150 ml,浓度为 1 mol/L 的硫酸中。开始溶液呈黄色,几分钟后变清。这时再加入 1.415 g 溴酸钠,溶液的颜色就会在黄色和无色之间振荡,振荡周期约为 1 分钟。如果另外加入几毫升浓度为 0.025 mol/L 的试亚铁灵试剂,则溶液的颜色会在红色和蓝色之间振荡。颜色的变化表示离子浓度的变化。图 D.2 中画出了上述 B-Z 反应的离子浓度振荡曲线。$[Br^-]$,$[Ce^{3+}]$ 和 $[Ce^{4+}]$ 分别表示溴离子、三价铈离子和四价铈离子的浓度。

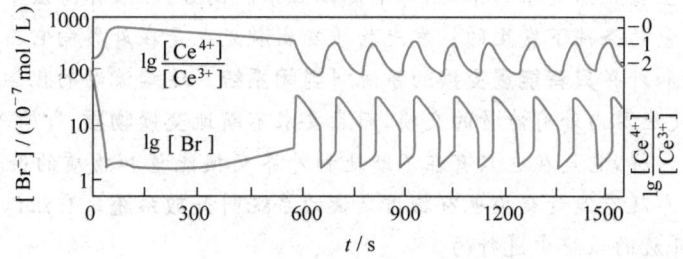

图 D.2 B-Z 反应中的离子浓度振荡

物理实验中空间有序的自组织现象可以举出贝纳特于 1900 年发现的**对流有序**现象。他在一个盘子中倒入一些液体。当从下面加热这一薄层液体时,刚开始温度梯度不太大,流体中只有热传导,未见有显见的扰动。但当流体中温度梯度超过某一临界值时,原来静止的液体中会突然出现许多规则的六角形对流格子,它的花样像蜂房那样,此时液体内部的运动转向宏观有序化。

时间有序的物理自组织现象最突出的是 20 世纪 60 年代出现的**激光**。要激光器工作,需要向它输入功率。实验表明,当输入功率小于某一临界值时,激光器就像普通灯泡一样,发光物质的各原子接受能量后各自独立地发光,每次发光持续 10^{-8} s 的时间,所发波列的长度只有约 3 m,而且各原子发光没有任何的联系。当输入功率大于临界值时,就产生了一种全新的现象,各原子不再独立地互不相关地发射光波了,它们集体一致地行动,发出频率、振动方向都相同的"相干光波",这种光波的波列长度可达 30 万公里。这就是激光。发射激光时,发光物质的原子处于一种非常有序的状态,它们不断地进行着自组织过程。

正是无生命世界和有生命世界同有自组织现象的事实,促使人们想到这两个世界在这方面可能遵循相同的规律,也激发人们去创立有关的理论。实际上,也正是在研究激光发射过程的基础上,把它和生物过程等加以类比时,哈肯创立了**协同论**(1976 年)。普里高津的**耗散结构理论**也是在把物理和生物过程结合起来研究时提出来的(1967 年)。

怎样用物理学的理论来说明自组织现象呢?耗散结构理论和协同论采用不同的方法已得出了很多有价值的结果,前者着重用热力学方法进行分析,后者着重于统计原理的应用。下面我们简单地介绍它们的一些结果。

D.4 开放系统的熵变

一个系统内分子运动的无序程度是用**熵**这个物理量来定量地描述的。一个孤立系内的自发过程是沿着有序向无序的方向进行,也可以说成是沿着使系统的**熵增加的方向**进行。这就是**熵增加原理**。根据这个原理,不管最初是什么状态,孤立系内的自发变化总是要使系统达到一个使系统的熵为最大值的状态。这是一个宏观上平衡的状态。如果由于某种扰动,系统偏离了平衡态,这一状态的熵要比原平衡态的小,熵增加原理要使系统回到原来的平衡态去。因此,熵最大的平衡态是稳定的状态,熵最大意味着最无序,因此孤立系不可能自发地由无序转化为有序的稳定状态。

以上熵增加的规律只是对**孤立系**来说的,这种系统是和外界环境无任何联系的系统。实际上遇到的发生自组织现象的系统,都不是孤立系。例如,在液体薄层中的对流花纹是在外界供给液体热量的条件下发生的。发光物质发出激光也是在外界向它输入能量的情况下才可能的。这种和外界**只有能量交换**的系统叫**封闭系统**。连续流动的化学反应器中反应的进行,不但要求反应器内外有能量的交换,而且要求不断地**交换物质**,即输入反应物,输出产物。生物体更是这样,它是在也只有在不断地和外界交换能量和物质的条件下才能维持其生存。这种和外界既有能量交换也有物质交换的系统叫**开放系统**。自组织现象都是在非孤立的、封闭的或开放的系统中进行的。

封闭系统或开放系统也能达到平衡态。一旦达到平衡态,系统和外界就不再有能量和物质的交换,而且系统内部也不再有任何的宏观过程。对生物体来说,如前所述,这就意味着死亡。生物体或其他的非孤立系在其发展的某一阶段可能达到一个非平衡的,但其宏观性质也不随时间改变的状态。在这一状态下,系统和外界仍进行着能量和物质的交换,而且内部也不停地进行着宏观的自发的不可逆过程,如传热、发光、扩散以及生物的新陈代谢过程。这种稳定的非平衡态叫做**定态**。在自组织现象的研究中,对非孤立系的非平衡定态的研究,更引起人们的注意。

对于非孤立系,熵的变化可以形式地分为两部分。一部分是由于系统内部的不可逆过程引起的,叫做**熵产生**,用 d_iS 表示。另一部分是由于系统和外界交换能量或物质而引起的,叫做**熵流**,用 d_eS 表示。整个系统的熵的变化就是

$$dS = d_iS + d_eS$$

一个系统的熵产生永不可能是负的,即总有

$$d_iS \geqslant 0$$

对于孤立系,由于 $d_eS=0$,所以
$$dS = d_iS > 0$$
这就是熵增加原理的表达式。

但对于非孤立系,视外界的作用不同,熵流 d_eS 可以有不同的符号。如果 $d_eS<0$ 且 $|d_eS|>d_iS$,就会有
$$dS = d_iS + d_eS < 0$$
这表示经过这样的过程,系统的熵会减小,系统就由原来的状态进入更加有序的状态。这就是说,对于一个封闭系统或开放系统存在着由无序到有序的转化的可能。

D.5 稍离平衡的系统

为了找出从无序到有序的转化的规律,就需要研究系统离开平衡态时的行为。热力学的这一分支称做**非平衡态热力学**或**不可逆过程热力学**。(与此相比,已经研究得相当成熟的经典热力学叫做平衡态热力学或可逆过程热力学。)系统离开平衡态是在外界影响下发生的。当外界的影响(如产生的温度梯度或密度梯度)不大,以至在系统内引起的不可逆响应(如产生的热流或物质流)也不大,而可以认为二者间只有简单的线性关系时,可以认为系统对平衡态的偏离很小。以这种情况为研究对象的热力学叫做**线性非平衡态热力学**。这是热力学发展的第二阶段,目前已经有了比较成熟的理论。

线性非平衡态热力学的一个重要原理是普里高津于 1945 年提出的**最小熵产生原理**。按照这一原理,在接近平衡态的条件下,和外界强加的限制(控制条件)相适应的非平衡定态的熵产生具有最小值。以 $\mathscr{P}$ 表示系统内部由于不可逆过程引起的熵产生,则此原理给出在偏离平衡态很小时,系统中的不可逆过程要使得
$$\mathscr{P} > 0$$
即熵要增加而且
$$\frac{d\mathscr{P}}{dt} \leqslant 0$$
这说明熵产生总要减小,因而在到达一个定态时 $\mathscr{P}$ 为最小。

最小熵产生原理反映非平衡态在能量耗散上的一种"惯性"行为:当外界迫使系统离开平衡态时,系统中要进行不可逆过程因而引起能量的耗散。但在这种条件下,系统将总是选择一个能量耗散最小,即熵产生最小的状态。平衡态是这种定态的一个特例,此时的熵产生为零,因为熵已达到极大值而不能再增大了。

由最小熵产生原理可知,靠近平衡态的非平衡定态也是稳定的。因为如果有任何扰动,系统的熵增加必然要大于该定态的熵增加。根据最小熵增加原理,系统还是要回到该定态的。由于平衡态附近的非平衡定态可以看做是从平衡态在外界条件逐渐改变时逐渐过渡过来的,系统仍将保持均匀的无序态而不会自发地形成时空有序结构,并且即使最初对系统强加一有序结构,随着时间的推移,系统也会发展到一个无序的定态,任何有序结构最终仍将消失。换句话说,在偏离平衡态比较小的线性区,自发过程仍是趋于破坏任何有序而增加无序,自组织现象也不可能发生。

研究表明,要产生自组织现象,必须使系统处于远离平衡的状态。

D.6 远离平衡的系统

远离平衡的状态是指：当外界对系统的影响过于强烈以至它在系统内部引起的响应和它不成线性关系时的状态。研究这种情况下的系统的行为的热力学叫**非线性非平衡态热力学**。这是一门到目前为止还不很成熟的学科，可以说是热力学发展的第三阶段。它的理论指出，当系统远离平衡时，它们可以发展到某个不随时间改变的定态。但是这时系统的熵不再具有极值行为，最小熵增加原理也不再有效。系统的稳定性不能再根据它们来判断，而且一般地说，远离平衡的定态不再能用熵这样的状态函数来描述。因此这时过程发展的方向不能依靠纯粹的热力学方法来确定，必须同时研究系统的动力学的详细行为，这样的研究给

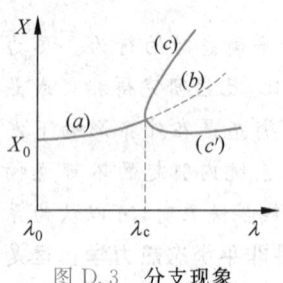

图 D.3 分支现象

出的结果如图 D.3 所示。图中横坐标 λ 表示外界对系统的**控制参数**，它的大小表示外界对系统影响的程度和系统偏离平衡态的程度；纵坐标 X 表示表征系统定态的某个参数，不同的 X 值表示不同的定态。与 λ_0 对应的定态 X_0 表示平衡态，随着 λ 偏离 λ_0，X 也就偏离平衡态，但在 λ 较小时，系统的状态很类似于平衡态而且具有稳定性。表示这种定态的点形成线段 (a)，这是平衡态的延伸，因此这一段叫**热力学分支**。

当 $\lambda \geqslant \lambda_c$ 时，例如贝纳特流体加热实验中，流体的温度梯度超过某定值或激光器的输入功率超过某一定值时，曲线段 (a) 的延续 (b) 上各非平衡定态变得不稳定，一个很小的扰动就可引起系统的突变，离开热力学分支而跃迁到另外两个稳定的分支 (c) 或 (c') 上。这两个分支上的每一个点可能对应于某种时空有序状态。由于这种有序状态是在系统离开平衡状态足够远或者说在不可逆的耗散过程足够强烈的情况下出现的，所以这种状态被普里高津叫做**耗散结构**。分支 (c) 或 (c') 就叫做**耗散结构分支**。在 $\lambda = \lambda_c$ 处热力学分支开始分岔（分岔的数目和行为决定于系统的动力学性质），这种现象叫**分岔现象**或**分支现象**。在分支以前，系统的状态保持空间均匀性和时间不变性，因而具有高度的时空对称性；超过分支点后，耗散结构对应于某种时空有序状态，就破坏了系统原来的对称性。因此这类现象也常常叫做**对称性破缺不稳定性现象**。

非平衡态热力学关于分支现象的理论表明它并没有抛弃经典热力学的基本理论，例如热力学第二定律，而是给予新的解释和重要补充，从而使人们对自然界的发展过程有一个比较全面的认识：在平衡态附近，发展过程主要表现为趋向平衡态或与平衡态有类似行为的非平衡定态，并总是伴随着无序的增加与宏观结构的破坏。而在远离平衡的条件下，非平衡定态可以变得不稳定，发展过程可能发生突变，因而导致宏观结构的形成和宏观有序的增加。这种认识不仅为弄清物理学和化学中各种有序现象的起因指明了方向，也为阐明像生命的起源、生物进化以至宇宙发展等复杂问题提供了有益的启示，更有助于人们对宏观过程不可逆性的本质及其作用的认识。

更有趣的是，分支理论指出，随着控制参数进一步改变，各稳定分支又会变得不稳定而导致所谓二级分支或高级分支现象（图 D.4）。高级分支现象说明系统在远离平衡态时，可以有

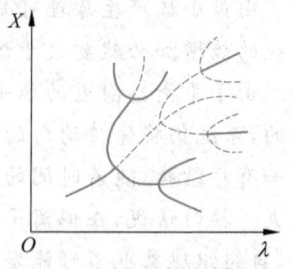

图 D.4 高级分支现象

多种可能的有序结构,因而使系统可以表现出复杂的时空行为。这可以用来说明生物系统的多种复杂行为。在系统偏离平衡态足够远时,分支越来越多,系统就具有越来越多的相互不同的可能的耗散结构,系统处于哪种结构完全是随机的,因而体系的瞬时状态不可预测。这时系统又进入一种无序态,叫**混沌状态**,它和热力学平衡的无序态的不同在于,这种无序的空间和时间的尺度是宏观的量级,而在热力学平衡的无序中,空间和时间的特征大小是分子的特征量级。从这种观点看,生命是存在于这两种无序之间的一种有序,它必须处于非平衡的条件下,但又不能过于远离平衡,否则混沌无序态的出现将完全破坏生物的有序。

对混沌现象的研究也是引人入胜的,近年来这方面也取得了令人鼓舞的进展。人们不仅在理论上发现了一些有关发生分支现象和混沌现象的普遍规律,并且已在自然界中和实验室内(包括流体力学、化学、生物学、电学以及大气科学和天体物理等领域)观测到了混沌现象。弄清这些现象的起因和规律无疑对于认识我们赖以生存的这个无序而又有序的世界是重要的。

在系统内部究竟是什么因素导致定态的不稳定而发生分支的呢?这涉及涨落的作用。

D.7 通过涨落达到有序

不论是平衡态还是非平衡定态都是系统在**宏观上**不随时间改变的状态,实际上由于组成系统的分子仍在不停地作无规则运动,因此系统的状态在局部上经常与宏观平均态有暂时的偏离。这种自发产生的微小偏离称为**涨落**。另外宏观系统所受的外界条件也或多或少地总有一些变动。因此,宏观系统的宏观状态总是不停地受到各种各样的扰动,远离平衡态的系统的定态的不稳定以致发展到耗散结构的出现就植根于这种涨落,普里高津把这个过程叫做"通过涨落达到有序"。

普里高津的意思大致如下:设某系统的宏观均匀状态用图 D.5(a)中的平直虚线所示(该图的横坐标表示空间位置,纵坐标表示系统的某一参量如温度或浓度),某时刻系统中各处的实际情况由于涨落而如无规则曲线所示。这一无规则曲线可以认为(按傅里叶分析)由许多规则的正弦曲线叠加而成(图 D.5(b))。这些有规则的正弦变化叫做**涨落分量**,它们在宏观上都观察不到,系统表现为宏观均匀态,随着控制条件的改变,有的涨落分量随时间很快地衰减掉了,有的涨落分量却会随时间长大以致其振幅终于达到宏观尺度而使系统进入一种宏观有序状态,这样,就形成了耗散结构。

哈肯的协同论对涨落产生有序的说明可能更具有启发性。哈肯认为:分子(或子系统)之间的相互作用或关联引起的**协同作用**使得系统从无序转化为有序。一般来讲,系统中各个分子的运动状态由分子的热运动(或子系统的各自独立的运动)和分子间的关联引起的协同运动共同决定。当分子间的关联能量小于独立运动能量时,分子独立运动占主导地位,系统就处于无序状态(如气体),当分子间的关联能量大

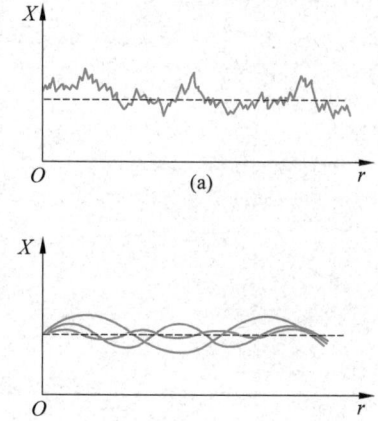

图 D.5　涨落(a)及其分量(b)

于分子的运动能量时,分子的独立运动就受到约束,它要服从由关联形成的协同运动,于是系统就显出有序的特征。涨落是系统中各局部内分子间相互耦合变化的反映。系统在偏离平衡态较小的状态时,独立运动和协同运动能量的相对大小未发生明显的变化,涨落相对较小。在控制参数变化时,这两种运动的能量的相对大小也在变化,当控制参数达到临界值 λ_c 时,这两种运动能量的相对地位几乎处在均势状态,因此局部分子间可能的各种耦合相当活跃,使得涨落变大。每个涨落都具有特定的内容,代表着一种结构或组织的"胚芽状态"。涨落的出现是偶然的,但只有适应系统动力学性质的那些涨落才能得到系统中绝大部分分子的响应而波及整个系统,将系统推进到一种新的有序的结构——耗散结构。

第 4 篇　光　学

光（这里主要指可见光）是人类以及各种生物生活不可或缺的最普通的要素。现在我们知道它是一种电磁波，但对它的这种认识却经历了漫长的过程。最早也是最容易观察到的规律是光的直线传播。在机械观的基础上，人们认为光是由一些微粒组成的，光线就是这些"光微粒"的运动路径。牛顿被尊为是光的微粒说的创始人和坚持者，但并没有确凿的证据。实际上牛顿已觉察到许多光现象可能需要用波动来解释，牛顿环就是一例。不过他当时未能作出这种解释。他的同代人惠更斯倒是明确地提出了光是一种波动，但是并没有建立起系统的有说服力的理论。直到进入19世纪，才由托马斯·杨和菲涅耳从实验和理论上建立起一套比较完整的光的波动理论，使人们正确地认识到光就是一种波动，而光的沿直线前进只是光的传播过程的一种表观的近似描述。托马斯·杨和菲涅耳对光波的理解还持有机械论的观点，即光是在一种介质中传播的波。关于传播光的介质是什么的问题，虽然对光波的传播规律的描述甚至实验观测并无直接的影响，但终究是波动理论的一个"要害"问题。19世纪中叶光的电磁理论的建立使人们对光波的认识更深入了一步，但关于"介质"的问题还是矛盾重重，有待解决。最终解决这个问题的是19世纪末叶迈克耳孙的实验以及随后爱因斯坦建立的相对论理论。他们的结论是电磁波（包括光波）是一种可独立存在的物质，它的传播不需要任何介质。

本篇关于光的波动规律的讲解，基本上还是近200年前托马斯·杨和菲涅耳的理论，当然有许多应用实例是现代化的。正确的基本理论是不会过时的，而且它们的应用将随时代的前进而不断扩大和翻新。现代的许多高新技术中的精密测量与控制就应用了光的干涉和衍射的原理。激光的发明（这也是40年前的事情了！）更使

"古老的"光学焕发了青春。第19~21章就讲解波动光学的基本规律,包括干涉、衍射和偏振。在适当的地方都插入了若干这些规律的现代应用。所述规律大都是"唯象的",没有用电磁理论麦克斯韦方程说明它们的根源。

从本质上说,光不单是电磁波,而且还是一种粒子,称为光子。关于这方面的知识,将在本书第6篇量子物理中介绍。

第17章

振 动

物体在一定位置附近所作的往复的运动叫机械振动,简称振动。它是物体的一种运动形式。从日常生活到生产技术以及自然界中到处都存在着振动。一切发声体都在振动,机器的运转总伴随着振动,海浪的起伏以及地震也都是振动,就是晶体中的原子也都在不停地振动着。

广义地说,任何一个物理量随时间的周期性变化都可以叫做振动。例如,电路中的电流、电压,电磁场中的电场强度和磁场强度也都可能随时间作周期性变化。这种变化也可以称为振动——电磁振动或电磁振荡。这种振动虽然和机械振动有本质的不同,但它们随时间变化的情况以及许多其他性质在形式上都遵从相同的规律。因此研究机械振动的规律有助于了解其他种振动的规律,本章着重研究机械振动的规律。

振动有简单和复杂之别。最简单的是简谐运动,它也是最基本的振动,因为一切复杂的振动都可以认为是由许多简谐运动合成的。简谐运动在中学物理课程中已有较多的讨论,下面先简述简谐运动的运动学和动力学,然后介绍阻尼振动和受迫振动,最后说明振动合成的规律。

17.1 简谐运动的描述

质点运动时,如果离开平衡位置的位移 x(或角位移 θ)按正弦规律随时间变化,这种运动就叫**简谐运动**(图 17.1)。因此,简谐运动常用下一数学式作为其运动学定义:

$$x = A\cos(\omega t + \varphi) \tag{17.1}$$

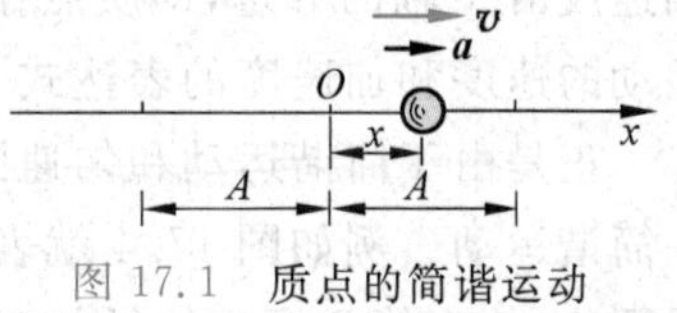

式中,A 叫简谐运动的**振幅**,它表示质点可能离开原点(即平衡位置)的最大距离;ω 叫简谐运动的**角频率**,它和简谐运动的**周期** T 有以下关系:

图 17.1 质点的简谐运动

$$\omega = \frac{2\pi}{T} \tag{17.2}$$

简谐运动的**频率** ν 为周期 T 的倒数,因而有

$$\omega = 2\pi\nu \tag{17.3}$$

将式(17.2)和式(17.3)代入式(17.1),又可得简谐运动的表达式为

$$x = A\cos\left(\frac{2\pi}{T}t + \varphi\right) = A\cos(2\pi\nu t + \varphi) \qquad (17.4)$$

ω, T 和 ν 都是表示简谐运动在时间上的周期性的量。

根据定义,可得简谐运动的速度和加速度分别为

$$v = \frac{\mathrm{d}x}{\mathrm{d}t} = -\omega A \sin(\omega t + \varphi) = \omega A \cos\left(\omega t + \varphi + \frac{\pi}{2}\right) \qquad (17.5)$$

$$a = \frac{\mathrm{d}^2 x}{\mathrm{d}t^2} = -\omega^2 A\cos(\omega t + \varphi) = \omega^2 A\cos(\omega t + \varphi + \pi) \qquad (17.6)$$

比较式(17.1)和式(17.6)可得

$$a = \frac{\mathrm{d}^2 x}{\mathrm{d}t^2} = -\omega^2 x \qquad (17.7)$$

这一关系式说明,简谐运动的加速度和位移成正比而反向。

式(17.1)、式(17.5)、式(17.6)的函数关系可用图 17.2 所示的曲线表示,其中表示 x-t 关系的一条曲线叫做**振动曲线**。

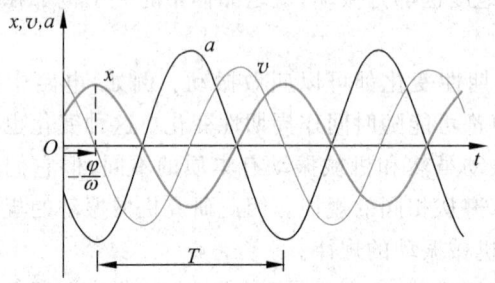

图 17.2　简谐运动的 x, v, a 随时间变化的关系曲线　　图 17.3　匀速圆周运动与简谐运动

质点的简谐运动和匀速圆周运动有简单的关系。如图 17.3 所示,质点沿着以平衡位置 O 为中心,半径为 A 的圆周作角速度为 ω 的圆周运动时,它在一直径(取作 x 轴)上投影的运动就是简谐运动。以起始时质点的径矢与 x 轴的夹角为 φ,在时间 t 内该径矢转过的角度为 ωt,则在任意时刻 t 质点在 x 轴上的投影的位置就是

$$x = A\cos(\omega t + \varphi)$$

这正是简谐运动的定义公式(17.1)。从图 17.3 还可以看出,质点沿圆周运动的速度和加速度沿 x 轴的分量,即质点在 x 轴上的投影的速度和加速度的表达式,也正是上面简谐运动的速度和加速度的表达式——式(17.5)和式(17.6)。

正是由于简谐运动和匀速圆周运动的这一关系,就常用圆周运动的起始径矢位置图示一简谐运动。例如图 17.4 就表示式(17.1)所表达的简谐运动,简谐运动的这一表示法叫**相量图法**,长度等于振幅的径矢叫**振幅矢量**。

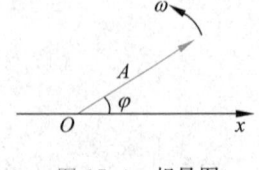

图 17.4　相量图

在简谐运动定义公式(17.1)中的量$(\omega t + \varphi)$叫做在时刻 t 振动的**相**(或**相位**)。在相量图中,它还有一个直观的几何意义,即在时刻 t 振幅矢量和 x 轴的夹角。从式(17.1)和式(17.5),或者借助于图 17.3,都可以知道,对于一个确定的简谐运动来说,一定的相就对应于振动质点一定时刻的运动状态,即一定时刻的位置

和速度。因此,在说明简谐运动时,常不分别地指出位置和速度,而直接用相表示质点的某一运动状态。例如,当用余弦函数表示简谐运动时,$\omega t+\varphi=0$,即相为零的状态,表示质点在正位移极大处而速度为零;$\omega t+\varphi=\pi/2$,即相为 $\pi/2$ 的状态,表示质点正越过原点并以最大速率向 x 轴负向运动;$\omega t+\varphi=(3/2)\pi$ 的状态表示质点也正越过原点但是以最大速率向 x 轴正向运动;等等。因此,相是说明简谐运动时常用到的一个概念。

在初始时刻即 $t=0$ 时,相为 φ,因此,φ 叫做**初相**。

在式(17.1)中,如果 A,ω,φ 都知道了,由它表示的简谐运动就确定了。因此,A,ω 和 φ 叫做简谐运动的**三个特征量**。

相的概念在比较两个同频率的简谐运动的步调时特别有用。设有下列两个简谐运动:

$$x_1 = A_1\cos(\omega t + \varphi_1)$$
$$x_2 = A_2\cos(\omega t + \varphi_2)$$

它们的**相差**为

$$\Delta\varphi = (\omega t + \varphi_2) - (\omega t + \varphi_1) = \varphi_2 - \varphi_1 \tag{17.8}$$

即它们在任意时刻的相差都等于其初相差而与时间无关。由这个相差的值就可以知道它们的步调是否相同。

如果 $\Delta\varphi=0$(或者 2π 的整数倍),两振动质点将同时到达各自的同方向的极端位置,并且同时越过原点而且向同方向运动,它们的步调相同。这种情况我们说二者**同相**。

如果 $\Delta\varphi=\pi$(或者 π 的奇数倍),两振动质点将同时到达各自的相反方向的极端位置,并且同时越过原点但向相反方向运动,它们的步调相反。这种情况我们说二者**反相**。

当 $\Delta\varphi$ 为其他值时,一般地说二者**不同相**。当 $\Delta\varphi=\varphi_2-\varphi_1>0$ 时,x_2 将先于 x_1 到达各自的同方向极大值,我们说 x_2 振动超前 x_1 振动 $\Delta\varphi$,或者说 x_1 振动落后于 x_2 振动 $\Delta\varphi$。当 $\Delta\varphi<0$ 时,我们说 x_1 振动超前 x_2 振动 $|\Delta\varphi|$。在这种说法中,由于相差的周期是 2π,所以我们把 $|\Delta\varphi|$ 的值限在 π 以内。例如,当 $\Delta\varphi=(3/2)\pi$ 时,我们常不说 x_2 振动超前 x_1 振动 $(3/2)\pi$,而改写成 $\Delta\varphi=(3/2)\pi-2\pi=-\pi/2$,且说 x_2 振动落后于 x_1 振动 $\pi/2$,或说 x_1 振动超前 x_2 振动 $\pi/2$。

相不但用来表示两个相同的作简谐运动的物理量的步调,而且可以用来表示频率相同的不同的物理量变化的步调。例如在图 17.2 中加速度 a 和位移 x 反相,速度 v 超前位移 $\pi/2$,而落后于加速度 $\pi/2$。

例 17.1

简谐运动。一质点沿 x 轴作简谐运动,振幅 $A=0.05$ m,周期 $T=0.2$ s。当质点正越过平衡位置向负 x 方向运动时开始计时。

(1) 写出此质点的简谐运动的表达式;

(2) 求在 $t=0.05$ s 时质点的位置、速度和加速度;

(3) 另一质点和此质点的振动频率相同,但振幅为 0.08 m,并和此质点反相,写出这另一质点的简谐运动表达式;

(4) 画出两振动的相量图。

解 (1) 取平衡位置为坐标原点,以余弦函数表示简谐运动,则 $A=0.05$ m,$\omega=2\pi/T=10\pi$ s^{-1}。由于 $t=0$ 时 $x=0$ 且 $v<0$,所以 $\varphi=\pi/2$。因此,此质点简谐运动表达式为

$$x = A\cos(\omega t + \varphi) = 0.05\cos(10\pi t + \pi/2)$$

(2) $t=0.05$ s 时,
$$x = 0.05\cos(10\pi \times 0.05 + \pi/2) = 0.05\cos\pi = -0.05 \text{ m}$$

此时质点正在负 x 向最大位移处;
$$v = -\omega A\sin(\omega t + \varphi) = -0.05 \times 10\pi\sin(10\pi \times 0.05 + \pi/2) = 0$$

此时质点瞬时停止;
$$a = -\omega^2 A\cos(\omega t + \varphi)$$
$$= -(10\pi)^2 0.05\cos(10\pi \times 0.05 + \pi/2) = 49.3 \text{ m/s}^2$$

此时质点的瞬时加速度指向平衡位置。

(3) 由于频率相同,另一反相质点的初相与此质点的初相差就是 π(或 $-\pi$)。这另一质点的简谐运动表达式应为
$$x' = A'\cos(\omega t + \varphi - \pi) = 0.08\cos(10\pi t - \pi/2)$$

(4) 两振动的相量图见图 17.5。

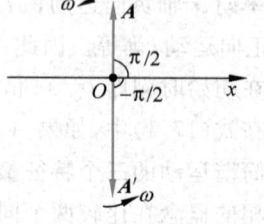

图 17.5 例 17.1 中两振动的相量图

17.2 简谐运动的动力学

作简谐运动的质点,它的加速度和对于平衡位置的位移有式(17.7)所示的关系,即
$$a = \frac{d^2 x}{dt^2} = -\omega^2 x$$

根据牛顿第二定律,质量为 m 的质点沿 x 方向作简谐运动,沿此方向所受的合外力就应该是
$$F = m\frac{d^2 x}{dt^2} = -m\omega^2 x$$

由于对同一个简谐运动,m, ω 都是常量,所以可以说:**一个作简谐运动的质点所受的沿位移方向的合外力与它对于平衡位置的位移成正比而反向**。这样的力称为回复力。

反过来,如果一个质点沿 x 方向运动,它受到的合外力 F 与它对于平衡位置的位移 x 成正比而反向,即
$$F = -kx \tag{17.9}$$

其中,k 为比例常量,则由牛顿第二定律,可得
$$F = m\frac{d^2 x}{dt^2} = -kx \tag{17.10}$$

或
$$a = \frac{d^2 x}{dt^2} = -\frac{k}{m}x \tag{17.11}$$

微分方程的理论证明,这一微分方程的解**一定**取式(17.1)的形式,即
$$x = A\cos(\omega t + \varphi)$$

因此可以说,在式(17.9)所示的合外力作用下,质点一定作简谐运动。这样,式(17.9)所表示的外力就是质点作简谐运动的充要条件。所以就可以说,**质点在与对平衡位置的位移成正比而反向的合外力作用下的运动就是简谐运动**。这可以作为简谐运动的动力学定义。式(17.10)就叫做简谐运动的**动力学方程**。

将式(17.7)和式(17.11)加以对比,还可以得出简谐运动的角频率为

$$\omega = \sqrt{\frac{k}{m}} \tag{17.12}$$

这就是说,简谐运动的角频率由振动系统本身的性质(包括力的特征和物体的质量)所决定。这一角频率叫振动系统的**固有角频率**,相应的周期叫振动系统的**固有周期**,其值为

$$T = \frac{2\pi}{\omega} = 2\pi\sqrt{\frac{m}{k}} \tag{17.13}$$

和处理一般的力学问题一样,除了知道式(17.9)所示外力条件外,还需要知道初始条件,即 $t=0$ 时的位移 x_0 和速度 v_0,才能决定简谐运动的具体形式。由式(17.1)式(17.5)可知

$$x_0 = A\cos\varphi, \quad v_0 = -\omega A\sin\varphi \tag{17.14}$$

由此可解得

$$A = \sqrt{x_0^2 + \frac{v_0^2}{\omega^2}} \tag{17.15}$$

$$\varphi = \arctan\left(-\frac{v_0}{\omega x_0}\right) \tag{17.16}$$

在用式(17.16)确定 φ 时,一般说来,在 $-\pi$ 到 π 之间有两个值,因此应将此二值代回式(17.14)中以判定取舍。

简谐运动的三个特征量 A, ω, φ 都知道了,这个简谐运动的情况就完全确定了。

例 17.2

弹簧振子。图 17.6 所示为一水平弹簧振子,O 为振子的平衡位置,选作坐标原点。弹簧对小球(即振子)的弹力遵守胡克定律,即 $F = -kx$,其中 k 为弹簧的劲度系数。(1)证明:振子的运动为简谐运动。(2)已知弹簧的劲度系数为 $k = 15.8$ N/m,振子的质量为 $m = 0.1$ kg。在 $t = 0$ 时振子对平衡位置的位移 $x_0 = 0.05$ m,速度 $v_0 = -0.628$ m/s。写出相应的简谐运动的表达式。

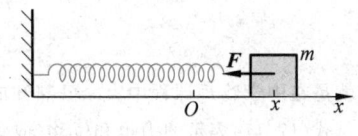

图 17.6 水平弹簧振子

解 (1)以胡克定律表示的振子所受的水平合力表示式说明此合力与振子在其平衡位置的位移成正比而反向。根据定义,此力作用下的振子的水平运动应为简谐运动。

(2)要写出此简谐运动的表达式,需要知道它的三个特征量 A, ω, φ。角频率决定于系统本身的性质,由式(17.12)可得

$$\omega = \sqrt{\frac{k}{m}} = \sqrt{\frac{15.8}{0.1}} = 12.57 \text{ (s}^{-1}\text{)} = 4\pi \text{ (s}^{-1}\text{)}$$

A 和 φ 由初始条件决定,由式(17.15)得

$$A = \sqrt{x_0^2 + \frac{v_0^2}{\omega^2}} = \sqrt{0.05^2 + \frac{(-0.628)^2}{12.57^2}} = 7.07 \times 10^{-2} \text{ (m)}$$

又由式(17.16)得

$$\varphi = \arctan\left(-\frac{v_0}{\omega x_0}\right) = \arctan\left(-\frac{-0.628}{12.57 \times 0.05}\right) = \arctan 1 = \frac{\pi}{4} \text{ 或 } -\frac{3}{4}\pi$$

由于 $x_0 = A\cos\varphi = 0.05$ m > 0,所以取 $\varphi = \pi/4$。

由此,以平衡位置为原点所求简谐运动的表达式应为

$$x = 7.07 \times 10^{-2} \cos\left(4\pi t + \frac{\pi}{4}\right)$$

例 17.3

单摆的小摆角振动。如图 17.7 所示的单摆摆长为 l,摆锤质量为 m。证明:单摆的小摆角振动是简谐运动并求其周期。

解 当摆线与竖直方向成 θ 角时,忽略空气阻力,摆球所受的合力沿圆弧切线方向的分力,即重力在这一方向的分力,为 $mg\sin\theta$。取逆时针方向为角位移 θ 的正方向,则此力应写成

$$f_t = -mg\sin\theta$$

在**角位移 θ 很小时**,$\sin\theta \approx \theta$,所以

$$f_t = -mg\theta \qquad (17.17)$$

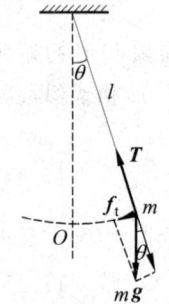

图 17.7 单摆

由于摆球的切向加速度为 $a_t = \dfrac{\mathrm{d}v}{\mathrm{d}t} = l\dfrac{\mathrm{d}\omega}{\mathrm{d}t} = l\dfrac{\mathrm{d}^2\theta}{\mathrm{d}t^2}$,所以由牛顿第二定律可得

$$ml\frac{\mathrm{d}^2\theta}{\mathrm{d}t^2} = -mg\theta$$

或

$$\frac{\mathrm{d}^2\theta}{\mathrm{d}t^2} = -\frac{g}{l}\theta \qquad (17.18)$$

这一方程和式(17.11)具有相同的形式,其中的常量 g/l 相当于式(17.11)中的常量 k/m。由此可以得出结论:**在摆角很小的情况下,单摆的振动是简谐运动**。这一振动的角频率,根据式(17.12)应为

$$\omega = \sqrt{\frac{g}{l}}$$

而由式(17.2)可知单摆振动的周期为

$$T = \frac{2\pi}{\omega} = 2\pi\sqrt{\frac{l}{g}} \qquad (17.19)$$

这就是在中学物理课程中大家已熟知的周期公式。

式(17.17)表示的力也和位移(或角位移)成正比而反向,和上例的弹性力类似。这种形式上与弹性力类似的力叫**准弹性力**。

17.3 简谐运动的能量

仍以图 17.6 所示的水平弹簧振子为例。当物体的位移为 x,速度为 $v = \mathrm{d}x/\mathrm{d}t$ 时,弹簧振子的总机械能为

$$E = E_k + E_p = \frac{1}{2}mv^2 + \frac{1}{2}kx^2 \qquad (17.20)$$

利用式(17.1)和式(17.5),可得任意时刻弹簧振子的弹性势能和动能分别为

$$E_p = \frac{1}{2}kx^2 = \frac{1}{2}kA^2\cos^2(\omega t + \varphi) \qquad (17.21)$$

$$E_k = \frac{1}{2}mv^2 = \frac{1}{2}m\omega^2 A^2\sin^2(\omega t + \varphi) \qquad (17.22)$$

应用(17.12)式的关系,即

$$\omega^2 = \frac{k}{m}$$

可得

$$E_k = \frac{1}{2}kA^2\sin^2(\omega t + \varphi) \tag{17.23}$$

因此,弹簧振子系统的总机械能为

$$E = E_k + E_p = \frac{1}{2}kA^2 \tag{17.24}$$

由此可知,弹簧振子的总能量不随时间改变,即其机械能守恒。这一点是和弹簧振子在振动过程中没有外力对它做功的条件相符合的。

式(17.24)还说明弹簧振子的总能量和振幅的平方成正比,这一点对其他的简谐运动系统也是正确的。振幅不仅给出了简谐运动的运动范围,而且还反映了振动系统总能量的大小,或者说反映了振动的**强度**。

弹簧振子作简谐运动时的能量变化情况可以在势能曲线图上查看。如图 17.8 所示,弹簧振子的势能曲线为抛物线。在一次振动中总能量为 E,保持不变。在位移为 x 时,势能和动能分别由 xa 和 ab 直线段表示。当位移到达 $+A$ 和 $-A$ 时,振子动能为零,开始返回运动。振子不可能越过势能曲线到达势能更大的区域,因为到那里振子的动能应为负值,而这是不可能的。

还可以利用式(17.21)和式(17.22)求出弹簧振子的势能和动能对时间的平均值。根据对时间的平均值的定义可得

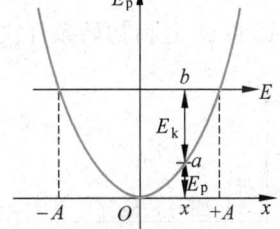

图 17.8 弹簧振子的势能曲线

$$\overline{E}_p = \frac{1}{T}\int_0^T E_p dt = \frac{1}{T}\int_0^T \frac{1}{2}kA^2\cos^2(\omega t + \varphi)dt = \frac{1}{4}kA^2$$

$$\overline{E}_k = \frac{1}{T}\int_0^T E_k dt = \frac{1}{T}\int_0^T \frac{1}{2}kA^2\sin^2(\omega t + \varphi)dt = \frac{1}{4}kA^2$$

即弹簧振子的势能和动能的平均值相等而且等于总机械能的一半。这一结论也同样适用于其他的简谐运动。

17.4 阻尼振动

前面几节讨论的简谐运动,都是物体在弹性力或准弹性力作用下产生的,没有其他的力,如阻力的作用。这样的简谐运动又叫做**无阻尼自由振动**("尼"字据《辞海》也是阻止的意思)。实际上,任何振动系统总还要受到阻力的作用,这时的振动叫做**阻尼振动**。由于在阻尼振动中,振动系统要不断地克服阻力做功,所以它的能量将不断地减少。因而阻尼振动的振幅也不断地减小,故而被称为**减幅振动**。

通常的振动系统都处在空气或液体中,它们受到的阻力就来自它们周围的这些介质。实验指出,当运动物体的速度不太大时,介质对运动物体的阻力与速度成正比。又由于阻力总与速度方向相反,所以阻力 f_r 与速度 v 就有下述的关系:

$$f_r = -\gamma v = -\gamma \frac{dx}{dt} \tag{17.25}$$

式中 γ 为正的比例常数,它的大小由物体的形状、大小、表面状况以及介质的性质决定。

质量为 m 的振动物体,在弹性力(或准弹性力)和上述阻力作用下运动时,运动方程应为

$$m\frac{d^2 x}{dt^2} = -kx - \gamma \frac{dx}{dt} \tag{17.26}$$

令

$$\omega_0^2 = \frac{k}{m}, \quad 2\beta = \frac{\gamma}{m}$$

这里 ω_0 为振动系统的固有角频率,β 称为**阻尼系数**。以此代入式(17.26)可得

$$\frac{d^2 x}{dt^2} + 2\beta \frac{dx}{dt} + \omega_0^2 x = 0 \tag{17.27}$$

这是一个微分方程。在阻尼作用较小(即 $\beta < \omega_0$)时,此方程的解为

$$x = A_0 e^{-\beta t} \cos(\omega t + \varphi_0) \tag{17.28}$$

其中

$$\omega = \sqrt{\omega_0^2 - \beta^2} \tag{17.29}$$

而 A_0 和 φ_0 是由初始条件决定的积分常数。式(17.28)即阻尼振动的表达式,图 17.9 画出了相应的位移时间曲线。

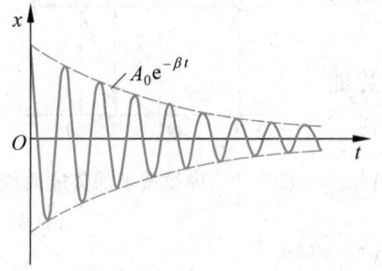

图 17.9 阻尼振动图线

式(17.28)中的 $A_0 e^{-\beta t}$ 可以看做是随时间变化的振幅,它随时间是按指数规律衰减的。这种振幅衰减的情况在图 17.9 中可以清楚地看出来。阻尼作用愈大,振幅衰减得愈快。显然阻尼振动不是简谐运动;它也不是严格的周期运动,因为位移并不能恢复原值。这时仍然把因子 $\cos(\omega t + \varphi_0)$ 的相变化 2π 所经历的时间,亦即相邻两次沿同方向经过平衡位置相隔的时间,叫周期。这样,阻尼振动的周期为

$$T = \frac{2\pi}{\omega} = \frac{2\pi}{\sqrt{\omega_0^2 - \beta^2}} \tag{17.30}$$

很明显,阻尼振动的周期比振动系统的固有周期要长。

由于振幅 $A_0 e^{-\beta t}$ 不断减小,振动能量也不断减小。由于振动能量和振幅的平方成正比,所以有

$$E = E_0 e^{-2\beta t} \tag{17.31}$$

其中 E_0 为起始能量。能量减小到起始能量的 $1/e$ 所经过的时间为

$$\tau = \frac{1}{2\beta} \tag{17.32}$$

这一时间可以作为阻尼振动的特征时间而称为**时间常量**,或叫鸣响时间。阻尼越小,则时间常数越大,鸣响时间也越长。

在通常情况下,阻尼很难避免,振动常常是阻尼的。对这种实际振动,常常用在鸣响时

间内可能振动的次数来比较振动的"优劣",振动次数越多越"好"。因此,技术上就用这一次数的 2π 倍定义为阻尼振动的**品质因数**,并以 Q 表示,因此又称为振动系统的 Q **值**。于是

$$Q = 2\pi \frac{\tau}{T} = \omega\tau \tag{17.33}$$

在阻尼不严重的情况下,此式中的 T 和 ω 就可以用振动系统的固有周期和固有角频率计算。一般音叉和钢琴弦的 Q 值为几千,即它们在敲击后到基本听不见之前大约可以振动几千次,无线电技术中的振荡回路的 Q 值为几百,激光器的光学谐振腔的 Q 值可达 10^7。

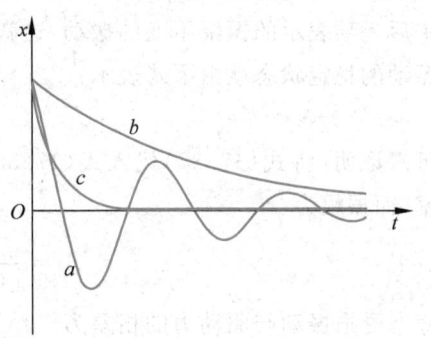

图 17.10 三种阻尼的比较

图 17.9 所示的阻尼较小的阻尼运动叫**欠阻尼**(也见图 17.10 中的曲线 a)。阻尼作用过大时,物体的运动将不再具有任何周期性,物体将从原来远离平衡位置的状态慢慢回到平衡位置(图 17.10 中的曲线 b)。这种情况称为**过阻尼**。

阻尼的大小适当,则可以使运动处于一种**临界阻尼**状态。此时系统还是一次性地回到平衡状态,但所用的时间比过阻尼的情况要短(图 17.10 中的曲线 c)。因此当物体偏离平衡位置时,如果要它以最短的时间一次性地回到平衡位置,就常用施加临界阻尼的方法。

17.5 受迫振动 共振

实际的振动系统总免不了由于阻力而消耗能量,这会使振幅不断衰减。但这时也能够得到等幅的,即振幅并不衰减的振动,这是由于对振动系统施加了周期性外力因而不断地补充能量的缘故。这种周期性外力叫**驱动力**,在驱动力作用下的振动就叫**受迫振动**。

受迫振动是常见的。例如,如果电动机的转子的质心不在转轴上,则当电动机工作时它的转子就会对基座加一个周期性外力(频率等于转子的转动频率)而使基座作受迫振动。扬声器中和纸盆相连的线圈,在通有音频电流时,在磁场作用下就对纸盆施加周期性的驱动力而使之发声。人们听到声音也是耳膜在传入耳蜗的声波的周期性压力作用下作受迫振动的结果。

为简单起见,设驱动力是随时间按余弦规律变化的简谐力 $H\cos\omega t$。由于同时受到弹性力和阻力的作用,物体受迫振动的运动方程为

$$m\frac{d^2x}{dt^2} = -kx - \gamma\frac{dx}{dt} + H\cos\omega t \tag{17.34}$$

令

$$\omega_0^2 = \frac{k}{m}, \quad 2\beta = \frac{\gamma}{m}, \quad h = \frac{H}{m}$$

则式(17.34)可改写成

$$\frac{d^2x}{dt^2} + 2\beta\frac{dx}{dt} + \omega_0^2 x = h\cos\omega t \tag{17.35}$$

这个微分方程的解为

$$x = A_0 e^{-\beta t}\cos\left(\sqrt{\omega_0^2-\beta^2}\,t + \varphi_0\right) + A\cos(\omega t + \varphi) \tag{17.36}$$

此式表明，受迫振动可以看成是两个振动合成的。一个振动由此式的第一项表示，它是一个减幅的振动。经过一段时间后，这一分振动就减弱到可以忽略不计了。余下的就只有上式中后一项表示的振幅不变的振动，这就是受迫振动达到稳定状态时的等幅振动。因此，受迫振动的稳定状态就由下式表示：

$$x = A\cos(\omega t + \varphi) \tag{17.37}$$

可以证明（将式(17.37)代入式(17.35)即可），此等幅振动的角频率 ω 就是驱动力的角频率，而振幅为

$$A = \frac{h}{\left[(\omega_0^2-\omega^2)^2 + 4\beta^2\omega^2\right]^{1/2}} \tag{17.38}$$

稳态受迫振动与驱动力的相差为

$$\varphi = \arctan\frac{-2\beta\omega}{\omega_0^2 - \omega^2} \tag{17.39}$$

这些都与初始条件无关。

对一定的振动系统，改变驱动力的频率，当驱动力频率为某一值时，振幅 A（式(17.38)）会达到极大值。用求极值的方法可得使振幅达到极大值的角频率为

$$\omega_r = \sqrt{\omega_0^2 - 2\beta^2} \tag{17.40}$$

相应的最大振幅为

$$A_r = \frac{H/m}{2\beta\sqrt{\omega_0^2 - \beta^2}} \tag{17.41}$$

在弱阻尼即 $\beta\ll\omega_0$ 的情况下，由式(17.40)可看出，当 $\omega_r = \omega_0$，即驱动力频率等于振动系统的固有频率时，振幅达到最大值。我们把这种振幅达到最大值的现象叫做**共振**。

在几种阻尼系数不同的情况下受迫振动的振幅随驱动力的角频率变化的情况如图 17.11 所示。

可以证明，在共振时，振动速度和驱动力同相，因而，驱动力总是对系统做正功，系统能最大限度地从外界得到能量。这就是共振时振幅最大的原因。

共振现象是极为普遍的，在声、光、无线电、原子内部及工程技术中都常遇到。共振现象有有利的一面，例如，许多仪器就是利用共振原理设计的：收音机利用电磁共振（电谐振）进行选台，一些乐器利用共振来提高音响效果，核内的核磁共振被利用来进行物质结构

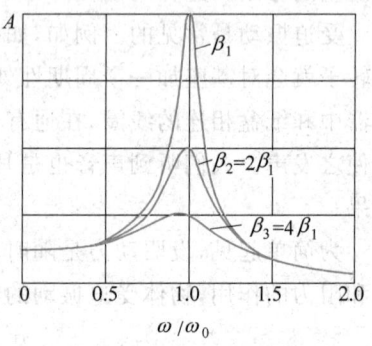

图 17.11 受迫振动的振幅曲线

的研究以及医疗诊断等。共振也有不利的一面，例如共振时因为系统振幅过大会造成机器设备的损坏等。1940 年著名的美国塔科马海峡大桥断塌的部分原因就是阵阵大风引起的桥的共振。图 17.12(a)是该桥要断前某一时刻的振动形态，图(b)是桥断后的惨状。

图 17.12　塔科马海峡大桥的共振断塌

17.6　同一直线上同频率的简谐运动的合成

在实际的问题中,常常会遇到几个简谐运动的合成(或叠加)。例如,当两列声波同时传到空间某一点时,该点空气质点的运动就是两个振动的合成。一般的振动合成问题比较复杂,下面先讨论在同一直线上的频率相同的两个简谐运动的合成。

设两个在同一直线上的同频率的简谐运动的表达式分别为

$$x_1 = A_1\cos(\omega t + \varphi_1)$$
$$x_2 = A_2\cos(\omega t + \varphi_2)$$

式中,A_1,A_2 和 φ_1,φ_2 分别为两个简谐运动的振幅和初相,x_1,x_2 表示在同一直线上,相对同一平衡位置的位移。在任意时刻合振动的位移为

$$x = x_1 + x_2$$

对这种简单情况虽然利用三角公式不难求得合成结果,但是利用相量图可以更简捷直观地得出有关结论。

如图 17.13 所示,A_1,A_2 分别表示简谐运动 x_1 和 x_2 的振幅矢量,A_1,A_2 的合矢量为 A,而 A 在 x 轴上的投影 $x=x_1+x_2$。

因为 A_1,A_2 以相同的角速度 ω 匀速旋转,所以在旋转过程中平行四边形的形状保持不变,因而合矢量 A 的长度保持不变,并以同一角速度 ω 匀速旋转。因此,合矢量 A 就是相应的合振动的振幅矢量,而合振动的表达式为

$$x = A\cos(\omega t + \varphi)$$

图 17.13　在 x 轴上的两个同频率的简谐运动合成的相量图

参照图 17.13,利用余弦定理可求得合振幅为

$$A = \sqrt{A_1^2 + A_2^2 + 2A_1A_2\cos(\varphi_2 - \varphi_1)} \tag{17.42}$$

由直角 $\triangle OMP$ 可以求得合振动的初相 φ 满足

$$\tan\varphi = \frac{A_1\sin\varphi_1 + A_2\sin\varphi_2}{A_1\cos\varphi_1 + A_2\cos\varphi_2} \tag{17.43}$$

式(17.42)表明合振幅不仅与两个分振动的振幅有关,还与它们的初相差 $\varphi_2 - \varphi_1$ 有关。下面是两个重要的特例。

(1) 两分振动同相

$$\varphi_2 - \varphi_1 = 2k\pi, \quad k = 0, \pm 1, \pm 2, \cdots$$

这时 $\cos(\varphi_2 - \varphi_1) = 1$,由式(17.42)得

$$A = \sqrt{A_1^2 + A_2^2 + 2A_1 A_2} = A_1 + A_2$$

合振幅最大,振动曲线如图 17.14(a)所示。

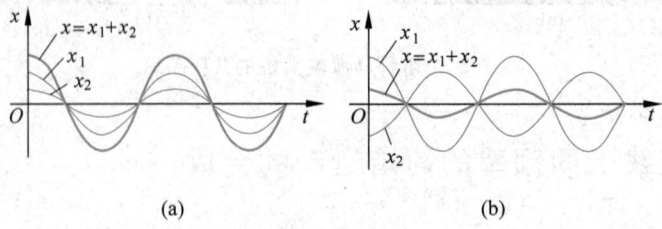

图 17.14 振动合成曲线
(a) 两振动同相;(b) 两振动反相

(2) 两分振动反相

$$\varphi_2 - \varphi_1 = (2k+1)\pi, \quad k = 0, \pm 1, \pm 2, \cdots$$

这时 $\cos(\varphi_2 - \varphi_1) = -1$,由式(17.42)得

$$A = \sqrt{A_1^2 + A_2^2 - 2A_1 A_2} = |A_1 - A_2|$$

合振幅最小,振动曲线如图 17.14(b)所示。当 $A_1 = A_2$ 时,$A = 0$,说明两个同幅反相的振动合成的结果将使质点处于静止状态。

当相差 $\varphi_2 - \varphi_1$ 为其他值时,合振幅的值在 $A_1 + A_2$ 与 $|A_1 - A_2|$ 之间。

17.7 同一直线上不同频率的简谐运动的合成

如果在一条直线上的两个分振动频率不同,合成结果就比较复杂了。从相量图看,由于这时 $\boldsymbol{A}_1$ 和 $\boldsymbol{A}_2$ 的角速度不同,它们之间的夹角就要随时间改变,它们的合矢量也将随时间改变。该合矢量在 x 轴上的投影所表示的合运动将不是简谐运动。下面我们不讨论一般的情形,而只讨论两个振幅相同的振动的合成。

设两分振动的角频率分别为 ω_1 与 ω_2,振幅都是 A。由于二者频率不同,总会有机会二者同相(表现在相量图上是两分振幅矢量在某一时刻重合)。我们就从此时刻开始计算时间,因而二者的初相相同。这样,两分振动的表达式可分别写成

$$x_1 = A\cos(\omega_1 t + \varphi)$$
$$x_2 = A\cos(\omega_2 t + \varphi)$$

应用三角学中的和差化积公式可得合振动的表达式为

$$\begin{aligned} x &= x_1 + x_2 = A\cos(\omega_1 t + \varphi) + A\cos(\omega_2 t + \varphi) \\ &= 2A\cos\frac{\omega_2 - \omega_1}{2}t \cos\left(\frac{\omega_2 + \omega_1}{2}t + \varphi\right) \end{aligned} \quad (17.44)$$

在一般情形下,我们察觉不到合振动有明显的周期性。但当两个分振动的频率都较大而其差很小时,就会出现明显的周期性。我们就来说明这种特殊的情形。

式(17.44)中的两因子 $\cos\dfrac{\omega_2-\omega_1}{2}t$ 及 $\cos\left(\dfrac{\omega_2+\omega_1}{2}t+\varphi\right)$ 表示两个周期性变化的量。根据所设条件,$\omega_2-\omega_1\ll\omega_2+\omega_1$,第二个量的频率比第一个的大很多,即第一个的周期比第二个的大很多。这就是说,第一个量的变化比第二个量的变化慢得多,以致在某一段较短时间内第二个量反复变化多次时,第一个量几乎没有变化。因此,对于由这两个因子的乘积决定的运动可近似地看成振幅为 $\left|2A\cos\dfrac{\omega_2-\omega_1}{2}t\right|$(因为振幅总为正,所以取绝对值),角频率为 $\dfrac{\omega_1+\omega_2}{2}$ 的谐振动。所谓近似谐振动,就是因为振幅是随时间改变的缘故。由于振幅的这种改变也是周期性的,所以就出现振动忽强忽弱的现象,这时的振动合成的图线如图 17.15 所示。频率都较大但相差很小的两个同方向振动合成时所产生的这种合振动忽强忽弱的现象叫做**拍**。单位时间内振动加强或减弱的次数叫**拍频**。拍频的值可以由振幅公式 $\left|2A\cos\dfrac{\omega_2-\omega_1}{2}t\right|$ 求出。由于这里只考虑绝对值,而余弦函数的

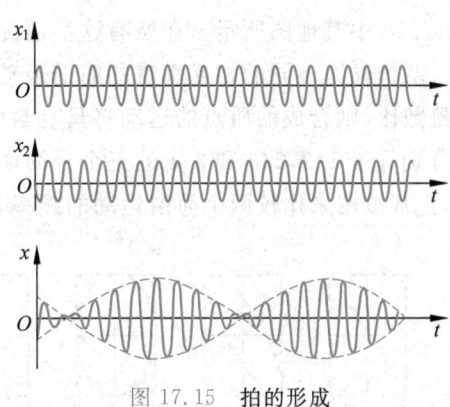

图 17.15 拍的形成

绝对值在一个周期内两次达到最大值,所以单位时间内最大振幅出现的次数应为振动 $\left(\cos\dfrac{\omega_2-\omega_1}{2}t\right)$ 的频率的 2 倍,即拍频为

$$\nu=2\times\dfrac{1}{2\pi}\left(\dfrac{\omega_2-\omega_1}{2}\right)=\dfrac{\omega_2}{2\pi}-\dfrac{\omega_1}{2\pi}=\nu_2-\nu_1 \tag{17.45}$$

这就是说,**拍频为两分振动频率之差**。

式(17.45)常用来测量频率。如果已知一个高频振动的频率,使它和另一频率相近但未知的振动叠加,测量合成振动的拍频,就可以求出后者的频率。

*17.8 两个相互垂直的简谐运动的合成

设一个质点沿 x 轴和 y 轴的分运动都是简谐运动,而且频率相同。两分运动的表达式分别为

$$x=A_x\cos(\omega t+\varphi_x) \tag{17.46}$$
$$y=A_y\cos(\omega t+\varphi_y) \tag{17.47}$$

质点在任意时刻对其平衡位置的位移应是两个分位移的矢量和。质点运动的轨迹则随两分运动的相差而改变。

如果二分简谐运动同相,则 x,y 值将同时为零并将按同一比例连续增大或减小,这样质点合运动的轨迹将是一条通过原点而斜率为正值的直线段,如图 17.16(a)所示。如果二

分简谐运动反相,则 x,y 值也将同时为零但一正一负地按同一比例增大或减小。这样质点的合运动的轨迹将是一条通过原点而斜率为负值的直线段,如图 17.16(e) 所示。

如果二分简谐运动相差 $\pi/2$,例如 $\varphi_y - \varphi_x = \pi/2$,则 x,y 值不可能同时为零,而是一个为零时另一个是极大值(正的或负的),而且是 y 先达到其正极大而 x 后达到其正极大。这样,质点运动的轨迹就是一个 **右旋** 的,长短半轴分别是 A_y 和 A_x 的正椭圆,如图 17.16(c) 所示。同理,如果 $\varphi_y - \varphi_x = 3\pi/2$,则质点的轨迹将是一个同样的椭圆,不过是 **左旋** 的,如图 17.16(g) 所示。在这两种情况下,如果两分运动的振幅相等,即 $A_x = A_y$,则质点合运动的轨迹将分别是右旋和左旋的圆周。

如果二分简谐运动的相差为其他值,则质点的合运动将是不同的斜置的椭圆,如图 17.16 中其他图所示。在所有这些情况下,质点运动的周期就是两分运动的周期。

两个频率不同的相互垂直的简谐运动的合成结果比较复杂,但如果二者的频率 **有简单的整数比**,则合成的质点的运动将具有 **封闭的稳定** 的运动轨迹。图 17.17 画出了频率比 ν_y/ν_x 分别等于 $1/2$,$2/3$ 和 $3/4$ 的三个分简谐运动合成的质点运动的轨迹。这种图称为李萨如图,它常被用来比较两个简谐运动的频率。

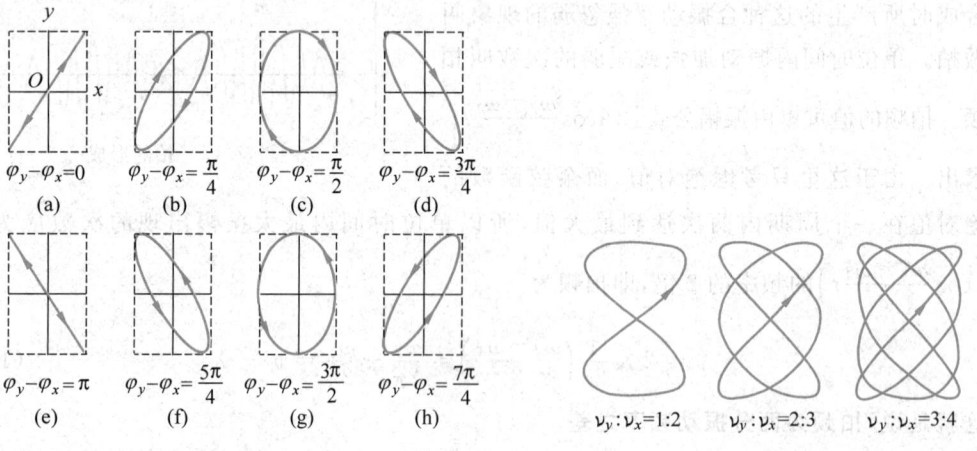

图 17.16 相互垂直的两个简谐运动的合成的轨迹与走向

图 17.17 李萨如图

最后应该指出,和合成相反,一个质点的圆运动或椭圆运动可以分解为相互垂直的两个同频率的简谐运动。这种运动的分解方法在研究光的偏振时就常常用到。

提要

1. 简谐运动的运动学定义式:$x = A\cos(\omega t + \varphi)$

三个特征量:振幅 A 决定于振动的能量;

角频率 ω 决定于振动系统的性质,$\omega = \dfrac{2\pi}{T}$,$\omega = 2\pi\nu$;

初相 φ 决定于起始时刻的选择。

$$v = -\omega A \sin(\omega t + \varphi)$$

$$a = -\omega^2 A\cos(\omega t + \varphi) = -\omega^2 x$$

简谐运动可以用相量图表示。

2. **振动的相**：$(\omega t + \varphi)$

   两个振动的相差：同相 $\Delta\varphi = 2k\pi$，反相 $\Delta\varphi = (2k+1)\pi$

3. **简谐运动的动力学定义**

$$F = -kx$$

由于

$$\frac{d^2 x}{dt^2} = -\omega^2 x$$

由牛顿第二定律可得

$$\omega = \sqrt{\frac{k}{m}}, \quad T = 2\pi\sqrt{\frac{m}{k}}$$

初始条件决定振幅和初相：

$$A = \sqrt{x_0^2 + \frac{v_0^2}{\omega^2}}, \quad \varphi = \arctan\left(-\frac{v_0}{\omega x_0}\right)$$

4. **简谐运动实例**

   弹簧振子（劲度系数 k）： $\dfrac{d^2 x}{dt^2} = -\dfrac{k}{m}x, \quad \omega = \sqrt{\dfrac{k}{m}}, \quad T = 2\pi\sqrt{\dfrac{m}{k}}$

   单摆（摆长 l）小摆角振动： $\dfrac{d^2 \theta}{dt^2} = -\dfrac{g}{l}\theta, \quad \omega = \sqrt{\dfrac{g}{l}}, \quad T = 2\pi\sqrt{\dfrac{l}{g}}$

5. **简谐运动的能量**：机械能 E 保持不变。

$$E = E_k + E_p = \frac{1}{2}m\left(\frac{dx}{dt}\right)^2 + \frac{1}{2}kx^2 = \frac{1}{2}kA^2$$

这能量反映振动的强度，和振幅的平方成正比。

$$\overline{E_k} = \overline{E_p} = \frac{1}{2}E$$

6. **阻尼振动**：欠阻尼（阻力较小）情况下

$$A = A_0 e^{-\beta t}$$

   时间常数： $\tau = \dfrac{1}{2\beta}$

   Q 值： $Q = 2\pi\dfrac{\tau}{T} = \omega\tau$

   过阻尼（阻力较大）情况下，质点慢慢回到平衡位置，不再振动；

   临界阻尼（阻力适当）情况下，质点以最短时间回到平衡位置不再振动。

7. **受迫振动**：是在周期性的驱动力作用下的振动。稳态时的振动频率等于驱动力的频率；当驱动力的频率等于振动系统的固有频率时发生共振现象，这时系统最大限度地从外界吸收能量。

8. **两个简谐运动的合成**

   (1) 同一直线上的两个同频率振动：合振动的振幅决定于两分振动的振幅和相差：同相时，$A = A_1 + A_2$，反相时，$A = |A_1 - A_2|$。

(2) 同一直线上的两个不同频率的振动：两分振动频率都很大而频率差很小时，产生**拍**的现象。拍频等于二分振动的频率差。

*9. **两个相互垂直的简谐运动的合成**：两个分简谐运动的频率相同时，合成的质点运动的轨迹为直线段或椭圆，视二者的相差而定。频率不同而有简单整数比时，则合成的质点的轨迹形成李萨如图。

17.1 一个小球和轻弹簧组成的系统，按

$$x = 0.05\cos\left(8\pi t + \frac{\pi}{3}\right)$$

的规律振动。

(1) 求振动的角频率、周期、振幅、初相、最大速度及最大加速度；

(2) 求 $t=1$ s, 2 s, 10 s 等时刻的相；

(3) 分别画出位移、速度、加速度与时间的关系曲线。

17.2 已知一个谐振子（即作简谐运动的质点）的振动曲线如图 17.18 所示。

(1) 求与 a, b, c, d, e 各状态相应的相；

(2) 写出振动表达式；

(3) 画出相量图。

17.3 作简谐运动的小球，速度最大值为 $v_m = 3$ cm/s，振幅 $A = 2$ cm，若从速度为正的最大值的某时刻开始计算时间，

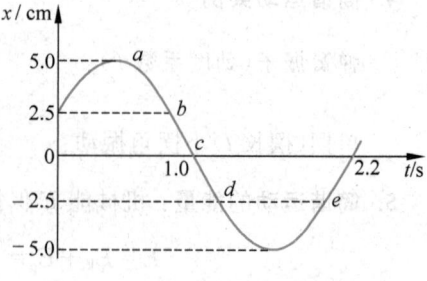

图 17.18　习题 17.2 用图

(1) 求振动的周期；

(2) 求加速度的最大值；

(3) 写出振动表达式。

17.4 一水平弹簧振子，振幅 $A = 2.0 \times 10^{-2}$ m，周期 $T = 0.50$ s。当 $t = 0$ 时，

(1) 振子过 $x = 1.0 \times 10^{-2}$ m 处，向负方向运动；

(2) 振子过 $x = -1.0 \times 10^{-2}$ m 处，向正方向运动。

分别写出以上两种情况下的振动表达式。

17.5 两个谐振子作同频率、同振幅的简谐运动。第一个振子的振动表达式为 $x_1 = A\cos(\omega t + \varphi)$，当第一个振子从振动的正方向回到平衡位置时，第二个振子恰在正方向位移的端点。

(1) 求第二个振子的振动表达式和二者的相差；

(2) 若 $t=0$ 时，第一个振子 $x_1 = -A/2$，并向 x 负方向运动，画出二者的 x-t 曲线及相量图。

17.6 一弹簧振子，弹簧劲度系数为 $k = 25$ N/m，当振子以初动能 0.2 J 和初势能 0.6 J 振动时，试回答：

(1) 振幅是多大？

(2) 位移是多大时，势能和动能相等？

(3) 位移是振幅的一半时，势能多大？

17.7 将一劲度系数为 k 的轻质弹簧上端固定悬挂起来，下端挂一质量为 m 的小球，平衡时弹簧伸长为 b。试写出以此平衡位置为原点的小球的动力学方程，从而证明小球将作简谐运动并求出其振动周期。

若它的振幅为 A，它的总能量是否还是 $\frac{1}{2}kA^2$？（总能量包括小球的动能和重力势能以及弹簧的弹性势能，两种势能均取平衡位置为势能零点。）

17.8 将劲度系数分别为 k_1 和 k_2 的两根轻弹簧串联在一起，竖直悬挂着，下面系一质量为 m 的物体，做成一在竖直方向振动的弹簧振子，试求其振动周期。

17.9 一细圆环质量为 m，半径为 R，挂在墙上的钉子上。求它的微小摆动的周期。

17.10 一质点同时参与两个在同一直线上的简谐运动，其表达式为

$$x_1 = 0.04\cos\left(2t + \frac{\pi}{6}\right)$$

$$x_2 = 0.03\cos\left(2t - \frac{\pi}{6}\right)$$

试写出合振动的表达式。

17.11 三个同方向、同频率的简谐振动为

$$x_1 = 0.08\cos\left(314t + \frac{\pi}{6}\right)$$

$$x_2 = 0.08\cos\left(314t + \frac{\pi}{2}\right)$$

$$x_3 = 0.08\cos\left(314t + \frac{5\pi}{6}\right)$$

求：(1) 合振动的角频率、振幅、初相及振动表达式；

(2) 合振动由初始位置运动到 $x = \frac{\sqrt{2}}{2}A$（A 为合振动振幅）所需最短时间。

第18章

波　动

定的扰动的传播称为波动,简称波。机械扰动在介质中的传播称为机械波,如声波、水波、地震波等。变化电场和变化磁场在空间的传播称为电磁波,如无线电波、光波、X射线等。虽然各类波的本质不同,各有其特殊的性质和规律,但是在形式上它们也具有许多相同的特征和规律,如都具有一定的传播速度,都伴随着能量的传播,都能产生反射、折射、干涉和衍射等现象。本章主要讨论机械波的基本规律,其中有许多对电磁波也是适用的。近代物理研究发现,微观粒子具有明显的二象性——粒子性与波动性,因此研究微观粒子的运动规律时,波动概念也是重要的基础。本章先介绍机械波特别是简谐波的形成过程、波函数及其特征。再说明波的传播速度和弹性介质的性质的关系以及波动传送能量的规律。接着讲述波的传播规律——惠更斯原理,以及波的一种叠加现象——驻波。然后介绍多普勒效应。

18.1 行波

把一根橡皮绳的一端固定在墙上,用手沿水平方向将它拉紧(图 18.1)。当手猛然向上抖动一次时,就会看到一个突起状的扰动沿绳向另一端传去。这是因为各段绳之间都有相互作用的弹力联系着。当用手向上抖动绳的这一端的第一个质元时,它就带动第二个质元向上运动,第二个又带动第三个,依次下去。当手向下拉动第一个质元回到原来位置时,它也要带动第二个质元回来,而后第三个质元、第四个质元等也将被依次带动回到各自原来的位置。结果,由手抖动引起的扰动就不限在绳的这一端而是要向另一端传开了。这种扰动的传播就叫**行波**,取其"行走"之意。抖动一次的扰动叫**脉冲**,脉冲的传播叫**脉冲波**。

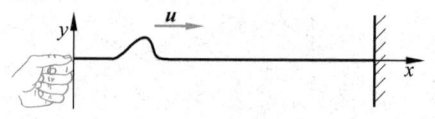

图 18.1 脉冲横波的产生

像图 18.1 所示那种情况,扰动中质元的运动方向和扰动的传播方向垂直,这种波叫**横波**。横波在外形上有峰有谷。

对如图 18.2 中的长弹簧用手在其一端沿水平方向猛然向前推一下,则靠近手的一小段弹簧就突然被压缩。由于各段弹簧之间的弹力作用,这一压缩的扰动也会沿弹簧向另一端传播而形成一个脉冲波。在这种情况下,扰动中质元的运动方向和扰动的传播方向在一条直线上,这种波叫**纵波**。纵波形成时,介质的密度发生改变,时疏时密。

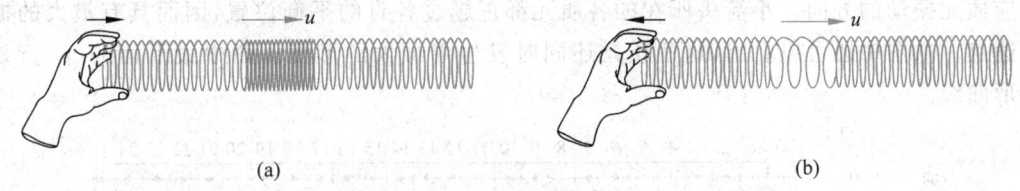

图 18.2 脉冲纵波的产生
(a) 密脉冲；(b) 疏脉冲

横波和纵波是弹性介质内波的两种基本形式。要特别注意的是,不管是横波还是纵波,都只是扰动(即一定的运动形态)的传播,介质本身并没有发生沿波的传播方向的**迁移**。

18.2 简谐波

脉冲波貌似简单,实际上是比较复杂的。最简单的波是**简谐波**,它所传播的扰动形式是简谐运动。正像复杂的振动可以看成是由许多简谐运动合成的一样,任何复杂的波都可以看成是由许多简谐波叠加而成的。因此,研究简谐波的规律具有重要意义。

简谐波可以是横波,也可以是纵波。一根弹性棒中的简谐横波和简谐纵波的形成过程分别如图 18.3 和图 18.4 所示。两图中把弹性棒划分成许多相同的质元,图中各点表示各质元中心的位置。最上面的(a)行表示振动就要从左端开始的状态,各质元都均匀地分布在各自的平衡位置上。下面各行依次画出了几个典型时刻(振动周期的分数倍)各质元的位置与其**形变**(见 18.3 节)的情况。从图中可以明显地看出,在横波中各质元发生**剪切形变**,外形有峰谷之分;在纵波中,各质元发生**线变**(或**体积改变**),因而介质的密度发生改变,各处密

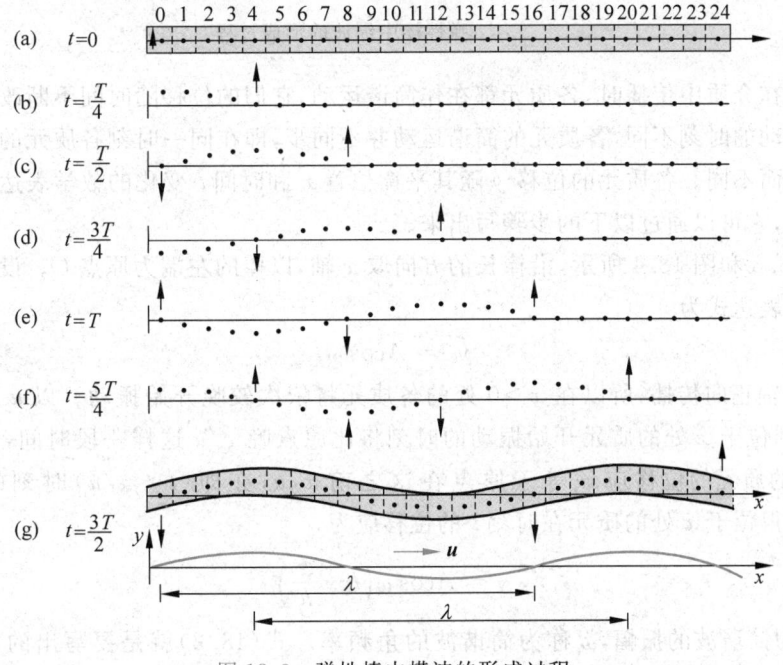

图 18.3 弹性棒中横波的形成过程

疏不同。图中用 u 表示简谐运动传播的速度，也就是波动的**传播速度**。图中的小箭头表示相应质元振动的方向。小箭头所在的各质元都正越过各自的平衡位置，因而具有最大的**振动速度**。从图中还可以看出，这些质元还同时发生着最大的形变。图中最下面的(g)行是波形曲线。

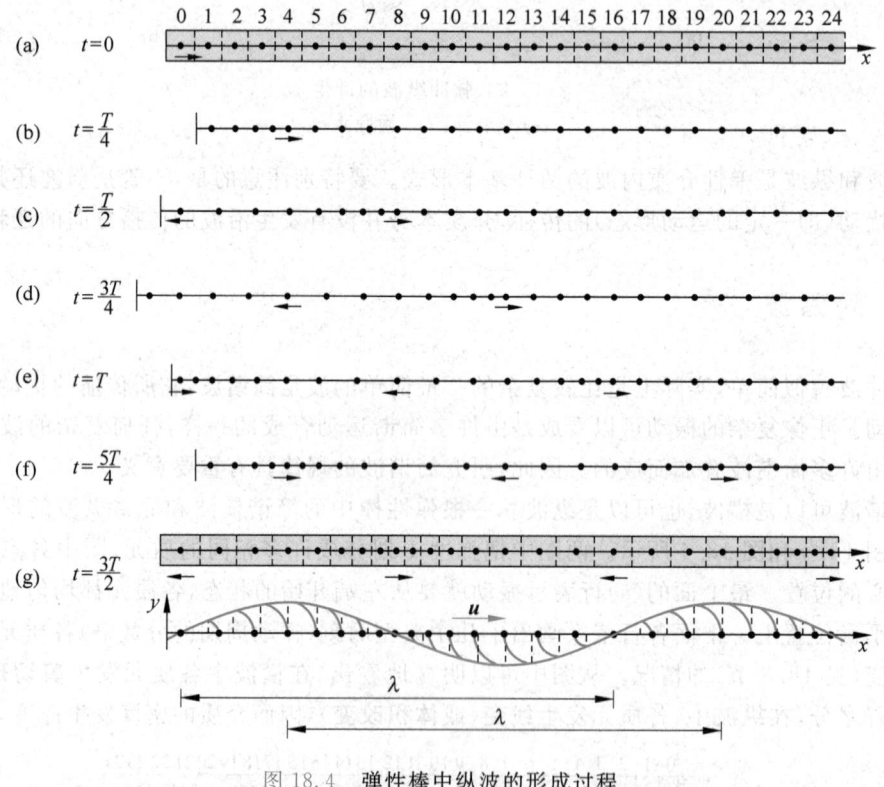

图 18.4　弹性棒中纵波的形成过程

简谐波在介质中传播时，各质元都在作简谐运动，它们的位移随时间不断改变。由于各质元开始振动的时刻不同，各质元的简谐运动并不同步，即在同一时刻各质元的位移随它们位置的不同而不同。各质元的位移 y 随其平衡位置 x 和时间 t 变化的数学表达式叫做简谐波的**波函数**，它可以通过以下的步骤写出来。

如图 18.3 和图 18.4 所示，沿棒长的方向取 x 轴，以棒的左端为原点 O。设位于原点的质元的振动表达式为

$$y_0 = A\cos\omega t \tag{18.1}$$

由于波沿 x 轴正向传播，所以在 $x>0$ 处的各质元将依次较晚开始振动。以 u 表示振动传播的速度，则位于 x 处的质元开始振动的时刻将比原点晚 x/u 这样一段时间，因此在时刻 t 位于 x 处的质元的位移应该等于原点在这之前 x/u，亦即 $(t-x/u)$ 时刻的位移。由式(18.1)可得位于 x 处的质元在时刻 t 的位移应为

$$y = A\cos\omega\left(t - \frac{x}{u}\right) \tag{18.2}$$

式中，A 称为简谐波的振幅，ω 称为简谐波的角频率。式(18.2)就是要写出的简谐波的波函数。

式(18.2)中 $\omega\left(t-\dfrac{x}{u}\right)$ 为在 x 处的质点在时刻 t 的**相**(或相位)。式(18.2)表明,在同一时刻,各质元的相位不同;沿波的传播方向,各质元的相位依次落后。对于某一给定的相 $\varphi=\omega\left(t-\dfrac{x}{u}\right)$,它所在的位置 x 和时刻 t 有下述关系:

$$x = ut - \frac{\varphi u}{\omega}$$

即给定的相的位置随时间而改变,它的移动速度为

$$\frac{\mathrm{d}x}{\mathrm{d}t} = u$$

这说明,简谐波中扰动传播的速度,即波速 u,也就是振动的相的传播速度。因此,这一速度又叫**相速度**。

简谐波中任一质元都在作简谐运动,因而简谐波具有**时间上的周期性**。简谐运动的周期为

$$T = \frac{2\pi}{\omega} \qquad (18.3)$$

这也就是波的周期。周期的倒数为波的频率,以 ν 表示波的频率,则有

$$\nu = \frac{1}{T} = \frac{\omega}{2\pi} \qquad (18.4)$$

由于波函数式(18.2)中含有空间坐标 x,所以该余弦函数表明,简谐波还有**空间上的周期性**。在与坐标为 x 的质元相距 Δx 的另一质元,在时刻 t 的位移为

$$y_{x+\Delta x} = A\cos\omega\left(t - \frac{x+\Delta x}{u}\right)$$
$$= A\cos\left[\omega\left(t - \frac{x}{u}\right) - \frac{\omega\Delta x}{u}\right]$$

很明显,如果 $\omega\Delta x/u = 2\pi$ 或 2π 的整数倍,则此质元和位于 x 处的质元在同一时刻的位移就相同,或者说,它们将同相地振动。两个相邻的同相质元之间的距离为 $\Delta x = 2\pi u/\omega$,以 λ 表示此距离,就有

$$\lambda = \frac{2\pi u}{\omega} = uT \qquad (18.5)$$

这个表示简谐波的空间周期性的特征量叫做**波长**。由式(18.5)可看出,波长就等于一周期内简谐扰动传播的距离,或者,更准确地说,**波长等于一周期内任一给定的相所传播的距离**。

由式(18.4)和式(18.5)可得

$$u = \lambda \nu \qquad (18.6)$$

这就是说,**简谐波的相速度等于其波长与频率的乘积**。

在某一给定的时刻 $t=t_0$,式(18.2)给出

$$y_{t_0} = A\cos\left(\omega t_0 - \frac{2\pi}{\lambda}x\right) \qquad (18.7)$$

这一公式说明在同一时刻,各质元(中心)的位移随它们平衡位置的坐标做正弦变化,它给出 t_0 时刻波形的"照相"。和式(18.7)对应的 y-x 曲线就叫**波形曲线**。在图 18.3 和图 18.4 中的(g)就画出了在时刻 $t=\dfrac{3}{2}T$ 时的波形曲线。其中横波的波形曲线直接反映了横波中各质元的位移。纵波的波形曲线中 y 轴所表示的位移实际上是沿着 x 轴方向的,各质元的位

移向左为负,向右为正。把位移转到 y 轴方向标出,就连成了与横波波形相似的正弦曲线。

由于波传播时任一给定的相都以速度 u 向前移动,所以波的传播在空间内就表现为整个波形曲线以速度 u 向前平移。图 18.5 就画出了波形曲线的平移,在 Δt 时间内向前平移了 $u\Delta t$ 的一段距离。

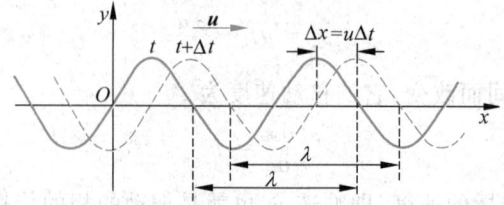

图 18.5 简谐波的波形曲线及其随时间的平移

对简谐波,还常用**波数** k 来表示其特征,k 的定义是

$$k = \frac{2\pi}{\lambda} \tag{18.8}$$

如果把横波中相接的一峰一谷算作一个"完整波",式(18.8)可理解为:波数等于在 2π 的长度内含有的"完整波"的数目。

根据 λ, ν, T, k 等的关系,沿 x 正向传播的简谐波的波函数还可以写成下列形式:

$$y = A\cos(\omega t - kx) \tag{18.9}$$

或

$$y = A\cos 2\pi \left(\frac{t}{T} - \frac{x}{\lambda}\right) \tag{18.10}$$

如果简谐波是沿 x 轴**负向**传播的,则在时刻 t 位于 x 处的质元的位移应该等于原点在这之**后** x/u,亦即 $(t+x/u)$ 时刻的位移。因此,将式(18.2)、式(18.9)和式(18.10)中的**负号改为正号**,就可以得到相应的波函数了。

还需说明的是,这里写出的波函数是对一根棒上的行波来说的,但它也可以描述平面简谐波。在一个体积甚大的介质中,如果有一个平面上的质元都同相地沿同一方向作简谐运动,这种振动也会在介质中沿垂直于这个平面的方向传播开去而形成空间的行波。选波的传播方向为 x 轴的方向,则 x 坐标相同的平面上的质元的振动都是同相的。这些同相振动的点组成的面叫**同相面**或**波面**。像这种同相面是平面的波就叫**平面简谐波**。代表传播方向的直线称做**波线**(图 18.6)。很明显,式(18.2)、式(18.9)和式(18.10)能够描述这种波传播时介质中各质元的振动情况,因此它们又都是平面简谐波的波函数。

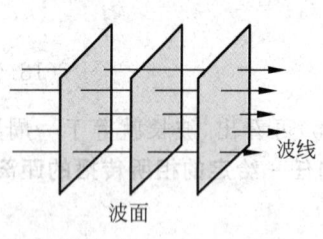

图 18.6 平面波

例 18.1

一列平面简谐波以波速 u 沿 x 轴正向传播,波长为 λ。已知在 $x_0 = \lambda/4$ 处的质元的振动表达式为 $y_{x_0} = A\cos\omega t$。试写出波函数,并在同一张坐标图中画出 $t=T$ 和 $t=5T/4$ 时的波形图。

解 设在 x 轴上 P 点处的质点的坐标为 x,则它的振动要比 x_0 处质点的振动晚 $(x-x_0)/u=$

$\left(x-\dfrac{\lambda}{4}\right)\big/u$ 这样一段时间,因此 P 点的振动表达式为

$$y = A\cos\omega\left(t - \dfrac{x-\lambda/4}{u}\right)$$

或

$$y = A\cos\left(\omega t - \dfrac{2\pi}{\lambda}x + \dfrac{\pi}{2}\right)$$

这就是所求的波函数。

$t=0$ 时的波形由下式给出:

$$y = A\cos\left(-\dfrac{2\pi}{\lambda}x + \dfrac{\pi}{2}\right) = A\sin\dfrac{2\pi}{\lambda}x$$

由于波的时间上的周期性,在 $t=T$ 时的波形图线应向右平移一个波长,即和上式给出的相同。在 $t=\dfrac{5}{4}T$ 时,波形曲线应较上式给出的向 x 正向平移一段距离 $\Delta x = u\Delta t = u\left(\dfrac{5}{4}T - T\right) = \dfrac{1}{4}uT = \dfrac{1}{4}\lambda$。两时刻的波形曲线如图 18.7 所示。

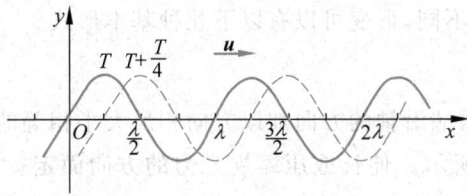

图 18.7 例 18.1 用图

例 18.2

一条长线用水平力张紧,其上产生一列简谐横波向左传播,波速为 $20\ \text{m/s}$。在 $t=0$ 时它的波形曲线如图 18.8 所示。

(1) 求波的振幅、波长和波的周期;

(2) 按图设 x 轴方向写出波函数;

(3) 写出质点振动速度表达式。

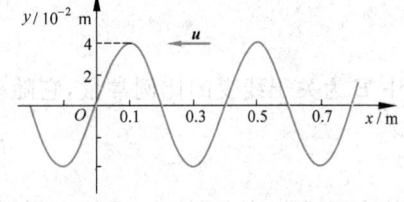

图 18.8 例 18.2 用图

解 (1) 由图可直接看出 $A = 4.0 \times 10^{-2}\ \text{m}, \lambda = 0.4\ \text{m}$,于是得

$$T = \dfrac{\lambda}{u} = \dfrac{0.4}{20} = \dfrac{1}{50}\ (\text{s})$$

(2) 在波传播的过程中,整个波形图向左平移,于是可得原点 O 处质元的振动表达式为

$$y_0 = A\cos\left(2\pi\dfrac{t}{T} - \dfrac{\pi}{2}\right)$$

而波函数为

$$y = A\cos\left(2\pi\dfrac{t}{T} - \dfrac{\pi}{2} + \dfrac{2\pi}{\lambda}x\right)$$

将上面的 A,T 和 λ 的值代入可得

$$y = 4.0 \times 10^{-2}\cos\left(100\pi t + 5\pi x - \dfrac{\pi}{2}\right)$$

(3) 位于 x 处的介质质元的振动速度为

$$v = \dfrac{\partial y}{\partial t} = 12.6\cos(100\pi t + 5\pi x)$$

将此函数和波函数相比较,可知振动速度也以波的形式向左传播。要注意质元的振动速度(其最大值为 12.6 m/s)和波速(为恒定值 20 m/s)的区别。

18.3 物体的弹性形变

机械波是在弹性介质内传播的。为了说明机械波的动力学规律,先介绍一些有关物体的弹性形变的基本知识。

物体,包括固体、液体和气体,在受到外力作用时,形状或体积都会发生或大或小的变化。这种变化统称为**形变**。当外力不太大因而引起的形变也不太大时,去掉外力,形状或体积仍能复原。这个外力的限度叫**弹性限度**。在弹性限度内的形变叫**弹性形变**,它和外力具有简单的关系。

由于外力施加的方式不同,形变可以有以下几种基本形式。

1. 线变

一段固体棒,当在其两端沿轴的方向加以方向相反大小相等的外力时,其长度会发生改变,称为**线变**,如图 18.9 所示。伸长或压缩视二力的方向而定。以 F 表示力的大小,以 S 表示棒的横截面积,则 F/S 叫做**应力**。以 l 表示棒原来的长度,以 Δl 表示在外力 F 作用下的长度变化,则相对变化 $\Delta l/l$ 叫**线应变**。实验表明,在弹性限度内,**应力和线应变成正比**。这一关系叫做**胡克定律**,写成公式为

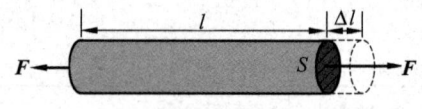

图 18.9 线变

$$\frac{F}{S} = E \frac{\Delta l}{l} \tag{18.11}$$

式中 E 为关于线变的比例常量,它随材料的不同而不同,叫**杨氏模量**。将式(18.11)改写成

$$F = \frac{ES}{l}\Delta l = k\Delta l \tag{18.12}$$

在外力不太大时,Δl 较小,S 基本不变,因而 ES/l 近似为一常数,可用 k 表示。式(18.12)即是常见的外力和棒的长度变化成正比的公式,k 称为**劲度系数**,简称**劲度**。

材料发生线变时,它具有弹性势能。类比弹簧的弹性势能公式,由式(18.12)可得弹性势能为

$$W_p = \frac{1}{2}k(\Delta l)^2 = \frac{1}{2}\frac{ES}{l}(\Delta l)^2 = \frac{1}{2}ESl\left(\frac{\Delta l}{l}\right)^2$$

注意到 $Sl=V$ 为材料的总体积,就可以得知,当材料发生线变时,单位体积内的弹性势能为

$$w_p = \frac{1}{2}E\left(\frac{\Delta l}{l}\right)^2 \tag{18.13}$$

即等于杨氏模量和线应变的平方的乘积的一半。

在纵波形成时,介质中各质元都发生线变(图 18.4),各质元内就有如式(18.13)给出的弹性势能。

2. 剪切形变

一块矩形材料,当它的两个侧面受到与侧面平行的大小相等方向相反的力作用时,形状就要发生改变,如图 18.10 虚线所示。这种形变称为**剪切形变**,也简称**剪切**。外力 F 和施力面积 S 之比称做**剪应力**。施力面积相互错开而引起的材料角度的变化 $\varphi = \Delta d/D$ 叫做**剪应变**。在弹性限度内,剪应力也和剪应变成正比,即

$$\frac{F}{S} = G\varphi = G\frac{\Delta d}{D} \qquad (18.14)$$

式中 G 称为**剪切模量**,它是由材料性质决定的常量。式(18.14)即用于剪切形变的胡克定律公式。

材料发生剪切形变时,也具有弹性势能。也可以证明:材料发生剪切变时,单位体积内的弹性势能等于剪切模量和应变平方的乘积的一半,即

$$w_p = \frac{1}{2}G\varphi^2 = \frac{1}{2}G\left(\frac{\Delta d}{D}\right)^2 \qquad (18.15)$$

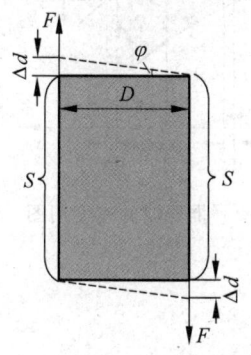

图 18.10 剪切形变

在横波形成时,介质中各质元都发生剪切形变(图 18.3),各质元内就有如式(18.15)给出的弹性势能。

3. 体变

一块物质周围受到的压强改变时,其体积也会发生改变,如图 18.11 所示。以 Δp 表示压强的改变,以 $\Delta V/V$ 表示相应的体积的相对变化即**体应变**,则胡克定律表示式为

$$\Delta p = -K\frac{\Delta V}{V} \qquad (18.16)$$

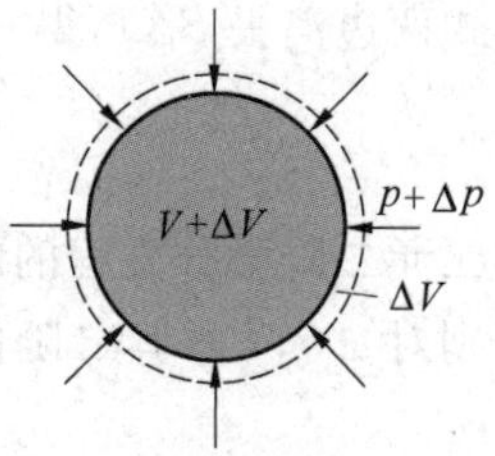

式中 K 叫**体弹模量**,总取正数,它的大小随物质种类的不同而不同。式(18.16)中的负号表示压强的增大总导致体积的缩小。

体弹模量的倒数叫**压缩率**。以 κ 表示压缩率,则有

$$\kappa = \frac{1}{K} = -\frac{1}{V}\frac{\Delta V}{\Delta p} \qquad (18.17)$$

图 18.11 体变

可以证明,在发生体积压缩形变时,单位体积内的弹性势能也等于相应的弹性模量(K)与应变($\Delta V/V$)的平方的乘积的一半。

18.4 弹性介质中的波速

弹性介质中的波是靠介质各质元间的弹性力作用而形成的。因此弹性越强的介质,在其中形成的波的传播速度就会越大;或者说,弹性模量越大的介质中,波的传播速度就越大。另外,波的速度还应和介质的密度有关。因为密度越大的介质,其中各质元的质量就越大,其惯性就越大,前方的质元就越不容易被其后紧接的质元的弹力带动。这必将延缓扰动传播的速度。因此,密度越大的介质,其中波的传播速度就越小。下面我们以棒中横波为例推导波的速度与弹性介质的弹性模量及密度的定量关系。

如图 18.12 所示，取图 18.3 中棒中横波形成时棒的任一长度为 Δx 的质元。以 S 表示棒的横截面积，则此质元的质量为 $\Delta m = \rho S \Delta x$，其中 ρ 为棒材的质量密度。由于剪切形变，此质元将分别受到其前方和后方介质对它的剪应力。其后方介质薄层 1 由于剪切形变而产生的对它的作用力为（据式(18.14)，此处 $\Delta d = \mathrm{d}y, D = \mathrm{d}x$）

$$F_1 = SG\left(\frac{\partial y}{\partial x}\right)_x \text{①}$$

其后方介质薄层 2 对它的作用力为

$$F_2 = SG\left(\frac{\partial y}{\partial x}\right)_{x+\Delta x}$$

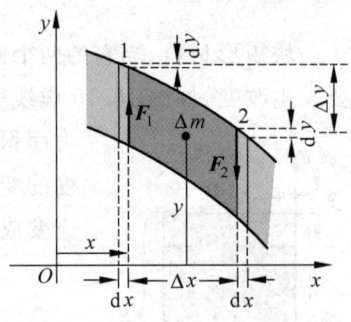

图 18.12　推导波的速度用图

这一质元受的合力为

$$F_2 - F_1 = SG\left[\left(\frac{\partial y}{\partial x}\right)_{x+\Delta x} - \left(\frac{\partial y}{\partial x}\right)_x\right] = SG\frac{\mathrm{d}}{\mathrm{d}x}\left(\frac{\partial y}{\partial x}\right)\Delta x$$

$$= SG\frac{\partial^2 y}{\partial x^2}\Delta x \tag{18.18}$$

由于此合力的作用，此质元在 y 方向产生振动加速度 $\frac{\partial^2 y}{\partial t^2}$。由牛顿第二定律可得，对此段质元

$$SG\frac{\partial^2 y}{\partial x^2}\Delta x = \rho S \Delta x \frac{\partial^2 y}{\partial t^2} \tag{18.19}$$

等式两边消去 $S\Delta x$，得

$$\frac{G}{\rho}\frac{\partial^2 y}{\partial x^2} = \frac{\partial^2 y}{\partial t^2} \tag{18.20}$$

此二元二阶微分方程的解取波函数的形式。如果将波函数式(18.2)代入式(18.20)中的 y，分别对 x 和 t 求其二阶偏导数，即可得

$$u^2 = G/\rho$$

于是得弹性棒中横波的速度为

$$u = \sqrt{\frac{G}{\rho}} \tag{18.21}$$

这和本节开始时的定性分析是相符的。

用类似的方法可以导出棒中的纵波的波速为

$$u = \sqrt{\frac{E}{\rho}} \tag{18.22}$$

式中 E 为棒材的杨氏模量。

同种材料的剪切模量 G 总小于其杨氏模量 E，因此在同一种介质中，横波的波速比纵波的要小些。

在固体中，既可以传播横波，也可以传播纵波。在液体和气体中，由于不可能发生剪切

---

① 由于波函数 y 是 x 和 t 的二元函数，此处形变是某一时刻棒的形变，所以此处 y 对 x 的求导是在 t 不变的情况下进行的。保持 t 不变而求得的 y 对 x 的导数叫 y 对 x 的**偏导数**，运算符号由"d"换成"∂"。

形变,所以不可能传播横波。但因为它们具有体变弹性,所以能传播纵波。液体和气体中的纵波波速由下式给出:

$$u=\sqrt{\frac{K}{\rho}} \tag{18.23}$$

式中,K 为介质的体弹模量;ρ 为其密度。

至于一条细绳中的横波,其中的波速由下式决定:

$$u=\sqrt{\frac{F}{\rho_l}} \tag{18.24}$$

式中,F 为细绳中的张力;ρ_l 为其质量线密度,即单位长度的质量。

对于气体,可以由式(18.23)导出其中纵波(即声波)的波速。

由状态方程 $p=\dfrac{\rho}{M}RT$ 和绝热过程方程 $pV^\gamma=C$ 可得

$$\frac{\mathrm{d}p}{\mathrm{d}V}=-\frac{\gamma p}{V}=-\frac{\gamma \rho RT}{MV}$$

由此可得 $K=\gamma\rho RT/M$,代入式(18.23)可得

$$u=\sqrt{\frac{\gamma p}{\rho}}=\sqrt{\frac{\gamma RT}{M}} \tag{18.25}$$

此式给出,对同一种气体,其中纵波波速明显地决定于其温度。实际上,即使对于固体或液体,其中的波速也和温度有关(因为弹性和密度都和温度有关)。

18.5 波的能量

在弹性介质中有波传播时,介质的各质元由于运动而具有动能。同时又由于产生了形变(参看图 18.3 和图 18.4),所以还具有弹性势能。这样,随同扰动的传播就有机械能量的传播,这是波动过程的一个重要特征。本节以棒内简谐横波为例说明能量传播的定量表达式。为此先求任一质元的动能和弹性势能。

设介质的密度为 ρ,一质元的体积为 ΔV,其中心的平衡位置坐标为 x。当平面简谐波

$$y=A\cos\omega\left(t-\frac{x}{u}\right)$$

在介质中传播时,此质元在时刻 t 的运动(即振动)速度为

$$v=\frac{\partial y}{\partial t}=-\omega A\sin\omega\left(t-\frac{x}{u}\right)$$

它在此时刻的振动动能为

$$\Delta W_k=\frac{1}{2}\rho\Delta Vv^2$$

$$=\frac{1}{2}\rho\Delta V\omega^2 A^2\sin^2\omega\left(t-\frac{x}{u}\right) \tag{18.26}$$

此质元的应变(为切应变,参看图 18.3 和图 18.12)

$$\frac{\partial y}{\partial x}=-\frac{A\omega}{u}\sin\omega\left(t-\frac{x}{u}\right)$$

根据式(18.15),它的弹性势能为

$$\Delta W_{\mathrm{p}} = \frac{1}{2} G \left(\frac{\partial y}{\partial x}\right)^2 \Delta V$$

$$= \frac{1}{2} \frac{G}{u^2} \omega^2 A^2 \sin^2 \omega \left(t - \frac{x}{u}\right) \Delta V$$

由式(18.21)可知 $u^2 = G/\rho$，因而上式又可写作

$$\Delta W_{\mathrm{p}} = \frac{1}{2} \rho \omega^2 A^2 \Delta V \sin^2 \omega \left(t - \frac{x}{u}\right) \tag{18.27}$$

和式(18.26)相比较可知，在平面简谐波中，每一质元的**动能和弹性势能是同相**地随时间变化的(这在图 18.3 和图 18.4 中可以清楚地看出来。质元经过其平衡位置时具有最大的振动速度，同时其形变也最大)，而且**在任意时刻都具有相同的数值**。振动动能和弹性势能的这种关系是波动中质元不同于孤立的振动系统的一个重要特点。

将式(18.26)和式(18.27)相加，可得质元的总机械能为

$$\Delta W = \Delta W_{\mathrm{k}} + \Delta W_{\mathrm{p}} = \rho \omega^2 A^2 \Delta V \sin^2 \omega \left(t - \frac{x}{u}\right) \tag{18.28}$$

这个总能量随时间作周期性变化，时而达到最大值，时而为零。质元的能量的这一变化特点是能量在传播时的表现。

波传播时，介质单位体积内的能量叫波的**能量密度**。以 w 表示能量密度，则介质中 x 处在时刻 t 的能量密度是

$$w = \frac{\Delta W}{\Delta V} = \rho \omega^2 A^2 \sin^2 \omega \left(t - \frac{x}{u}\right) \tag{18.29}$$

在一周期内(或一个波长范围内)能量密度的平均值叫**平均能量密度**，以 $\overline{w}$ 表示。由于正弦的平方在一周期内的平均值为 1/2，所以有

$$\overline{w} = \frac{1}{2} \rho \omega^2 A^2 = 2 \pi^2 \rho A^2 \nu^2 \tag{18.30}$$

此式表明，平均能量密度和介质的密度、振幅的平方以及频率的平方成正比。这一公式虽然是由平面简谐波导出的，但对于各种弹性波均适用。

对波动来说，更重要的是它传播能量的本领。如图 18.13 所示，取垂直于波的传播方向的一个面积 S，在 $\mathrm{d}t$ 时间内通过此面积的能量就是此面积后方体积为 $u\mathrm{d}t\mathrm{d}S$ 的立方体内的能量，即 $\mathrm{d}W = w u \mathrm{d}t S$。把式(18.29)的 w 值代入可得单位时间内通过面积 S 的能量为

$$P = \frac{w u \mathrm{d}t S}{\mathrm{d}t} = w u S = \rho u \omega^2 A^2 S \sin^2 \omega \left(t - \frac{x}{u}\right) \tag{18.31}$$

此 P 称为通过面积 S 的**能流**。通过垂直于波的方向的单位面积的能流的时间平均值，称为**波的强度**。以 I 表示波的强度，就有

$$I = \frac{\overline{P}}{S} = \overline{w} u$$

再利用式(18.30)，可得

$$I = \frac{1}{2} \rho \omega^2 A^2 u \tag{18.32}$$

由于波的强度和振幅有关，所以借助于式(18.32)和能量守恒概念可以研究波传播时振幅的变化。

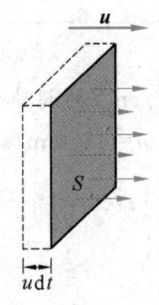
图 18.13　波的强度的计算

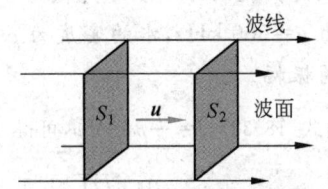
图 18.14　平面波中能量的传播

设有一平面波在均匀介质中沿 x 方向行进。图 18.14 中画出了为同样的波线所限的两个截面积 S_1 和 S_2。假设介质不吸收波的能量，根据能量守恒，在一周期内通过 S_1 和 S_2 面的能量应该相等。以 I_1 表示 S_1 处的强度，以 I_2 表示 S_2 处的强度，则应该有

$$I_1 S_1 T = I_2 S_2 T$$

利用式(18.32)，则有

$$\frac{1}{2}\rho u\omega^2 A_1^2 S_1 T = \frac{1}{2}\rho u\omega^2 A_2^2 S_2 T \tag{18.33}$$

对于平面波，$S_1 = S_2$，因而有

$$A_1 = A_2$$

这就是说，在均匀的不吸收能量的介质中传播的平面波的振幅保持不变。这一点我们在 18.3 节中写平面简谐波的波函数时已经用到了。

波面是球面的波叫**球面波**。如图 18.15 所示，球面波的波线沿着半径向外。如果球面波在均匀无吸收的介质中传播，则振幅将随 r 改变。设以点波源 O 为圆心画半径分别为 r_1 和 r_2 的两个球面(图 18.15)。在介质不吸收波的能量的条件下，一个周期内通过这两个球面的能量应该相等。这时式(18.33)仍然正确，不过 S_1 和 S_2 应分别用球面积 $4\pi r_1^2$ 和 $4\pi r_2^2$ 代替。由此，对于球面波应有

$$A_1^2 r_1^2 = A_2^2 r_2^2$$

或

$$A_1 r_1 = A_2 r_2 \tag{18.34}$$

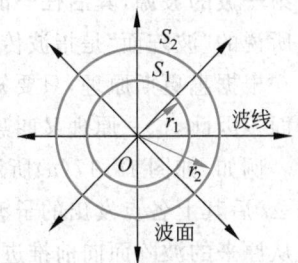
图 18.15　球面波中能量的传播

即振幅与离点波源的距离成反比。以 A_1 表示离波源的距离为单位长度处的振幅，则在离波源任意距离 r 处的振幅为 $A = A_1/r$。由于振动的相位随 r 的增加而落后的关系和平面波类似，所以球面简谐波的波函数应该是

$$y = \frac{A_1}{r}\cos\omega\left(t - \frac{r}{u}\right) \tag{18.35}$$

实际上，波在介质中传播时，介质总要吸收波的一部分能量，因此即使在平面波的情况下，波的振幅，因而波的强度也要沿波的传播方向逐渐减小，所吸收的能量通常转换成介质的内能或热。这种现象称为**波的吸收**。

例 18.3

用聚焦超声波的方法在水中可以产生强度达到 $I=120 \text{ kW/cm}^2$ 的超声波。设该超声波的频率为 $\nu=500 \text{ kHz}$,水的密度为 $\rho=10^3 \text{ kg/m}^3$,其中声速为 $u=1500 \text{ m/s}$。求这时液体质元振动的振幅。

解 由式(18.32),$I=\frac{1}{2}\rho\omega^2 A^2 u$,可得

$$A = \frac{1}{\omega}\sqrt{\frac{2I}{\rho u}} = \frac{1}{2\pi\nu}\sqrt{\frac{2I}{\rho u}}$$

$$= \frac{1}{2\pi \times 500 \times 10^3}\sqrt{\frac{2 \times 120 \times 10^7}{10^3 \times 1500}} = 1.27 \times 10^{-5} \text{ (m)}$$

可见液体中超声波的振幅实际上是很小的。当然,它还是比水分子间距(10^{-10} m)大得多。

18.6 惠更斯原理与波的反射和折射

本节介绍有关波的传播方向的规律。

如图 18.16 所示,当观察水面上的波时,如果这波遇到一个障碍物,而且障碍物上有一个小孔,就可以看到在小孔的后面也出现了圆形的波,这圆形的波就好像是以小孔为波源产生的一样。

惠更斯在研究波动现象时,于 1690 年提出:**介质中任一波阵面上的各点,都可以看做是发射子波的波源,其后任一时刻,这些子波的包迹就是新的波阵面**。这就是**惠更斯原理**。这里所说的"波阵面"是指波传播时最前面那个波面,也叫"波前"。

根据惠更斯原理,只要知道某一时刻的波阵面就可以用几何作图法确定下一时刻的波阵面。因此,这一原理又叫惠更斯作图法,其应用在中学物理课程中已经作了举例说明。

例如,如图 18.17(a)所示,以波速 u 传播的平面波在某一时刻的波阵面为 S_1,在经过时间 Δt 后其上各点发出的子波(以小的半圆表示)的包迹仍是平面,这就是此时新的波阵面,已从原来的波阵面向前推进了 $u\Delta t$ 的距离。对在各向同性的介质中传播的球面波,则可如图 18.17(b)中所示的那样,利用同样的作图法由某一时刻的球面波阵面 S_1 画出经过时间 Δt 后的新的波阵面 S_2,它仍是球面。

对于平面波传播时遇到有缝的障碍物的情况,画出由缝处波阵面上各点发出的子波的包迹,则会显示出波能绕过缝的边界向障碍物的后方几何阴影内传播,这就是波的**衍射现象**(图 18.18)。

用惠更斯作图法可以说明波入射到两种均匀而且各向同性的介质的分界面上时传播方向改变的规律,也就是波的反射和折射的规律。

设有一平面波以波速 u 入射到两种介质的分界面上。根据惠更斯作图法,入射波传到的分界面上的各点都可看做发射子波的波源。作出某一时刻这些子波的包迹,就能得到新的波阵面,从而确定反射波和折射波的传播方向。

先说明波的反射定律。如图 18.19 所示,设入射波的波阵面和两种介质的分界面均垂直于图面。在时刻 t,此波阵面与图面的交线 AB 到达图示位置,A 点和界面相遇。此后 AB

图 18.16 障碍物的小孔成为新波源

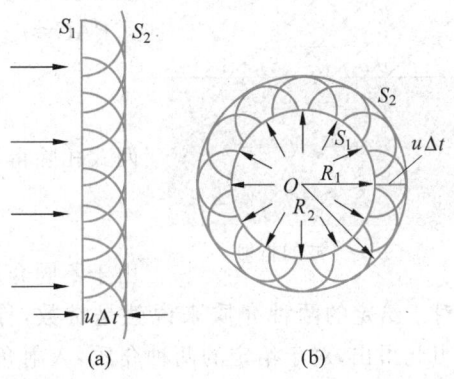

图 18.17 用惠更斯作图法求新波阵面
(a) 平面波；(b) 球面波

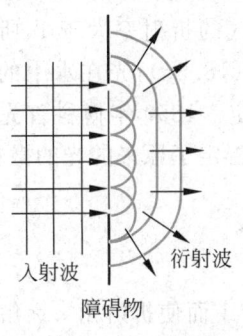

图 18.18 波的衍射

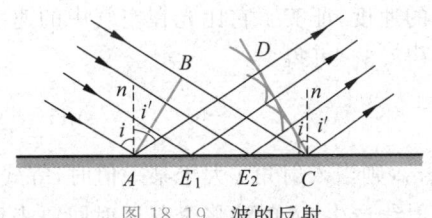

图 18.19 波的反射

上各点将依次到达界面。设经过相等的时间此波阵面与图面的交线依次与分界面在 E_1, E_2 和 C 点相遇，而在时刻 $(t+\Delta t)$, B 点到达 C 点。我们可以作出此时刻界面上各点发出的子波的包迹。为了清楚起见，图中只画出了 A, E_1, E_2 和 C 点发出的子波。因为波在同一介质中传播，波速 u 不变，所以在 $t+\Delta t$ 时刻，从 A, E_1, E_2 发出的子波半径分别是 $d, 2d/3, d/3$，这里 $d=u\Delta t$。显然，这些子波的包迹面也是与图面垂直的平面。它与图面的交线为 CD，而且 $AD=BC$。作垂直于此波阵面的直线，即得**反射线**。与入射波阵面 AB 垂直的线称为**入射线**。令 An, Cn 为分界面的法线，则由图可看出任一条入射线和它的反射线以及入射点的法线在同一平面内。令 i 表示入射角，i' 表示反射角，则由图中还可以看出直角 $\triangle BAC$ 与直角 $\triangle DCA$ 全等，因此 $\angle BAC = \angle DCA$，所以 $i=i'$，即入射角等于反射角。这就是**波的反射定律**。

如果波能进入第二种介质，则由于在两种介质中波速（指相速）不相同，在分界面上要发生折射现象。如图 18.20 所示，以 u_1, u_2 分别表示波在第一和第二种介质中的波速。仍如图 18.19，设时刻 t 入射波波阵面 AB 到达图示位置。其后经过相等的时间此波阵面依次到达 E_1, E_2 和 C 点，而在 $t+\Delta t$ 时，B 点到达 C 点。画出 $t+\Delta t$ 时刻，从 A, E_1, E_2 发出的在第二种介质中的子波，子波半径分别为 $d, 2d/3, d/3$，但这里 $d=u_2\Delta t$。这些子波的包迹也是与

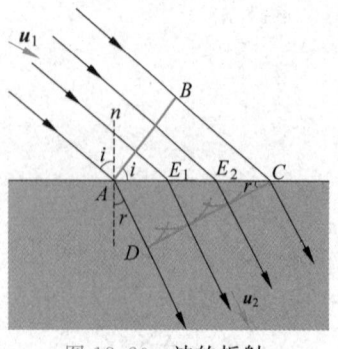

图 18.20 波的折射

图面垂直的平面,它与图面的交线为 CD,而且 $\Delta t = BC/u_1 = AD/u_2$。作垂直于此波阵面的直线,即得**折射线**。以 r 表示折射角,则有 $\angle ACD = r$。再以 i 表示入射角,则有 $\angle BAC = i$。由图中可明显地看出

$$BC = u_1 \Delta t = AC \sin i$$
$$AD = u_2 \Delta t = AC \sin r$$

两式相除得

$$\frac{\sin i}{\sin r} = \frac{u_1}{u_2} = n_{21} \qquad (18.36)$$

由于不同介质中的波速 u 为不同的常量,所以比值 $n_{21} = u_1/u_2$ 对于给定的两种介质来说就是常数,称为第二种介质对于第一种介质的**相对折射率**[①]。由此得出,对于给定的两种介质,入射角的正弦与折射角的正弦之比等于常数,这就是**波的折射定律**。

反射定律和折射定律也用于说明光的反射和折射。历史上关于光的本性,曾有微粒说和波动说之争。二者对光的反射解释相似,但对折射的解释则有明显的不同:微粒说为解释折射定律,就需要认定折射率 $n_{21} = u_2/u_1$。因此,例如,水对空气的折射率大于1,所以光在水中的速度就应大于光在空气中的速度。波动说则相反,按式(18.36),光在水中的速度应小于光在空气中的速度。孰是孰非要靠光速的实测结果来判定。1850年傅科首先测出了光在水中的速度,证实了它比光在空气中的速度小。这就最后否定了原来的光的微粒说。

由式(18.36)可得

$$\sin r = \frac{u_2}{u_1} \sin i$$

如果 $u_2 > u_1$,则当入射角 i 大于某一值时,等式右侧的值将大于1而使折射角 r 无解。这时将没有折射线产生,入射波将全部反射回原来的介质。这种现象叫**全反射**。产生全反射的最小入射角称为**临界角**。以 A 表示波从介质1射向介质2($u_2 > u_1$)时的临界角,则由于相应的折射角为 $90°$,所以由式(18.36)可得

$$\sin A = \frac{u_1}{u_2} = n_{21} \qquad (18.37)$$

就光的折射现象来说,两种介质相比,在其中光速较大的介质叫光疏介质,光速较小的介质叫光密介质。光由光密介质射向光疏介质时,就会发生全反射现象。对于光从水中射向空气的情况,由于空气对水的折射率为 $1/1.33$,所以全反射临界角为

$$A = \arcsin \frac{1}{1.33} = 48.7°$$

光的反射的一个重要实际应用是制造光纤,它是现代光通信技术必不可少的材料。光可以沿着被称做光纤的玻璃细丝传播(图18.21),这是由于光纤表皮的折射率小于芯的折射率的缘故。

近年来发展起来的**导管X光学**也应用了全反射现象。由于对X光来说,玻璃对真空的折射率小于1,所以X光从真空(或空气)射向玻璃表面时也会发生全反射现象。如果制成

---

① 对光的传播来说,某种介质对真空的相对折射率 $n = c/u$ 就叫这种介质的**折射率**。很易证明,$n_{21} = n_2/n_1$。

内表面非常光滑的空心玻璃管,使 X 光以大于临界角的入射角射入管内,则 X 光就可以沿导管传播。利用弯曲的导管就可以改变 X 光的传播方向。这种管子就成了 **X 光导管**。

X 光导管的一种重要实际应用是用毛细管束来做 X 光透镜。如图 18.22(a)所示的 X 光透镜可以将发散的 X 光束会聚成很小的束斑,以大大提高 X 光束的功率密度。如图 18.22(b)所示的 X 光半透镜则可以把发散的 X 光束转化为平行光束。目前,X 光透镜已应用于 X 光荧光分析、X 光衍射分析、深亚微米 X 射线光刻、医疗诊断以及 X 光天文望远镜等领域。

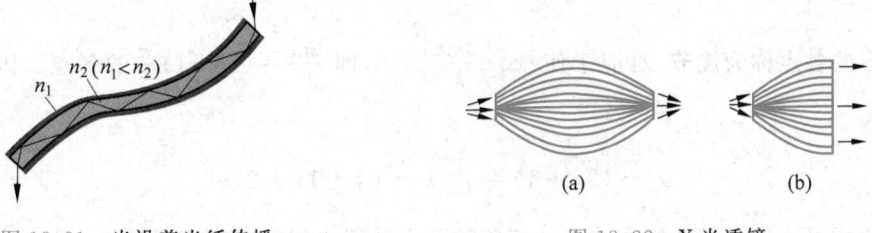

图 18.21　光沿着光纤传播　　　　　　　　图 18.22　X 光透镜

18.7　波的叠加　驻波

观察和研究表明:几列波可以保持各自的特点(频率、波长、振幅、振动方向等)同时通过同一介质,好像在各自的传播过程中没有遇到其他波一样。因此,在几列波相遇或叠加的区域内,任一点的位移,为各个波单独在该点产生的位移的合成。这一关于波的传播的规律称为波的传播的**独立性**或**波的叠加原理**。

管弦乐队合奏或几个人同时讲话时,空气中同时传播着许多声波,但我们仍能够辨别出各种乐器的音调或各个人的声音,这就是波的独立性的例子。通常天空中同时有许多无线电波在传播,我们仍能随意接收到某一电台的广播,这是电磁波传播的独立性的例子。

当人们研究的波的强度越来越大时,发现波的叠加原理并不是普遍成立的,只有当波的强度较小时(在数学上,这表示为波动方程是**线性的**),它才正确。对于强度甚大的波,它就失效了。例如,强烈的爆炸声就有明显的相互影响。

几列波叠加可以产生许多独特的现象,**驻波**就是一例。在同一介质中两列频率、振动方向相同,而且振幅也相同的简谐波,在同一直线上沿相反方向传播时就叠加形成驻波。

设有两列简谐波,分别沿 x 轴正方向和负方向传播,它们的表达式为

$$y_1 = A\cos\left(\omega t - \frac{2\pi}{\lambda}x\right)$$

$$y_2 = A\cos\left(\omega t + \frac{2\pi}{\lambda}x\right)$$

其合成波为

$$y = y_1 + y_2 = A\cos\left(\omega t - \frac{2\pi}{\lambda}x\right) + A\cos\left(\omega t + \frac{2\pi}{\lambda}x\right)$$

利用三角关系可以求出

$$y = 2A\cos\frac{2\pi}{\lambda}x\cos\omega t \tag{18.38}$$

此式就是驻波的表达式①。式中 $\cos\omega t$ 表示简谐运动,而 $\left|2A\cos\frac{2\pi}{\lambda}x\right|$ 就是这简谐运动的振幅。这一函数不满足 $y(t+\Delta t, x+u\Delta t)=y(t,x)$,因此它**不表示行波**,只表示各点都在作简谐运动。各点的振动频率相同,就是原来的波的频率。但各点的振幅随位置的不同而不同。振幅最大的各点称为**波腹**,对应于使 $\left|\cos\frac{2\pi}{\lambda}x\right|=1$ 即 $\frac{2\pi}{\lambda}x=k\pi$ 的各点。因此波腹的位置为

$$x=k\frac{\lambda}{2}, \quad k=0,\pm 1,\pm 2,\cdots$$

振幅为零的各点称为**波节**,对应于使 $\left|\cos\frac{2\pi x}{\lambda}\right|=0$,即 $\frac{2\pi x}{\lambda}=(2k+1)\frac{\pi}{2}$ 的各点。因此波节的位置为

$$x=(2k+1)\frac{\lambda}{4}, \quad k=0,\pm 1,\pm 2,\cdots$$

由以上两式可算出相邻的两个波节和相邻的两个波腹之间的距离都是 $\lambda/2$。这一点为我们提供了一种测定行波波长的方法,只要测出相邻两波节或波腹之间的距离就可以确定原来两列行波的波长 λ。

式(18.38)中的振动因子为 $\cos\omega t$,但不能认为驻波中各点的振动的相都是相同的。因为系数 $2A\cos(2\pi/\lambda)x$ 在 x 值不同时是有正有负的。把相邻两个波节之间的各点叫做一段,则由余弦函数取值的规律可以知道,$\cos(2\pi/\lambda)x$ 的值对于同一段内的各点有相同的符号,对于分别在相邻两段内的两点则符号相反。以 $|2A\cos(2\pi/\lambda)x|$ 作为振幅,这种符号的相同或相反就表明,在驻波中,**同一段上的各点的振动同相,而相邻两段中的各点的振动反相**。因此,驻波实际上就是分段振动的现象。在驻波中,没有振动状态或相位的传播,也没有能量的传播,所以才称之为驻波。

图 18.23 画出了驻波形成的物理过程,其中点线表示向右传播的波,虚线表示向左传播的波,粗实线表示合成振动。图中各行依次表示 $t=0, T/8, T/4, 3T/8, T/2$ 各时刻各质点的分位移和合位移。从图中可看出波腹(a)和波节(n)的位置。

图 18.24 为用电动音叉在绳上产生驻波的简图,波腹和波节的形象看得很清楚。这一驻波是由音叉在绳中引起的向右传播的波和在 B 点反射后向左传播的波合成的结果。改变拉紧绳的张力,就能改变波在绳上传播的速度。当这一速度和音叉的频率正好使得绳长为**半波长的整数倍**时,在绳上就能有驻波产生。

值得注意的是,在这一实验中,在反射点 B 处绳是固定不动的,因而此处只能是波节。从振动合成考虑,这意味着反射波与入射波的相在此处正好相反,或者说,入射波在反射时有 π 的**相跃变**。由于 π 的相跃变相当于波程差为半个波长,所以这种入射波在反射时发生反相的现象也常称为**半波损失**。当波在自由端反射时,则没有相跃变,形成的驻波在此端将出现波腹。

一般情况下,入射波在两种介质分界处反射时是否发生半波损失,与波的种类、两种介质的性质以及入射角的大小有关。在垂直入射时,它由介质的密度和波速的乘积 ρu 决定。

---
① 驻波函数式(18.38)也是函数微分方程(18.20)的解,可将式(18.38)代入式(18.20)加以证明。

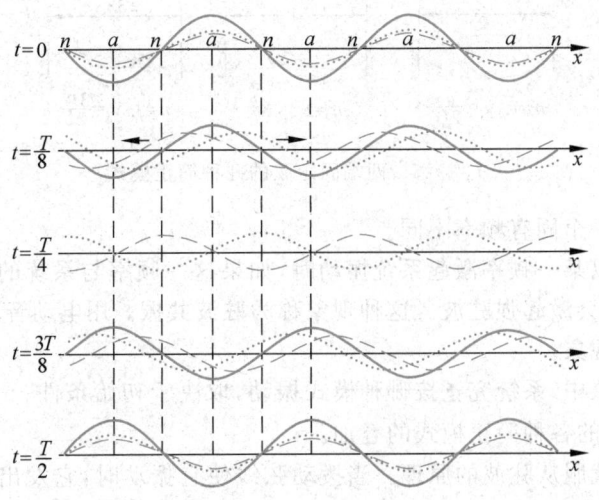

图 18.23 驻波的形成

相对来讲,ρu 较大的介质称为**波密介质**,ρu 较小的称为**波疏介质**。当波从波疏介质垂直入射到与波密介质的界面上反射时,有半波损失,形成的驻波在界面处出现波节。反之,当波从波密介质垂直入射到与波疏介质的界面上反射时,无半波损失,界面处出现波腹。

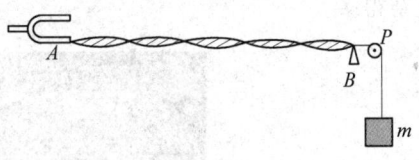

图 18.24 绳上的驻波

在范围有限的介质内产生的驻波有许多重要的特征。例如将一根弦线的两端用一定的张力固定在相距 L 的两点间,当拨动弦线时,弦线中就产生来回的波,它们就合成而形成驻波。但**并不是**所有波长的波都能形成驻波。由于绳的两个端点固定不动,所以这两点必须是波节,因此驻波的波长必须满足下列条件:

$$L = n\frac{\lambda}{2}, \quad n = 1, 2, 3, \cdots$$

以 λ_n 表示与某一 n 值对应的波长,则由上式可得容许的波长为

$$\lambda_n = \frac{2L}{n} \tag{18.39}$$

这就是说能在弦线上形成驻波的波长值是不连续的,或者,用现代物理的语言说,波长是"**量子化**"的。由关系式 $\nu = \dfrac{u}{\lambda}$ 可知,频率也是量子化的,相应的可能频率为

$$\nu_n = n\frac{u}{2L}, \quad n = 1, 2, 3, \cdots \tag{18.40}$$

其中,$u = \sqrt{F/\rho_l}$ 为弦线中的波速。上式中的频率叫弦振动的**本征频率**,也就是它发出的声波的频率。每一频率对应于一种可能的振动方式。频率由式(18.40)决定的振动方式,称为弦线振动的**简正模式**,其中最低频率 ν_1 称为**基频**,其他较高频率 $\nu_2, \nu_3, \cdots$ 都是基频的**整数倍**,它们各以其对基频的倍数而称为二次、三次……**谐频**。图 18.25 中画出了频率为 ν_1, ν_2, ν_3 的 3 种简正模式。

简正模式的频率称为系统的固有频率。如上所述,一个驻波系统有许多个固有频率。

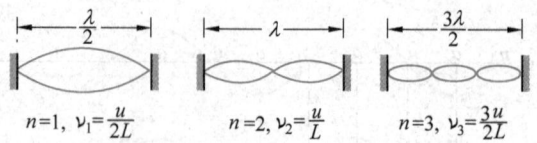

图 18.25 两端固定弦的几种简正模式

这和弹簧振子只有一个固有频率不同。

当外界驱动源以某一频率激起系统振动时,如果这一频率与系统的某个简正模式的频率相同(或相近),就会激起强驻波。这种现象称为**驻波共振**。用电动音叉演示驻波时,观察到的就是驻波共振现象。

在驻波共振现象中,系统究竟按哪种模式振动,取决于初始条件。一般情况下,一个驻波系统的振动,是它的各种简正模式的叠加。

弦乐器的发声就服从驻波的原理。当拨动弦线使它振动时,它发出的声音中就包含有各种频率。管乐器中的管内的空气柱、锣面、鼓皮、钟、铃等振动时也都是驻波系统(图 18.26),它们振动时也同样各有其相应的简正模式和共振现象,但其简正模式要比弦的复杂得多。

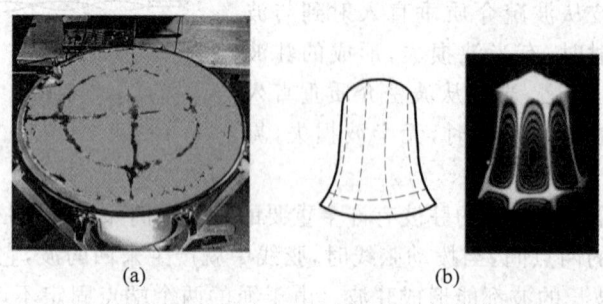

图 18.26 二维驻波

(a) 鼓皮以某一模式振动时,才能在其上的碎屑聚集在不振动的地方,显示出二维驻波的"节线"的形状(R. Resnick);(b) 钟以某一模式振动时"节线"的分布(左图)和该模式的全息照相(右图),其中白线对应于"节线"(T. D. Rossing)

乐器振动发声时,其**音调**由基频决定,同时发出的谐频的频率和强度决定声音的**音色**。

例 18.4

一只二胡的"千斤"(弦的上方固定点)和"码子"(弦的下方固定点)之间的距离是 $L = 0.3$ m(图 18.27)。其上一根弦的质量线密度为 $\rho_l = 3.8 \times 10^{-4}$ kg/m,拉紧它的张力 $F = 9.4$ N。求此弦所发的声音的基频是多少?此弦的三次谐频振动的节点在何处?

解 此弦中产生的驻波的基频为

$$\nu_1 = \frac{u}{2L} = \frac{1}{2L}\sqrt{\frac{F}{\rho_l}}$$

$$= \frac{1}{2 \times 0.3}\sqrt{\frac{9.4}{3.8 \times 10^{-4}}} = 262 \text{ (Hz)}$$

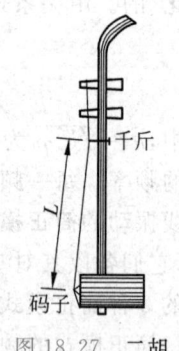

图 18.27 二胡

这就是它发出的声波的基频,是"C"调。三次谐频振动时,整个弦长为 $\frac{1}{2}\lambda_3$ 的 3 倍。因此,从"千斤"算起,节点应在 0,10,20,30 cm 处。

18.8 声波

声波通常是指空气中形成的纵波[①]。频率在 20~20 000 Hz 之间的声波,能引起人的听觉,称为**可闻声波**,也简称**声波**。频率低于 20 Hz 的叫做**次声波**,高于 20 000 Hz 的叫做**超声波**。

介质中有声波传播时的压力与无声波时的静压力之间有一差额,这一差额称为**声压**。声波是疏密波,在稀疏区域,实际压力小于原来静压力,声压为负值;在稠密区域,实际压力大于原来静压力,声压为正值。它的表示式可如下求得。

把表示体积弹性形变的公式即式(18.16)

$$\Delta p = -K\frac{\Delta V}{V}$$

应用于介质的一个小质元,则 Δp 就表示声压。对平面简谐声波来讲,体应变 $\Delta V/V$ 也等于 $\partial y/\partial x$。以 p 表示声压,则有

$$p = -K\frac{\partial y}{\partial x} = -K\frac{\omega}{u}A\sin\omega\left(t-\frac{x}{u}\right)$$

由于纵波波速即声速 $u = \sqrt{\frac{K}{\rho}}$(见式(18.23)),所以上式又可改写为

$$p = -\rho u\omega A\sin\omega\left(t-\frac{x}{u}\right)$$

而声压的振幅为

$$p_m = \rho u A\omega \tag{18.41}$$

声强就是声波的强度,根据式(18.32),声强为

$$I = \frac{1}{2}\rho u A^2\omega^2$$

再利用式(18.41),还可得

$$I = \frac{1}{2}\frac{p_m^2}{\rho u} \tag{18.42}$$

引起人的听觉的声波,不仅有一定的频率范围,还有一定的声强范围。能够引起人的听觉的声强范围大约为 10^{-12}~1 W/m²。声强太小,不能引起听觉;声强太大,将引起痛觉。

由于可闻声强的数量级相差悬殊,通常用**声级**来描述声波的强弱。规定声强 $I_0 = 10^{-12}$ W/m² 作为测定声强的标准,某一声强 I 的声级用 L 表示:

$$L = \lg\frac{I}{I_0} \tag{18.43}$$

声级 L 的单位名称为贝[尔],符号为 B。通常用分贝(dB)为单位,1 B = 10 dB。这样

---

① 一般地讲,弹性介质中的纵波都被称为声波。

式(18.43)可表示为

$$L = 10 \lg \frac{I}{I_0} \text{ (dB)} \tag{18.44}$$

声音响度是人对声音强度的主观感觉,它与声级有一定的关系,声级越大,人感觉越响。表 18.1 给出了常遇到的一些声音的声级。

表 18.1 几种声音的声强、声级和响度

声源	声强/(W/m²)	声级/dB	响度
聚焦超声波	10^9	210	
炮声	1	120	
痛觉阈	1	120	
铆钉机	10^{-2}	100	震耳
闹市车声	10^{-5}	70	响
通常谈话	10^{-6}	60	正常
室内轻声收音机	10^{-8}	40	较轻
耳语	10^{-10}	20	轻
树叶沙沙声	10^{-11}	10	极轻
听觉	10^{-12}	0	

声波是由振动的弦线(如提琴弦线、人的声带等)、振动的空气柱(如风琴管、单簧管等)、振动的板与振动的膜(如鼓、扬声器等)等产生的机械波。近似周期性或者由少数几个近似周期性的波合成的声波,如果强度不太大时会引起愉快悦耳的**乐音**。波形不是周期性的或者是由个数很多的一些周期波合成的声波,听起来是**噪声**。

18.9 多普勒效应

在前面的讨论中,波源和接收器相对于介质都是静止的,所以波的频率和波源的频率相同,接收器接收到的频率和波的频率相同,也和波源的频率相同。如果波源或接收器或两者相对于介质运动,则发现接收器接收到的频率和波源的振动频率不同。这种接收器接收到的频率有赖于波源或观察者运动的现象,称为**多普勒效应**。例如,当高速行驶的火车鸣笛而来时,我们听到的汽笛音调变高,当它鸣笛离去时,我们听到的音调变低,这种现象是声学的多普勒效应。本节讨论这一效应的规律。为简单起见,假定波源和接收器在同一直线上运动。波源相对于介质的运动速度用 v_S 表示,接收器相对于介质的运动速度用 v_R 表示,波速用 u 表示。波源的频率、接收器接收到的频率和波的频率分别用 ν_S, ν_R 和 ν 表示。在此处,三者的意义应区别清楚:波源的频率 ν_S 是波源在单位时间内振动的次数,或在单位时间内发出的"完整波"的个数;接收器接收到的频率 ν_R 是接收器在单位时间内接收到的振动数或完整波数;波的频率 ν 是介质质元在单位时间内振动的次数或单位时间内通过介质中某点的完整波的个数,它等于波速 u 除以波长 λ。这三个频率可能互不相同。下面分几种情况讨论。

(1) 相对于介质波源不动,接收器以速度 v_R 运动(图 18.28)。

若接收器向着静止的波源运动,接收器在单位时间内接收到的完整波的数目比它静止时接收的多。因为波源发出的波以速度 u 向着接收器传播，同时接收器以速度 v_R 向着静止的波源运动，因而多接收了一些完整波数。在单位时间内接收器接收到的完整波的数目等于分布在 $u+v_R$ 距离内完整波的数目（见图 18.28），即

$$\nu_R = \frac{u+v_R}{\lambda} = \frac{u+v_R}{\frac{u}{\nu}} = \frac{u+v_R}{u}\nu$$

此式中的 ν 是波的频率。由于波源在介质中静止，所以波的频率就等于波源的频率，因此有

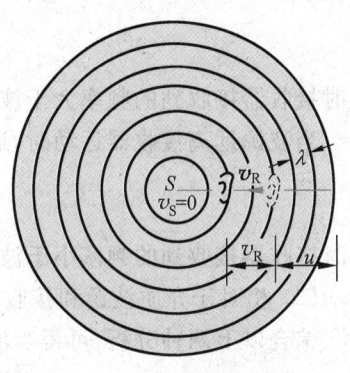

图 18.28 波源静止时的多普勒效应

$$\nu_R = \frac{u+v_R}{u}\nu_S \qquad (18.45)$$

这表明，当接收器向着静止波源运动时，接收到的频率为波源频率的 $(1+v_R/u)$ 倍。

当接收器离开波源运动时，通过类似的分析，可求得接收器接收到的频率为

$$\nu_R = \frac{u-v_R}{u}\nu_S \qquad (18.46)$$

即此时接收到的频率低于波源的频率。

(2) 相对于介质接收器不动，波源以速度 v_S 运动（图 18.29(a)）。

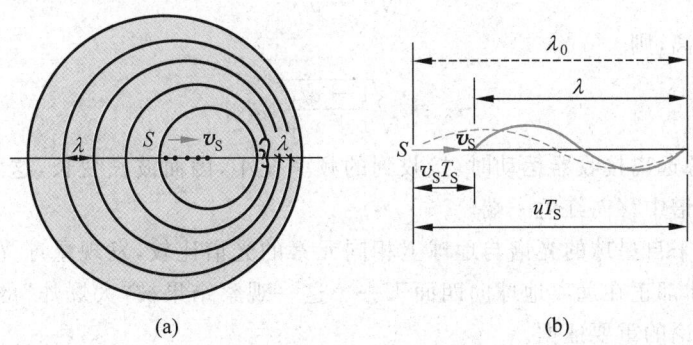

图 18.29 波源运动时的多普勒效应

波源运动时，波的频率不再等于波源的频率。这是由于当波源运动时，它所发出的相邻的两个同相振动状态是在不同地点发出的，这两个地点相隔的距离为 $v_S T_S$，T_S 为波源的周期。如果波源是向着接收器运动的，这后一地点到前方最近的同相点之间的距离是现在介质中的波长。若波源静止时介质中的波长为 $\lambda_0(\lambda_0 = uT_S)$，则现在介质中的波长为（见图 18.29(b)）

$$\lambda = \lambda_0 - v_S T_S = (u-v_S)T_S = \frac{u-v_S}{\nu_S}$$

现时波的频率为

$$\nu = \frac{u}{\lambda} = \frac{u}{u-v_S}\nu_S$$

由于接收器静止，所以它接收到的频率就是波的频率，即

$$\nu_R = \frac{u}{u - v_S}\nu_S \tag{18.47}$$

此时接收器接收到的频率大于波源的频率。

当波源远离接收器运动时,通过类似的分析,可得接收器接收到的频率为

$$\nu_R = \frac{u}{u + v_S}\nu_S \tag{18.48}$$

这时接收器接收到的频率小于波源的频率。

(3) 相对于介质波源和接收器同时运动。

综合以上两种分析,可得当波源和接收器相向运动时,接收器接收到的频率为

$$\nu_R = \frac{u + v_R}{u - v_S}\nu_S \tag{18.49}$$

当波源和接收器彼此离开时,接收器接收到的频率为

$$\nu_R = \frac{u - v_R}{u + v_S}\nu_S \tag{18.50}$$

电磁波(如光)也有多普勒现象。和声波不同的是,电磁波的传播不需要什么介质,因此只是光源和接收器的相对速度 v 决定接收的频率。可以用相对论证明,当光源和接收器在同一直线上运动时,如果二者相互接近,则

$$\nu_R = \sqrt{\frac{1 + v/c}{1 - v/c}}\ \nu_S \tag{18.51}$$

如果二者相互远离,则

$$\nu_R = \sqrt{\frac{1 - v/c}{1 + v/c}}\ \nu_S \tag{18.52}$$

由此可知,当光源远离接收器运动时,接收到的频率变小,因而波长变长,这种现象叫做"红移",即在可见光谱中移向红色一端。

天文学家将来自星球的光谱与地球上相同元素的光谱比较,发现星球光谱几乎都发生红移,这说明星体都正在远离地球向四面飞去。这一观察结果被"大爆炸"的宇宙学理论的倡导者视为其理论的重要证据。

电磁波的多普勒效应还为跟踪人造地球卫星提供了一种简便的方法。在图 18.30 中,卫星从位置 1 运动到位置 2 的过程中,向着跟踪站的速度分量减小,在从位置 2 到位置 3 的过程中,离开跟踪站的速度分量增加。因此,如果卫星不断发射恒定频率的无线电信号,则当卫星经过跟踪站上空时,地面接收到的信号频率是逐渐减小的。如果把接收到的信号与接收站另外产生的恒定信号合成拍,则拍频可以产生一个听得见的声音。卫星经过上空时,这种声音的音调降低。

上面讲过,当波源向着接收器运动时,接收器接收到的频率比波源的频率大,它的值由式(18.47)给出。但这一公式当波源的速度 v_S 超过波速时将失去意义,因为这时在任一时刻波源本身将超过它此前发出的波的波前,在波源前方不可能有任何波动产生。这种情况如图 18.31 所示。

当波源经过 S_1 位置时发出的波在其后 τ 时刻的波阵面为半径等于 $u\tau$ 的球面,但此时刻波源已前进了 $v_S\tau$ 的距离到达 S 位置。在整个 τ 时间内,波源发出的波到达的前沿形成了一个圆锥面,这个圆锥面叫**马赫锥**,其半顶角 α 由下式决定:

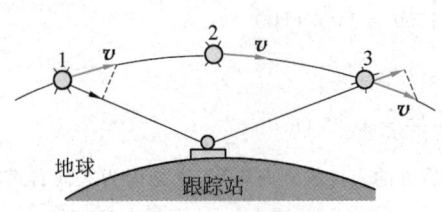
图 18.30 卫星—跟踪站连线方向上分速度的变化

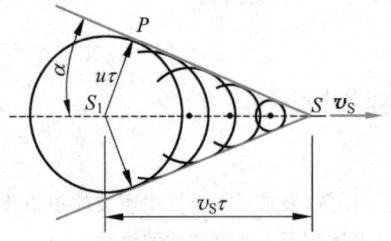
图 18.31 冲击波的产生

$$\sin \alpha = \frac{u}{v_S} \tag{18.53}$$

当飞机、炮弹等以超音速飞行时，都会在空气中激起这种圆锥形的波。这种波称为**冲击波**。冲击波面到达的地方，空气压强突然增大。过强的冲击波掠过物体时甚至会造成损害（如使窗玻璃碎裂），这种现象称为**声爆**。

类似的现象在水波中也可以看到。当船速超过水面上的水波波速时，在船后就激起以船为顶端的 V 形波，这种波叫**艏波**（图 18.32）。

图 18.32 青龙峡湖面游艇激起的艏波弯曲优美
（新京报记者苏里）

当带电粒子在介质中运动，其速度超过该介质中的光速（这光速小于真空中的光速 c）时，会辐射锥形的电磁波，这种辐射称为**切连科夫辐射**。高能物理实验中利用这种现象来测定粒子的速度。

例 18.5

一警笛发射频率为 1500 Hz 的声波，并以 22 m/s 的速度向某方向运动，一人以 6 m/s 的速度跟踪其后，求他听到的警笛发出声音的频率以及在警笛后方空气中声波的波长。设没有风，空气中声速 $u = 330$ m/s。

解 已知 $\nu_S = 1500$ Hz, $v_S = 22$ m/s, $v_R = 6$ m/s，则此人听到的警笛发出的声音的频率为

$$\nu_R = \frac{u + v_R}{u + v_S} \nu_S = \frac{330 + 6}{330 + 22} \times 1500 = 1432 \text{ (Hz)}$$

警笛后方空气中声波的频率

$$\nu = \frac{u}{u+v_S}\nu_S = \frac{330}{330+22} \times 1500 = 1406 \text{ (Hz)}$$

相应的空气中声波波长为

$$\lambda = \frac{u}{\nu} = \frac{u+v_S}{\nu_S} = \frac{330+22}{1500} = 0.23 \text{ (m)}$$

应该注意,警笛后方空气中声波的频率并不等于警笛后方的人接收到的频率,这是因为人向着声源跑去时,又多接收了一些完整波的缘故。

提要

1. 行波:扰动的传播。机械波在介质中传播时,只是扰动在传播,介质并不随波迁移。

2. 简谐波:简谐运动的传播。波形成时,各质元都在振动,但步调不同;沿波的传播方向,各质元的相位依次落后。

简谐波波函数

$$y = A\cos\omega\left(t \mp \frac{x}{u}\right) = A\cos 2\pi\left(\frac{t}{T} \mp \frac{x}{\lambda}\right)$$
$$= A\cos(\omega t \mp kx)$$

负号用于沿 x 轴正向传播的波,正号用于沿 x 轴负向传播的波;式中周期 $T = \frac{2\pi}{\omega} = \frac{1}{\nu}$,波数 $k = \frac{2\pi}{\lambda}$,相速度 $u = \lambda\nu$,波长 λ 是沿波的传播方向两相邻的同相质元间的距离。

3. 弹性介质中的波速

横波波速　　　　　　　　$u = \sqrt{G/\rho}$,　G 为剪切模量,　ρ 为密度;

纵波波速　　　　　　　　$u = \sqrt{E/\rho}$,　E 为杨氏模量,　ρ 为密度;

液体气体中纵波波速　　　$u = \sqrt{K/\rho}$,　K 为体弹模量,　ρ 为密度;

拉紧的绳中的横波波速　　$u = \sqrt{F/\rho_l}$,　F 为绳中张力,　ρ_l 为线密度。

4. 简谐波的能量:任一质元的动能和弹性势能同相地变化。

平均能量密度　　　　　　$\overline{w} = \frac{1}{2}\rho\omega^2 A^2$

波的强度　　　　　　　　$I = \overline{w}u = \frac{1}{2}\rho\omega^2 A^2 u$

5. 惠更斯原理(作图法):介质中波阵面上各点都可看做子波波源,其后任一时刻这些子波的包迹就是新的波阵面。用此作图法可说明波的反射定律、折射定律以及全反射现象。

6. 驻波:两列频率、振动方向和振幅都相同而传播方向相反的简谐波叠加形成驻波,其表达式为

$$y = 2A\cos\frac{2\pi}{\lambda}x\cos\omega t$$

它实际上是稳定的分段振动,有波节和波腹。在有限的介质中(例如两端固定的弦线上)的

驻波波长是量子化的。

7. 声波

声级 $\quad L = 10\lg\dfrac{I}{I_0}$ (dB)，$I_0 = 10^{-12}$ W/m²

空气中的声速

$$u = \sqrt{\dfrac{\gamma RT}{M}}$$

8. 多普勒效应：接收器接收到的频率与接收器(R)及波源(S)的运动有关。

波源静止 $\quad \nu_R = \dfrac{u + v_R}{u}\nu_S$，接收器向波源运动时 v_R 取正值；

接收器静止 $\quad \nu_R = \dfrac{u}{u - v_S}\nu_S$，波源向接收器运动时 v_S 取正值。

光学多普勒效应：决定于光源和接收器的相对运动。光源和接收器相对速度为 v 时，

$$\nu_R = \sqrt{\dfrac{c \pm v}{c \mp v}}\nu_S$$

波源速度超过它发出的波的速度时，产生冲击波。

马赫锥半顶角 $\alpha \quad\quad \sin\alpha = \dfrac{u}{v_S}$

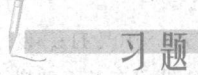

18.1 太平洋上有一次形成的洋波速度为 740 km/h，波长为 300 km。这种洋波的频率是多少？横渡太平洋 8000 km 的距离需要多长时间？

18.2 一简谐横波以 0.8 m/s 的速度沿一长弦线传播。在 $x = 0.1$ m 处，弦线质点的位移随时间的变化关系为 $y = 0.05\sin(1.0 - 4.0t)$。试写出波函数。

18.3 一平面简谐波在 $t = 0$ 时的波形曲线如图 18.33 所示。

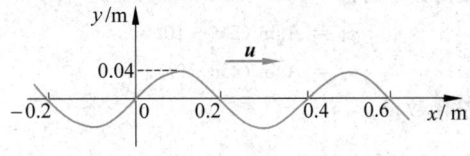

图 18.33　习题 18.3 用图

(1) 已知 $u = 0.08$ m/s，写出波函数；

(2) 画出 $t = T/8$ 时的波形曲线。

18.4 已知波的波函数为 $y = A\cos\pi(4t + 2x)$。

(1) 写出 $t = 4.2$ s 时各波峰位置的坐标表示式，并计算此时离原点最近一个波峰的位置，该波峰何时通过原点？

(2) 画出 $t = 4.2$ s 时的波形曲线。

18.5 频率为 500 Hz 的简谐波，波速为 350 m/s。

(1) 沿波的传播方向,相差为 60° 的两点间相距多远?

(2) 在某点,时间间隔为 10^{-3} s 的两个振动状态,其相差多大?

18.6 位于 A, B 两点的两个波源,振幅相等,频率都是 100 Hz,相差为 π,若 A, B 相距 30 m,波速为 400 m/s,求 AB 连线上二者之间叠加而静止的各点的位置。

18.7 一驻波波函数为

$$y = 0.02\cos 20x \cos 750t$$

求:(1) 形成此驻波的两行波的振幅和波速各为多少?

(2) 相邻两波节间的距离多大?

(3) $t = 2.0 \times 10^{-3}$ s 时, $x = 5.0 \times 10^{-2}$ m 处质点振动的速度多大?

18.8 一平面简谐波沿 x 正向传播,如图 18.34 所示,振幅为 A,频率为 ν,传播速度为 u。

(1) $t = 0$ 时,在原点 O 处的质元由平衡位置向 x 轴正方向运动,试写出此波的波函数;

(2) 若经分界面反射的波的振幅和入射波的振幅相等,试写出反射波的波函数,并求 x 轴上因入射波和反射波叠加而静止的各点的位置。

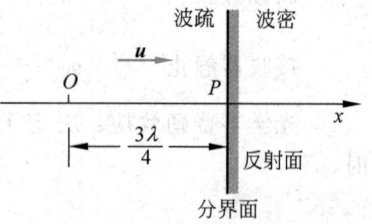

图 18.34 习题 18.8 用图

18.9 一摩托车驾驶者撞人后驾车逃逸,一警察发现后开警车鸣笛追赶。两者均沿同一直路开行。摩托车速率为 80 km/h,警车速率为 120 km/h。如果警笛发声频率为 400 Hz,空气中声速为 330 m/s。摩托车驾驶者听到的警笛声的频率是多少?

18.10 主动脉内血液的流速一般是 0.32 m/s。今沿血流方向发射 4.0 MHz 的超声波,被红血球反射回的波与原发射波将形成的拍频是多少?已知声波在人体内的传播速度为 1.54×10^3 m/s。

18.11 公路检查站的警察用雷达测速仪测来往汽车的速度,所用雷达波的频率为 5.0×10^{10} Hz。发出的雷达波被一迎面开来的汽车反射回来,与入射波形成了频率为 1.1×10^4 Hz 的拍频。此汽车是否已超过了 100 km/h 的限定车速。

18.12 物体超过声速的速度常用**马赫数**表示,马赫数定义为物体速度与介质中声速之比。一架超音速飞机以马赫数为 2.3 的速度在 5000 m 高空水平飞行,声速按 330 m/s 计。

(1) 求空气中马赫锥的半顶角的大小。

(2) 飞机从人头顶上飞过后要经过多长时间人才能听到飞机产生的冲击波声?

18.13 有两列平面波,其波函数分别为

$$y_1 = A\sin(5x - 10t)$$

$$y_2 = A\sin(4x - 9t)$$

求:(1) 两波叠加后,合成波的波函数;

(2) 合成波的群速度;

(3) 一个波包的长度。

18.14 **超声电机**。超声电机是利用压电材料的电致伸缩效应制成的。因其中压电材料的工作频率在超声范围,所以称超声电机。一种超声电机的基本结构如图 18.35(a) 所示,在一片薄金属弹性体 M 的下表面黏附上复合压电陶瓷片 P_1 和 P_2 (每一片的两半的电极化方向相反,如箭头所示),构成电机的"定子"。金属片 M 的上方压上金属滑块 R 作为电机的"转子"。当交流电信号加在压电陶瓷片上时,其电极化方向与信号中电场方向相同的半片略变厚,其电极化方向相反的半片略变薄。这将导致压电片上方的金属片局部发生弯曲振动。由于输入 P_1 和 P_2 的信号的相位不同,就有弯曲行波在金属片中产生。这种波的竖直和水平的两个分量的位移函数分别为

$$\xi_y = A_y\sin(\omega t - kx), \quad \xi_x = A_x\cos(\omega t - kx)$$

式中 ω 即信号的,也就是该信号引起的弹性金属片中波的频率。这样,金属表面每一质元(x 一定)的合运动都将是两个相互垂直的振动的合成(图 18.35(b)),在其与上面金属滑块接触处的各质元(从左向右)都将依次向左运动。在这接触处涂有摩擦材料,借助于摩擦力,金属滑块将被推动向左运动,形成电机的基本动作。

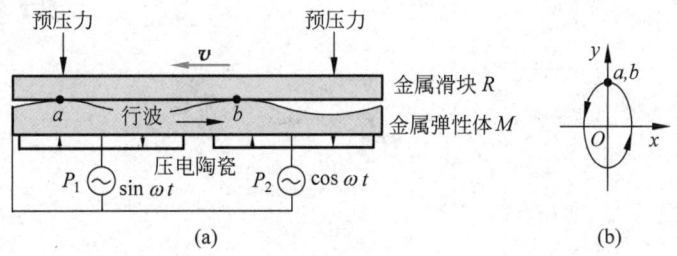

图 18.35　超声电机
(a) 一种超声电机结构图;(b) a,b 两点的运动

如果将薄金属弹性体做成扁环形体,在其下面沿环的方向黏附压电陶瓷片,在其上压上环形金属滑块,则在输入交流电信号时,滑块将被摩擦带动进行旋转,这将做成旋转的超声电机。

超声电机通常都造得很小,它和微型电磁电机相比具有体积小、转矩大、惯性小、无噪声等优点。现已被应用到精密设备,如照相机、扫描隧穿显微镜甚至航天设备中。图 18.36 是清华大学物理系声学研究室 2001 年研制成的直径 1 mm、长 5 mm、重 36 mg 的旋转超声电机,曾用于 OCT 内窥镜中驱动其中的扫描反射镜。

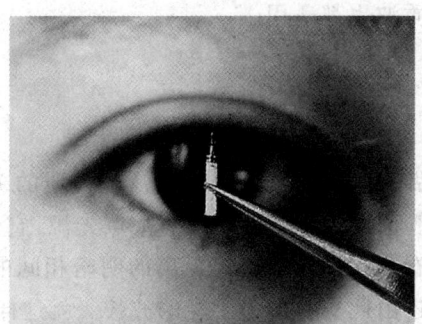

图 18.36　清华大学物理系声学研究室研制成的直径
1 mm 的旋转超声电机(镊子夹住的)

就图 18.35 所示的超声电机证明:
(1) 薄金属片中各质元的合运动轨迹都是正椭圆,其轨迹方程为
$$\frac{\xi_x^2}{A_x^2} + \frac{\xi_y^2}{A_y^2} = 1$$
(2) 薄金属片与金属滑块接触时的水平速率都是
$$v = -\omega A_x$$
负号表示此速度方向沿图 18.35 中 x 负方向,即向左。

第19章

光 的 干 涉

光是一种电磁波。通常意义上的光是指**可见光**,即能引起人的视觉的电磁波。它的频率在 $3.9\times10^{14}\sim8.6\times10^{14}$ Hz 之间,相应地在真空中的波长在 $0.77~\mu m$ 到 $0.35~\mu m$ 之间。不同频率的可见光给人以不同颜色的感觉,频率从大到小给出从紫到红的各种颜色。

作为电磁波,光波也服从叠加原理。满足一定条件的两束光叠加时,在叠加区域光的强度或明暗有一稳定的分布。这种现象称做**光的干涉**,干涉现象是光波以及一般的波动的特征。

本章讲述光的干涉的规律,包括干涉的条件和明暗条纹分布的规律。这些规律对其他种类的波,例如机械波和物质波也都适用。

19.1 杨氏双缝干涉

托马斯·杨在1801年做成功了一个判定光的波动性质的关键性实验——光的干涉实验。他用图 19.1 来说明实验原理。S_1 和 S_2 是两个点光源,它们发出的光波在右方叠加。在叠加区域放一白屏,就能看到在白屏上有等距离的明暗相间的条纹出现。这种现象只能用光是一种波动来解释,杨还由此实验测出了光的波长。就这样,杨首次通过实验肯定了光的波动性。

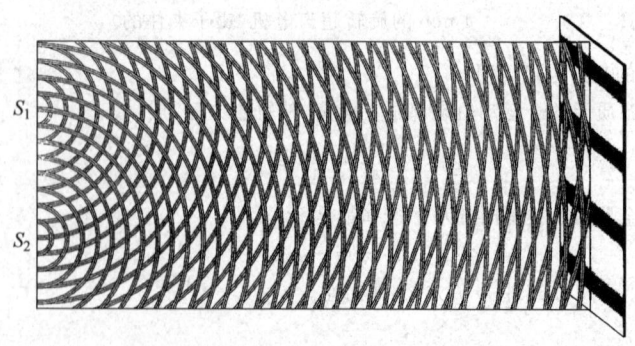

图 19.1 托马斯·杨的光的干涉图

现在的类似实验用双缝代替杨氏的两个点光源,因此叫杨氏双缝干涉实验。这实验如图 19.2 所示。S 是**一线光源**,其长度方向与纸面垂直。它发出的光为单色光,波长为 λ。它通常是用强的单色光照射的一条狭缝。G 是一个遮光屏,其上开有两条平行的细缝 S_1 和 S_2。图中画的 S_1 和 S_2 离光源 S 等远,S_1 和 S_2 之间的距离为 d。H 是一个与 G 平行的白屏,它与 G 的距离为 D。通常实验中总是使 $D \gg d$,例如 $D \approx 1$ m,而 $d \approx 10^{-4}$ m。

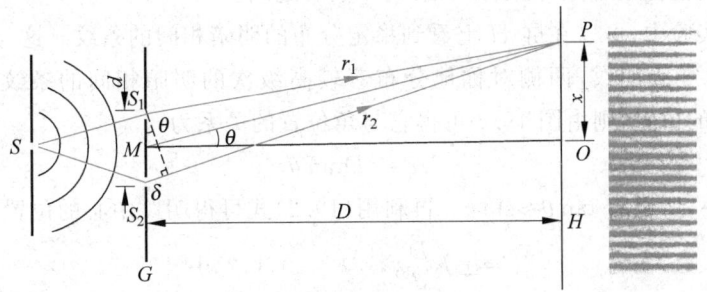

图 19.2 杨氏双缝干涉实验

在如图 19.2 的实验中,由光源 S 发出的光的波阵面同时到达 S_1 和 S_2。通过 S_1 和 S_2 的光将发生衍射现象而叠加在一起。由于 S_1 和 S_2 是由 S 发出的同一波阵面的两部分,所以这种产生光的干涉的方法叫做**分波阵面法**。

下面利用振动的叠加原理来分析双缝干涉实验中光的强度分布,这一分布是在屏 H 上以各处明暗不同的形式显示出来的。

考虑屏上离屏中心 O 点较近的任一点 P,从 S_1 和 S_2 到 P 的距离分别为 r_1 和 r_2。由于在图示装置中,从 S 到 S_1 和 S_2 等远,所以 S_1 和 S_2 是两个**同相波源**。因此在 P 处两列光波引起的振动的相(位)差就仅由从 S_1 和 S_2 到 P 点的**波程差**决定。由图可知,这一波程差为

$$\delta = r_2 - r_1 \approx d\sin\theta \tag{19.1}$$

式中,θ 是 P 点的角位置,即 S_1S_2 的中垂线 MO 与 MP 之间的夹角。通常这一夹角很小。

由于从 S_1 和 S_2 传向 P 的方向几乎相同,它们在 P 点引起的振动的方向就近似相同。根据同方向的振动叠加的规律,当从 S_1 和 S_2 到 P 点的波程差为波长的整数倍,即

$$\delta = d\sin\theta = \pm k\lambda, \quad k = 0, 1, 2, \cdots \tag{19.2}$$

亦即从 S_1 和 S_2 发出的光到达 P 点的相位差为

$$\Delta\varphi = 2\pi\frac{\delta}{\lambda} = \pm 2k\pi, \quad k = 0, 1, 2, \cdots \tag{19.3}$$

时,两束光在 P 点叠加的合振幅最大,因而光强最大,就形成明亮的条纹。这种合成振幅最大的叠加称做相长干涉。式(19.2)就给出明条纹中心的角位置 θ,其中 k 称为明条纹的**级次**。$k=0$ 的明条纹称为零级明纹或中央明纹,$k=1, 2, \cdots$ 的明条纹分别称为第 1 级、第 2 级……明纹。

当从 S_1 和 S_2 到 P 点的波程差为波长的半整数倍,即

$$\delta = d\sin\theta = \pm(2k-1)\frac{\lambda}{2}, \quad k = 1, 2, 3, \cdots \tag{19.4}$$

亦即 P 点两束光的相差为

$$\Delta\varphi = 2\pi\frac{\delta}{\lambda} = \pm(2k-1)\pi, \quad k = 1,2,3,\cdots \tag{19.5}$$

时，叠加后的合振幅最小，强度最小而形成暗纹。这种叠加称为**相消干涉**。式(19.4)即给出暗纹中心的角位置，而 k 即暗纹的级次。

波程差为其他值的各点，光强介于最明和最暗之间。

在实际的实验中，可以在屏 H 上看到稳定分布的明暗相间的条纹。这与上面给出的结果相符：中央为零级明纹，两侧对称地分布着较高级次的明暗相间的条纹。若以 x 表示 P 点在屏 H 上的位置，则由图 19.2 可得它与角位置的关系为

$$x = D\tan\theta$$

由于 θ 一般很小，所以有 $\tan\theta \approx \sin\theta$。再利用(19.2)式可得明纹中心的位置为

$$x = \pm k\frac{D}{d}\lambda, \quad k = 0,1,2,\cdots \tag{19.6}$$

利用式(19.4)可得暗纹中心的位置为

$$x = \pm(2k-1)\frac{D}{2d}\lambda, \quad k = 1,2,3,\cdots \tag{19.7}$$

相邻两明纹或暗纹间的距离都是

$$\Delta x = \frac{D}{d}\lambda \tag{19.8}$$

此式表明 Δx 与级次 k 无关，因而条纹是**等间距**地排列的。实验上常根据测得的 Δx 值和 D, d 的值求出光的波长。

若要更仔细地考虑屏 H 上的光强分布，则需利用振幅合成的规律。以 A 表示光振动在 P 点的合振幅，以 A_1 和 A_2 分别表示单独由 S_1 和 S_2 在 P 点引起的光振动的振幅，由于两振动方向相同，所以有

$$A^2 = A_1^2 + A_2^2 + 2A_1A_2\cos\Delta\varphi$$

其中 $\Delta\varphi$ 为两分振动的相差。由于**光的强度正比于振幅的平方**，所以在 P 点的光强应为

$$I = I_1 + I_2 + 2\sqrt{I_1 I_2}\cos\Delta\varphi \tag{19.9}$$

这里 I_1, I_2 分别为两相干光单独在 P 点处的光强。根据此式得出的双缝干涉的强度分布如图 19.3 所示。

为了表示条纹的明显程度，引入**衬比度**概念。以 V 表示衬比度，则定义

$$V = \frac{I_{\max} - I_{\min}}{I_{\max} + I_{\min}} \tag{19.10}$$

当 $I_1 = I_2$ 时，明纹最亮处的光强为 $I_{\max} = 4I_1$，暗纹最暗处的光强为 $I_{\min} = 0$。这种情况下，$V=1$，条纹明暗对比鲜明(图 19.3(a))。$I_1 \neq I_2$ 时，$I_{\min} \neq 0$，$V<1$，条纹明暗对比差(图 19.3(b))。因此，为了获得明暗对比鲜明的干涉条纹，以利于观测，应力求使两相干光在各处的光强相等。在通常的双缝干涉实验中，缝 S_1 和 S_2 的宽度相等，而且都比较窄，又只是在 θ 较小的范围观测干涉条纹，这一条件一般是能满足的。

以上讨论的是**单色光**的双缝干涉。式(19.8)表明相邻明纹(或暗纹)的间距和波长成正比。因此，如果用白光做实验，则除了 $k=0$ 的中央明纹的中部因各单色光重合而显示为白

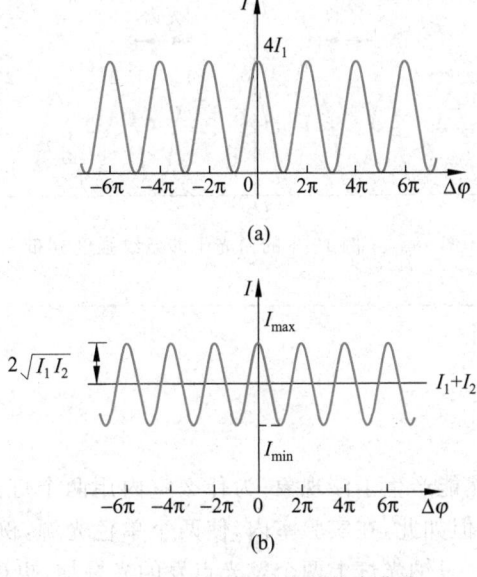

图 19.3 双缝干涉的光强分布曲线
(a) $I_1=I_2$; (b) $I_1\neq I_2$

色外,其他各级明纹将因不同色光的波长不同,它们的极大所出现的位置错开而变成彩色的,并且各种颜色级次稍高的条纹将发生重叠以致模糊一片分不清条纹了。白光干涉条纹的这一特点在干涉测量中可用来判断是否出现了零级条纹。

例 19.1

用白光作光源观察双缝干涉。设缝间距为 d,试求能观察到的清晰可见光谱的级次。

解 白光波长在 390~750 nm 范围。明纹条件为

$$d\sin\theta = \pm k\lambda$$

在 $\theta=0$ 处,各种波长的光波程差均为零,所以各种波长的零级条纹在屏上 $x=0$ 处重叠,形成中央白色明纹。

在中央明纹两侧,各种波长的同一级次的明纹,由于波长不同而角位置不同,因而彼此错开,并产生不同级次的条纹的重叠。在重叠的区域内,靠近中央明纹的两侧,观察到的是由各种色光形成的彩色条纹,再远处则各色光重叠的结果形成一片白色,看不到条纹。

最先发生重叠的是某一级次的红光(波长为 λ_r)和高一级次的紫光(波长为 λ_v)。因此,能观察到的从紫到红清晰的可见光谱的级次可由下式求得:

$$k\lambda_r = (k+1)\lambda_v$$

因而

$$k = \frac{\lambda_v}{\lambda_r - \lambda_v} = \frac{390}{750-390} = 1.08$$

由于 k 只能取整数,所以这一计算结果表明,从紫到红排列清晰的可见光谱只有正负各一级,如图 19.4 所示。

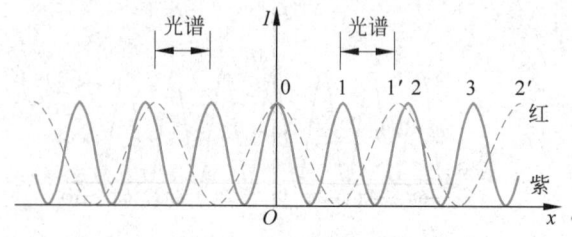

图 19.4　例 19.1 的白光干涉条纹强度分布

19.2　相干光

两列光波叠加时,既然能产生干涉现象,为什么室内用两个灯泡照明时,墙上不出现明暗条纹的稳定分布呢? 不但如此,在实验室内,使两个单色光源,例如两只钠光灯(发黄光)发的光相叠加,甚至使同一只钠光灯上两个发光点发的光叠加,也还是观察不到明暗条纹**稳定分布**的干涉现象。这是为什么呢?

仔细分析一下双缝干涉现象,就可以发现并不是任何两列波相叠加都能发生干涉现象。要发生合振动强弱在空间**稳定分布**的干涉现象,这两列波必须**振动方向相同,频率相同,相位差恒定**。这些要求叫做波的**相干条件**。满足这些相干条件的波叫**相干波**。振动方向相同和频率相同保证叠加时的振幅由式(19.3)和式(19.5)决定,从而合振动有强弱之分。相位差恒定则是保证强弱分布稳定所不可或缺的条件。这些条件对机械波来说,比较容易满足。图 19.5 就是水波叠加产生的干涉图像,其中两水波波源是由同一簧片上的两个触点振动时不断撞击水面形成的,这样形成的两列水波自然是相干波。用普通光源要获得相干光波就复杂了,这和普通光源的发光机理有关。下面我们来说明这一点。

图 19.5　水波干涉实验

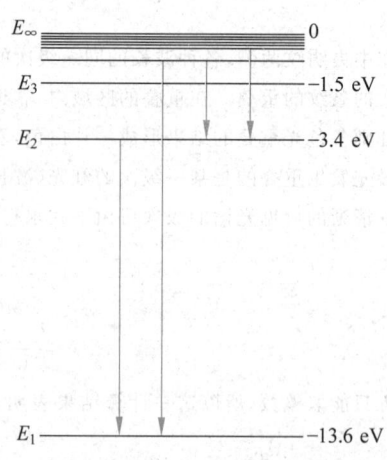

图 19.6　氢原子的能级及发光跃迁

19.2 相干光

光源的发光是其中大量的分子或原子进行的一种微观过程。现代物理学理论已完全肯定分子或原子的能量只能具有**离散的值**，这些值分别称做**能级**。例如氢原子的能级如图 19.6 所示。能量最低的状态叫**基态**，其他能量较高的状态都叫**激发态**。由于外界条件的激励，如通过碰撞，原子就可以处在激发态中。处于激发态的原子是不稳定的，它会自发地回到低激发态或基态。这一过程叫从高能级到低能级的**跃迁**。通过这种跃迁，原子的能量减小，也正是在这种跃迁过程中，原子向外发射电磁波，这电磁波就携带着原子所减少的能量。这一跃迁过程所经历的时间是很短的，约为 10^{-8} s，这也就是一个原子一次发光所持续的时间。把光看成电磁波，一个原子每一次发光就只能发出一段**长度有限**、**频率一定**（实际上频率是在一个很小范围内）和**振动方向一定**（记住，电磁波是横波）的光波（图 19.7）。这一段光波叫做一个**波列**。

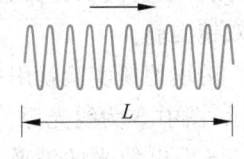

图 19.7 一个波列示意图

当然，一个原子经过一次发光跃迁后，还可以再次被激发到较高的能级，因而又可以再次发光。因此，原子的发光都是断续的。

在普通的光源内，有非常多的原子在发光，这些原子的发光远**不是同步的**。这是因为在这些光源内原子处于激发态时，它向低能级的跃迁完全是**自发的**，是按照一定的概率发生的。各原子的各次发光完全是**相互独立**、互不相关的。各次发出的波列的频率和振动方向可能不同，而且它们每次何时发光是完全不确定的（因而相位不确定）。在实验中我们所观察到的光是由光源中的许多原子所发出的、许许多多相互独立的波列组成的。尽管在有些条件下（如在单色光源内）可以使这些波列的频率基本相同，但是两个相同的光源或同一光源上的两部分发出的各个波列振动方向与相位不同。当它们叠加时，在任一点，这些波列引起的振动方向不可能都相同，特别是相差不可能保持恒定，因而合振幅**不可能稳定**，也就**不可能产生光的强弱在空间稳定分布**的干涉现象了。

实际上，利用普通光源获得相干光的方法的基本原理是，把由光源上同一点发的光设法分成两部分，然后再使这两部分叠加起来。由于这两部分光的相应部分实际上都来自同一**发光原子的同一次发光**，所以它们将满足相干条件而成为相干光。

把同一光源发的光分成两部分的方法有两种。一种就是上面杨氏双缝实验中利用的**分波阵面法**，另一种是**分振幅法**，下面要讲的薄膜干涉实验用的就是后一种方法。

利用分波阵面法产生相干光的实验还有菲涅耳双镜实验、劳埃德镜实验等。

菲涅耳双镜实验装置如图 19.8 所示。它是由两个交角很小的平面镜 M_1 和 M_2 构成

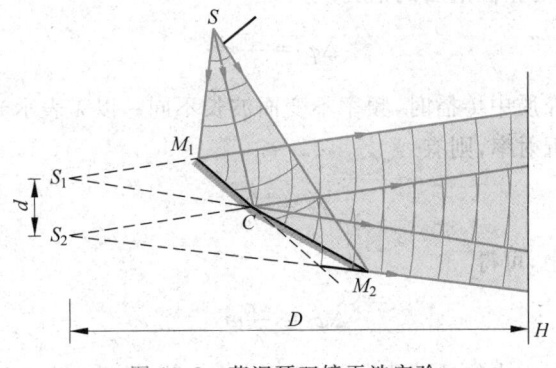

图 19.8 菲涅耳双镜干涉实验

的。S 为线光源,其长度方向与两镜面的交线平行。

由 S 发的光的波阵面到达镜面上时也分成两部分,它们分别由两个平面镜反射。两束反射光也是相干光,它们也有部分重叠,在屏 H 上的重叠区域也有明暗条纹出现。如果把两束相干光分别看做是由两个虚光源 S_1 和 S_2 发出的,则关于杨氏双缝实验的分析也完全适用于这种双镜实验。

劳埃德镜实验就用一个平面镜 M,如图 19.9 所示,图中 S 为线光源。

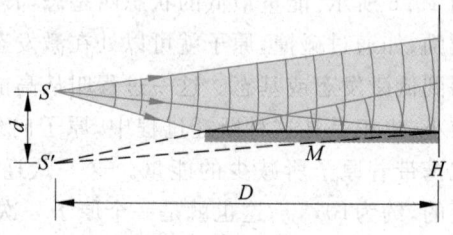

图 19.9　劳埃德镜干涉实验

S 发出的光的波阵面的一部分直接照到屏 H 上,另一部分经过平面镜反射后再射到屏 H 上。这两部分光也是相干光,在屏 H 上的重叠区域也能产生干涉条纹。如果把反射光看做是由虚光源 S' 发出的,则关于双缝实验的分析也同样适用于劳埃德镜干涉实验。不过这时必须认为 S 和 S' 两个光源是反相相干光源。这是因为玻璃与空气相比,玻璃是光密介质,而光线由光疏介质射向光密介质在界面上发生反射时有半波损失(或 π 的位相突变)的缘故。如果把屏 H 放到靠在平面镜的边上,则在接触处屏上出现的是暗条纹。一方面由于此处是未经反射的光和刚刚反射的光相叠加,它们的完全相消就说明光在平面镜上反射时有半波损失;另一方面,由于这一位置相当于双缝实验的中央条纹,它是暗纹就说明 S 和 S' 是反相的。

以上说明的是利用"普通"光源产生相干光进行干涉实验的方法,现代的干涉实验已多用**激光光源**来做了。激光光源的发光面(即激光管的输出端面)上各点发出的光都是频率相同,振动方向相同而且同相的相干光波(基横模输出情况)。因此使一个激光光源的发光面的两部分发的光直接叠加起来,甚至使两个同频率的激光光源发的光叠加,也可以产生明显的干涉现象。现代精密技术中就有很多地方利用激光产生的干涉现象。

19.3　光程

相差的计算在分析光的叠加现象时十分重要。为了方便地比较、计算光经过不同介质时引起的相差,引入了**光程**的概念。

光在介质中传播时,光振动的相位沿传播方向逐点落后。以 λ' 表示光在介质中的波长,则通过路程 r 时,光振动相位落后的值为

$$\Delta \varphi = \frac{2\pi}{\lambda'} r$$

同一束光在不同介质中传播时,频率不变而波长不同。以 λ 表示光在**真空中**的波长,以 $n(=c/v)$ 表示介质的折射率,则有

$$\lambda' = \frac{\lambda}{n} \tag{19.11}$$

将此关系代入上一式中,可得

$$\Delta \varphi = \frac{2\pi}{\lambda} n r$$

此式的右侧表示光在真空中传播路程 nr 时所引起的相位落后。由此可知,同一频率的光在

折射率为 n 的介质中通过 r 的距离时引起的相位落后和在真空中通过 nr 的距离时引起的相位落后相同。这时 nr 就叫做与路程 r **相应的光程**。它实际上是把光在介质中通过的路程按相位变化相同**折合到真空中**的路程。这样折合的好处是可以统一地用光在真空中的波长 λ 来计算光的相位变化。相差和光程差的关系是

$$相差 = \frac{2\pi}{\lambda} 光程差 \tag{19.12}$$

例如，在图 19.10 中有两种介质，折射率分别为 n 和 n'。由两光源发出的光到达 P 点所经过的光程分别是 $n'r_1$ 和 $n'(r_2-d)+nd$，它们的光程差为 $n'(r_2-d)+nd-n'r_1$。由此光程差引起的相差就是

$$\Delta\varphi = \frac{2\pi}{\lambda}[n'(r_2-d)+nd-n'r_1]$$

式中，λ 是光在真空中的波长。

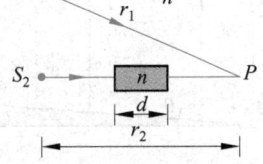

图 19.10 光程的计算

在干涉和衍射装置中，经常要用到透镜。下面简单说明通过透镜的各光线的等光程性。

平行光通过透镜后，各光线要会聚在焦点，形成一亮点(图 19.11(a),(b))。这一事实说明，在焦点处各光线是同相的。由于平行光的同相面与光线垂直，所以从入射平行光内任一与光线垂直的平面算起，直到会聚点，各光线的光程都是相等的。例如在图 19.11(a)(或图 19.11(b))中，从 a,b,c 到 F（或 F'）或者从 A,B,C 到 F（或 F'）的三条光线都是等光程的。

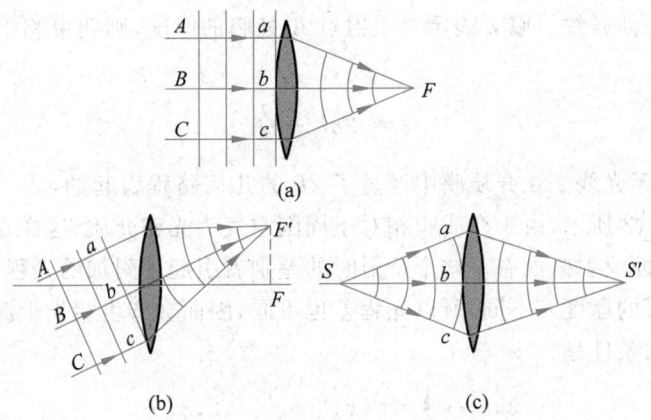

图 19.11 通过透镜的各光线的光程相等

这一等光程性可作如下解释。如图 19.11(a)(或图 19.11(b))所示，A,B,C 为垂直于入射光束的同一平面上的三点，光线 AaF, CcF 在空气中传播的路径长，在透镜中传播的路径短；而光线 BbF 在空气中传播的路径短，在透镜中传播的路径长。由于透镜的折射率大于空气的折射率，所以折算成光程，各光线光程将相等。这就是说，透镜可以改变光线的传播方向，但不附加光程差。在图 19.11(c)中，物点 S 发的光经透镜成像为 S'，说明物点和像点之间各光线也是等光程的。

19.4 薄膜干涉(一)——等厚条纹

本节开始讨论用分振幅法获得相干光产生干涉的实验,最典型的是薄膜干涉。平常看到的油膜或肥皂液膜在白光照射下产生的彩色花纹就是薄膜干涉的结果。

一种观察薄膜干涉的装置如图 19.12 所示。

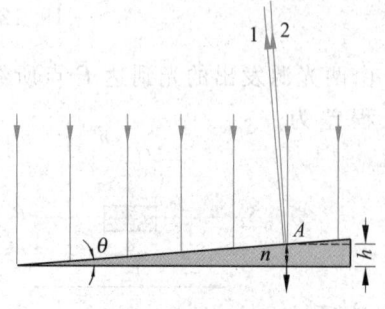

图 19.12 劈尖薄膜干涉

产生干涉的部件是一个放在空气中的劈尖形状的介质薄片或膜,简称**劈尖**。它的两个表面是平面,其间有一个很小的夹角 θ。实验时使平行单色光近于垂直地入射到劈面上。为了说明干涉的形成,我们分析在介质上表面 A 点入射的光线。此光线到达 A 点时,一部分就在 A 点反射,成为反射线 1,另一部分则折射入介质内部,成为光线 2,它到达介质下表面时又被反射,然后再通过上表面透射出来(实际上,由于 θ 角很小,入射线、透射线和反射线都几乎重合)。因为这两条光线是从同一条入射光线,或者说入射光的波阵面上**同一部分**分出来的,所以它们一定是相干光。它们的能量也是从那同一条入射光线分出来的。由于波的能量和振幅有关,所以这种产生相干光的方法叫**分振幅法**。

从介质膜上、下表面反射的光就在膜的上表面附近相遇,而发生干涉。因此当观察介质表面时就会看到干涉条纹。以 h 表示在入射点 A 处膜的厚度,则两束相干的反射光在相遇时的光程差为

$$\delta = 2nh + \frac{\lambda}{2} \tag{19.13}$$

式中,前一项是由光线 2 在介质膜中经过了 $2h$ 的几何路程引起的,后一项 $\lambda/2$ 则来自反射本身。如图 19.12 所示,由于介质膜相对于周围空气为**光密**介质,这样在上表面反射时有**半波损失**,在下表面反射时没有。这个反射时的差别就引起了附加的光程差 $\lambda/2$。

由于各处的膜的厚度 h 不同,所以光程差也不同,因而会产生相长干涉或相消干涉。相长干涉产生明纹的条件是

$$2nh + \frac{\lambda}{2} = k\lambda, \quad k = 1, 2, 3, \cdots \tag{19.14}$$

相消干涉产生暗纹的条件是

$$2nh + \frac{\lambda}{2} = (2k+1)\frac{\lambda}{2}, \quad k = 0, 1, 2, \cdots \tag{19.15}$$

这里 k 是干涉条纹的级次。以上两式表明,每级明或暗条纹都与一定的膜厚 h 相对应。因此在介质膜上表面的同一条等厚线上,就形成同一级次的一条干涉条纹。这样形成的干涉条纹因而称为**等厚条纹**。

由于劈尖的等厚线是一些平行于棱边的直线,所以等厚条纹是一些与棱边平行的明暗相间的**直条纹**,如图 19.13 所示。

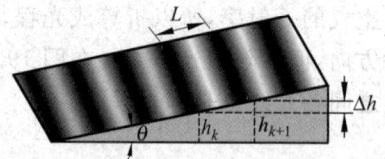

图 19.13 劈尖薄膜等厚干涉条纹

在棱边处 $h=0$，只是由于有半波损失，两相干光相差为 π，因而形成暗纹。

以 L 表示相邻两条明纹或暗纹在表面上的距离，则由图 19.13 可求得

$$L = \frac{\Delta h}{\sin\theta} \tag{19.16}$$

式中，θ 为劈尖顶角，Δh 为与相邻两条明纹或暗纹对应的厚度差。对相邻的两条明纹，由式 (19.14) 有

$$2nh_{k+1} + \frac{\lambda}{2} = (k+1)\lambda$$

与

$$2nh_k + \frac{\lambda}{2} = k\lambda$$

两式相减得

$$\Delta h = h_{k+1} - h_k = \frac{\lambda}{2n}$$

代入式 (19.16) 就可得

$$L = \frac{\lambda}{2n\sin\theta} \tag{19.17}$$

通常 θ 很小，所以 $\sin\theta \approx \theta$，上式又可改写为

$$L = \frac{\lambda}{2n\theta} \tag{19.18}$$

式 (19.17) 和式 (19.18) 表明，劈尖干涉形成的干涉条纹是**等间距**的，条纹间距与劈尖角 θ 有关。θ 越大，条纹间距越小，条纹越密。当 θ 大到一定程度后，条纹就密不可分了。所以干涉条纹只能在劈尖角度很小时才能观察到。

已知折射率 n 和波长 λ，又测出条纹间距 L，则利用式 (19.18) 可求得劈尖角 θ。在工程上，常利用这一原理测定细丝直径、薄片厚度等（见例 19.4），还可利用等厚条纹特点检验工件的平整度，这种检验方法能检查出不超过 $\lambda/4$ 的凹凸缺陷（见例 19.3）。

例 19.2

牛顿环干涉装置如图 19.14(a) 所示，在一块平玻璃 B 上放一曲率半径 R 很大的平凸透镜 A，在 A,B 之间形成一薄的劈形空气层，当单色平行光垂直入射于平凸透镜时，可以观察到（为了使光源 S 发出的光能垂直射向空气层并观察反射光，在装置中加进了一个 $45°$ 放置的半反射半透射的平面镜 M）在透镜下表面出现一组干涉条纹，这些条纹以接触点 O 为中心的同心圆环，称为**牛顿环**（图 19.14(b)）。试分析干涉的起因并求出环半径 r 与 R 的关系。

解 当垂直入射的单色平行光透过平凸透镜后，在空气层的上、下表面发生反射形成两束向上的相干光。这两束相干光在平凸透镜下表面处相遇而发生干涉，这两束相干光的光程差为

$$\delta = 2h + \frac{\lambda}{2}$$

其中，h 是空气薄层的厚度，$\lambda/2$ 是光在空气层的下表面即平玻璃的分界面上反射时产生的半波损失。由于这一光程差由空气薄层的厚度决定，所以由干涉产生的牛顿环也是一种等厚条纹。又由于空气层的等厚线是以 O 为中心的同心圆，所以干涉条纹成为明暗相间的环。形成明环的条件为

第19章 光的干涉

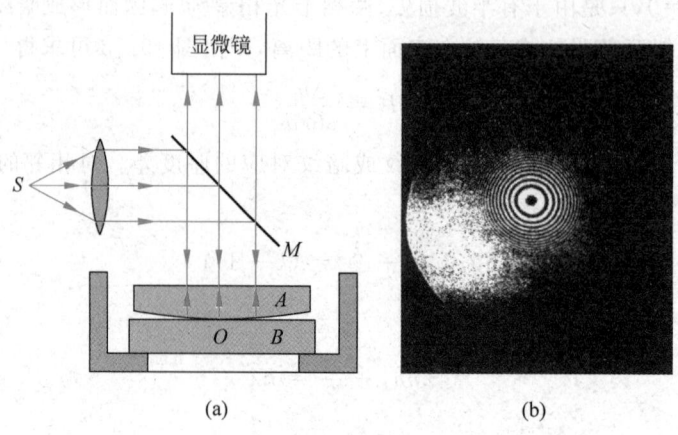

(a)   (b)

图 19.14　牛顿环实验

(a) 装置简图；(b) 牛顿环照相

$$2h+\frac{\lambda}{2}=k\lambda, \quad k=1,2,3,\cdots \tag{19.19}$$

形成暗环的条件为

$$2h+\frac{\lambda}{2}=(2k+1)\frac{\lambda}{2}, \quad k=0,1,2,\cdots \tag{19.20}$$

在中心处，$h=0$，由于有半波损失，两相干光光程差为 $\lambda/2$，所以形成一暗斑。

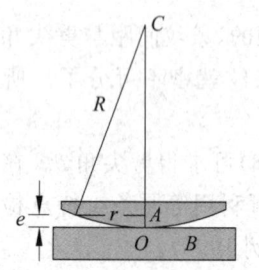

图 19.15　计算牛顿环半径用图

为了求环半径 r 与 R 的关系，参照图 19.15。在 r 和 R 为两边的直角三角形中，

$$r^2=R^2-(R-h)^2=2Rh-h^2$$

因为 $R\gg h$，此式中可略去 h^2，于是得

$$r^2=2Rh$$

由式 (19.19) 和式 (19.20) 求得 h，代入上式，可得明环半径为

$$r=\sqrt{\frac{(2k-1)R\lambda}{2}}, \quad k=1,2,3,\cdots \tag{19.21}$$

暗环半径为

$$r=\sqrt{kR\lambda}, \quad k=0,1,2,\cdots \tag{19.22}$$

由于半径 r 与环的级次的**平方根**成正比，所以正如图 19.14(b) 所显示的那样，越向外环越密。

此外，也可以观察到透射光的干涉条纹，它们和反射光干涉条纹明暗互补，即反射光为明环处，透射光为暗环。

例 19.3

利用等厚条纹可以检验精密加工工件表面的质量。在工件上放一平玻璃，使其间形成一空气劈尖 (图 19.16(a))。今观察到干涉条纹如图 19.16(b) 所示。试根据纹路弯曲方向，判断工件表面上纹路是凹还是凸？并求纹路深度 H。

解　由于平玻璃下表面是"完全"平的，所以若工件表面也是平的，空气劈尖的等厚条纹应为平行于棱边的直条纹。现在条纹有局部弯向棱边，说明在工件表面的相应位置处有一条垂直于棱边的不平的纹路。我们知道同一条等厚条纹应对应相同的膜厚度，所以在同一条纹上，弯向棱边的部分和直的部分所对应的膜厚度应该相等。本来越靠近棱边膜的厚度应越小，而现在在同一条纹上近棱边和远棱边处厚度

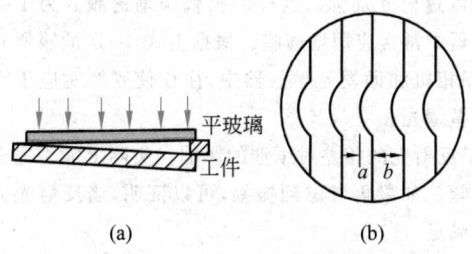

图 19.16 平玻璃表面检验示意图

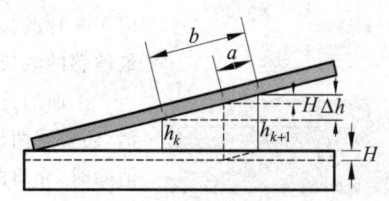

图 19.17 计算纹路深度用图

相等,这说明工件表面的纹路是凹下去的。

为了计算纹路深度,参考图 19.17,图中 b 是条纹间隔,a 是条纹弯曲深度,h_k 和 h_{k+1} 分别是和 k 级及 $k+1$ 级条纹对应的正常空气膜厚度,以 Δh 表示相邻两条纹对应的空气膜的厚度差,H 为纹路深度,则由相似三角形关系可得

$$\frac{H}{\Delta h} = \frac{a}{b}$$

由于对空气膜来说,$\Delta h = \lambda/2$,代入上式即可得

$$H = \frac{\lambda a}{2b}$$

例 19.4

把金属细丝夹在两块平玻璃之间,形成空气劈尖,如图 19.18 所示。金属丝和棱边间距离为 $D = 28.880$ mm。用波长 $\lambda = 589.3$ nm 的钠黄光垂直照射,测得 30 条明条纹之间的总距离为 4.295 mm,求金属丝的直径 d。

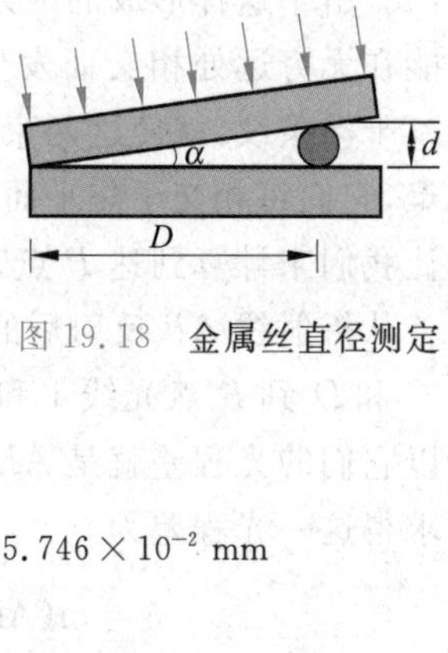

解 由图示的几何关系可得

$$d = D\tan\alpha$$

式中,α 为劈尖角。相邻两明条纹间距和劈尖角的关系为 $L = \frac{\lambda}{2\sin\alpha}$,因为

图 19.18 金属丝直径测定

α 很小,$\tan\alpha \approx \sin\alpha = \frac{\lambda}{2L}$,于是有

$$d = D\frac{\lambda}{2L} = 28.880 \times \frac{589.3 \times 10^{-9}}{2 \times \frac{4.295}{29}} \text{m} = 5.746 \times 10^{-5} \text{m} = 5.746 \times 10^{-2} \text{mm}$$

例 19.5

在一折射率为 n 的玻璃基片上均匀镀一层折射率为 n_e 的透明介质膜。今使波长为 λ 的单色光由空气(折射率为 n_0)垂直射入到介质膜表面上(图 19.19)。如果要想使在介质膜上、下表面反射的光干涉相消,介质膜至少应多厚?设 $n_0 < n_e < n$。

解 以 h 表示介质膜厚度,要使两反射光 1 和 2 干涉相消的条件是(注意,在介质膜上下表面的反射均有半波损失)

$$2n_e h = (2k-1)\frac{\lambda}{2}, \quad k = 1, 2, 3, \cdots$$

因而介质膜的最小厚度应为(使 $k=1$)

$$h = \frac{\lambda}{4n_e}$$

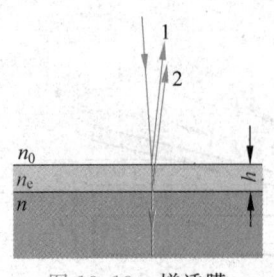

图 19.19 增透膜

由于反射光相消，所以透射光加强。这样的膜就叫**增透膜**。为了减小反射光的损失，在光学仪器中常常应用增透膜。根据上式，一定的膜厚只对应于一种波长的光。在照相机和助视光学仪器中，往往使膜厚对应于人眼最敏感的波长 550 nm 的黄绿光。

上面的计算只考虑了反射光的相差对干涉的影响。实际上能否完全相消，还要看两反射光的振幅。如果再考虑到振幅，可以证明，当反射光完全消除时，介质的折射率应满足

$$n_e = \sqrt{nn_0} \tag{19.23}$$

以 $n_0=1, n=1.5$ 计，n_e 应为 1.22。目前还未找到折射率这样低的镀膜材料。常用的最好的近似材料是 $n_e=1.38$ 的氟化镁(MgF_2)。

可以想到，也可以利用适当厚度的介质膜来加强反射光，由于反射光一般较弱，所以实际上是利用多层介质膜来制成**高反射膜**。适应各种要求的**干涉滤光片**（只使某一种色光通过）也是根据类似的原理制成的。

19.5 薄膜干涉(二)——等倾条纹

如果使一条光线斜入射到厚度为 h 均匀的平膜上（图 19.20），它在入射点 A 处也分成反射和折射的两部分，折射的部分在下表面反射后又能从上表面射出。由于这样形成的两条相干光线 1 和 2 是平行的，所以它们只能在无穷远处相交而发生干涉。在实验室中为了在有限远处观察干涉条纹，就使这两束光线射到一个透镜 L 上，经过透镜的会聚，它们将相交于焦平面 FF' 上一点 P 而在此处发生干涉。现在让我们来计算到达 P 点时，1，2 两条光线的光程差。

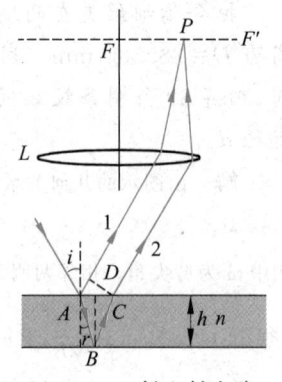

图 19.20 斜入射光路

从折射线 AB 反射后的射出点 C 作光线 1 的垂线 CD。由于从 C 和 D 到 P 点光线 1 和 2 的光程相等（透镜不附加光程差），所以它们的光程差就是 ABC 和 AD 两条光程的差。由图 19.20 可求得这一光程差为

$$\delta = n(AB+BC) - AD + \frac{\lambda}{2}$$

式中，$\lambda/2$ 是由于半波损失而附加的光程差。由于 $AB=BC=\dfrac{h}{\cos r}$，$AD=AC\sin i = 2h\tan r \sin i$，再利用折射定律 $\sin i = n\sin r$，可得

$$\delta = 2nAB - AD + \frac{\lambda}{2} = 2n\frac{h}{\cos r} - 2h\tan r \sin i + \frac{\lambda}{2}$$

$$= 2nh\cos r + \frac{\lambda}{2} \tag{19.24}$$

或

$$\delta = 2h\sqrt{n^2 - \sin^2 i} + \frac{\lambda}{2} \tag{19.25}$$

此式表明，**光程差决定于倾角**（指入射角 i），凡以**相同倾角** i 入射到厚度均匀的平膜上的光

线,经膜上、下表面反射后产生的相干光束有相等的光程差,因而它们干涉相长或相消的情况一样。因此,这样形成的干涉条纹称为**等倾条纹**。

实际上观察等倾条纹的实验装置如图 19.21(a)所示。S 为一面光源,M 为半反半透平面镜,L 为透镜,H 为置于透镜焦平面上的屏。先考虑发光面上一点发出的光线。这些光线中以相同倾角入射到膜表面上的应该在同一圆锥面上,它们的反射线经透镜会聚后应分别相交于焦平面上的同一个圆周上。因此,形成的等倾条纹是一组明暗相间的同心圆环。由式(19.25)可得,这些圆环中明环的条件是

$$\delta = 2h\sqrt{n^2 - \sin^2 i} + \frac{\lambda}{2} = k\lambda, \quad k = 1, 2, 3, \cdots \quad (19.26)$$

暗环的条件是

$$\delta = 2h\sqrt{n^2 - \sin^2 i} + \frac{\lambda}{2} = (2k+1)\frac{\lambda}{2}, \quad k = 0, 1, 2, \cdots \quad (19.27)$$

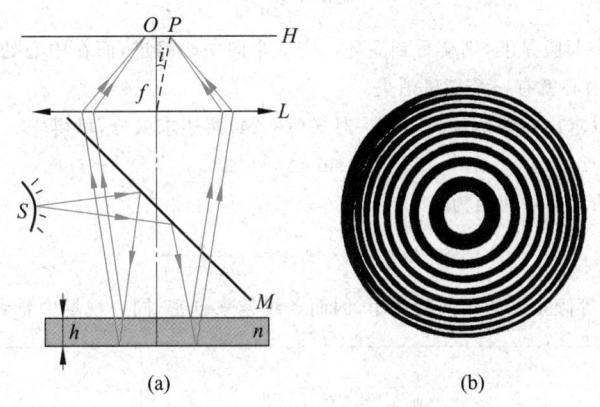

图 19.21 观察等倾条纹
(a) 装置和光路;(b) 等倾条纹图样

光源上每一点发出的光束都产生一组相应的干涉环。由于方向相同的平行光线将被透镜会聚到焦平面上同一点,而与光线从何处来无关,所以由光源上不同点发出的光线,凡有相同倾角的,它们形成的干涉环都将重叠在一起,总光强为各个干涉环光强的**非相干**相加,因而明暗对比更为鲜明,这也就是观察等倾条纹时使用面光源的道理。

等倾干涉环是一组内疏外密的圆环,如图 19.21(b)的图样所示。如果观察从薄膜透过的光线,也可以看到干涉环,它和图 19.21(b)所显示的反射干涉环是互补的,即反射光为明环处,透射光为暗环。

例 19.6

用波长为 λ 的单色光观察等倾条纹,看到视场中心为一亮斑,外面围以若干圆环,如图 19.21(b)所示。今若慢慢增大薄膜的厚度,则看到的干涉圆环会有什么变化?

解 用薄膜的折射率 n 和折射角 r 表示的等倾条纹明环的条件是(参考式(19.24))

$$2nh\cos r + \frac{\lambda}{2} = k\lambda$$

当薄膜厚度 h 一定时,愈靠近中心,入射角 i 愈小,折射角 r 也越小,$\cos r$ 越大,上式给出的 k 越大。这说明,越靠近中心,环纹的级次越高。在中心处,$r=0$,级次最高,且满足

$$2nh + \frac{\lambda}{2} = k_c\lambda \tag{19.28}$$

这里 k_c 是中心亮斑的级次。这时中心亮斑外面亮环的级次依次为 $k_c-1, k_c-2, \cdots$。

当慢慢增大薄膜的厚度 h 时,起初看到中心变暗,但逐渐又一次看到中心为亮斑,由式(19.28)可知,这一中心亮斑级次比原来的应该加 1,变为 k_c+1,其外面亮环的级次依次应为 $k_c, k_c-1, k_c-2, \cdots$。这意味着将看到在中心处又冒出了一个新的亮斑(级次为 k_c+1),而原来的中心亮斑(k_c)扩大成了第一圈亮纹,原来的第一圈(k_c-1)变成了第二圈……如果再增大薄膜厚度,中心还会变暗,继而又冒出一个亮斑,级次为(k_c+2),而周围的圆环又向外扩大一环。这就是说,当薄膜厚度慢慢增大时,将会看到中心的光强发生周期性的变化,不断冒出新的亮斑,而周围的亮环也不断地向外扩大。

由于在中心处,

$$2n\Delta h = \Delta k_c \lambda$$

所以每冒出一个亮斑($\Delta k_c=1$),就意味着薄膜厚度增加了

$$\Delta h = \frac{\lambda}{2n} \tag{19.29}$$

与此相反,如果慢慢减小薄膜厚度,则会看到亮环一个一个向中心缩进,而在中心处亮斑一个一个地消失。薄膜厚度每缩小 $\lambda/2n$,中心就有一个亮斑消失。

由式(19.24)还可以求出相邻两环的间距。对式(19.24)两边求微分,可得

$$-2nh\sin r\Delta r = \Delta k\lambda$$

令 $\Delta k=1$,就可得相邻两环的角间距为

$$-\Delta r = r_k - r_{k+1} = \frac{\lambda}{2nh\sin r}$$

此式表明,当 h 增大时,等倾条纹的角间距变小,因而条纹越来越密,同一视场中看到的环数将越来越多。

19.6 迈克耳孙干涉仪

迈克耳孙干涉仪是 100 年前迈克耳孙设计制成的用分振幅法产生双光束干涉的仪器。迈克耳孙所用干涉仪简图和光路图如图 19.22 所示。图中 M_1 和 M_2 是两面精密磨光的平面反射镜,分别安装在相互垂直的两臂上。其中 M_2 固定,M_1 通过精密丝杠的带动,可以沿臂轴方向移动。在两臂相交处放一与两臂成 $45°$ 角的平行平面玻璃板 G_1。在 G_1 的后表面镀有一层半透明半反射的薄银膜,这银膜的作用是将入射光束分成振幅近于相等的透射光束 2 和反射光束 1。因此 G_1 称为**分光板**。

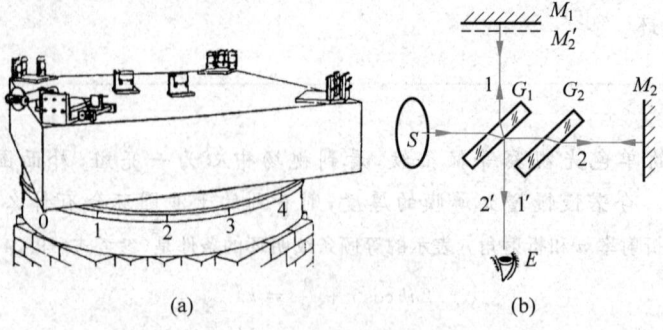

图 19.22 迈克耳孙干涉仪
(a) 结构简图;(b) 光路图

由面光源 S 发出的光,射向分光板 G_1,经分光后形成两部分,透射光束 2 通过另一块与 G_1 完全相同而且平行 G_1 放置的玻璃板 G_2(无银膜)射向 M_2,经 M_2 反射后又经过 G_2 到达 G_1,再经半反射膜反射到 E 处;反射光束 1 射向 M_1,经 M_1 反射后透过 G_1 也射向 E 处。两相干光束 $11'$ 和 $22'$ 干涉产生的干涉图样,在 E 处观察。

由光路图可看出,由于玻璃板 G_2 的插入,光束 1 和光束 2 一样都是三次通过玻璃板,这样光束 1 和光束 2 的光程差就和在玻璃板中的光程无关了。因此,玻璃板 G_2 称为**补偿板**。

分光板 G_1 后表面的半反射膜,在 E 处看来,使 M_2 在 M_1 附近形成一虚像 M_2',光束 $22'$ 如同从 M_2' 反射的一样。因而干涉所产生的图样就如同由 M_2' 和 M_1 之间的空气膜产生的一样。

当 M_1,M_2 相互严格垂直时,M_1,M_2' 之间形成平行平面空气膜,这时可以观察到等倾条纹;当 M_1,M_2 不严格垂直时,M_1,M_2' 之间形成空气劈尖,这时可观察到等厚条纹。当 M_1 移动时,空气层厚度改变,可以方便地观察条纹的变化(参考例 19.6)。

迈克耳孙干涉仪的主要特点是两相干光束在空间上是完全分开的,并且可用移动反射镜或在光路中加入另外介质的方法改变两光束的光程差,这就使干涉仪具有广泛的用途,如用于测长度,测折射率和检查光学元件的质量等。1881 年迈克耳孙曾用他的干涉仪做了著名的迈克耳孙-莫雷实验,它的否定结果是相对论的实验基础之一。

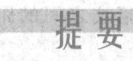

提要

1. 相干光

相干条件:振动方向相同,频率相同,相位差恒定。

利用普通光源获得相干光的方法:分波阵面法和分振幅法。

2. 杨氏双缝干涉实验

用分波阵面法产生两个相干光源。干涉条纹是等间距的直条纹。

条纹间距: $$\Delta x = \frac{D}{d}\lambda$$

3. 光程

和折射率为 n 的媒质中的几何路程 x 相应的光程为 nx。

$$相差 = 2\pi \frac{光程差}{\lambda}, \quad \lambda \text{ 为真空中波长}$$

光由光疏媒质射向光密媒质而在界面上反射时,发生半波损失,这损失相当于 $\frac{\lambda}{2}$ 的光程。

透镜不引起附加光程差。

4. 薄膜干涉

入射光在薄膜上表面由于反射和折射而"分振幅",在上、下表面反射的光为相干光。两束相干光的相差由光程差和反射时的半波损失情况共同决定。

(1) 等厚条纹:光线垂直入射,薄膜等厚处干涉情况一样。

透明介质劈尖在空气中时,干涉条纹是等间距直条纹。

对明纹：
$$2nh + \frac{\lambda}{2} = k\lambda$$

对暗纹：
$$2nh + \frac{\lambda}{2} = (2k+1)\frac{\lambda}{2}$$

(2) 等倾条纹：薄膜厚度均匀。以相同倾角 i 入射的光的干涉情况一样。干涉条纹是同心圆环。薄膜在空气中时，

对明环：
$$2h\sqrt{n^2 - \sin^2 i} + \frac{\lambda}{2} = k\lambda$$

对暗环：
$$2h\sqrt{n^2 - \sin^2 i} + \frac{\lambda}{2} = (2k+1)\frac{\lambda}{2}$$

5. 迈克耳孙干涉仪

利用分振幅法使两个相互垂直的平面镜形成一等效的空气薄膜。

习题

19.1 钠黄光波长为 589.3 nm。试以一次发光延续时间 10^{-8} s 计，计算一个波列中的波数。

19.2 劳埃德镜干涉装置如图 19.23 所示，光源波长 $\lambda = 7.2 \times 10^{-7}$ m，试求镜的右边缘到第一条明纹的距离。

19.3 一双缝实验中两缝间距为 0.15 mm，在 1.0 m 远处测得第 1 级和第 10 级暗纹之间的距离为 36 mm。求所用单色光的波长。

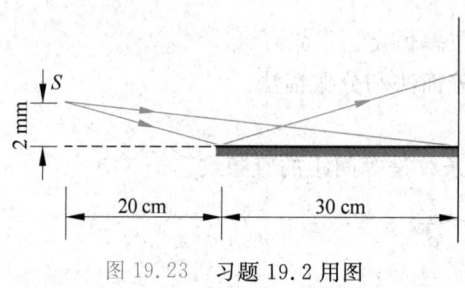

图 19.23　习题 19.2 用图

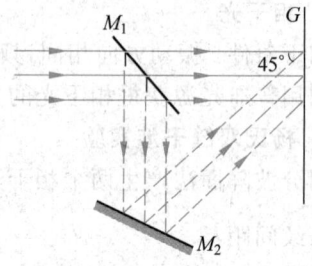

图 19.24　习题 19.4 用图

19.4 图 19.24 所示为利用激光进行的干涉实验。M_1 为一半镀银平面镜，M_2 为一反射平面镜。入射激光束一部分透过 M_1，直接垂直射到屏 G 上，另一部分经过 M_1 和 M_2 反射与前一部分叠加。在叠加区域两束光的夹角为 $45°$，振幅之比为 $A_1 : A_2 = 2 : 1$。所用激光波长为 632.8 nm。求在屏上干涉条纹的间距和衬比度。

19.5 用很薄的玻璃片盖在双缝干涉装置的一条缝上，这时屏上零级条纹移到原来第 7 级明纹的位置上。如果入射光的波长 $\lambda = 550$ nm，玻璃片的折射率 $n = 1.58$，试求此玻璃片的厚度。

19.6 制造半导体元件时，常常要精确测定硅片上二氧化硅薄膜的厚度，这时可把二氧化硅薄膜的一部分腐蚀掉，使其形成劈尖，利用等厚条纹测出其厚度。已知 Si 的折射率为 3.42，SiO_2 的折射率为 1.5，入射光波长为 589.3 nm，观察到 7 条暗纹（如图 19.25 所示）。问 SiO_2 薄膜的厚度 e 是多少？

19.7 一薄玻璃片，厚度为 0.4 μm，折射率为 1.50，用白光垂直照射，问在可见光范围内，哪些波长的光在反射中加强？哪些波长的光在透射中加强？

19.8 在制作珠宝时，为了使人造水晶（$n = 1.5$）具有强反射本领，就在其表面上镀一层一氧化硅

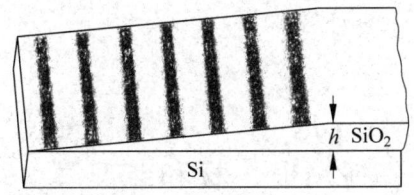

图 19.25 习题 19.6 用图

($n=2.0$)。要使波长为 560 nm 的光强烈反射,这镀层至少应多厚?

19.9 一片玻璃($n=1.5$)表面附有一层油膜($n=1.32$),今用一波长连续可调的单色光束垂直照射油面。当波长为 485 nm 时,反射光干涉相消。当波长增为 679 nm 时,反射光再次干涉相消。求油膜的厚度。

19.10 白光照射到折射率为 1.33 的肥皂膜上,若从 45°角方向观察薄膜呈现绿色(500 nm),试求薄膜最小厚度。若从垂直方向观察,肥皂膜正面呈现什么颜色?

19.11 在折射率 $n_1=1.52$ 的镜头表面涂有一层折射率 $n_2=1.38$ 的 MgF_2 增透膜,如果此膜适用于波长 $\lambda=550$ nm 的光,膜的厚度应是多少?

19.12 用单色光观察牛顿环,测得某一明环的直径为 3.00 mm,它外面第 5 个明环的直径为 4.60 mm,平凸透镜的半径为 1.03 m,求此单色光的波长。

科学家介绍

托马斯·杨和菲涅耳

(Thomas Young,1773—1829 年)

(Augustin Fresnel,1788—1827 年)

托马斯·杨

《自然哲学与机械学讲义》一书的扉页

光的波动理论的建立,经历了许多科学家的努力,其中特别需要纪念的是托马斯·杨和菲涅耳。

在17世纪下半叶,实验上已经观察到了光的干涉、衍射、偏振等光的波动现象,理论上惠更斯提出的波动理论也取得了很大成功,然而由于惠更斯的波动理论没有建立起波动过程的周期性概念,同时又认为光是纵波,所以在解释光的干涉、衍射和偏振现象时遇到了困难。

牛顿在光学方面的成就也是很大的,例如关于光的色散的研究、望远镜的制作等。在光的波动性方面,他发现了著名的"牛顿环",他的精确的观测,本来是波动性的证明,但他当时没有能用波动说加以正确的解释。世人都说他主张微粒说,其实他并没有明确坚持光是微粒或光是波动的观点,而且有时还似乎用周期性来解释某些光的现象。不过,或许由于他这位权威未能明确倡导波动说,更可能是由于他的质点力学理论获得了极大的成功,在整个18世纪,光的波动说处于停滞状态,光的微粒说占据统治地位。

科学家介绍 托马斯·杨和菲涅耳

托马斯·杨的工作,使光的波动说重新兴起,并且第一次测量了光的波长,提出了波动光学的基本原理。

托马斯·杨是一位英国医生,曾获医学博士学位。他天资聪颖,有神童之称。他兴趣广泛,勤奋好学,是一位多才多艺的人。

他在英国著名的医学院学习生理光学专业,1793年发表了《对视觉过程的观察》。在哥廷根大学学习期间,受德国自然哲学学派的影响,开始怀疑微粒说,并钻研惠更斯的论著。学习结束后,他一边行医,一边从事光学研究,逐渐形成了他对光的本质的看法。

1801年他巧妙地进行了一次光的干涉实验,即著名的杨氏双孔干涉实验。在他发表的论文中,以干涉原理为基础,建立了新的波动理论,并成功地解释了牛顿环,精确地测定了波长。

1803年,杨把干涉原理用于解释衍射现象。1807年出版了《自然哲学与机械学讲义》(A Course of Lectures on Natural Philosophy and the Mechanical Arts),书中综合论述了他在光的实验和理论方面的研究,描述了他的著名的双缝干涉实验。但是,他认为光是在以太媒质中传播的纵波。纵波概念和光的偏振现象相矛盾,然而,杨并未放弃光的波动说。

杨的理论,当时受到了一些人的攻击,而未能被科学界理解和承认。在将近20年后,当菲涅耳用他的干涉原理发展了惠更斯原理,并取得了重大成功后,杨的理论才获得应有的地位。

菲涅耳是法国物理学家和道路工程师,他从小身体虚弱多病,但读书非常用功,学习成绩一直很好,数学尤为突出。

菲涅耳从1814年开始研究光学,对光的衍射现象从实验和理论上进行了研究,并于1815年向科学院提交了关于光的衍射的第一篇研究报告。

菲涅耳

1818年,巴黎科学院举行了一次以解释衍射现象为内容的科学竞赛。年轻的菲涅耳出乎意料地取得了优胜,他以光的干涉原理补充了惠更斯原理,提出了惠更斯-菲涅耳原理,完善了光的衍射理论。

竞赛委员会的成员泊松(S. D. Poisson)是微粒说的拥护者,他运用菲涅耳的理论导出了一个奇怪的结论:光经过不透明的小圆盘衍射后,在圆盘后面的轴线上一定距离处,会出现一亮点。泊松认为这是十分荒谬的,并宣称他驳倒了波动理论。菲涅耳接受了这一挑战,立即用实验证实了这个理论预言。后来人们称这一亮点为泊松亮点。

但是波动说在解释光的偏振现象时还存在着很大困难。一直在为这一困难寻求解决办法的杨在1817年觉察到,如果光是横波或许问题能得到解决,他把这一想法写信告诉了阿拉果(D. F. Arago,1786—1853年),阿拉果立即转告给了菲涅耳。菲涅耳当时已经独立地领悟到了这一思想,对杨的想法赞赏备至,并立即用这一假设解释了偏振光的干涉,证明了光的横波特性,使光的波动说进入了一个新时期。

利用光的横波特性,菲涅耳还得到了一系列重要结论。他发现了光的圆偏振和椭圆偏振现象,提出了光的偏振面旋转的唯象理论;他确立了反射和折射的定量关系,导出了著名的菲涅耳反射、折射公式,由此解释了反射时的偏振;他还建立了双折射理论,奠定了晶体光学的基础,等等。

菲涅耳具有高超的实验技巧和才干,他长年不懈地勤奋工作,获得了许多内容深刻和数据上正确的结果,菲涅耳双镜实验和双棱镜实验就是例子。

从 1819—1827 年,经过 8 年的艰苦努力,他设计出了一种特殊结构的透镜系统,大大改进了灯塔照明,为海运事业的发展做出了贡献。正当他在科学事业上硕果累累的时候,不幸因肺病医治无效而逝世,终年仅 39 岁。

由于他在科学事业上的重大成就,巴黎科学院授予他院士称号,英国皇家学会选他为会员,并授予他伦福德奖章,人们称他为"物理光学的缔造者"。

菲涅耳等人建立的波动理论是在弹性以太中传播的横波。直到 1865 年,麦克斯韦建立了光的电磁理论,才完成了光的波动理论的最后形式。

第20章

光 的 衍 射

在第 18 章波动中已介绍过,波的衍射是指波在其传播路径上如果遇到障碍物,它能绕过障碍物的边缘而进入几何阴影内传播的现象。作为电磁波,光也能产生衍射现象。本章讨论光的衍射现象的规律。所讲内容不只是说明光能绕过遮光屏边缘传播,而且根据叠加原理说明了在光的衍射现象中光的强度分布。为简单起见,本章只讨论远场衍射,即夫琅禾费衍射,包括单缝衍射和光栅衍射。最后介绍有很多实际应用的 X 射线衍射。

20.1 光的衍射和惠更斯-菲涅耳原理

在实验室内可以很容易地看到光的衍射现象。例如,在图 20.1 所示的实验中,S 为一单色点光源,G 为一遮光屏,上面开了一个直径为十分之几毫米的小圆孔,H 为一白色观察屏。实验中可以发现,在观察屏上形成的光斑比圆孔大了许多,而且明显地由几个明暗相间的环组成。如果将遮光屏 G 拿去,换上一个与圆孔大小差不多的不透明的小圆板,则在屏上可看到在圆板阴影的中心是一个亮斑,周围也有一些圆环。如果用针或细丝替换小圆板,则在屏上可看到有明暗条纹出现。

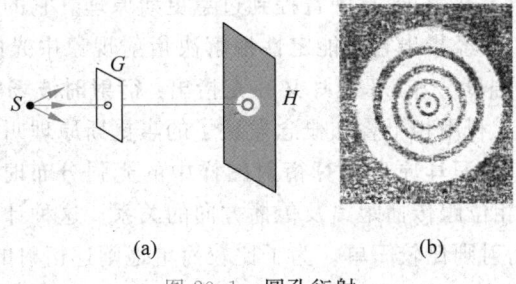

图 20.1 圆孔衍射
(a) 装置;(b) 衍射图样①

在图 20.2 所示的实验中,遮光屏 G 上开了一条宽度为十分之几毫米的狭缝,并在缝的

---

① 改变屏 H 到衍射孔的距离,衍射图样中心也可能出现亮点。

前后放两个透镜,单色线光源 S 和观察屏 H 分别置于这两个透镜的焦平面上。这样入射到狭缝的光就是平行光束,光透过它后又被透镜会聚到观察屏 H 上。实验中发现,屏 H 上的亮区也比狭缝宽了许多,而且是由明暗相间的许多平直条纹组成的。

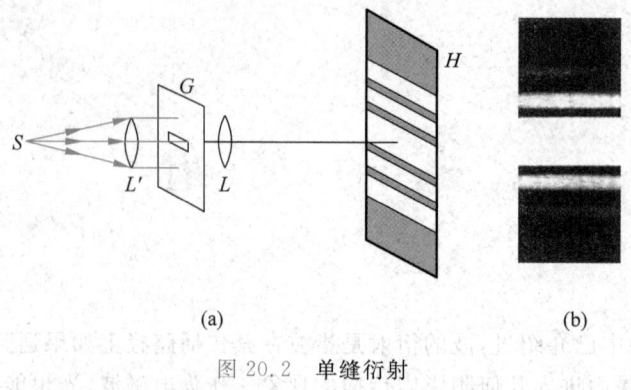

图 20.2　单缝衍射
(a) 装置；(b) 衍射图样

以上实验都说明了光能产生衍射现象,即光也能绕过障碍物的边缘传播,而且衍射后能形成具有**明暗相间的衍射图样**。

用肉眼也可以发现光的衍射现象。如果你眯缝着眼,使光通过一条缝进入眼内,当你看远处发光的灯泡时,就会看到它向上向下发出长的光芒。这就是光在视网膜上的衍射图像产生的感觉。五指并拢,使指缝与日光灯平行,透过指缝看发光的日光灯,也会看到如图 20.2(b) 所示的带有淡彩色的明暗条纹。

根据观察方式的不同,通常把衍射现象分为两类。一类如图 20.1 所示那样,光源和观察屏(或二者之一)离开衍射孔(或缝)的距离有限,这种衍射称为**菲涅耳衍射**,或**近场衍射**。另一类是光源和观察屏都在离衍射孔(或缝)无限远处,这种衍射称为**夫琅禾费衍射**,或**远场衍射**。夫琅禾费衍射实际上是菲涅耳衍射的极限情形。图 20.2 所示的衍射实验就是夫琅禾费衍射,因为两个透镜的应用,对衍射缝来讲,就相当于把光源和观察屏都推到无穷远去了。

对于衍射的理论分析,在第 18 章中曾提到过惠更斯原理。它的基本内容是把波阵面上各点都看成是子波波源,已经指出它只能定性地解决衍射现象中光的传播方向问题。为了说明光波衍射图样中的强度分布,菲涅耳又补充指出:**衍射时波场中各点的强度由各子波在该点的相干叠加决定**。利用相干叠加概念发展了的惠更斯原理叫**惠更斯-菲涅耳原理**。

具体地利用惠更斯-菲涅耳原理计算衍射图样中的光强分布时,需要考虑每个子波波源发出的子波的振幅和相位跟传播距离及传播方向的关系。这种计算对于菲涅耳衍射相当复杂,而对于夫琅禾费衍射则比较简单。为了比较简单地阐述衍射的规律,同时考虑到夫琅禾费衍射也有许多重要的实际应用,我们在本章主要讲述夫琅禾费衍射。

20.2　单缝的夫琅禾费衍射

图 20.2 所示就是单缝的夫琅禾费衍射实验,图 20.3 中又画出了这一实验的光路图,为了便于解说,在此图中大大扩大了缝的宽度 a(缝的长度是垂直于纸面的)。

根据惠更斯-菲涅耳原理,单缝后面空间任一点 P 的光振动是单缝处波阵面上所有子

20.2 单缝的夫琅禾费衍射

波波源发出的子波传到 P 点的振动的相干叠加。为了考虑在 P 点的振动的合成,我们想象在衍射角 θ 为某些特定值时能将单缝处宽度为 a 的波阵面 AB 分成许多等宽度的纵长条带,并使相邻两带上的对应点,例如每条带的最下点、中点或最上点,发出的光在 P 点的**光程差为半个波长**。这样的条带称为**半波带**,如图 20.4 所示。利用这样的半波带来分析衍射图样的方法叫**半波带法**。

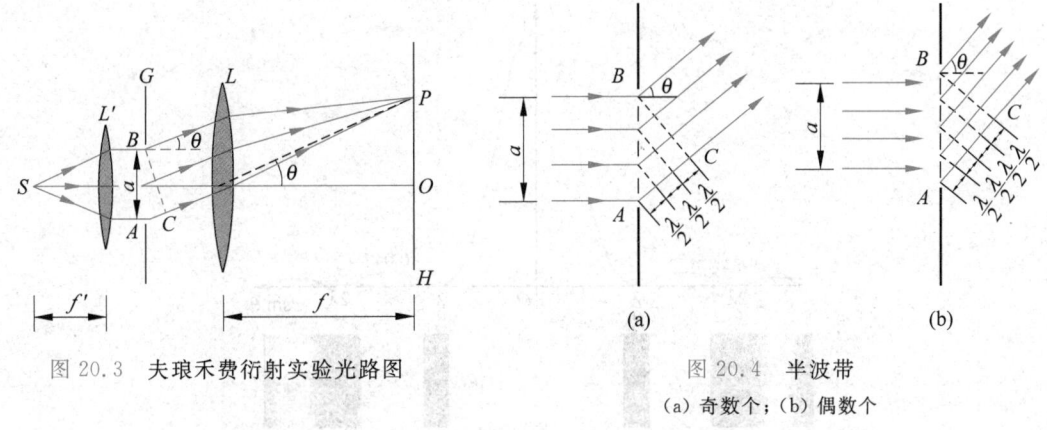

图 20.3 夫琅禾费衍射实验光路图

图 20.4 半波带
(a) 奇数个;(b) 偶数个

衍射角 θ 是衍射光线与单缝平面法线间的夹角。衍射角不同,则单缝处波阵面分出的半波带个数也不同。半波带的个数取决于单缝两边缘处衍射光线之间的光程差 AC(BC 和衍射光线垂直)。由图 20.3 可见

$$AC = a\sin\theta$$

当 AC 等于半波长的奇数倍时,单缝处波阵面可分为奇数个半波带(图 20.4(a));当 AC 是半波长的偶数倍时,单缝处波阵面可分为偶数个半波带(图 20.4(b))。

这样分出的各个半波带,由于它们到 P 点的距离近似相等,因而各个带发出的子波在 P 点的振幅近似相等,而相邻两带的对应点上发出的子波在 P 点的相差为 π。因此相邻两波带发出的振动在 P 点合成时将互相抵消。这样,如果单缝处波阵面被分成偶数个半波带,则由于一对对相邻的半波带发的光都分别在 P 点相互抵消,所以合振幅为零,P 点应是暗条纹的中心。如果单缝处波阵面被分为奇数个半波带,则一对对相邻的半波带发的光分别在 P 点相互抵消后,还剩一个半波带发的光到达 P 点合成。这时,P 点应近似为明条纹的中心,而且 θ 角越大,半波带面积越小,明纹光强越小。当 $\theta = 0$ 时,各衍射光光程差为零,通过透镜后会聚在透镜焦平面上,这就是中央明纹(或零级明纹)中心的位置,该处光强最大。对于任意其他的衍射角 θ,AB 一般不能恰巧分成整数个半波带。此时,衍射光束形成介于最明和最暗之间的中间区域。

综上所述可知,当平行光垂直于单缝平面入射时,单缝衍射形成的明暗条纹的位置用衍射角 θ 表示,由以下公式决定:

暗条纹中心
$$a\sin\theta = \pm k\lambda, \quad k = 1,2,3,\cdots \tag{20.1}$$

明条纹中心(近似)
$$a\sin\theta = \pm(2k+1)\frac{\lambda}{2}, \quad k = 1,2,3,\cdots \tag{20.2}$$

中央条纹中心
$$\theta = 0$$

单缝衍射光强分布如图 20.5 所示。此图表明,单缝衍射图样中各极大处的光强是不相同的。中央明纹光强最大,其他明纹光强迅速下降(光强分布公式及其推导见本节末的[注])。

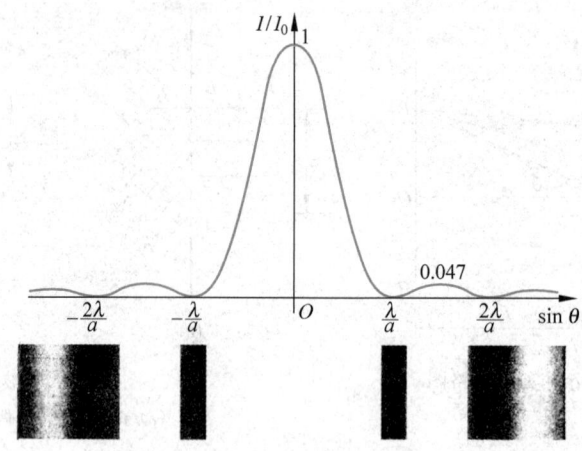

图 20.5 单缝的衍射图样和光强分布

两个第 1 级暗条纹中心间的距离即为中央明条纹的宽度,中央明条纹的宽度最宽,约为其他明条纹宽度的 2 倍。考虑到一般 θ 角较小,中央明条纹的**半角宽度**为

$$\theta \approx \sin\theta = \frac{\lambda}{a} \tag{20.3}$$

以 f 表示透镜 L 的焦距,则得观察屏上**中央明条纹的线宽度**为

$$\Delta x = 2f\tan\theta \approx 2f\sin\theta = 2f\frac{\lambda}{a} \tag{20.4}$$

上式表明,中央明条纹的宽度正比于波长 λ,反比于缝宽 a。这一关系又称为**衍射反比律**。缝越窄,衍射越显著;缝越宽,衍射越不明显。当缝宽 $a \gg \lambda$ 时,各级衍射条纹向中央靠拢,密集得以至无法分辨,只显出单一的明条纹。实际上这明条纹就是线光源 S 通过透镜所成的几何光学的像,这个像相应于从单缝射出的光是直线传播的平行光束。由此可见,光的直线传播现象,是光的波长较透光孔或缝(或障碍物)的线度小很多时,衍射现象不显著的情形(图 20.6)。由于几何光学是以光的直线传播为基础的理论,所以**几何光学是波动光学在 $\lambda/a \to 0$ 时的极限情形**。对于透镜成像讲,仅当衍射不显著时,才能形成物的几何像,如果衍射不能忽略,则透镜所成的像将不是物的几何像,而是一个衍射图样。

这里我们再说明一下衍射的概念。第 19 章中讲双缝的干涉时,曾利用了波的叠加的规律。这一节我们分析单缝的衍射时,也用了波的叠加的规律。可见它们都是光波相干叠加的表现。那么,干涉和衍射有什么区别呢?从本质上讲,确实并无区别。习惯上说,干涉总是指那些分立的**有限多**的光束的相干叠加,而衍射总是指波阵面上连续分布的**无穷多子波波源**发出的光波的相干叠加。这样区别之后,二者常常出现于同一现象中。例如双缝干涉的图样实际上是两个缝发出的光束的干涉和每个缝自身发出的光的衍射的综合效果(参看例 20.3)。20.4 节讲的光栅衍射实际上是多光束干涉和单缝衍射的综合效果。

20.2 单缝的夫琅禾费衍射

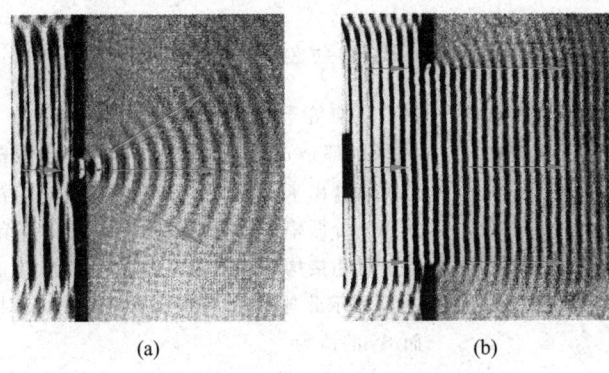

(a)　　　　　　　　(b)

图 20.6　用水波盘演示衍射现象

(a) 阻挡墙的缺口宽度小于波长,衍射显著;(b) 墙的缺口宽度大于波长,衍射不显著

例 20.1

在一单缝夫琅禾费衍射实验中,缝宽 $a = 5\lambda$,缝后透镜焦距 $f = 40$ cm,试求中央条纹和第 1 级亮纹的宽度。

解　由公式(20.1)可得对第一级和第二级暗纹中心有

$$a\sin\theta_1 = \lambda, \quad a\sin\theta_2 = 2\lambda$$

因此第 1 级和第 2 级暗纹中心在屏上的位置分别为

$$x_1 = f\tan\theta_1 \approx f\sin\theta_1 = f\frac{\lambda}{a} = 40 \text{ cm} \times \frac{\lambda}{5\lambda} = 8 \text{ cm}$$

$$x_2 = f\tan\theta_2 \approx f\sin\theta_2 = f\frac{2\lambda}{a} = 40 \text{ cm} \times \frac{2\lambda}{5\lambda} = 16 \text{ cm}$$

由此得中央亮纹宽度为

$$\Delta x_0 = 2x_1 = 2 \times 8 \text{cm} = 16 \text{ cm}$$

第 1 级亮纹的宽度为

$$\Delta x_1 = x_2 - x_1 = (16 - 8) \text{ cm} = 8 \text{ cm}$$

这只是中央亮纹宽度的一半。

[注] 夫琅禾费单缝衍射的光强分布公式的推导

菲涅耳半波带法只能大致说明衍射图样的情况,要定量给出衍射图样的强度分布,需要对子波进行相干叠加。下面用相量图法导出夫琅禾费单缝衍射的强度公式。

为了用惠更斯-菲涅耳原理计算屏上各点光强,想象将单缝处的波阵面 AB 分成 N 条(N 很大)等宽度的波带,每条波带的宽度为 $ds = a/N$(图 20.7)。由于各波带发出的子波到 P 点的传播方向一样,距离也近似相等,所以在 P 点各子波的振幅也近似相等,今以 ΔA 表示此振幅。相邻两波带发出的子波传到 P 点时的光程差都是

$$\Delta L = \frac{AC}{N} = \frac{a\sin\theta}{N} \qquad (20.5)$$

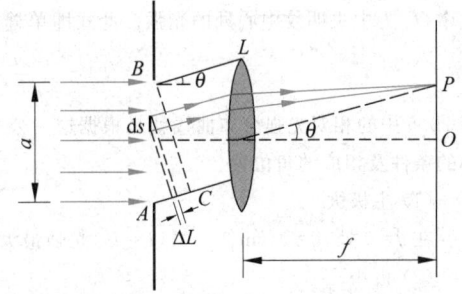

图 20.7　推导单缝衍射强度用图

相应的相差都是

$$\delta = \frac{2\pi}{\lambda} \frac{a\sin\theta}{N} \tag{20.6}$$

根据菲涅耳的叠加思想，P 点光振动的合振幅，就应等于这 N 个波带发出的子波在 P 点的振幅的矢量合成，也就等于 N 个同频率、等振幅(ΔA)、相差依次都是 δ 的振动的合成。这一合振幅可借助图 20.8 的相量图计算出来。图中 $\Delta A_1, \Delta A_2, \cdots, \Delta A_N$ 表示各分振幅矢量，相邻两个分振幅矢量的相差就是式(20.6)给出的 δ。各分振幅矢量首尾相接构成一正多边形的一部分，此正多边形有一外接圆。以 R 表示此外接圆的半径，则合振幅 A_θ 对应的圆心角就是 $N\delta$，而 A_θ 的值为

$$A_\theta = 2R\sin\frac{N\delta}{2}$$

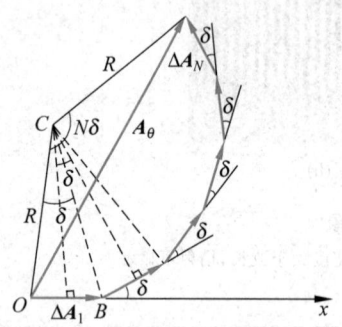

图 20.8 N 个等振幅、相邻振动相差为 δ 的振动的合成相量图

在 $\triangle OCB$ 中 ΔA_1 之振幅即前述等振幅 ΔA，显见

$$\Delta A = 2R\sin\frac{\delta}{2}$$

以上两式相除可得衍射角为 θ 的 P 处的合振幅应为

$$A_\theta = \Delta A \frac{\sin\frac{N\delta}{2}}{\sin\frac{\delta}{2}}$$

由于 N 非常大，所以 δ 非常小，$\sin\frac{\delta}{2} \approx \frac{\delta}{2}$，因而又可得

$$A_\theta = \Delta A \frac{\sin\frac{N\delta}{2}}{\frac{\delta}{2}} = N\Delta A \frac{\sin\frac{N\delta}{2}}{\frac{N\delta}{2}}$$

令

$$\beta = \frac{N\delta}{2} = \frac{\pi a\sin\theta}{\lambda} \tag{20.7}$$

则

$$A_\theta = N\Delta A \frac{\sin\beta}{\beta}$$

此式中，当 $\theta=0$ 时，$\beta=0$，而 $\frac{\sin\beta}{\beta}=1$，$A_\theta=N\Delta A$。由此可知，$N\Delta A$ 为中央条纹中点 O 处的合振幅。以 A_0 表示此振幅，则 P 点的合振幅为

$$A_\theta = A_0 \frac{\sin\beta}{\beta} \tag{20.8}$$

两边平方可得 P 点的光强为

$$I = I_0 \left(\frac{\sin\beta}{\beta}\right)^2 \tag{20.9}$$

式中，I_0 为中央明纹中心处的光强。此式即单缝夫琅禾费衍射的光强公式。用相对光强表示，则有

$$\frac{I}{I_0} = \left(\frac{\sin\beta}{\beta}\right)^2 \tag{20.10}$$

图 20.5 中的相对光强分布曲线就是根据这一公式画出的。由式(20.9)或式(20.10)可求出光强极大和极小的条件及相应的角位置。

(1) 主极大

在 $\theta=0$ 处，$\beta=0$，$\sin\beta/\beta=1$，$I=I_0$，光强最大，称为主极大，此即中央明纹中心的光强。

(2) 极小

$\beta=k\pi$，$k=\pm1, \pm2, \pm3, \cdots$ 时，$\sin\beta=0$，$I=0$，光强最小。因为 $\beta = \frac{\pi a\sin\theta}{\lambda}$，于是得

$$a\sin\theta = k\lambda, \quad k = \pm 1, \pm 2, \pm 3, \cdots$$

此即暗纹中心的条件。这一结论与半波带法所得结果式(20.1)一致。

(3) 次极大

令 $\dfrac{d}{d\beta}\left(\dfrac{\sin\beta}{\beta}\right)^2 = 0$，可求得次极大的条件为

$$\tan\beta = \beta$$

用图解法可求得和各次极大相应的 β 值为

$$\beta = \pm 1.43\pi, \pm 2.46\pi, \pm 3.47\pi, \cdots$$

相应地有

$$a\sin\theta = \pm 1.43\lambda, \pm 2.46\lambda, \pm 3.47\lambda, \cdots$$

以上结果表明，次极大差不多在相邻两暗纹的中点，但朝主极大方向稍偏一点。将此结果和用半波带法所得出的明纹近似条件式(20.2)，$a\sin\theta = \pm\left(k + \dfrac{1}{2}\right)\lambda$ 相比，可知式(20.2)是一个相当好的近似结果。

把上述 β 值代入光强公式(20.10)，可求得各次极大的强度。计算结果表明，次极大的强度随着级次 k 值的增大**迅速减小**。第 1 级次极大的光强还不到主极大光强的 5%。

20.3 光学仪器的分辨本领

借助光学仪器观察细小物体时，不仅要有一定的放大倍数，还要有足够的分辨本领，才能把微小物体放大到清晰可见的程度。

从波动光学角度来看，即使没有任何像差的理想成像系统，它的分辨本领也要受到衍射的限制。光通过光学系统中的光阑、透镜等限制光波传播的光学元件时要发生衍射，因而一个点光源并不成点像，而是在点像处呈现一衍射图样(图 20.9)。例如眼睛的瞳孔、望远镜、显微镜、照相机等的物镜，在成像过程中都是一些衍射孔。两个点光源或同一物体上的两点发的光通过这些衍射孔成像时，由于衍射会形成两个衍射斑，它们的像就是这两个衍射斑的非相干叠加。如果两个衍射斑之间的距离过近，斑点过大，则两个点物或同一物体上的两点的像就不能分辨，像也就不清晰了(图 20.10(c))。

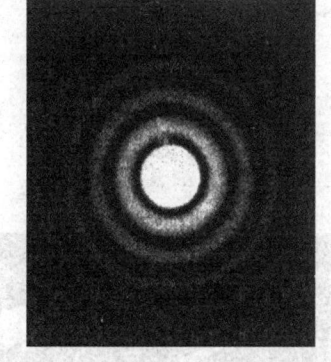

图 20.9　圆孔的夫琅禾费衍射图样

怎样才算能分辨？瑞利提出了一个标准，称做**瑞利判据**。它说的是，对于两个强度相等的**不相干**的点光源(物点)，**一个点光源的衍射图样的主极大刚好和另一点光源衍射图样的第 1 个极小相重合时**，两个衍射图样的合成光强的谷、峰比约为 0.8。这时，就可以认为，两个点光源(或物点)恰为这一光学仪器所分辨(图 20.10(b))。两个点光源的衍射斑相距更远时，它们就能十分清晰地被分辨了(图 20.10(a))。

以透镜为例，恰能分辨时，两物点在透镜处的张角称为**最小分辨角**，用 $\delta\theta$ 表示，如图 20.11 所示。最小分辨角也叫**角分辨率**，它的倒数称为**分辨本领**(或分辨率)。

对**直径为 D 的圆孔**的夫琅禾费衍射来讲，中央衍射斑的角半径为衍射斑的中心到第 1 个极小的角距离。第 1 极小的角位置由下式给出(和式(20.3)略有差别)：

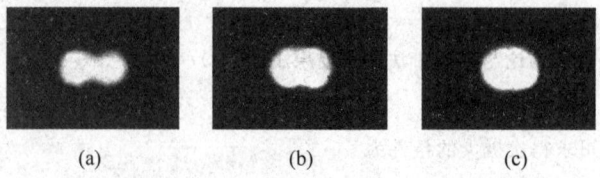

(a)　　　　　(b)　　　　　(c)

图 20.10　瑞利判据说明：对于两个不相干的点光源
(a) 分辨清晰；(b) 刚能分辨；(c) 不能分辨

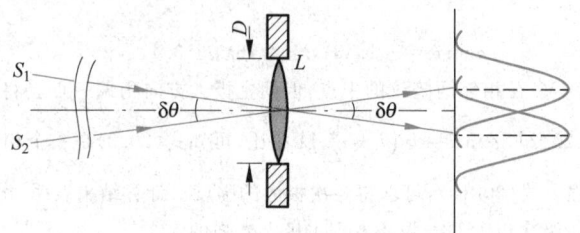

图 20.11　透镜最小分辨角

$$\sin\theta = 1.22\frac{\lambda}{D} \tag{20.11}$$

θ 角很小时，

$$\theta \approx \sin\theta = 1.22\frac{\lambda}{D}$$

根据瑞利判据，当两个衍射斑中心的角距离等于衍射斑的角半径时，两个相应的物点恰能分辨，所以角分辨率应为

$$\delta\theta = 1.22\frac{\lambda}{D} \tag{20.12}$$

相应的分辨率为

$$R \equiv \frac{1}{\delta\theta} = \frac{D}{1.22\lambda} \tag{20.13}$$

式(20.13)表明，分辨率的大小与仪器的孔径 D 和光波波长有关。因此，大口径的物镜对提高望远镜的分辨率有利。1990 年发射的哈勃太空望远镜的凹面物镜的直径为 2.4 m，角分辨率约为 0.1″（[角]秒），在大气层外 615 km 高空绕地球运行（图 20.12）。它采用计算机处理图像技术，把图像资料传回地球。它可观察 130 亿光年远的太空深处，发现了 500 亿个星系。这也并不满足科学家的期望。目前正在设计制造凹面物镜的直径为 8 m 的巨大太空望远镜，用以取代哈勃望远镜，期望能观察到"大爆炸"开端的宇宙实体。

图 20.12　哈勃太空望远镜

对于显微镜，则采用极短波长的光对提高其分辨率有利。对光学显微镜，使用 $\lambda=400$ nm 的紫

光照射物体而进行显微观察,最小分辨距离约为 200 nm,最大放大倍数约为 2000。这已是光学显微镜的极限。电子具有波动性。当加速电压为几十万伏时,电子的波长只有约 10^{-3} nm,所以电子显微镜可获得很高的分辨率。这就为研究分子、原子的结构提供了有力工具。

例 20.2

在通常亮度下,人眼瞳孔直径约为 3 mm,问人眼的最小分辨角是多大?远处两根细丝之间的距离为 2.0 mm,问细丝离开多远时人眼恰能分辨?

解 视觉最敏感的黄绿光波长 $\lambda=550$ nm,因此,由式(20.12)可得人眼的最小分辨角为

$$\delta\theta = 1.22\frac{\lambda}{D} = 1.22 \times \frac{550 \times 10^{-9}}{3 \times 10^{-3}} \text{ rad} = 2.24 \times 10^{-4} \text{ rad} \approx 1'$$

设细丝间距离为 Δs,人与细丝相距 L,则两丝对人眼的张角 θ 为

$$\theta = \frac{\Delta s}{L}$$

恰能分辨时应有

$$\theta = \delta\theta$$

于是有

$$L = \frac{\Delta s}{\delta\theta} = \frac{2.0 \times 10^{-3}}{2.24 \times 10^{-4}} \text{ m} = 8.9 \text{ m}$$

超过上述距离,则人眼不能分辨。

20.4 光栅衍射

许多等宽的狭缝等距离地排列起来形成的光学元件叫**光栅**。在一块很平的玻璃上用金刚石刀尖或电子束刻出一系列等宽等距的平行刻痕,刻痕处因漫反射而不大透光,相当于不透光部分;未刻过的部分相当于透光的狭缝;这样就做成了透射光栅(图 20.13(a))。在光洁度很高的金属表面刻出一系列等间距的平行细槽,就做成了反射光栅(图 20.13(b))。简易的光栅可用照相的方法制造,印有一系列平行而且等间距的黑色条纹的照相底片就是透射光栅。

实用光栅,每毫米内有几十条,上千条甚至几万条刻痕。一块 100 mm×100 mm 的光栅上可能刻有 10^4 条到 10^6 条刻痕。这样的原刻光栅是非常贵重的。

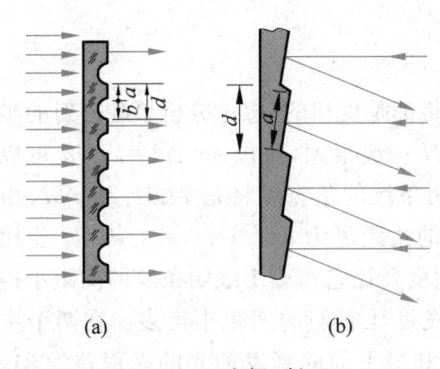

图 20.13 光栅(断面)
(a) 透射光栅;(b) 反射光栅

实验中用光透过光栅的衍射现象产生明亮尖锐的亮纹,或在入射光是复色光的情况下,产生光谱以进行光谱分析。它是近代物理实验中用到的一种重要光学元件。本节讨论光栅衍射的基本规律。

如何分析光通过光栅后的强度分布呢？在第 19 章我们讲过双缝干涉的规律。光栅有许多缝，可以想到各个缝发出的光将发生干涉。在 20.2 节我们讲了单缝衍射的规律，可以想到每个缝发出的光本身会产生衍射，正是这各缝之间的干涉和每缝自身的衍射决定了光通过光栅后的光强分布。下面就根据这一思想进行分析（具体推导见本节末[注]）。

设图 20.13 中光栅的每一条透光部分宽度为 a，不透光部分宽度为 b（参看图 20.13(a)）。$a+b=d$ 叫做**光栅常量**，是光栅的空间周期性的表示。以 N 表示光栅的总缝数，并设平面单色光波垂直入射到光栅表面上。先考虑多缝干涉的影响，这时可以认为各缝共形成 N 个间距都是 d 的同相的子波波源，它们沿每一方向都发出频率相同、振幅相同的光波。这些光波的叠加就成了**多光束的干涉**。在衍射角为 θ 时，光栅上从上到下，相邻两缝发出的光到达屏 H 上 P 点时的光程差都是相等的。由图 20.14 可知，这一光程差等于 $d\sin\theta$。由振动的叠加规律可知，当 θ 满足

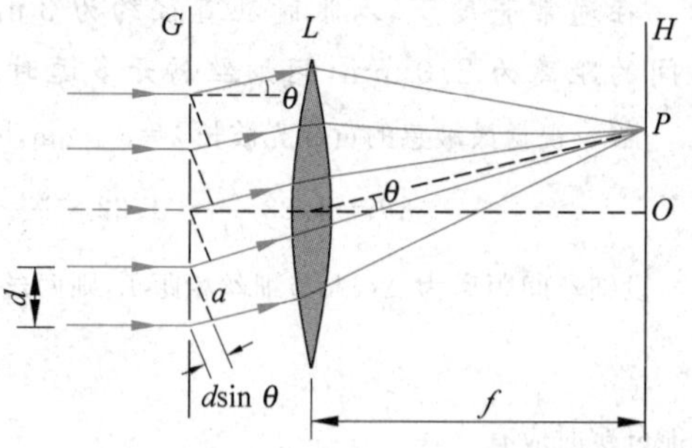

$$d\sin\theta = \pm k\lambda, \quad k = 0, 1, 2, \cdots \tag{20.14}$$

图 20.14 光栅的多光束干涉

时，所有的缝发的光到达 P 点时都将是同相的。它们将发生相长干涉从而在 θ 方向形成明条纹。值得注意的是，这时在 P 点的合振幅应是来自一条缝的光的振幅的 N 倍，而合光强将是来自一条缝的光强的 N^2 倍。这就是说，光栅的多光束干涉形成的明纹的亮度要比一条缝发的光的亮度大多了，而且 N 越大，条纹越亮。和这些明条纹相应的光强的极大值叫**主极大**，决定主极大位置的式(20.14)叫做**光栅方程**。

光栅的缝很多还有一个明显的效果：使主极大明条纹变得很窄。以中央明条纹为例，它出现在 $\theta=0$ 处。在稍稍偏过一点的 $\Delta\theta$ 方向，如果光栅的最上一条缝和最下一条缝发的光的光程差等于波长 λ，即

$$Nd\sin\Delta\theta = \lambda$$

时，则光栅上下两半宽度内相应的缝发的光到达屏上将都是反相的（想想分析单缝衍射的半波带法），它们都将相消干涉以致总光强为零。由于 N 一般很大，所以 $\sin\Delta\theta = \lambda/Nd$ 可以很小，因此可得 $\Delta\theta = \sin\theta = \lambda/Nd$。由它所限的中央明条纹的角宽度将是 $2\Delta\theta = 2\lambda/Nd$。由光栅方程(20.14)求得的中央明条纹到第 1 级明条纹的角距离为 $\theta_1 > \sin\theta_1 = \lambda/d$。$\theta_1$ 要比 $2\Delta\theta$ 的 $N/2$ 倍还大。由于 N 很大，所以中央明条纹宽度要比它和第 1 级明条纹的间距小得多。对其他级明条纹的分析结果也一样[①]：明条纹的宽度比它们的间距小得多。在两个主极大之间也还有总光强为零的位置（如使最上面的缝和最下面的缝发的光的光程差为 2λ，$3\lambda,\cdots,(N-1)\lambda$ 的方向）。在这些位置之间光强不为零。但由于在这些区域从各缝发来的光叠加时总有许多缝的光干涉相消，所以其总光强比主极大要小得多。这样，多光束干涉的结果就是：**在几乎黑暗的背景上出现了一系列又细又亮的明条纹，而且光栅总缝数 N 越大，所形成的明条纹也越细越亮**。这样的明条纹叫做**光谱线**。这一结果的光强分布曲线如

---

① 第 k 级主极大的半角宽应为 $\Delta\theta = \lambda/Nd\cos\theta$，$\theta$ 为第 k 级主极大的角位置。推导见 20.5 节。

图 20.15(a)所示。

图 20.15(a)中的光强分布曲线是假设各缝在各方向的衍射光的强度都一样而得出的。实际上,每条缝发的光,由于衍射,在不同的 θ 的方向的强度是不同的,其强度分布如图 20.15(b)所示(它就是图 20.5 中的分布曲线)。不同 θ 方向的衍射光相干叠加形成的主极大也就要受衍射光强的影响,或者说,**各主极大要受单缝衍射的调制**:衍射光强大的方向的主极大的光强也大,衍射光强小的方向的主极大光强也小。多光束干涉和单缝衍射共同决定的光栅衍射的总光强分布如图 20.15(c)所示。图 20.16 是两张光栅衍射图样的照片。虽然所用光栅的缝数还相当少,但其明条纹的特征已显示得相当明显了。

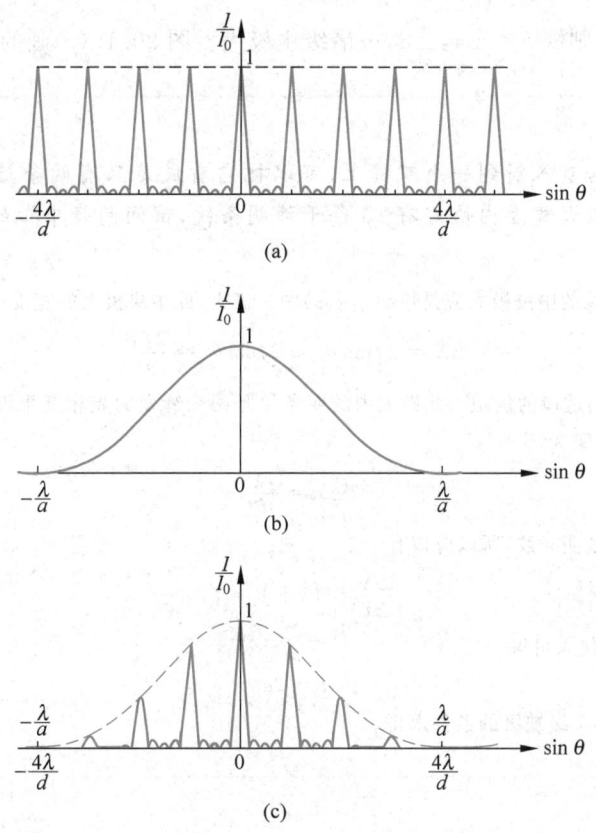

图 20.15 光栅衍射的光强分布

(a)多光束干涉的光强分布;(b)单缝衍射的光强分布;(c)光栅衍射的总光强分布

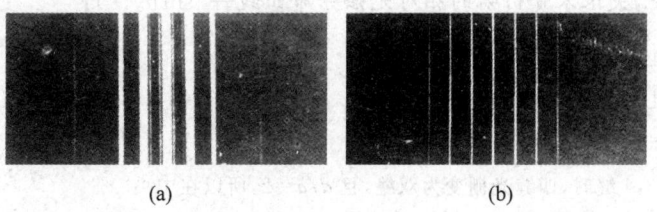

图 20.16 光栅衍射图样照片

(a) $N=5$;(b) $N=20$

还应指出的是,由于单缝衍射的光强分布在某些 θ 值时可能为零,所以,如果对应于这些 θ 值按多光束干涉出现某些级的主极大时,这些主极大将消失。这种衍射调制的特殊结果叫**缺级现象**,所缺的级次由光栅常数 d 与缝宽 a 的比值决定。因为主极大满足式(20.14)

$$d\sin\theta = \pm k\lambda$$

而衍射极小(为零)满足式(20.1)

$$a\sin\theta = \pm k'\lambda$$

如果某一 θ 角同时满足这两个方程,则 k 级主极大缺级。两式相除,可得

$$k = \pm \frac{d}{a}k', \quad k' = 1,2,3,\cdots \tag{20.15}$$

例如,当 $d/a=4$ 时,则缺 $k=\pm 4,\pm 8,\cdots$ 诸级主极大。图 20.15(c)画的就是这种情形。

例 20.3

使单色平行光垂直入射到一个双缝上(可以把它看成是只有两条缝的光栅),其夫琅禾费衍射包络的中央极大宽度内恰好有 13 条干涉明条纹,试问两缝中心的间隔 d 与缝宽 a 应有何关系?

解 双缝衍射包络的中央极大应是单缝衍射的中央极大,此中央极大的宽度按式(20.4)求得为

$$\Delta X = 2f\tan\theta_1 \approx 2f\sin\theta_1 = \frac{2f\lambda}{a}$$

式中,f 为双缝后面所用透镜的焦距。此极大内的明条纹是两个缝发的光相互干涉的结果。据式(19.8),相邻两明条纹中心的间距为

$$\Delta x = \frac{f\lambda}{d}$$

由于在 ΔX 内共有 13 条明条纹,所以应该有

$$\frac{\Delta X}{\Delta x} = 13 + 1 = 14$$

将上面 ΔX 与 Δx 的值代入可得

$$d = 7a$$

本题也可由明纹第 7 级缺级的条件求得。

例 20.4

有一四缝光栅,如图 20.17 所示。缝宽为 a,光栅常量 $d=2a$。其中 1 缝总是开的,而 2,3,4 缝可以开也可以关闭。波长为 λ 的单色平行光垂直入射光栅。

试画出下列条件下,夫琅禾费衍射的相对光强分布曲线 $\frac{I}{I_0}$-$\sin\theta$。

(1) 关闭 3,4 缝;

(2) 关闭 2,4 缝;

(3) 4 条缝全开。

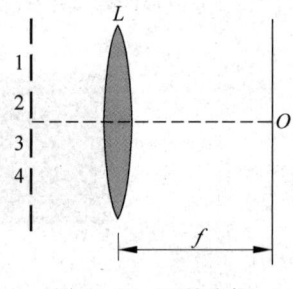

图 20.17　四缝光栅

解 (1) 关闭 3,4 缝时,四缝光栅变为双缝,且 $d/a=2$,所以在中央极大包络内共有 3 条谱线。

(2) 关闭 2,4 缝时,仍为双缝,但光栅常量 d 变为 $d'=4a$,即 $d'/a=4$,因而在中央极大包络内共有 7 条谱线。

(3) 4 条缝全开时,$d/a=2$,中央极大包线内共有 3 条谱线,与(1)不同的是主极大明纹的宽度和相邻两主极大之间的光强分布不同。

上述三种情况下光栅衍射的相对光强分布曲线分别如图 20.18 中(a),(b),(c)所示,注意三种情况下都有缺级现象。

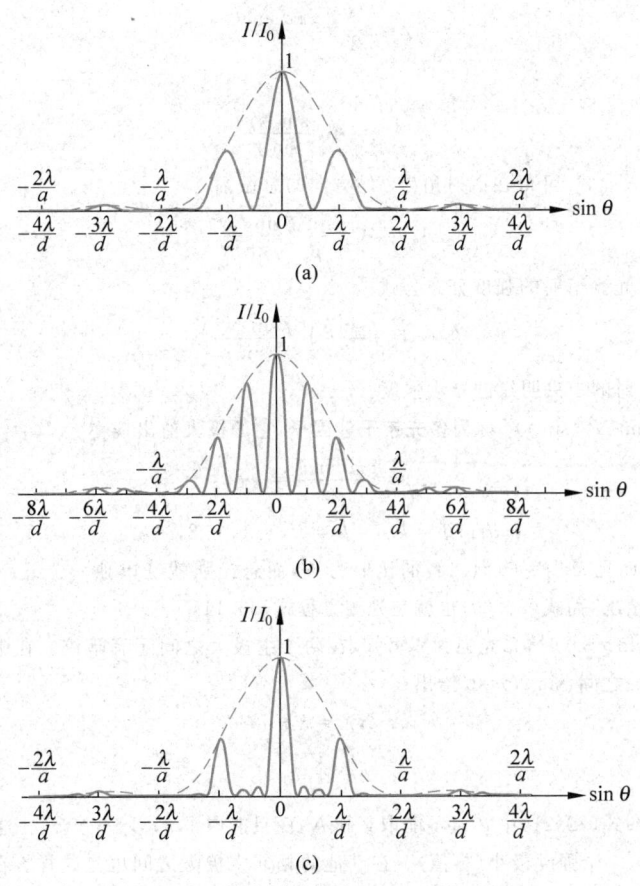

图 20.18 例 20.4 相对光强分布曲线

[注] 光栅衍射的光强分布公式的推导

参考图 20.14。以 d 表示光栅常量,以 a 表示每条透光缝的宽度,以 N 表示总的缝数。仍设单色光(波长为 λ)垂直光栅面入射。每一条缝发出的光在衍射角为 θ 的方向的光振动的振幅,根据式(20.8),为

$$A_{1\theta} = A_{10} \frac{\sin\beta}{\beta} \tag{20.16}$$

其中

$$\beta = \frac{\pi a \sin\theta}{\lambda}$$

而 A_{10} 为每一条缝衍射的中央明纹的极大振幅。

所有 N 条缝发出的光在衍射角 θ 方向的总振幅应是式(20.16)的相干叠加。类似于得到式(20.8)的分析,可得这一总振幅为

$$A_\theta = A_{1\theta} \frac{\sin\frac{N\delta'}{2}}{\sin\frac{\delta'}{2}} \tag{20.17}$$

其中 δ' 是相邻两缝发的光在衍射角 θ 方向的相差,即

$$\delta' = \frac{2\pi}{\lambda} d \sin\theta$$

令

$$\gamma = \frac{\delta}{2} = \frac{\pi d \sin\theta}{\lambda}$$

则式(20.17)可写成

$$A_\theta = A_{1\theta} \frac{\sin N\gamma}{\sin \gamma}$$

将式(20.16)的 $A_{1\theta}$ 代入此式,可得在衍射角为 θ 的方向的总振幅为

$$A_\theta = A_{10} \frac{\sin\beta}{\beta} \frac{\sin N\gamma}{\sin \gamma} \tag{20.18}$$

将式(20.18)平方即得光栅衍射的强度分布公式

$$I_\theta = I_{10} \left(\frac{\sin\beta}{\beta}\right)^2 \left(\frac{\sin N\gamma}{\sin\gamma}\right)^2 \tag{20.19}$$

其中 I_{10} 是每一条缝衍射的中央明纹的极大强度。

式(20.19)中的 $(\sin N\gamma/\sin\gamma)^2$ 称为**多光束干涉因子**,它的极大值出现在

$$\gamma = \frac{\pi d \sin\theta}{\lambda} = k\pi$$

亦即

$$d\sin\theta = k\lambda, \quad k = 0, \pm 1, \pm 2, \cdots \tag{20.20}$$

这时,虽然 $\sin N\gamma = 0$ 而且 $\sin\gamma = 0$,但二者的比值为 N,而总光强就是单独一个缝产生的光强的 N^2 倍。这就是出现主极大的情况,而式(20.20)也就是光栅方程式(20.14)。

由 $\sin N\gamma = 0$ 而 $\sin\gamma \neq 0$ 时,总光强为零可知,在两个主极大之间还有暗纹。在中央主极大($k=0$)和正第1级主极大($k=1$)之间,$\sin N\gamma = 0$ 给出

$$N\gamma = k'\pi$$

或

$$\gamma = \frac{k'}{N}\pi \tag{20.21}$$

和式(20.20)对比,可知式(20.21)中 k' 值不能取 0 和 N,而只能取 $1,2,3,\cdots,N-1$。这说明在 $k=0$ 和 1 的两主极大之间会有 $N-1$ 个强度极小(零值)。在其他的相邻主极大之间也是这样。在两个极小之间也会有次极大出现,但次极大的光强比主极大的光强要小很多,所以两主极大之间实际上就形成了一段黑暗的背景。这干涉因子的影响正如图 20.15(a)所示。

式(20.19)中 $(\sin\beta/\beta)^2$ 称为**单缝衍射因子**,它对光栅衍射的影响就如图 20.15(b)所示。

多光束干涉因子和单缝衍射因子共同起作用,光栅衍射强度分布公式(20.19)就给出了图 20.15(c)那样的强度分布曲线和图 20.16 那样的明纹分布图像。

20.5　光栅光谱

20.4 节讲了单色光垂直入射到光栅上时形成谱线的规律。根据光栅方程(20.14)

$$d\sin\theta = \pm k\lambda$$

可知,如果是复色光入射,则由于各成分色光的 λ 不同,除中央零级条纹外,各成分色光的其他同级明条纹将在不同的衍射角出现。同级的不同颜色的明条纹将按波长顺序排列成**光栅光谱**,这就是光栅的分光作用。如果入射复色光中只包含若干个波长成分,则光栅光谱由若干条不同颜色的细亮谱线组成。图 20.19 是氢原子的可见光光栅光谱的第 1,2,4 级谱线(第 3 级缺级),H_α(红),H_β,H_γ,H_δ(紫)的波长分别是 656.3 nm,486.1 nm,434.1 nm,

410.2 nm。中央主极大处各色都有,应是氢原子发出复合光,为淡粉色。

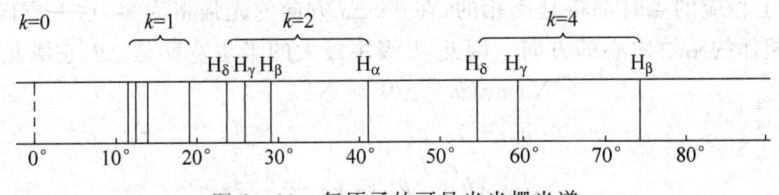

图 20.19　氢原子的可见光光栅光谱

物质的光谱可用于研究物质结构,原子、分子的光谱则是了解原子、分子结构及其运动规律的重要依据。光谱分析是现代物理学研究的重要手段,在工程技术中,也广泛地应用于分析、鉴定等方面。

光栅能把不同波长的光分开,那么波长很接近的两条谱线是否一定能在光栅光谱中分辨出来呢?不一定,因为这还和谱线的宽度有关。根据**瑞利判据**,一条谱线的中心恰与另一条谱线的距谱线中心最近一个极小重合时,两条谱线刚能分辨。如图 20.20 所示,$\delta\theta$ 表示波长相近的两条谱线的角间隔(即两个主极大之间的角距离),$\Delta\theta$ 表示谱线本身的半角宽(即某一主极大的中心到相邻的一级极小的角距离),当 $\delta\theta = \Delta\theta$ 时,两条谱线刚能分辨。下面具体计算光栅的分辨本领与什么因素有关。

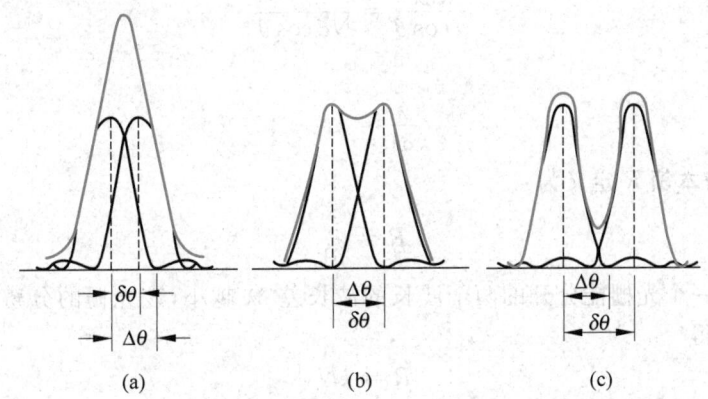

图 20.20　说明光栅分辨本领用图

(a) $\delta\theta < \Delta\theta$,不能分辨;(b) $\delta\theta = \Delta\theta$,恰能分辨;(c) $\delta\theta > \Delta\theta$,能分辨

角间隔 $\delta\theta$ 取决于光栅把不同波长的光分开的本领。对光栅方程两边微分,得

$$d\cos\theta\, \delta\theta = k\delta\lambda$$

于是得波长差为 $\delta\lambda$ 的两条 k 级谱线的角间距为

$$\delta\theta = \frac{k\delta\lambda}{d\cos\theta} \tag{20.22}$$

半角宽 $\Delta\theta$ 可如下求得。对第 k 级主极大形成的谱线的中心,光栅方程给出

$$d\sin\theta = k\lambda \tag{20.23}$$

此式两边乘以光栅总缝数 N,可得

$$Nd\sin\theta = Nk\lambda \tag{20.24}$$

此式中 $Nd\sin\theta$ 是光栅上下两边缘的两条缝到 k 级主极大中心的光程差。如果 θ 增大一小

量 $\Delta\theta$,使此光程差再增大 λ,则如分析单缝衍射一样,整个光栅上下两半对应的缝发出的光会聚到屏 H 上相应的点时都将是反相的,在 $\theta+\Delta\theta$ 方向的光强将为零,这一方向也就是和 k 级主极大紧相邻的暗纹中心的方向。因此,k 级主极大的半角宽就是 $\Delta\theta$,它满足

$$Nd\sin(\theta+\Delta\theta) = Nk\lambda + \lambda$$

或

$$d\sin(\theta+\Delta\theta) = k\lambda + \frac{\lambda}{N} \tag{20.25}$$

和式(20.23)相减,可得

$$d[\sin(\theta+\Delta\theta) - \sin\theta] = \frac{\lambda}{N}$$

或写为

$$\Delta(\sin\theta) = \cos\theta\,\Delta\theta = \frac{\lambda}{Nd}$$

由此可得 k 级谱线半角宽为

$$\Delta\theta = \frac{\lambda}{Nd\cos\theta} \tag{20.26}$$

刚能分辨时,$\delta\theta=\Delta\theta$,于是有

$$\frac{k\delta\lambda}{d\cos\theta} = \frac{\lambda}{Nd\cos\theta}$$

由此得

$$\frac{\lambda}{\delta\lambda} = kN \tag{20.27}$$

光栅的分辨本领 R 定义为

$$R = \frac{\lambda}{\delta\lambda} \tag{20.28}$$

这一定义说明,一个光栅能分开的两个波长的波长差 $\delta\lambda$ 越小,该光栅的分辨本领越大。利用式(20.27)可得

$$R = kN \tag{20.29}$$

此式表明,光栅的分辨本领与级次成正比,特别是与光栅的总缝数成正比。当要求在某一级次的谱线上提高光栅的分辨本领时,必须增大光栅的总缝数。这就是光栅所以要刻上万条甚至几十万条刻痕的原因。

例 20.5

用每毫米内有 500 条缝的光栅,观察钠光谱线。

(1) 光线以 $i=30°$ 角斜入射光栅时,谱线的最高级次是多少?并与垂直入射时比较。

(2) 若在第 3 级谱线处恰能分辨出钠双线,光栅必须有多少条缝(钠黄光的波长一般取 589.3 nm,它实际上由 589.0 nm 和 589.6 nm 两个波长的光组成,称为钠双线)?

解 (1) 斜入射时,相邻两缝的入射光束在入射前有光程差 AB,衍射后有光程差 CD,如图 20.21 所示。总光程差为 $CD-AB=d(\sin\theta-\sin i)$,因此斜入射的光栅方程为

$$d(\sin\theta - \sin i) = \pm k\lambda, \quad k = 0,1,2,\cdots$$

谱线级次为

$$k = \pm \frac{d(\sin\theta - \sin i)}{\lambda}$$

此式表明,斜入射时,零级谱线不在屏中心,而移到 $\theta = i$ 的角位置处。可能的最高级次相应于 $\theta = -\frac{\pi}{2}$。由于 $d = \frac{1}{500}$ mm $= 2 \times 10^{-6}$ m,代入上式得

$$k_{\max} = -\frac{2 \times 10^{-6} \left[\sin\left(-\frac{\pi}{2}\right) - \sin 30°\right]}{589.3 \times 10^{-9}} = 5.1$$

级次取较小的整数,得最高级次为 5。

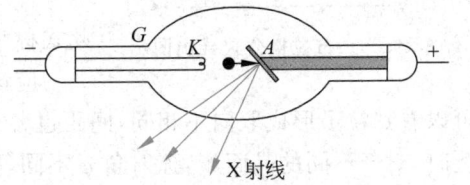

图 20.21 斜入射时光程差计算用图

垂直入射时,$i = 0$,最高级次相应于 $\theta = \pi/2$,于是有

$$k_{\max} = \frac{2 \times 10^{-6} \sin\frac{\pi}{2}}{589.3 \times 10^{-9}} = 3.4$$

最高级次应为 3。可见斜入射比垂直入射可以观察到更高级次的谱线。

(2) 利用式(20.27)

$$\frac{\lambda}{\delta\lambda} = kN$$

可得

$$N = \frac{\lambda}{\delta\lambda}\frac{1}{k} = \frac{\lambda}{\lambda_2 - \lambda_1}\frac{1}{k}$$

将 $\lambda_1 = 589.0$ nm,$\lambda_2 = 589.6$ nm 和 $k = 3$ 代入,可得

$$N = \frac{589.3}{589.6 - 589.0} \times \frac{1}{3} = 327$$

这个要求并不高。

20.6 X 射线衍射

X 射线是伦琴于 1895 年发现的,故又称伦琴射线。图 20.22 所示为 X 射线管的结构示意图。图中 G 是一抽成真空的玻璃泡,其中密封有电极 K 和 A。K 是发射电子的**热阴极**,A 是阳极,又称**对阴极**。两极间加数万伏高电压,阴极发射的电子,在强电场作用下加速,高速电子撞击阳极(靶)时,就从阳极发出 X 射线。

这种射线人眼看不见,具有很强的穿透能力,在当时是前所未知的一种射线,故称为 X 射线。

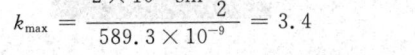

图 20.22 X 射线管结构示意图

后来认识到,X 射线是一种波长很短的电磁波,波长在 0.01 nm 到 10 nm 之间。既然 X 射线是一种电磁波,也应该有干涉和衍射现象。但是由于 X 射线波长太短,用普通光栅观察不到 X 射线的衍射现象,而且也无法用机械方法制造出适用于 X 射线的光栅。

1912 年德国物理学家劳厄想到,晶体由于其中粒子的规则排列应是一种适合于 X 射线的三维空间光栅。他进行了实验,第一次圆满地获得了 X 射线的衍射图样,从而证实了 X 射线的波动性。劳厄实验装置简图如图 20.23 所示。图 20.23(a)中 PP' 为铅板,上有一小

孔，X 射线由小孔通过；C 为晶体，E 为照相底片。图 20.23(b) 是 X 射线通过 NaCl 晶体后投射到底片上形成的衍射斑，称为劳厄斑。对劳厄斑的定量研究，涉及空间光栅的衍射原理，这里不作介绍。

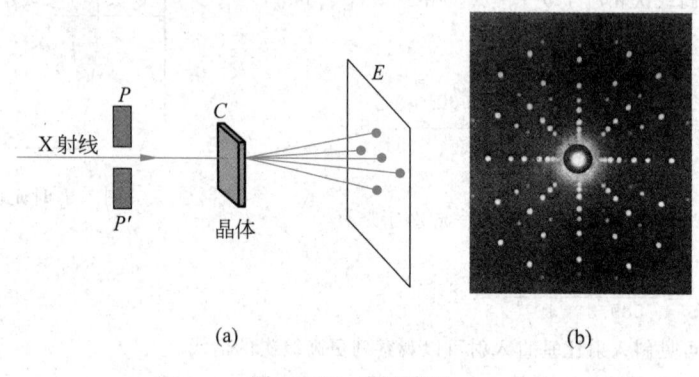

图 20.23 劳厄实验
(a) 装置简图；(b) 劳厄斑

下面介绍前苏联乌利夫和英国布拉格父子独立地提出的一种研究方法。这种方法研究 X 射线在晶体表面上反射时的干涉，原理比较简单。

X 射线照射晶体时，晶体中每一个微粒都是发射子波的衍射中心，向各个方向发射子波，这些子波相干叠加，就形成衍射图样。

晶体由一系列平行平面（晶面）组成，各晶面间距离称为晶面间距，用 d 表示，如图 20.24 所示。当一束 X 光以掠射角 φ 入射到晶面上时，在符合反射定律的方向上可以得到强度最大的射线。但由于各个晶面上衍射中心发出的子波的干涉，这一强度也随掠射角的改变而改变。由图 20.24 可知，相邻两个晶面反射的两条光线干涉加强的条件为

$$2d\sin\varphi = k\lambda, \quad k = 1,2,3,\cdots \quad (20.30)$$

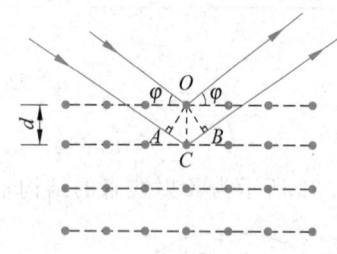

图 20.24 布拉格公式导出图示

此式称为**布拉格公式**。

应该指出，同一块晶体的空间点阵，从不同方向看去，可以看到粒子形成取向不相同，间距也各不相同的许多晶面族。当 X 射线入射到晶体表面上时，对于不同的晶面族，掠射角 φ 不同，晶面间距 d 也不同。凡是满足式 (20.30) 的，都能在相应的反射方向得到加强。一块完整的晶体就会形成图 20.23(b) 那样的对称分布的衍射图样。

布拉格公式是 X 射线衍射的基本规律，它的应用是多方面的。若由别的方法测出了晶面间距 d，就可以根据 X 射线衍射实验由掠射角 φ 算出入射 X 射线的波长，从而研究 X 射线谱，进而研究原子结构。反之，若已知波长的 X 射线投射到某种晶体的晶面上，由出现最大强度的掠射角 φ 可以算出相应的晶面间距 d 从而研究晶体结构，进而研究材料性能。这些研究在科学和工程技术上都是很重要的。例如对大生物分子 DNA 晶体的成千张的 X 射线衍射照片（图 20.25(a)）的分析，显示出 DNA 分子的双螺旋结构（图 20.25(b)）。

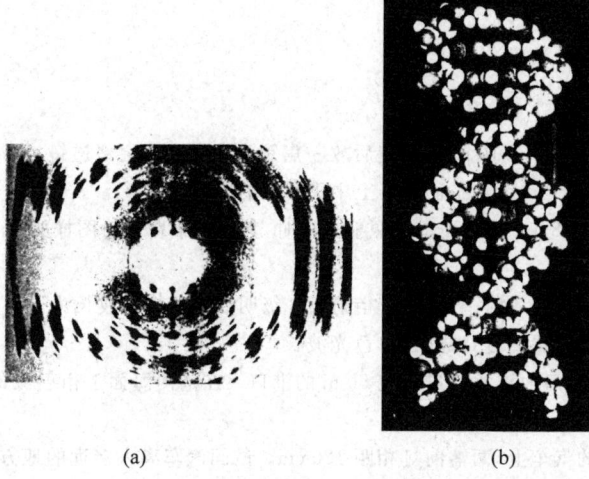

图 20.25　DNA 晶体的 X 射线衍射照片(a)和 DNA 分子的双螺旋结构(b)

提要

1. 惠更斯-菲涅耳原理的基本概念：波阵面上各点都可以当成子波波源，其后波场中各点波的强度由各子波在各该点的相干叠加决定。

2. 夫琅禾费衍射

单缝衍射：可用半波带法分析。单色光垂直入射时，衍射暗条纹中心位置满足
$$a\sin\theta = \pm k\lambda, \quad a \text{ 为缝宽}$$

圆孔衍射：单色光垂直入射时，中央亮斑的角半径为 θ，且
$$D\sin\theta = 1.22\lambda, \quad D \text{ 为圆孔直径}$$

根据巴比涅原理，细丝（或细粒）和细缝（或小孔）按同样规律产生衍射图样。

3. 光学仪器的分辨本领：根据圆孔衍射规律和瑞利判据可得

最小分辨角（角分辨率）　　　　$\delta\theta = 1.22\dfrac{\lambda}{D}$

分辨率　　　　$R = \dfrac{1}{\delta\theta} = \dfrac{D}{1.22\lambda}$

4. 光栅衍射：在黑暗的背景上显现窄细明亮的谱线。缝数越多，谱线越细越亮。

单色光垂直入射时，谱线（主极大）的位置满足
$$d\sin\theta = k\lambda, \quad d \text{ 为光栅常量}$$

谱线强度受单缝衍射调制，有时有缺级现象。

光栅的分辨本领
$$R = \dfrac{\lambda}{\delta\lambda} = kN, \quad N \text{ 为光栅总缝数}$$

5. X 射线衍射的布拉格公式
$$2d\sin\varphi = k\lambda$$

第 20 章 光的衍射

习题

20.1 有一单缝,缝宽 $a=0.10$ mm,在缝后放一焦距为 50 cm 的会聚透镜,用波长 $\lambda=546.1$ nm 的平行光垂直照射单缝,试求位于透镜焦平面处屏上中央明纹的宽度。

20.2 用波长 $\lambda=632.8$ nm 的激光垂直照射单缝时,其夫琅禾费衍射图样的第 1 极小与单缝法线的夹角为 $5°$,试求该缝的缝宽。

20.3 一单色平行光垂直入射一单缝,其衍射第 3 级明纹位置恰与波长为 600 nm 的单色光垂直入射该缝时衍射的第 2 级明纹位置重合,试求该单色光波长。

20.4 波长为 20 m 的海面波垂直进入宽 50 m 的港口。在港内海面上衍射波的中央波束的角宽度是多少?

20.5 在迎面驶来的汽车上,两盏前灯相距 120 cm。试问汽车离人多远的地方,眼睛恰能分辨这两盏前灯?设夜间人眼瞳孔直径为 5.0 mm,入射光波长为 550 nm,而且仅考虑人眼瞳孔的衍射效应。

20.6 大熊星座 ζ 星(图 20.26)实际上是一对双星。二星的角距离是 $14''$([角]秒)。试问望远镜物镜的直径至少要多大才能把这两颗星分辨开来?使用的光的波长按 550 nm 计。

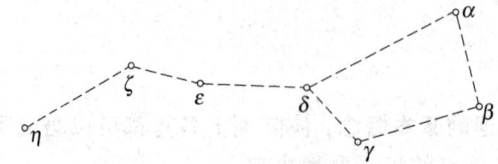

图 20.26 大熊星座诸成员星

20.7 一双缝,缝间距 $d=0.10$ mm,缝宽 $a=0.02$ mm,用波长 $\lambda=480$ nm 的平行单色光垂直入射该双缝,双缝后放一焦距为 50 cm 的透镜,试求:

(1) 透镜焦平面处屏上干涉条纹的间距;

(2) 单缝衍射中央亮纹的宽度;

(3) 单缝衍射的中央包线内有多少条干涉的主极大。

20.8 一光栅,宽 2.0 cm,共有 6000 条缝。今用钠黄光垂直入射,问在哪些角位置出现主极大?

20.9 某单色光垂直入射到每厘米有 6000 条刻痕的光栅上,其第 1 级谱线的角位置为 $20°$,试求该单色光波长。它的第 2 级谱线在何处?

20.10 试根据图 20.19 所示光谱图,估算所用光栅的光栅常量和每条缝的宽度。

20.11 一光源发射的红双线在波长 $\lambda=656.3$ nm 处,两条谱线的波长差 $\Delta\lambda=0.18$ nm。今有一光栅可以在第 1 级中把这两条谱线分辨出来,试求该光栅所需的最小刻线总数。

第 21 章

光 的 偏 振

光波是特定频率范围内的电磁波,在这种电磁波中起光作用(如引起视网膜受刺激的光化学作用)的主要是电场矢量。因此,电场矢量又叫**光矢量**。由于电磁波是横波,所以光波中**光矢量的振动方向**总**和光的传播方向垂直**。光波的这一基本特征就叫光的**偏振**。在垂直于光的传播方向的平面内,光矢量可能有不同的振动状态,各种振动状态通常称为光的**偏振态**。本章先介绍各种偏振态的区别,然后说明如何获得和检验线偏振光。由于晶体的双折射现象和光的偏振有直接的关系,本章接着介绍了单轴晶体双折射的规律和如何利用双折射现象产生和检测椭圆偏振光和圆偏振光以及偏振光的干涉现象。最后讨论了有广泛实际应用的旋光现象。

21.1 光的偏振状态

就其偏振状态加以区分,光可以分为三类:非偏振光、完全偏振光(简称偏振光)和部分偏振光。下面分别加以简要说明。

1. 非偏振光

非偏振光在垂直于其传播方向的平面内,沿各方向振动的光矢量都有,平均来讲,光矢量的分布各向均匀,而且各方向光振动的振幅都相同(图 21.1(a))。这种光又称**自然光**。自然光中各光矢量之间没有固定的相位关系。常用两个相互独立而且垂直的振幅相等的光振动来表示自然光,如图 21.1(b)所示。

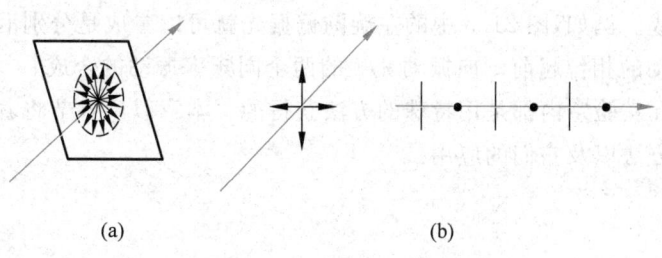

图 21.1 非偏振光示意图

普通光源发的光都是非偏振光。这是因为，在普通光源中有大量原子或分子在发光，各个原子或分子各次发出的光的波列不仅初相互不相关，而且光振动的方向也彼此互不相关而随机分布（参考 19.2 节）。这样，整个光源发出的光平均来讲就形成图 21.1 所示的非偏振光了。

2. 完全偏振光

如果在垂直于其传播方向的平面内，光矢量 E 只沿一个固定的方向振动，这种光就是一种**完全偏振光**，叫**线偏振光**。线偏振光的光矢量方向和光的传播方向构成的平面叫**振动面**（图 21.2(a)）。图 21.2(b) 是线偏振光的图示方法，其中短线表示光矢量在纸面内，点子表示光矢量与纸面垂直。

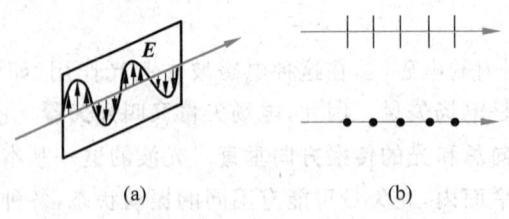

图 21.2　线偏振光及其图示法

还有一种完全偏振光叫椭圆偏振光（包括圆偏振光）。这种光的光矢量 E 在沿着光的传播方向前进的同时，还绕着传播方向均匀转动。如果光矢量的大小不断改变，使其端点描绘出一个椭圆，这种光就叫**椭圆偏振光**。如果光矢量的大小保持不变，这种光就成了**圆偏振光**。根据光矢量旋转的方向不同，这种偏振光有**左旋光**和**右旋光**的区别。图 21.3 画出了某一时刻的左旋偏振光在半波长的长度内光矢量沿传播方向（由 c 表示）改变的情形[①]。

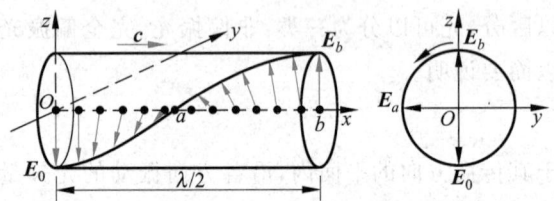

图 21.3　左旋偏振光中光矢量旋转示意图

根据相互垂直的振动合成的规律，椭圆偏振光可以看成是两个相互垂直而有一定相差的线偏振光的合成。例如，图 21.3 中的左旋圆偏振光就可以看成是分别沿 y 和 z 方向的振幅相等而 y 向振动的相位超前 z 向振动 $\pi/2$ 的两个同频率振动的合成。

完全偏振光在实验室内都是用特殊的方法获得的。本章以后各节将着重讲解各种偏振光的获得和检验方法以及它们的应用。

---

① 此处按光学的一般习惯规定：迎着光线看去，光矢量沿顺时针方向转动的称为右旋光，沿逆时针方向转动的称为左旋光。但也有相反地规定的，特别是在其他学科，如电磁学、量子物理等学科中，就规定光矢量绕转方向和光的传播方向符合右手螺旋定则的称做右旋光；反之称左旋光。

3. 部分偏振光

这是介于偏振光与自然光之间的情形,在这种光中含有自然光和偏振光两种成分。一般地,部分偏振光都可看成是自然光和线偏振光的混合(图 21.4)。

自然界中我们看到的许多光都是部分偏振光,仰头看到的"天光"和俯首看到的"湖光"就都是部分偏振光。

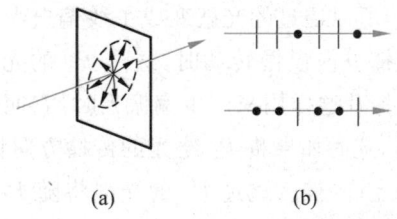

图 21.4　部分偏振光及其表示法

21.2　线偏振光的获得与检验

为了说明线偏振光的获得与检验方法,先介绍一种电磁波的偏振的检验方法。如图 21.5 所示,T 和 R 分别是一套微波装置的发射机和接收机。该微波发射机发出的无线电波波长约 3 cm,电矢量方向沿竖直方向。在发射机 T 和接收机 R 之间放了一个由平行的金属线(或金属条)做成的"线栅",线的间隔约 1 cm。今转动线栅,当其中导线方向沿竖直方向时,接收机完全接收不到信号,而当线栅转到其中导线沿水平方向时,接收机接收到最强的信号。这是为什么呢?这是因为当导线方向为竖直方向时,它就和微波中电矢量的方向平行。此时电矢量就在导线中激起电流,它的能量就转变为焦耳热,这时就没有微波通过线栅。当导线方向改为水平方向时,它和微波中的电矢量方向垂直。这时微波不能在导线中激起电流,因而就能无耗损地通过线栅而到达接收机了。

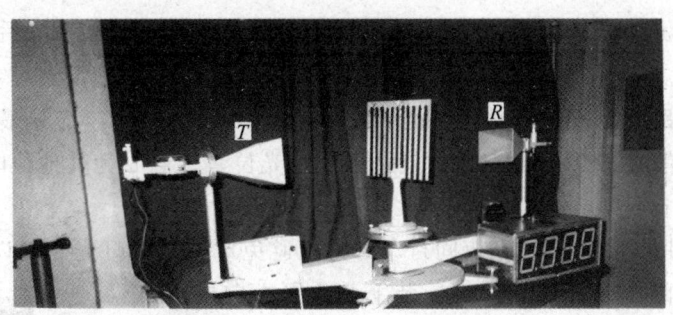

图 21.5　微波偏振检验实验

由于线栅的导线间距比光的波长大得多,用这种线栅不能检验光的偏振。实用的光学线栅称为**"偏振片"**,它是 1928 年一位 19 岁的美国大学生兰德(E. H. Land)发明的。起初是把一种针状粉末晶体(硫酸碘奎宁)有序地蒸镀在透明基片上做成的。1938 年则改为把聚乙烯醇薄膜加热,并沿一个方向拉长,使其中碳氢化合物分子沿拉伸方向形成链状。然后将此薄膜浸入富含碘的溶液中,使碘原子附着在长分子上形成一条条"碘链"。碘原子中的自由电子就可以沿碘链自由运动。这样的碘链就成了导线,而整个薄膜也就成了偏振片。沿碘链方向的光振动不能通过偏振片(即这个方向的光振动被偏振片**吸收**了),垂直于碘链方向的光振动就能通过偏振片。因此,垂直于碘链的方向就称做偏振片的**通光方向**或**偏振化方向**。这种偏振片制作容易,价格便宜。现在大量使用的就是这种偏振片。

图 21.6 中画出了两个平行放置的偏振片 P_1 和 P_2,它们的偏振化方向分别用它们上面

的虚平行线表示。当自然光垂直入射 P_1 时，由于只有平行于偏振化方向的光矢量才能透过，所以透过的光就变成了线偏振光。又由于自然光中光矢量对称均匀，所以将 P_1 绕光的传播方向慢慢转动时，透过 P_1 的光强不随 P_1 的转动而变化，但它只有入射光强的一半。偏振片这样用来产生偏振光时，它叫**起偏器**。再使透过 P_1 形成的线偏振光入射于偏振片 P_2，这时如果将 P_2 绕光的传播方向慢慢转动，则因为只有平行于 P_2 偏振化方向的光振动才允许通过，透过 P_2 的光强将随 P_2 的转动而变化。当 P_2 的偏振化方向平行于入射光的光矢量方向时，光强最强。当 P_2 的偏振化方向垂直于入射光的光矢量方向时，光强为零，称为**消光**。将 P_2 旋转一周时，透射光光强出现两次最强，两次消光。这种情况只有在入射到 P_2 上的光是线偏振光时才会发生，因而这也就成为识别线偏振光的依据。偏振片这样用来检验光的偏振状态时，它叫**检偏器**。

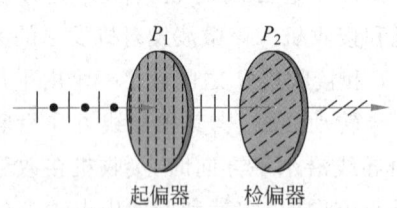

图 21.6 偏振片的应用

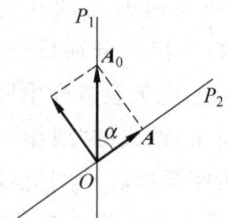

图 21.7 马吕斯定律用图

以 A_0 表示线偏振光的光矢量的振幅，当入射的线偏振光的光矢量振动方向与检偏器的偏振化方向成 α 角时（图 21.7），透过检偏器的光矢量振幅 A 只是 A_0 在偏振化方向的投影，即 $A = A_0 \cos \alpha$。因此，以 I_0 表示入射线偏振光的光强，则透过检偏器后的光强 I 为

$$I = I_0 \cos^2 \alpha \tag{21.1}$$

这一公式称为**马吕斯定律**。由此式可见，当 $\alpha = 0°$ 或 $180°$ 时，$I = I_0$，光强最大。当 $\alpha = 90°$ 或 $270°$ 时，$I = 0$，没有光从检偏器射出，这就是两个消光位置。当 α 为其他值时，光强 I 介于 0 和 I_0 之间。

偏振片的应用很广。如汽车夜间行车时为了避免对方汽车灯光晃眼以保证安全行车，可以在所有汽车的车窗玻璃和车灯前装上与水平方向成 $45°$ 角，而且向同一方向倾斜的偏振片。这样，相向行驶的汽车可以都不必熄灯，各自前方的道路仍然照亮，同时也不会被对方车灯晃眼了。

偏振片也可用于制成太阳镜和照相机的滤光镜。有的太阳镜，特别是观看立体电影的眼镜的左右两个镜片就是用偏振片做的，它们的偏振化方向互相垂直（图 21.8）。

图 21.8 交叉的太阳镜片不透光

例 21.1

如图 21.9 所示，在两块正交偏振片（偏振化方向相互垂直）P_1，P_3 之间插入另一块偏振片 P_2，光强为 I_0 的自然光垂直入射于偏振片 P_1，求转动 P_2 时，透过 P_3 的光强 I 与转角的关系。

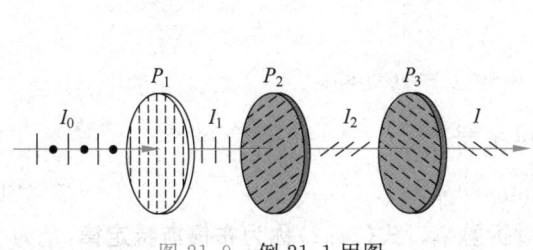

图 21.9 例 21.1 用图

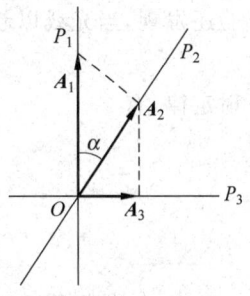

图 21.10 例 21.1 解用图

解 透过各偏振片的光振幅矢量如图 21.10 所示,其中 α 为 P_1 和 P_2 的偏振化方向间的夹角。由于各偏振片只允许和自己的偏振化方向相同的偏振光透过,所以透过各偏振片的光振幅的关系为

$$A_2 = A_1 \cos\alpha, \quad A_3 = A_2 \cos\left(\frac{\pi}{2} - \alpha\right)$$

因而

$$A_3 = A_1 \cos\alpha \cos\left(\frac{\pi}{2} - \alpha\right) = A_1 \cos\alpha \sin\alpha = \frac{1}{2} A_1 \sin 2\alpha$$

于是光强

$$I_3 = \frac{1}{4} I_1 \sin^2 2\alpha$$

又由于 $I_1 = \frac{1}{2} I_0$,所以最后得

$$I = \frac{1}{8} I_0 \sin^2 2\alpha$$

21.3 反射和折射时光的偏振

自然光在两种各向同性介电质的分界面上反射和折射时,不仅光的传播方向要改变,而且偏振状态也要发生变化。一般情况下,反射光和折射光不再是自然光,而是部分偏振光。在反射光中垂直于入射面的光振动多于平行振动,而在折射光中平行于入射面的光振动多于垂直振动(图 21.11)。"湖光山色"中的"湖光"之所以是部分偏振光,就是因为光在湖面上经过反射的缘故。

理论和实验都证明,反射光的偏振化程度和入射角有关。当入射角等于某一特定值 i_b 时,**反射光是光振动垂直于入射面的线偏振光**(图 21.12)。这个特定的入射角 i_b 称为**起偏振角**,或称为**布儒斯特角**。

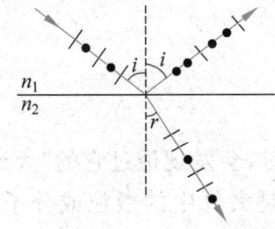

图 21.11 自然光反射和折射后产生部分偏振光

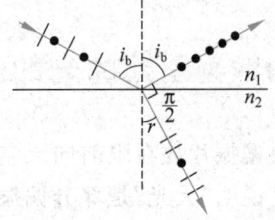

图 21.12 起偏振角

实验还发现,当光线以起偏振角入射时,反射光和折射光的传播方向相互垂直,即
$$i_b + r = 90°$$
根据折射定律,有
$$n_1 \sin i_b = n_2 \sin r = n_2 \cos i_b$$
即
$$\tan i_b = \frac{n_2}{n_1}$$
或
$$\tan i_b = n_{21} \qquad (21.2)$$
式中,$n_{21} = n_2/n_1$,是媒质2对媒质1的相对折射率。式(21.2)称为**布儒斯特定律**,是为了纪念在1812年从实验上确定这一定律的布儒斯特而命名的。根据后来的麦克斯韦电磁场方程可以从理论上严格证明这一定律。

当自然光以起偏振角 i_b 入射时,由于反射光中只有垂直于入射面的光振动,所以入射光中平行于入射面的光振动全部被折射。又由于垂直于入射面的光振动也大部分被折射,而反射的仅是其中的一部分,所以,反射光虽然是完全偏振的,但光强较弱,而折射光是部分偏振的,光强却很强。例如,自然光从空气射向玻璃而反射时,$n_{21}=1.50$,起偏振角 $i_b \approx 56°$。入射角是 i_b 的入射光中平行于入射面的光振动全部被折射,垂直于入射面的光振动的光强约有85%也被折射,反射的只占15%。

为了增强反射光的强度和折射光的偏振化程度,把许多相互平行的玻璃片装在一起,构成一玻璃片堆(图21.13)。自然光以布儒斯特角入射玻璃片堆时,光在各层玻璃面上反射和折射,这样就可以使反射光的光强得到加强,同时折射光中的垂直分量也因多次被反射而减小。当玻璃片足够多时,透射光就接近完全偏振光了,而且透射偏振光的振动面和反射偏振光的振动面相互垂直。

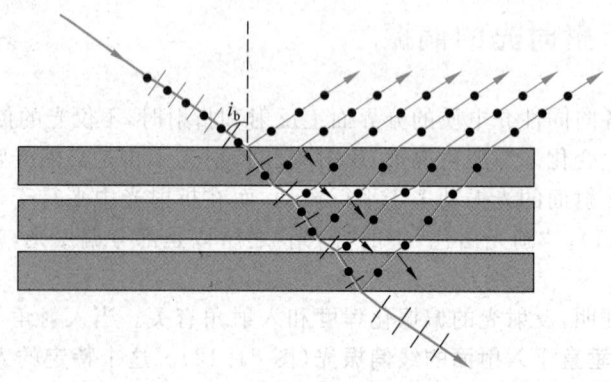

图 21.13 利用玻璃片堆产生全偏振光

21.4 由散射引起的光的偏振

拿一块偏振片放在眼前向天空望去,当你转动偏振片时,会发现透过它的"天光"有明暗的变化。这说明"天光"是部分偏振了的,这种部分偏振光是大气中的微粒或分子对太阳光散射的结果。

一束光射到一个微粒或分子上,就会使其中的电子在光束内的电场矢量的作用下振动。

这振动中的电子会向其周围四面八方发射同频率的电磁波,即光。这种现象叫**光的散射**。正是由于这种散射才使得从侧面能看到有灰尘的室内的太阳光束或大型晚会上的彩色激光射线。

分子中的一个电子振动时发出的光是偏振的,它的光振动的方向总垂直于光线的方向(横波),并和电子的振动方向在同一个平面内。但是,向各方向的光的强度不同:在垂直于电子振动的方向,强度最大;在沿电子振动的方向,强度为零。图 21.14 表示了这种情形,O 处有一电子沿竖直方向振动,它发出的球面波向四外传播,各条光线上的短线表示该方向上光振动的方向,短线的长短大致地表示该方向上光振动的振幅。

如图 21.15 所示,设太阳光沿水平方向(x 方向)射来,它的水平方向(y 方向,垂直纸面向内)和竖直方向(z 方向)的光矢量激起位于 O 处的分子中的电子做同方向的振动而发生光的散射。结合图 21.14 所示的规律,沿竖直方向向上看去,就只有振动方向沿 y 方向的线偏振光了。实际上,由于你看到的"天光"是大气中许多微粒或分子从不同方向散射来的光,也可能是经过几次散射后射来的光,又由于微粒或分子的大小会影响其散射光的强度等原因,你看到的"天光"就是部分偏振的了。

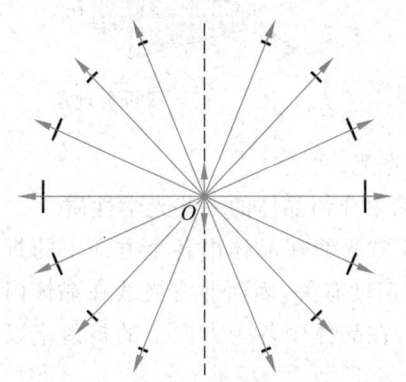

图 21.14 振动的电子发出的光的振幅和偏振方向示意图

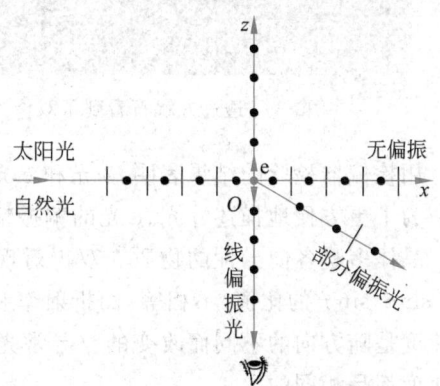

图 21.15 太阳光的散射

顺便说明一下,由于散射光的强度和光的频率的 4 次方成正比,所以太阳光中的蓝色光成分比红色光成分散射得更厉害些。因此,天空看起来是蓝色的。在早晨或傍晚,太阳光沿地平线射来,在大气层中传播的距离较长,其中的蓝色成分大都散射掉了,余下的进入人眼的光就主要是频率较低的红色光了,这就是朝阳或夕阳看起来发红的原因。

21.5 双折射现象

除了光在两种各向同性介质分界面上反射折射时产生光的偏振现象外,自然光通过晶体后,也可以观察到光的偏振现象。光通过晶体后的偏振现象是和晶体对光的双折射现象同时发生的。

把一块普通玻璃片放在有字的纸上,通过玻璃片看到的是一个字成一个像。这是通常的光的折射的结果。如果改用透明的方解石(化学成分是 $CaCO_3$)晶片放到纸上,看到的却是一个字呈现双像(图 21.16)。这说明光进入方解石后分成了两束。这种一束光射入各向异性介质时（除立方系晶体，如岩盐外），折射光分成两束的现象称为**双折射现象**（图 21.17）。当光垂直于晶体表面入射而产生双折射现象时，如果将晶体绕光的入射方向慢慢转动，则其中按原方向传播的那一束光方向不变，而另一束光随着晶体的转动绕前一束光旋转。根据折射定律，入射角 $i=0$ 时，折射光应沿着原方向传播，可见沿原方向传播的光束是遵守折射定律的，而另一束却不遵守。更一般的实验表明，改变入射角 i 时，两束折射光中的一束恒遵守折射定律，这束光称为**寻常光线**，通常用 o 表示，并简称 o 光。另一束光则不遵守折射定律，即当入射角 i 改变时，$\sin i/\sin r$ 的比值不是一个常数，该光束一般也不在入射面内。这束光称为**非常光线**，并用 e 表示，简称 e 光。

图 21.16 透过方解石看到了双像

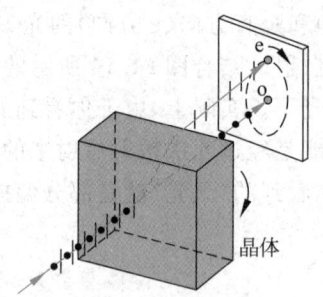

图 21.17 双折射现象

用检偏器检验的结果表明，o 光和 e 光都是线偏振光。

为了更方便地描述 o 光、e 光的偏振情况，下面简单介绍晶体的一些光学性质。

晶体多是各向异性的物质。双折射现象表明，非常光线在晶体内各个方向上的折射率（或 $\sin i/\sin r$ 的比值）不相等，而折射率和光线传播速度有关，因而非常光线在晶体内的传播速度是随方向的不同而改变的。寻常光线则不同，在晶体中各个方向上的折射率以及传播速度都是相同的。

研究发现，在晶体内部存在着某些特殊的方向，光沿着这些特殊方向传播时，寻常光线和非常光线的折射率相等，光的传播速度也相等，因而光沿这些方向传播时，不发生双折射。晶体内部的这个特殊的方向称为晶体的**光轴**。应该注意，光轴仅标志一定的方向，并不限于某一条特殊的直线。

只有一个光轴的晶体称为单轴晶体，有两个光轴的晶体称为双轴晶体。方解石、石英、红宝石等是单轴晶体，云母、硫磺、蓝宝石等是双轴晶体。本书仅限于讨论单轴晶体的情形。

天然方解石（又称冰洲石）晶体（图 21.18）是六面棱体，两棱之间的夹角或约 $78°$，或约 $102°$。从其三个钝角相会合的顶点引出一条直线，并使其与各邻边成等角，这一直线方向就是方解石晶体的光轴方向，如图中 AB 或 CD 直线的方向。

假想在晶体内有一子波源 O，由于晶体的各向异性性质，从子波源将发出两组惠更斯子波（图 21.19）。一组是**球面波**，表示各方向光速相等，相应于寻常光线，并称为 o 波面；另一组的波面是**旋转椭球面**，表示各方向光速不等，相应于非常光线，称为 e 波面。由于两种光线沿光轴方向的速度相等，所以两波面在光轴方向相切。在垂直于光轴的方向上，两光线传播速度相差最大。寻常光线的传播速度用 v_o 表示，折射率用 n_o 表示。非常光线在垂直于光轴方向上的传播速度用 v_e 表示，折射率用 n_e 表示。设真空中光速用 c 表示，则有 $n_o=c/$

v_o,$n_e = c/v_e$。n_o 和 n_e 称为晶体的**主折射率**，它们是晶体的两个重要光学参量。表 21.1 列出了几种晶体的主折射率。

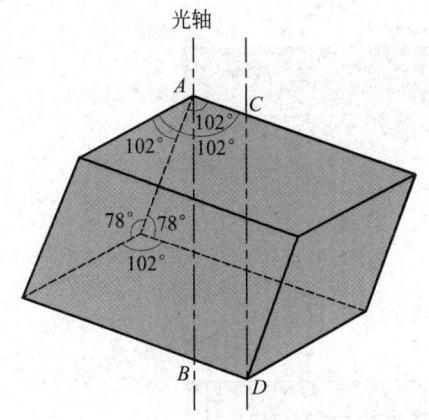

图 21.18　方解石晶体的光轴

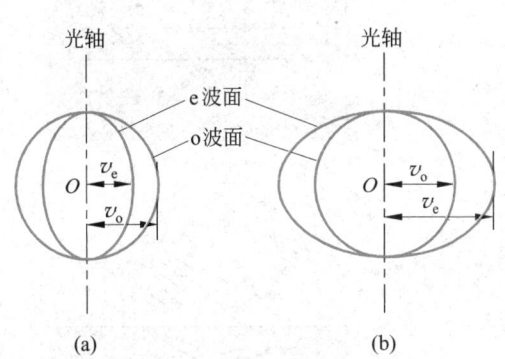

图 21.19　晶体中的子波波阵面
(a) 正晶体；(b) 负晶体

表 21.1　几种单轴晶体的主折射率（对 599.3 nm）

晶　体	n_o	n_e	晶　体	n_o	n_e
石英	1.5443	1.5534	方解石	1.6584	1.4864
冰	1.309	1.313	电气石	1.669	1.638
金红石（TiO$_2$）	2.616	2.903	白云石	1.6811	1.500

有些晶体 $v_o > v_e$，亦即 $n_o < n_e$，称为正晶体，如石英等。另外有些晶体，$v_o < v_e$，即 $n_o > n_e$，称为负晶体，如方解石等。

在晶体中，某光线的传播方向和光轴方向所组成的平面叫做该光线的**主平面**。寻常光线的光振动方向垂直于寻常光线的主平面，非常光线的光振动方向在其主平面内。

一般情况下，因为 e 光不一定在入射面内，所以 o 光、e 光的主平面并不重合。在特殊情况下，即当光轴在入射面内时，o 光、e 光的主平面以及入射面重合在一起。

应用惠更斯作图法可以确定单轴晶体中 o 光、e 光的传播方向，从而说明双折射现象。

自然光入射到晶体上时，波阵面上的每一点都可作为子波源，向晶体内发出球面子波和椭球面子波。作所有各点所发子波的包络面，即得晶体中 o 光波面和 e 光波面，从入射点引向相应子波波面与光波面的切点的连线方向就是所求晶体中 o 光、e 光的传播方向。图 21.20 所示为在实际工作中较常用的几种情形，晶体为负晶体。

图 21.20(a) 所示为平行光垂直入射晶体，光轴在入射面内，并与晶面平行。这种情况入射波波阵面上各点同时到达晶体表面，波阵面 AB 上每一点同时向晶体内发出球面子波和椭球面子波（为了清楚起见，图中只画出 A，B 两点所发子波），两子波波面在光轴上相切，各点所发子波波面的包络面为平面，如图所示。从入射点向切点 O, O' 和 E, E' 的连线方向就是所求 o 光和 e 光的传播方向。这种情况下，入射角 $i = 0$，o 光沿原方向传播，e 光也沿原方向传播，但是两者的传播速度不同，所以 o 波面和 e 波面不相重合，到达同一位置时，两者间有一定的相差。双折射的实质是 o 光、e 光的传播速度不同，折射率不同。对于这种情

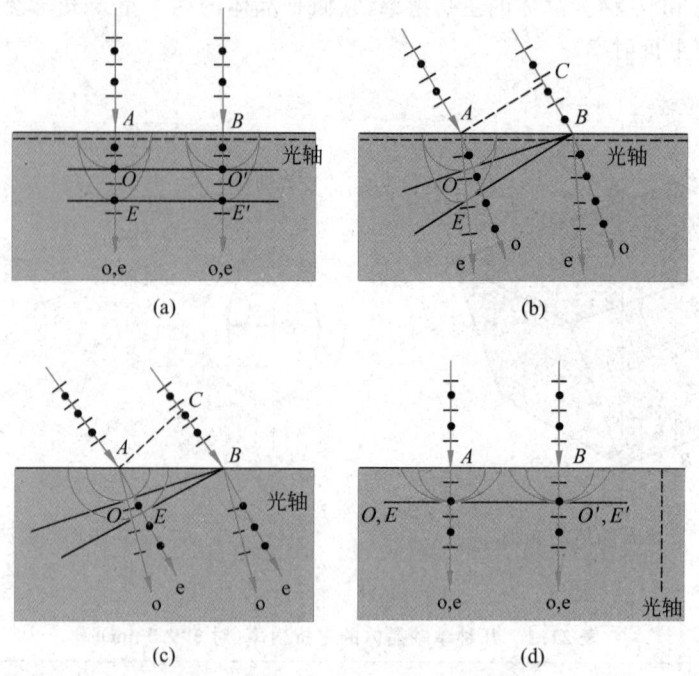

图 21.20 单轴晶体中 o 光和 e 光的传播方向

况,尽管 o 光、e 光传播方向一致,应该说还是有双折射的。

图 21.20(b)中光轴也在入射面内,并平行于晶面,但是入射光是斜入射的。平行光斜入射时,入射波波阵面 AC 不能同时到达晶面。当波阵面上 C 点到达晶面 B 点时,AC 波阵面上除了 C 点以外的其他各点发出的子波,都已在晶体中传播了各自相应的一段距离,其中 A 点发出的子波波面如图所示。各点所发子波的包络面,都是与晶面斜交的平面,如图所示。从入射点 B 向由 A 发出的子波波面引切线,再由 A 点向相应切点 O,E 引直线,即得所求 o 光、e 光的传播方向。

图 21.20(c)中光轴垂直于入射面,并平行于晶面。平行光斜入射时与图(b)的情形类似。所不同的是因为旋转椭球面的转轴就是光轴,所以旋转椭球与入射面的交线也是圆。在负晶体情况下,这个圆的半径为椭圆的半长轴并大于球面子波半径。两种子波波面的包络面也都是和晶面斜交的平面。从入射点 A 向相应切点 O,E 引直线,即得 o 光、e 光的传播方向。在这一特殊情况下,如果入射角为 i,o 光、e 光的折射角分别为 r_o 和 r_e,则有

$$\sin i/\sin r_o = n_o, \quad \sin i/\sin r_e = n_e,$$

式中,n_o、n_e 为晶体的主折射率。在这一特殊情况下,e 光在晶体中的传播方向,也可以用普通折射定律求得。

图 21.20(d)中光轴在入射面内,并垂直于晶体表面。对于这种情况,当平行光垂直入射时,光在晶体内沿光轴方向传播,不发生双折射。

利用晶体的双折射,目前已经研制出许多精巧的复合棱镜,以获得平面偏振光。这里仅介绍其中一种。这种**偏振棱镜**是由两块直角棱镜粘合而成的(图 21.21)。其中一块棱镜用玻璃制成,折射率为 1.655。另一块用方解石制成,主折射率 $n_o=1.6584, n_e=1.4864$,光轴方向如图中虚线所示,胶合剂折射率为 1.655。这种棱镜称为格兰·汤姆孙棱镜。

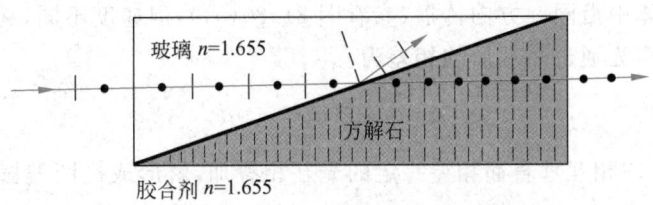

图 21.21　格兰·汤姆逊偏振棱镜

当自然光从左方射入棱镜并到达胶合剂和方解石的分界面时,其中的垂直分量(点子)在方解石中为寻常光线,平行分量(短线)在方解石中为非常光线。方解石的折射率 $n_o=1.6584$ 非常接近 1.655,所以垂直分量几乎无偏折地射入方解石而后进入空气。方解石对于平行分量的折射率为 1.4864,小于胶合剂的折射率 1.655,因而存在一个临界角,当入射角大于临界角时,平行振动的光线发生全反射,偏离原来的传播方向,这样就能把两种偏振光分开,从而获得了偏振程度很高的平面偏振光。棱镜的尺寸正是这样精心设计的。这种偏振棱镜对于所有在水平线上下不超过 $10°$ 的入射光都是很适用的。

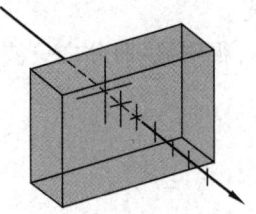

图 21.22　利用电气石的二向色性产生线偏振光

单轴晶体对寻常光线和非常光线的吸收性能一般是相同的。但也有一些晶体如电气石,吸收寻常光线的性能特别强,在 1 mm 厚的电气石晶体内,寻常光线几乎全部被吸收。晶体对互相垂直的两个光振动有选择吸收的这种性能,称为**二向色性**。

利用电气石的二向色性,可以产生线偏振光,如图 21.22 所示。

*21.6　椭圆偏振光和圆偏振光

利用振动方向互相垂直、频率相同的两个简谐运动能够合成椭圆或圆运动的原理,可以获得椭圆偏振光和圆偏振光,装置如图 21.23 所示。图中 P 为偏振片,C 为单轴晶片,与 P 平行放置,其厚度为 d,主折射率为 n_o 和 n_e,光轴(用平行的虚线表示)平行于晶面,并与 P 的偏振化方向成夹角 α。

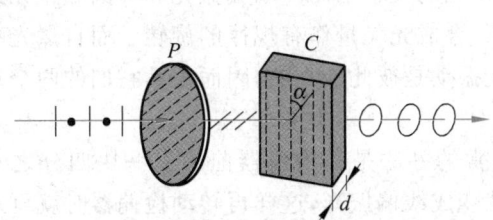

图 21.23　椭圆偏振光的产生

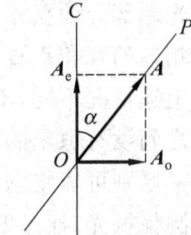

图 21.24　线偏振光的分解

产生椭圆偏振光的原理可用图 21.24 说明。单色自然光通过偏振片后,成为线偏振光,其振幅为 A,光振动方向与晶片光轴夹角为 α。此线偏振光射入晶片后,产生双折射,o 光振动垂直于光轴,振幅为 $A_o=A\sin\alpha$。e 光振动平行于光轴,振幅为 $A_e=A\cos\alpha$。这种情况下，o光、e光在晶体中沿同一方向传播(参看图 21.20(a))，但速度不同，利用不同的折射率计算光程，可得两束光通过晶片后的相差为

$$\Delta\varphi = \frac{2\pi}{\lambda}(n_o - n_e)d$$

这样的两束振动方向相互垂直而相差一定的光互相叠加，就形成椭圆偏振光。选择适当的晶片厚度 d 使得相差

$$\Delta\varphi = \frac{2\pi}{\lambda}(n_o - n_e)d = \frac{\pi}{2}$$

则通过晶片后的光为正椭圆偏振光，这时相应的光程差为

$$\delta = (n_o - n_e)d = \frac{\lambda}{4}$$

而厚度

$$d = \frac{\lambda}{4(n_o - n_e)} \tag{21.3}$$

此时，如果再使 $\alpha=\pi/4$，则 $A_o=A_e$，通过晶片后的光将为圆偏振光。

使 o 光和 e 光的光程差等于 $\lambda/4$ 的晶片，称为**四分之一波片**。很明显，四分之一波片是对特定波长而言的，对其他波长不适用。

当 o 光、e 光的相差为

$$\Delta\varphi = \frac{2\pi}{\lambda}(n_o - n_e)d = \pi$$

时，相应的光程差为

$$\delta = (n_o - n_e)d = \frac{\lambda}{2}$$

而晶片厚度为

$$d = \frac{\lambda}{2(n_o - n_e)} \tag{21.4}$$

这样的晶片称为**二分之一波片**。线偏振光通过二分之一波片后仍为线偏振光，但其振动面转了 2α 角。$\alpha=\pi/4$ 时，可使线偏振光的振动面旋转 $\pi/2$。

前面曾讲到，用检偏器检验圆偏振光和椭圆偏振光时，因光强的变化规律与检验自然光和部分偏振光时的相同，因而无法将它们区分开来。由本节讨论可知，圆偏振光和自然光或者椭圆偏振光和部分偏振光之间的根本区别是相的关系不同。圆偏振光和椭圆偏振光是由两个有确定相差的互相垂直的光振动合成的。合成光矢量作有规律的旋转。而自然光和部分偏振光与上述情况不同，不同振动面上的光振动是彼此独立的，因而表示它们的两个互相垂直的振动之间没有恒定的相差。

根据这一区别可以将它们区分开来。通常的办法是在检偏器前加上一块四分之一波片。如果是圆偏振光，通过四分之一波片后就变成线偏振光，这样再转动检偏器时就可观察到光强有变化，并出现最大光强和消光。如果是自然光，它通过四分之一波片后仍为自然光，转动检偏器时光强仍然没有变化。

检验椭圆偏振光时，要求四分之一波片的光轴方向平行于椭圆偏振光的长轴或短轴，这样椭圆偏振光通过四分之一波片后也变为线偏振光。而部分偏振光通过四分之一波片后仍然是部分偏振光，因而也就可以将它们区分开了。

*21.6 椭圆偏振光和圆偏振光

以上讨论,同时也说明了在图 21.23 的装置中偏振片 P 的作用。如果没有偏振片 P,自然光直接射入晶片,尽管也产生双折射,但是 o 光、e 光之间没有恒定的相位差,这样便不会获得椭圆偏振光和圆偏振光。

例 21.2

如图 21.25 所示,在两偏振片 P_1,P_2 之间插入四分之一波片 C,并使其光轴与 P_1 的偏振化方向间成 $45°$ 角。光强为 I_0 的单色自然光垂直入射于 P_1,转动 P_2,求透过 P_2 的光强 I。

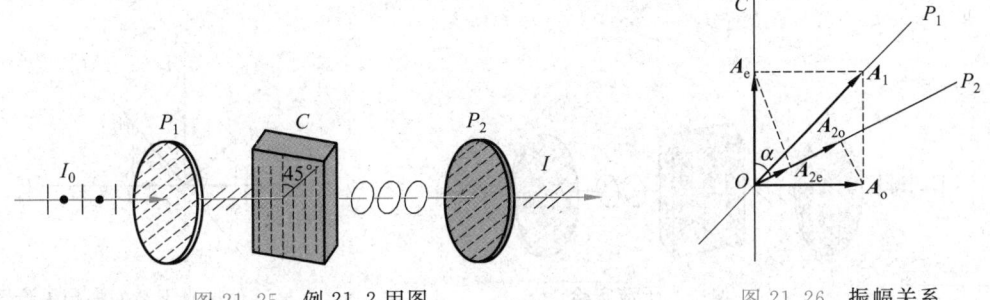

图 21.25 例 21.2 用图   图 21.26 振幅关系

解 通过两偏振片和四分之一波片的光振动的振幅关系如图 21.26 所示。其中 P_1,P_2 分别表示两偏振片的偏振化方向,C 表示波片的光轴方向,α 角表示偏振片 P_2 和 C 之间的夹角。单色自然光通过 P_1 后成为线偏振光,其振幅为 A_1。此线偏振光通过四分之一波片后成为圆偏振光,它的两个互相垂直的分振动的振幅相等,且为

$$A_o = A_e = A_1 \cos 45° = \frac{\sqrt{2}}{2} A_1$$

这两个分振动透过 P_2 的振幅都只是它们沿图中 P_2 方向的投影,即

$$A_{2o} = A_o \cos(90° - \alpha) = A_o \sin \alpha$$
$$A_{2e} = A_e \cos \alpha$$

它们的相差为

$$\Delta \varphi = \frac{\pi}{2}$$

以 A 表示这两个具有恒定相差 $\pi/2$ 并沿同一方向振动的光矢量的合振幅,则有

$$A^2 = A_{2e}^2 + A_{2o}^2 + 2A_{2e}A_{2o}\cos \Delta \varphi = A_{2e}^2 + A_{2o}^2$$

将 A_{2o},A_{2e} 的值代入,则

$$A^2 = (A_e \cos \alpha)^2 + (A_o \sin \alpha)^2 = A_o^2 = A_e^2 = \frac{1}{2} A_1^2$$

此结果表明,通过 P_2 的光强 I 只有圆偏振光光强的一半,也是透过 P_1 的线偏振光光强 I_1 的一半,即

$$I = \frac{1}{2} I_1$$

由于 $I_1 = \frac{1}{2} I_0$,所以最后得

$$I = \frac{1}{4} I_0$$

此结果表明透射光的光强与 P_2 的转角无关。这就是用检偏器检验圆偏振光时观察到的现象,这个现象和检验自然光时观察到的现象相同。

*21.7 偏振光的干涉

在实验室中观察偏振光干涉的基本装置如图 21.27 所示。它和图 21.23 所示装置不同之处只是在晶片后面再加上一块偏振片 P_2，通常总是使 P_2 与 P_1 正交。

单色自然光垂直入射于偏振片 P_1，通过 P_1 后成为线偏振光，通过晶片后由于晶片的双折射，成为有一定相差但光振动相互垂直的两束光。这两束光射入 P_2 时，只有沿 P_2 的偏振化方向的光振动才能通过，于是就得到了两束相干的偏振光。

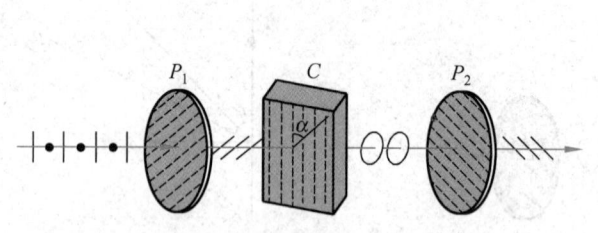
图 21.27　偏振光干涉实验

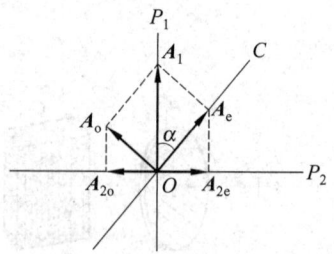
图 21.28　偏振光干涉的振幅矢量图

图 21.28 为通过 P_1，C 和 P_2 的光的振幅矢量图。这里 P_1，P_2 表示两正交偏振片的偏振化方向，C 表示晶片的光轴方向。A_1 为入射晶片的线偏振光的振幅，A_o 和 A_e 为通过晶片后两束光的振幅，A_{2o} 和 A_{2e} 为通过 P_2 后两束相干光的振幅。如果忽略吸收和其他损耗，由振幅矢量图可求得

$$A_o = A_1 \sin \alpha$$
$$A_e = A_1 \cos \alpha$$
$$A_{2o} = A_o \cos \alpha = A_1 \sin \alpha \cos \alpha$$
$$A_{2e} = A_e \sin \alpha = A_1 \sin \alpha \cos \alpha$$

可见在 P_1，P_2 正交时 $A_{2e} = A_{2o}$。

两相干偏振光总的相差为

$$\Delta \varphi = \frac{2\pi}{\lambda}(n_o - n_e)d + \pi \tag{21.5}$$

因为透过 P_1 的是线偏振光，所以进入晶片后形成的两束光的初相差为零。式(21.5)中第一项是通过晶片时产生的相差，第二项是通过 P_2 产生的附加相差。从振幅矢量图可见 A_{2o} 和 A_{2e} 的方向相反，因而附加相差 π。应该明确，这一附加相差和 P_1，P_2 的偏振化方向间的相对位置有关，在二者平行时没有附加相差。这一项应视具体情况而定。在 P_1 和 P_2 正交的情况下，当

$$\Delta \varphi = 2k\pi, \quad k = 1, 2, \cdots$$

或

$$(n_o - n_e)d = (2k-1)\frac{\lambda}{2}$$

时，干涉加强；当

$$\Delta \varphi = (2k+1)\pi, \quad k = 1, 2, \cdots$$

或

$$(n_o - n_e)d = k\lambda$$

时,干涉减弱。如果晶片厚度均匀,当用单色自然光入射,干涉加强时,P_2 后面的视场最明;干涉减弱时视场最暗,并无干涉条纹。当晶片厚度不均匀时,各处干涉情况不同,则视场中将出现干涉条纹。

当白光入射时,对各种波长的光来讲,由式(21.5)可知干涉加强和减弱的条件因波长的不同而各不相同。所以当晶片的厚度一定时,视场将出现一定的色彩,这种现象称为**色偏振**。如果这时晶片各处厚度不同,则视场中将出现彩色条纹。

*21.8 人工双折射

有些本来是各向同性的非晶体和有些液体,在人为条件下,可以变成各向异性,因而产生的双折射现象称为**人工双折射**。下面简单介绍两种人工双折射现象中偏振光的干涉和应用。

1. 应力双折射

塑料、玻璃等非晶体物质在机械力作用下产生变形时,就会获得各向异性的性质,和单轴晶体一样,可以产生双折射。

利用这种性质,在工程上可以制成各种机械零件的透明塑料模型,然后模拟零件的受力情况,观察、分析偏振光干涉的色彩和条纹分布,从而判断零件内部的应力分布。这种方法称为**光弹性方法**。图 21.29 所示为几个零件的塑料模型在受力时产生的偏振光干涉图样的照片。图中的条纹与应力有关,条纹的疏密分布反映应力分布的情况,条纹越密的地方,应力越集中。

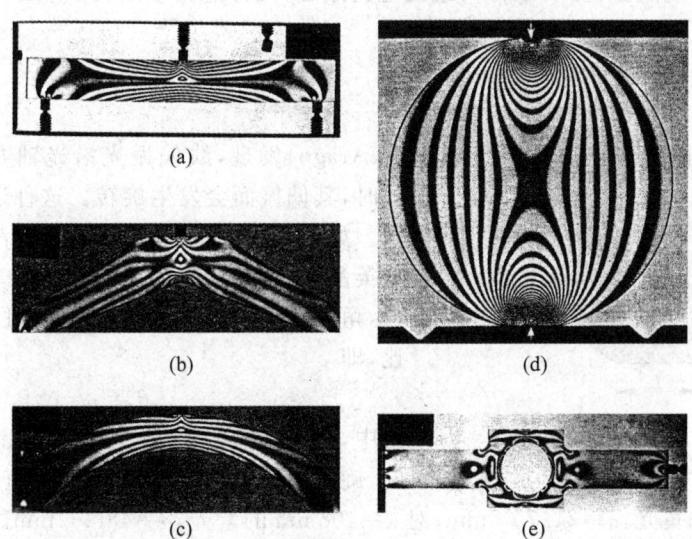

图 21.29 几个零件的塑料模型的光弹性照片

2. 克尔效应

这种人工双折射是非晶体或液体在强电场作用下产生的。电场使分子定向排列,从而获得类似于晶体的各向异性性质,这一现象是克尔(J. Kerr)于 1875 年首次发现的,所以称为**克尔效应**。

图 21.30 所示的实验装置中，P_1，P_2 为正交偏振片。克尔盒中盛有液体（如硝基苯等）并装有长为 l，间隔为 d 的平行板电极。加电场后，两极间液体获得单轴晶体的性质，其光轴方向沿电场方向。

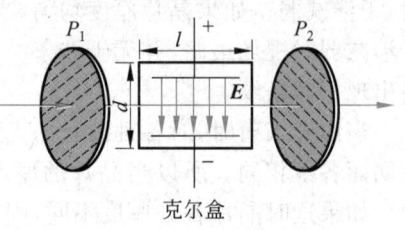

图 21.30 克尔效应

实验表明，折射率的差值正比于电场强度的平方，因此这一效应又称为二次电光效应。折射率差为

$$n_o - n_e = kE^2 \tag{21.6}$$

式中，k 称为克尔常数，视液体的种类而定，E 为电场强度。

线偏振光通过液体时产生双折射，通过液体后 o，e 光的光程差为

$$\delta = (n_o - n_e)l = klE^2 \tag{21.7}$$

如果两极间所加电压为 U，则式中 E 可用 U/d 代替，于是有

$$\delta = kl\frac{U^2}{d^2} \tag{21.8}$$

当电压 U 变化时，光程差 δ 随之变化，从而使透过 P_2 的光强也随之变化，因此可以用电压对偏振光的光强进行调制。克尔效应的产生和消失所需时间极短，约为 10^{-9} s。因此可以做成几乎没有惯性的光断续器。这些断续器已广泛用于高速摄影、激光通信和电视等装置中。

另外，有些晶体，特别是压电晶体在加电场后也能改变其各向异性性质，其折射率的差值与所加电场强度成正比，所以称为**线性电光效应**，又称**泡克尔斯（Pockels）效应**。

*21.9 旋光现象

1811 年，法国物理学家阿喇果（D. F. J. Arago）发现，线偏振光沿光轴方向通过石英晶体时，其偏振面会发生旋转。这种现象称为**旋光现象**。如图 21.31 所示，当线偏振光沿光轴方向通过石英晶体时，其偏振面会旋转一个角度 θ。实验证明，角度 θ 和光线在晶体内通过的路程 l 成正比，即

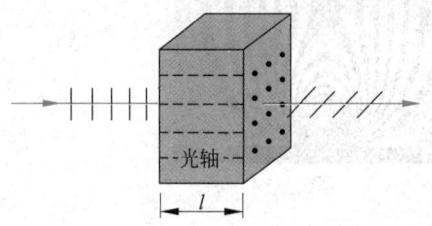

图 21.31 旋光现象

$$\theta = \alpha l \tag{21.9}$$

式中，α 叫做石英的旋光率。不同晶体的旋光率不同，旋光率的数值还和光的波长有关。例如，石英对 $\lambda=589$ nm 的黄光，$\alpha=21.75°$/mm；对 $\lambda=408$ nm 的紫光，$\alpha=48.9°$/mm。

很多液体，如松节油、乳酸、糖的溶液也具有旋光性。线偏振光通过这些液体时，偏振面旋转的角度 θ 和光在液体中通过的路程 l 成正比，也和溶液的浓度 C 成正比，即

$$\theta = [\alpha]Cl \tag{21.10}$$

式中，$[\alpha]$ 称为液体或溶液的**旋光率**。蔗糖水溶液在 20℃时，对 $\lambda=589$ nm 的黄光，其旋光率为 $[\alpha]=66.46°/[dm \cdot (g/mm^3)]$。糖溶液的这种性质被用来检测糖浆或糖尿中的糖分。

同一种旋光物质由于使光振面旋转的方向不同而分为左旋的和右旋的。迎着光线望

去,光振动面沿顺时针方向旋转的称右旋物质,反之,称左旋物质。石英晶体的旋光性是由于其中的原子排列具有螺旋形结构,而左旋石英和右旋石英中螺旋绕行的方向不同。不论内部结构还是天然外形,左旋和右旋晶体均互为镜像(图 21.32)。溶液的左右旋光性则是其中分子本身特殊结构引起的。左右旋分子,如蔗糖分子,它们的原子组成一样,都是 $C_6H_{12}O_6$,但空间结构不同。这两种分子叫**同分异构体**,它们的结构也互为镜像(图 21.33)。令人不解的是人工合成的同分异构体,如左旋糖和右旋糖,总是左右旋分子各半,而来自生命物质的同分异构体,如由甘蔗或甜菜榨出来的蔗糖以及生物体内的葡萄糖则都是右旋的。生物总是选择右旋糖消化吸收,而对左旋糖不感兴趣。

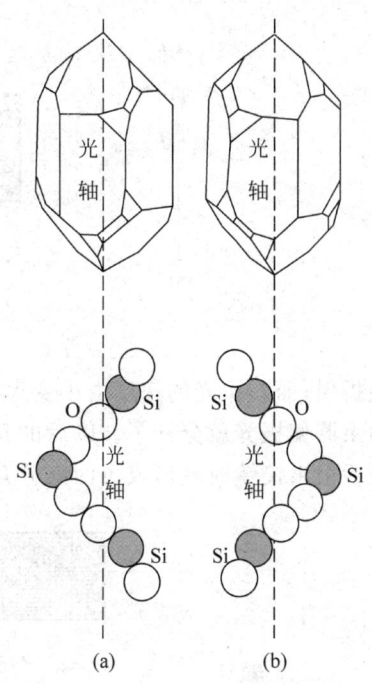

图 21.32 石英晶体
(下为原子排列情况,上为天然晶体外形)
(a) 右旋型; (b) 左旋型

1825 年菲涅耳对旋光现象作出了一个惟象的解释。他设想线偏振光是由角频率 ω 相同但旋向相反的两个圆偏振光组成的,而这两种圆偏振光在物质中的速度不同。如图 21.34 所示,设在晶体中右旋圆偏振光的速度 v_R 大于左旋圆偏振光的速度 v_L。进入旋光物质的线偏振光的振动面设为竖直面,进入时电矢量 E_0 向上,此时二圆偏振光的电矢量 E_R 和 E_L 也都向上(图 21.34(a))。

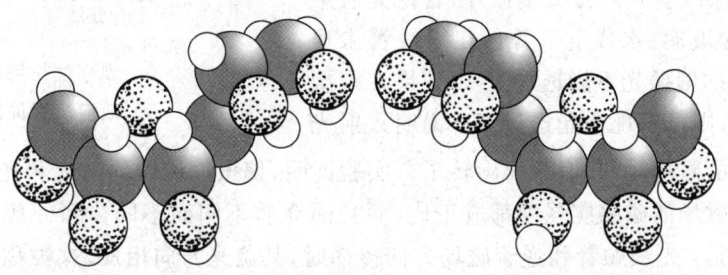

图 21.33 蔗糖分子两种同分异构体结构

此时刻,在射出点处,由于相位落后,E_R 与 E_0 方向的夹角为 $\varphi_R=\omega l/v_R$,E_L 与 E_0 方向的夹角为 $\varphi_L=\omega l/v_L$(图 21.34(c))。由 E_R 和 E_L 合成的线偏振光的振动方向如图 21.34(c)中 E 所示,它已从 E_0 向右旋转了角度 θ,而

$$\theta = \frac{\varphi_L - \varphi_R}{2} = \frac{\omega}{2}\left(\frac{l}{v_L} - \frac{l}{v_R}\right) = \frac{\pi l}{\lambda}\left(\frac{c}{v_L} - \frac{c}{v_R}\right) = \frac{\pi}{\lambda}(n_L - n_R)l \qquad (21.11)$$

式中,n_L 和 n_R 分别为旋光物质对左旋和右旋圆偏振光的折射率。式(21.11)说明,线偏振光的偏振面旋转的角度和光线在旋光物质中通过的路程成正比。

为了验证自己的假设,菲涅耳曾用左旋(L)和右旋(R)石英棱镜交替胶合做成多级组合棱镜(图 21.35)。当一束线偏振光垂直入射时,在第一块晶体内两束圆偏振光不分离。当越过第一个交界面时,由于右旋光的速度由大变小,相对折射率 $n_R>1$,所以右旋光靠近法

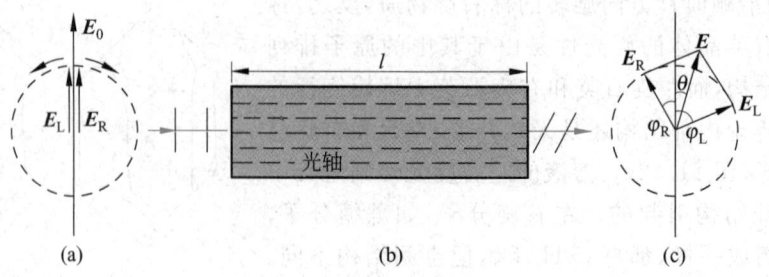

图 21.34 旋光现象的解释

线折射；而左旋光的速度由小变大，相对折射率 $n_L<1$，所以左旋光将远离法线折射。这样，两束圆偏振光就分开了。以后的几个分界面都有使两束圆偏振光分开的角度放大的作用，最后射出棱镜时就形成了两束分开的圆偏振光。实验结果果真这样。

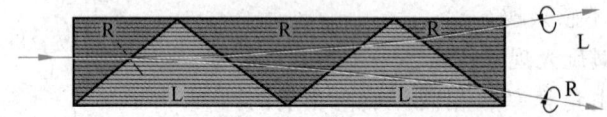

图 21.35 菲涅耳组合棱镜

利用人为方法也可以产生旋光性，其中最重要的是磁致旋光，它是法拉第于 1845 年首先发现的，现在就叫法拉第磁致旋光效应。可用图 21.36 所示的装置观察法拉第效应，在螺线管两端外垂直于其轴线安置两正交偏振片，管内充有某种透明介质，如玻璃、水或空气等。在螺线管未通电时，透过 P_1 的偏振光不能透过 P_2。如果在螺旋管中通以电流，则可发现有光透过 P_2，说明入射光

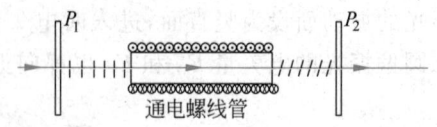

图 21.36 观察法拉第磁致旋光效应装置简图

经过螺线管内的磁场时，其偏振面旋转了。实验证明，偏振面旋转的角度和光线通过介质的路径长度以及磁场的磁感应强度都成正比，而且因介质不同而不同。和一般晶体的旋光性质明显不同的是：光线顺着和逆着磁场方向传播时，**其旋光方向相反**，这被称为磁致旋光的不可逆性。因此，当偏振光通过一定介质层时，光振动方向如果右旋角度为 φ，则当光被反射通过同一介质层后，其光振动方向将共旋转 2φ 的角度。这种性质被用来制成光隔离器，控制光的传播。磁致旋光效应也被用在磁光盘中读出所记录的信息。

1. 光的偏振：光是横波，电场矢量是光矢量。光矢量方向和光的传播方向构成振动面。

三类偏振态：非偏振光（无偏振），偏振光（线偏振、椭圆偏振、圆偏振），部分偏振光。

2. 线偏振光：可用偏振片产生和检验。偏振片是利用了它对不同方向的光振动选择吸收制成的。

马吕斯定律：$I = I_0 \cos^2 \alpha$

3. 反射光和折射光的偏振：入射角为布儒斯特角 i_b 时，反射光为线偏振光，且

$$\tan i_b = \frac{n_2}{n_1} = n_{21}$$

4. 散射引起的偏振：散射光是偏振的。

5. 双折射现象：自然光射入晶体后分作 o 光和 e 光两束，二者均为线偏振光。利用四分之一波片可从线偏振光得到椭圆或圆偏振光。

6. 偏振光的干涉：利用晶片（或人工双折射材料）和检偏器可以使偏振光分成两束相干光而发生干涉。

7. 旋光现象：线偏振光通过物质时振动面旋转的现象。

线偏振光通过磁场时也会发生振动面的旋转，被称为法拉第磁光效应。

习题

21.1 自然光通过两个偏振化方向间成 $60°$ 的偏振片，透射光强为 I_1。今在这两个偏振片之间再插入另一偏振片，它的偏振化方向与前两个偏振片均成 $30°$ 角，则透射光强为多少？

21.2 自然光入射到两个互相重叠的偏振片上。如果透射光强为（1）透射光最大强度的三分之一，或（2）入射光强度的三分之一，则这两个偏振片的偏振化方向间的夹角是多少？

21.3 在图 21.37 所示的各种情况中，以非偏振光和偏振光入射于两种介质的分界面，图中 i_b 为起偏振角，$i \neq i_b$，试画出折射光线和反射光线并用点和短线表示出它们的偏振状态。

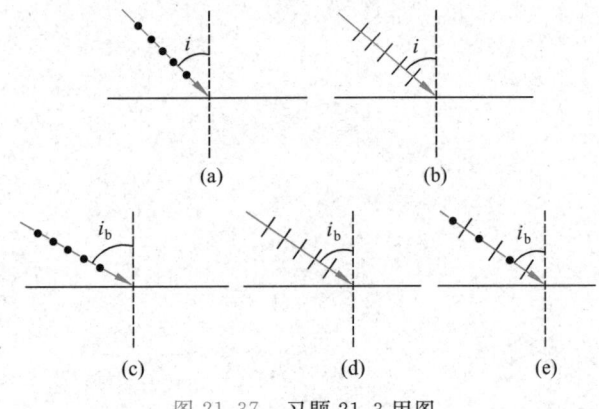

图 21.37 习题 21.3 用图

21.4 水的折射率为 1.33，玻璃的折射率为 1.50，当光由水中射向玻璃而反射时，起偏振角为多少？当光由玻璃中射向水而反射时，起偏振角又为多少？这两个起偏振角的数值间是什么关系？

21.5 光在某两种介质界面上的临界角是 $45°$，它在界面同一侧的起偏振角是多少？

21.6 根据布儒斯特定律可以测定不透明介质的折射率。今测得釉质的起偏振角 $i_b = 58°$，试求它的折射率。

21.7 用方解石切割成一个正三角形棱镜。光轴垂直于棱镜的正三角形截面，如图 21.38 所示。自然光以入射角 i 入射时，e 光在棱镜内的折射线与棱镜底边平行，求入射角 i，并画出 o 光的传播方向和光矢量振动方向。

21.8 棱镜 $ABCD$ 由两个 45°的方解石棱镜组成(如图 21.39 所示),棱镜 ABD 的光轴平行于 AB,棱镜 BCD 的光轴垂直于图面。当自然光垂直于 AB 入射时,试在图中画出 o 光和 e 光的传播方向及光矢量振动方向。

图 21.38 习题 21.7 用图　　　　图 21.39 习题 21.8 用图

21.9 1823 年尼科耳发明了一种用方解石做成的棱镜以获得线偏振光。这种"尼科耳棱镜"由两块直角棱镜用加拿大胶(折射率为 1.55)粘合而成,其几何结构如图 21.40 所示。试用计算证明当一束自然光沿平行于底面的方向入射后将分成两束,一束将在胶合面处发生全反射而被涂黑的底面吸收,另一束将透过加拿大胶而经过另一块棱镜射出。这两束光的偏振状态各如何(参考表 21.1 的折射率数据)?

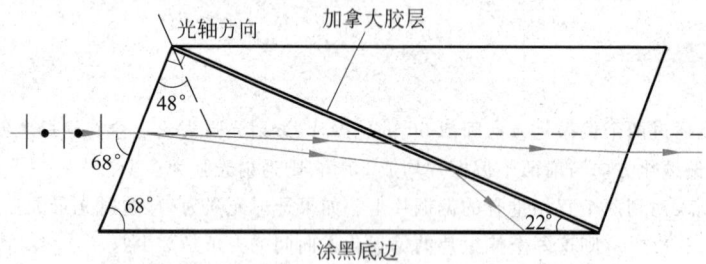

图 21.40 习题 21.9 用图

今日物理趣闻　　E

全息照相

全息照相(简称全息)原理是 1948 年伽伯(Dennis Gabor)为了提高电子显微镜的分辨本领而提出的。他曾用汞灯作光源拍摄了第一张全息照片。其后,这方面的工作进展相当缓慢。直到 1960 年激光出现以后,全息技术才获得了迅速发展,现在它已是一门应用广泛的重要新技术。

全息照相的"全息"是指物体发出的光波的全部信息:既包括振幅或强度,也包括相位。和普通照相比较,全息照相的基本原理、拍摄过程和观察方法都不相同。

E.1　全息照片的拍摄

照相技术是利用了光能引起感光乳胶发生化学变化这一原理。这化学变化的深度随入射光强度的增大而增大,因而冲洗过的底片上各处会有明暗之分。普通照相使用透镜成像原理,底片上各处乳剂化学反应的深度直接由物体各处的明暗决定,因而底片就记录了明暗,或者说,记录了入射光波的强度或振幅。全息照相不但记录了入射光波的强度,而且还能记录下入射光波的相位。之所以能如此,是因为全息照相利用了光的干涉现象。

全息照相没有利用透镜成像原理,拍摄全息照片的基本光路大致如图 E.1 所示。来自同一激光光源(波长为 λ)的光分成两部分:一部分直接照到照相底片上,叫**参考光**;另一部分用来照明被拍摄物体,物体表面上各处散射的光也射到照相底片上,这部分光叫**物光**。参考光和物光在底片上各处相遇时将发生干涉。所产生的干涉条纹既记录了来自物体各处的

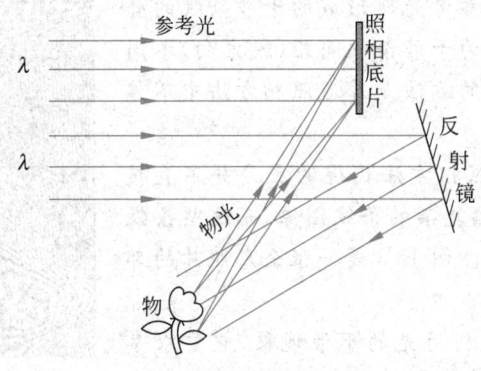

图 E.1　全息照片的拍摄

光波的强度,也记录了这些光波的相位。

干涉条纹记录光波的强度的原理是容易理解的。因为射到底片上的参考光的强度是各处一样的,但物光的强度则各处不同,其分布由物体上各处发来的光决定,这样参考光和物光叠加干涉时形成的干涉条纹在底片上各处的浓淡也不同。这浓淡就反映物体上各处发光的强度,这一点是与普通照相类似的。

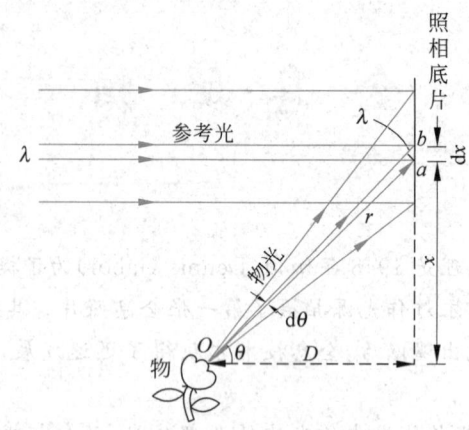

图 E.2　相位记录说明

干涉条纹是怎样记录相位的呢？请看图 E.2,设 O 为物体上某一发光点。它发的光和参考光在底片上形成干涉条纹。设 a,b 为某相邻两条暗纹(底片冲洗后变为透光缝)所在处,距 O 点的距离为 r。要形成暗纹,在 a,b 两处的物光和参考光必须都反相。由于参考光在 a,b 两处是相同的(如图设参考光平行垂直入射,但实际上也可以斜入射),所以到达 a,b 两处的物光的光程差必相差 λ。由图示几何关系可知

$$\lambda = \sin\theta \mathrm{d}x$$

由此得

$$\mathrm{d}x = \frac{\lambda}{\sin\theta} = \frac{\lambda r}{x} \tag{E.1}$$

这一公式说明,在底片上同一处,来自物体上不同发光点的光,由于它们的 θ 或 r 不同,与参考光形成的干涉条纹的间距就不同,因此底片上各处干涉条纹的间距(以及条纹的方向)就反映了物光光波相位的不同,这不同实际上反映了物体上各发光点的位置(前后、上下、左右)的不同。整个底片上形成的干涉条纹实际上是物体上各发光点发出的物光与参考光所形成的干涉条纹的叠加。这种把相位不同转化为干涉条纹间距(或方向)不同从而被感光底片记录下来的方法是普通照相方法中不曾有的。

由上述可知,用全息照相方法获得的底片并不直接显示物体的形象,而是一幅复杂的条纹图像,而这些条纹正记录了物体的光学全息。图 E.3 是一张全息照片的部分放大图。

由于全息照片的拍摄利用光的干涉现象,它要求参考光和物光是彼此相干的。实际上所用仪器设备以及被

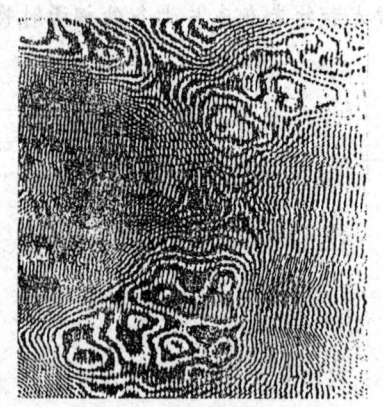

图 E.3　全息照片外观

拍摄物体的尺寸都比较大,这就要求光源有很强的时间相干性和空间相干性。激光,作为一种相干性很强的强光源正好满足了这些要求,而用普通光源则很难做到。这正是激光出现后全息技术才得到长足发展的原因。

E.2 全息图像的观察

观察一张全息照片所记录的物体的形象时,只需用拍摄该照片时所用的同一波长的照明光沿原参考光的方向照射照片即可,如图 E.4 所示。这时在照片的背面向照片看,就可看到在原位置处原物体的完整的立体形象,而照片就像一个窗口一样。之所以能有这样的效果,是因为光的衍射的缘故。仍考虑两相邻的条纹 a 和 b,这时它们是两条透光缝,照明光透过它们将发生衍射。沿原方向前进的光波不产生成像效果,只是其强度受到照片的调制而不再均匀。沿原来从物体上 O 点发来的物光的方向的那两束衍射光,其光程差一定也就是波长 λ。这两束光被人眼会聚将叠加形成+1 级极大,这一极大正对应于发光点 O。由发光点 O 原来在底片上各处造成的透光条纹透过的光的衍射的总效果就会使人眼感到在原来 O 所在处有一发光点 O'。发光体上所有发光点在照片上产生的透光条纹对入射照明光的衍射,就会使人眼看到一个在原来位置处的一个原物的完整的**立体虚像**。注意,这个立体虚像**真正是立体的**,其突出特征是:当人眼换一个位置时,可以看到物体的侧面像,原来被挡住的地方这时也显露出来了。普通的照片不可能做到这一点。人们看普通照片时也会有立体的感觉,那是因为人脑对视角的习惯感受,如远小近大等。在普通照片上无论如何也不能看到物体上原来被挡住的那一部分。

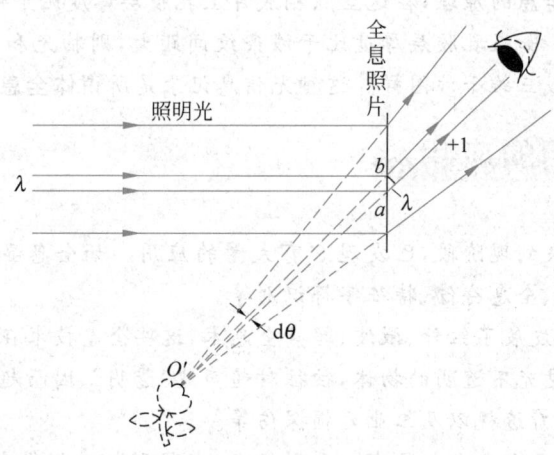

图 E.4 全息照片虚像的形成

全息照片还有一个重要特征是通过其一部分,例如一块残片,也可以看到整个物体的立体像。这是因为拍摄照片时,物体上任一发光点发出的物光在整个底片上各处都和参考光发生干涉,因而在底片上各处都有该发光点的记录。取照片的一部分用照明光照射时,这一部分上的记录就会显示出该发光点的像。对物体上所有发光点都是这样,所不同的只是观察的"窗口"小了一点。这种点-面对应记录的优点是用透镜拍摄普通照片时所不具有的。普通照片与物是点-点对应的,撕去一部分,这一部分就看不到了。

还需要指出的是,用照明光照射全息照片时,还可以得到一个原物的实像,如图 E.5 所示。从 a 和 b 两条透光缝衍射的,沿着和原来物光对称的方向的那两束光,其光程差也正好相差 λ。它们将在和 O' 点对于全息照片对称的位置上相交干涉加强形成 -1 级极大。从照片上各处由 O 点发出的光形成的透光条纹所衍射的相应方向的光将会聚于 O'' 点而成为 O 点的实像。整个照片上的所有条纹对照明光的衍射的 -1 级极大将形成原物的实像。但在此实像中,由于原物的"前边"变成了"后边","外边"翻到了"里边",和人对原物的观察不相符合而成为一种"幻视像",所以很少有实际用处。

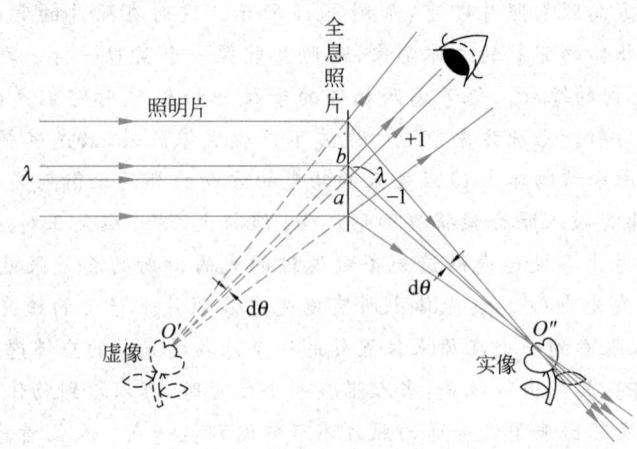

图 E.5 全息照片的实像

以上所述是**平面全息**的原理,在这里照相底片上乳胶层厚度比干涉条纹间距小得多,因而干涉条纹是两维的。如果乳胶层厚度比干涉条纹间距大,则物光和参考光有可能在乳胶层深处发生干涉而形成三维干涉图样。这种光信息记录是所谓**体全息**。

E.3 全息照相的应用

全息照相技术发展到现阶段,已发现它有大量的应用。如全息显微术、全息 X 射线显微镜、全息干涉计量术、全息存储、特征字符识别等。

除光学全息外,还发展了红外、微波、超声全息术,这些全息技术在军事侦察或监视上具有重要意义。如对可见光不透明的物体,往往对超声波"透明",因而超声全息可用于水下侦察和监视,也可用于医疗透视以及工业无损探伤等。

应该指出的是,由于全息照相具有一系列优点,当然引起人们很大的兴趣与注意,应用前途是很广泛的。但直到目前为止,上述应用还多处于实验阶段,到成熟的应用还有大量的工作要做。

今日物理趣闻

光学信息处理

  光学信息处理技术是将一个图像所包含的信息加以处理从而获得人们所需要的图像或其他信息的技术。它是现代光学的重要应用之一。它涉及的物理原理有空间频率、夫琅禾费衍射和阿贝成像理论等。下面简述其概要。

F.1 空间频率与光学信息

  大家已很熟悉"频率"这个概念了。例如，在简谐运动表达式

$$x = A\cos(2\pi\nu t + \varphi_0) \tag{F.1}$$

中，ν 就表示频率。它的意义是单位时间内振动的次数。与之相应的周期 $T=1/\nu$ 是振动位移相邻两次达到极大值所隔的时间。这里频率和周期都是周期性运动的**时间**特征的描述，应该明确称它们为**时间频率**或**时间周期**。我们还知道如式(F.1)的简谐运动是最简单的周期性运动，几个简谐运动可以合成一个比较复杂的周期性运动。反过来，一个周期性运动可以分解为若干个不同频率的简谐运动。已知一个周期性运动，求组成它的各个简谐运动频率及相应振幅的方法叫**傅里叶分析**，所得的频率和相应振幅的集合叫该周期性运动的（时间）频谱，周期性运动的频谱取一系列分立值。非周期性运动也可用傅里叶分析求其频谱，不过其频谱分布是连续的。

  光学信息处理的对象是图像。一幅图像必然是各处明暗色彩不同，这是一种光的强度和颜色按空间的分布。这种空间分布的特征可以用**空间频率**来表明。例如，一张绘有等距离平行等宽窄条的图片（图 F.1），其明暗分布就具有**空间周期性**。相邻两条之间的空间距离 d 可以叫做**空间周期**，其倒数 $f=1/d$ 为单位长度内的条数，就叫空间频率。在图 F.1 中由于窄条垂直于 x 轴，只要用一个空间频率 f_x 就可以表示图像特征。如果直条是斜的，其特征(还包括其倾斜度)就需要用两个空间周期 d_x 和 d_y（图 F.2），或相应的两个空间频率 $f_x=1/d_x$ 和 $f_y=1/d_y$ 来表示了。

  对比简谐运动，可以想象最简单的图片的明暗分布是简谐分布，其"明亮度" D 可以写成

$$D = D_0 + D_0\cos(2\pi fx + \varphi_0) \tag{F.2}$$

其中第二项和式(F.1)完全一样，只是把时间变量 t 换成了空间坐标变量 x，而取代时间频率 ν 的是空间频率 f。很明显，式(F.2)的空间周期是 $d=1/f$，因为 $D(x)=D(x+d)$。

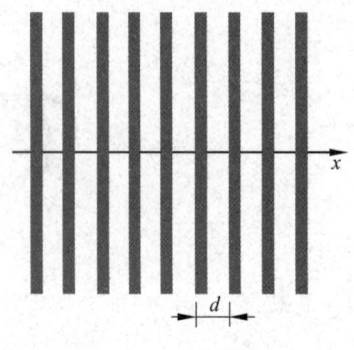
图 F.1 空间周期

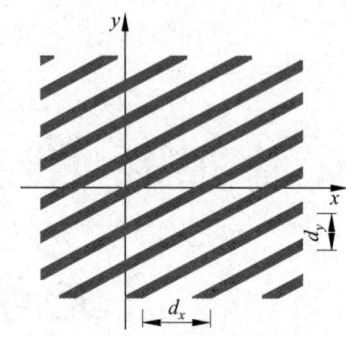
图 F.2 两个空间周期

对比简谐运动的合成,可以了解明暗分布有周期性的图像,如图 F.1 和图 F.2 那样的窄条,可以认为是由许多像式(F.2)所表示的那种简谐明暗分布组合成的。因此,一般地说,也可以用傅里叶分析的方法求出一幅图像的明暗所组成的各个空间频率及相应的"振幅",也就是**空间频谱**。明暗具有空间周期性的图像的频谱中各空间频率(包括 f_x 和 f_y)具有分立的值,而非周期性图像的频谱中的频率值是连续的。频谱中相应于较大空间周期的成分是"低频"成分,相应于较小空间周期的成分是"高频"成分。图像的粗略结构具有较低的空间频率,细微结构具有较高的空间频率。一幅图像的特征就这样可以用它的频谱来表示,这频谱中所有的频率成分和相应的振幅就是这幅图像所包含的光学信息。(加上彩色,信息量还要增加很多。)

一只光栅用平行光照射时,各处光透过的强度(或透过率)就具有像图 F.1 那样的空间周期性,其空间频率就是 $f=1/d$,而 d 是光栅常量。这样的光栅就是通常的**黑白光栅**。如果光栅的透过率具有式(F.2)所表示的形式,这种光栅叫**正弦光栅**。应用傅里叶分析的概念,一幅图像(透明片或反射片)可以认为是由许多光栅常量和缝的取向不相同的正弦光栅叠加而成。这就是从波动光学的观点对一幅图像的结构的认识。图像是一个复杂的"**衍射屏**"。

F.2 空间频谱分析

在实验室内,可以用适当的方法找出一幅图片所包含的光学信息,即其频谱。这个方法就是夫琅禾费衍射。

我们知道,用如图 F.3 所示装置,当栅缝水平的光栅 AB 被由单色点光源 S 通过透镜 L_1 形成的平行光照射时,其衍射第 1 级亮纹出现在 $\pm\theta$ 的方向上,而

$$\sin\theta = \frac{\lambda}{d} = f\lambda \tag{F.3}$$

在像屏上显示的这一亮纹就是空间频率 f 的记录。栅缝的方位不同,像屏上亮纹的方位也不同。换一只光栅常量不同的光栅,亮纹出现的位置也不同:和较大光栅常量(低频)对应的亮纹靠近中央;光栅常量越小(高频),所对应的亮纹越靠边。一张透明照片相当于许多正弦光栅的叠加,各分光栅都在屏上相应的位置形成各自的亮纹。这样,就在屏上记录下来了一幅图像的空间频率。因此,可以说,一套夫琅禾费衍射装置就是一套图像傅里叶(空间)频谱

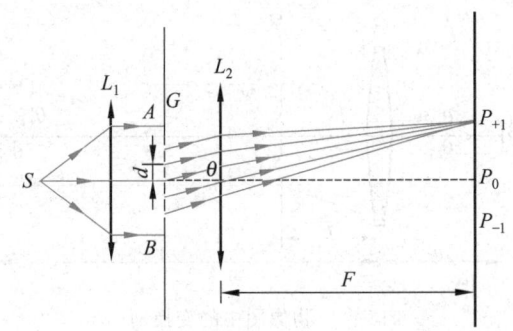

图 F.3 光栅衍射

分析器,而一个图像的夫琅禾费衍射图就是它的傅里叶(空间)频谱图。

图 F.4 给出了一个傅里叶频谱分析实例。衍射屏(即"物")是交叉的黑白光栅(即正交网格),其水平和竖直周期分别是 d_x 和 d_y。频谱图则是整齐排列的一系列光斑:竖直方向间距大,水平方向间距小。

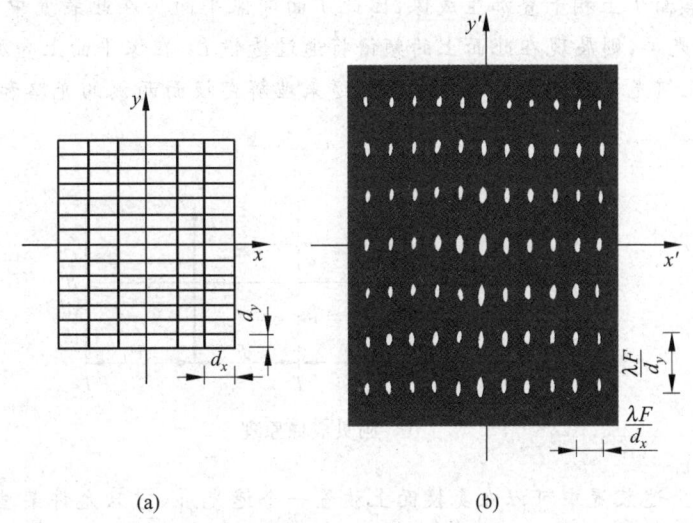

图 F.4 衍射屏(a)和频谱图(b)

F.3 阿贝成像原理和空间滤波

一个发光的物体或画片通过透镜产生实像,其原理是大家熟知的。如图 F.5 所示,物上各点(如 A,B,C)发出的光经凸透镜会聚,对应地形成各点的像(如 A',B',C'),这些点的集合就组成了整个物体的像。这是几何光学的"点-点对应"的观点。

1874 年德国人阿贝从波动光学的观点提出了另一种成像理论。他把物体或画片看做包含一系列空间频率的衍射屏,物体通过透镜成像的过程分两步。第一步是通过衍射屏的光发生夫琅禾费衍射,在透镜的后焦面 $\mathcal{F}$ 上形成其傅里叶频谱图,这后焦面就叫**傅氏面**或**变换面**。第二步是这频谱图上各发光点发出的球面次波在像平面上相干叠加而形成像。可

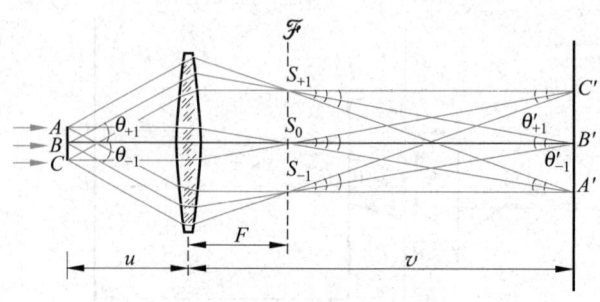

图 F.5 物像图中的变换面

以说,第一步是信息分解,第二步是信息合成。这种理论叫**阿贝(二步)成像原理**,这一成像原理是光学信息处理的理论基础。

利用阿贝成像原理设计的图像处理系统如图 F.6 所示。两个透镜 L_1 和 L_2 成共焦组合。L_1 的前焦面 O 为物平面,由点光源 S 通过透镜形成的平行光照射此平面上的照片(衍射屏)。L_1 的后焦面 T 为变换面,在此平面上形成照片的频谱。通过此频谱面的光通过透镜 L_2 后在其后焦面 I 上相干叠加生成像,因此 I 面即像平面。在此装置中,如果在变换面 T 处不加任何遮光屏,则展现在此面上的频谱将通过透镜 L_2 在像平面上叠加成和原物一样的像。(习惯于几何光学的读者可以用光路可逆来理解变换面两侧的光路和通过 T 面的光在 I 面上的成像。)

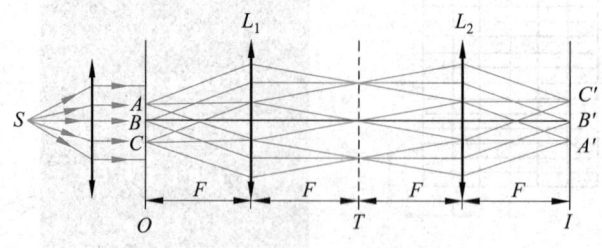

图 F.6 阿贝成像原理

重要的是在上述装置中可以在变换面上放置一个遮光屏,它只允许某些空间频率的光信号通过。这样所得到的像中就只含有和透过的空间频率相应的光信息,这就改变了像的质量从而可以取得原图像信息中那些人们特别感兴趣的光学信息。放在变换面上的遮光屏实际上起了**选频**的作用,因而叫做**空间滤波器**。例如,如果遮光屏只在中央有个圆洞,则它能允许低频信息通过。这种滤波器叫**低通滤波器**。如果遮光屏只是一个较小的不透光圆屏,则较高空间频率的光信号可从其周围通过,因而它叫**高通滤波器**。这种空间滤波是光学信息处理的一种基本方式。

具体的空间滤波作用可以用正交网格作为衍射屏来演示。用如图 F.4(a) 所示的网格,它形成图 F.4(b) 所示的频谱。这频谱点阵包含了水平和竖直两套光栅的空间频率 f_x 和 f_y。如果滤波器是只在中央留有一条缝的遮光屏,则只有中间一竖直列的光斑发的光可以通过,因而只保留了竖直方向空间频率。这样在像平面 I 上只出现原来水平光栅的像(图 F.7(a))。如果滤波器是中央开有一条水平缝的遮光屏,则保留的水平方向频率的光信号在像平面 I 上将形成原来竖直光栅的像(图 F.7(b))。有斜缝的滤波器则形成斜缝光栅的像(图 F.7(c))。如果图 F.4(a)的正交网格上有一些污点,为了明显地显示出污点,可以按图 F.4(b)的那种图样制成"负片",即频谱图上亮点均抹黑而其他处透明。把这样的滤波器放到变换面 T 上时,网格的所有信息将被阻挡而不能成像,而污点的频谱虽也遮掉一些,但绝大部分会保留下来而在像平面 I 上形成较清楚的污点的像(图 F.7(d))。与此相反,这时如果就用图 F.4(b)所示的图片作滤波器而置于 T 面上,则会得到不出现污点的比较干净的网格的像。

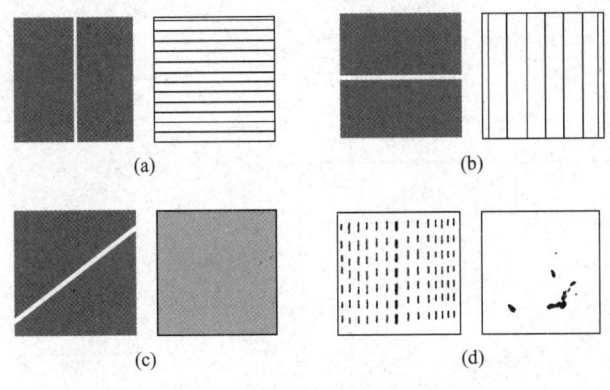

图 F.7 空间滤波示意图

F.4 θ 调制

θ 调制又称分光滤波,是一种有趣的信息处理方法,用它可以得到彩色的图像。为此要制备特别的衍射屏。把要着色的图片(如一盆花)分成几部分(如蓝盆、红花、绿叶),每一部分都用光栅剪成相应的图形,然后拼成原图。但各部分光栅的栅纹方向要互成一定角度(图 F.8(a)中三部分光栅互成120°)。用白光照射此衍射屏时,在傅氏面上会出现不同方向的彩色光谱带(图 F.8(b)中水平带相应于盆,右上斜带相应于叶,右下斜带相应于花)。这时在傅氏面上放一遮光屏,把相应的光谱带中的相应颜色部分(如盆光谱的蓝色、叶光谱的绿色、花光谱的红色)捅破,形成窗口(图 F.8(c))。这样只有这些颜色的空间频率通过此滤波器,它们在像平面上相干叠加就形成原图像的彩色像(图 F.8(d))。由于这种彩色图像是对不同角度 θ 的光栅产生的光学信息选择的结果,所以这种方法叫 θ 调制。

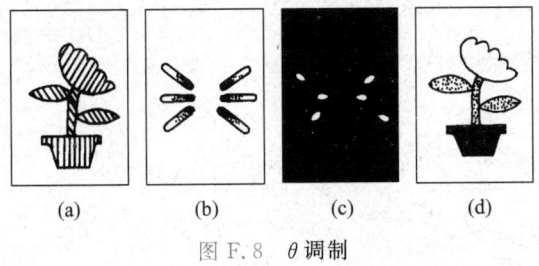

图 F.8 θ 调制

第 5 篇 相 对 论

相对论主要由爱因斯坦创立，它是研究关于时空和引力的基本理论，根据研究对象的不同，可以分为狭义相对论和广义相对论。1905 年，爱因斯坦在发表的《论动体的电动力学》的著名论文中，首先提出了狭义相对论的两条基本假设，在此基础上，建立了狭义相对论，其所涉及的是关于无加速度运动的惯性系。建立狭义相对论后，爱因斯坦即开始研究关于引力的新理论，并且终于在 1915 年创立了广义相对论，讨论了作加速运动的参考系的物理规律。和量子力学一起，它们已成为现代物理学的理论基础，应用到低速领域时，相对论就转化为经典力学。

狭义相对论理论告诉我们，空间和时间不是绝对的，它们和参考系的运动有关。广义相对论则告诉我们，在引力物体近旁，空间和时间要被扭曲。行星的轨道运动并不是由于什么引力的作用，而是由于这种时空的扭曲。引力就是弯曲时空的表现。

相对论作为一门奇妙而高深的理论，它的许多规律与方法都和经典物理有着本质的不同。本篇将重点介绍有关狭义相对论的基础知识，广义相对论的有关内容将在《今日物理趣闻》栏目作简单的介绍。

第22章

狭义相对论基础

牛顿力学的基础就是以牛顿命名的三条定律。这理论是在17世纪形成的,在以后的两个多世纪里,牛顿力学对科学和技术的发展起了很大的推动作用,而自身也得到了很大的发展。历史踏入20世纪时,物理学开始深入扩展到微观高速领域,这时发现牛顿力学在这些领域不再适用,物理学的发展要求对牛顿力学以及某些长期认为是不言自明的基本概念作出根本性的改革。这种改革终于实现了,那就是相对论和量子力学的建立。本章主要介绍相对论的基础知识。

22.1 牛顿相对性原理和伽利略变换

力学是研究物体的运动的,物体的运动就是它的位置随时间的变化。为了定量研究这种变化,必须选定适当的参考系,而力学概念,如速度、加速度等,以及力学规律都是对一定的参考系才有意义的。在处理实际问题时,视问题的方便,可以选用不同的参考系。相对于任一参考系分析研究物体的运动时,都要应用基本力学定律。这里就出现了这样的问题,对于不同的参考系,基本力学定律的形式是完全一样的吗?

运动既然是物体位置随时间的变化,那么,无论是运动的描述或是运动定律的说明,都离不开长度和时间的测量。因此,和上述问题紧密联系而又更根本的问题是:相对于不同的参考系,长度和时间的测量结果是一样的吗?

物理学对于这些根本问题的解答,经历了从牛顿力学到相对论的发展。下面先说明牛顿力学是怎样理解这些问题的,然后再着重介绍狭义相对论的基本内容。

对于上面的第一个问题,牛顿力学的回答是干脆的:对于任何惯性参考系,牛顿定律都成立。也就是说,对于不同的惯性系,力学的基本定律——牛顿定律,其形式都是一样的。因此,在任何惯性系中观察,同一力学现象将按同样的形式发生和演变。这个结论叫**牛顿相对性原理**或**力学相对性原理**,也叫做伽利略不变性。这个思想首先是伽利略表述的。在宣扬哥白尼的日心说时,为了解释地球的表观上的静止,他曾以大船作比喻,生动地指出:在"以任何速度前进,只要运动是匀速的,同时也不这样那样摆动"的大船船舱内,观察各种力学现象,如人的跳跃,抛物,水滴的下落,烟的上升,鱼的游动,甚至蝴蝶和苍蝇的飞行等,你会发现,它们都会和船静止不动时一样地发生。人们并不能从这些现象来判断大船是否在运动。无独有偶,这种关于相对性原理的思想,在我国古籍中也有记述,成书于东汉时代(比

图 22.1 舟行而不觉

伽利略要早约 1500 年!)的《尚书纬·考灵曜》中有这样的记述:"地恒动不止而人不知,譬如人在大舟中,闭牖而坐,舟行而不觉也"(图 22.1)。

在作匀速直线运动的大船内观察任何力学现象,都不能据此判断船本身的运动。只有打开舷窗向外看,当看到岸上灯塔的位置相对于船不断地在变化时,才能判定船相对于地面是在运动的,并由此确定航速。即使这样,也只能作出相对运动的结论,并不能肯定"究竟"是地面在运动,还是船在运动。只能确定两个惯性系的相对运动速度,谈论某一惯性系的绝对运动(或绝对静止)是没有意义的。这是力学相对性原理的一个重要结论。

关于空间和时间的问题,牛顿有的是**绝对**空间和**绝对**时间概念,或**绝对时空观**。所谓绝对空间是指长度的量度与参考系无关,绝对时间是指时间的量度和参考系无关。这也就是说,同样两点间的距离或同样的前后两个事件之间的时间,无论在哪个惯性系中测量都是一样的。牛顿本人曾说过:"绝对空间,就其本性而言,与外界任何事物**无关**,而永远是相同的和不动的。"还说过:"绝对的、真正的和数学的时间自己流逝着,并由于它的本性而均匀地与任何外界对象**无关**地流逝着。"还有,在牛顿那里,时间和空间的量度是**相互独立**的。

牛顿的这种绝对空间与绝对时间的概念是一般人对空间和时间概念的理论总结。我国唐代诗人李白在他的《春夜宴桃李园序》中的词句:"夫天地者,万物之逆旅;光阴者,百代之过客",也表达了相同的意思。

牛顿的相对性原理和他的绝对时空概念是直接联系的,下面就来说明这种联系。

设想两个相对作匀速直线运动的参考系,分别以直角坐标系 $S(O,x,y,z)$ 和 $S'(O',x',y',z')$ 表示(图 22.2),两者的坐标轴分别相互平行,而且 x 轴和 x' 轴重合在一起。S' 相对于 S 沿 x 轴方向以速度 $\boldsymbol{u}=u\boldsymbol{i}$ 运动。

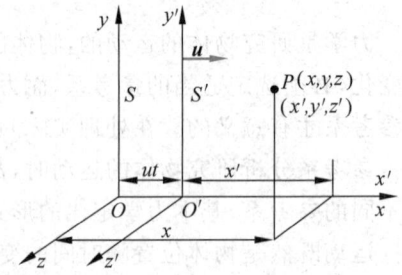

图 22.2 相对作匀速直线运动的两个参考系 S 和 S'

为了测量时间,设想在 S 和 S' 系中各处各有自己的钟,所有的钟结构完全相同,而且同一参考系中的所有的钟都是校准好而同步的,它们分别指示时刻 t 和 t'。为了对比两个参考系中所测的时间,我们假定两个参考系中的钟都以原点 O' 和 O 重合的时刻作为计算时间的零点。让我们找出两个参考系测出的同一质点到达某一位置 P 的时刻以及该位置的空间坐标之间的关系。

由于时间量度的绝对性,质点到达 P 时,两个参考系中 P 点附近的钟给出的时刻数值一定相等,即

$$t' = t \tag{22.1}$$

由于空间量度的绝对性,由 P 点到 xz 平面(亦即 $x'z'$ 平面)的距离,由两个参考系测出的数值也是一样的,即

$$y' = y \tag{22.2}$$

同理
$$z' = z \tag{22.3}$$

至于 x 和 x' 的值，由 S 系测量，x 应该等于此时刻两原点之间的距离 ut 加上 $y'z'$ 平面到 P 点的距离。这后一距离由 S' 系量得为 x'。若由 S 系测量，根据绝对空间概念，这后一距离应该一样，即也等于 x'。所以，在 S 系中测量就应该有
$$x = x' + ut$$
或
$$x' = x - ut \tag{22.4}$$

将式(22.2)～式(22.4)写到一起，就得到下面一组变换公式：
$$x' = x - ut, \quad y' = y, \quad z' = z, \quad t' = t \tag{22.5}$$
这组公式叫**伽利略坐标变换**，它是绝对时空概念的直接反映。

由公式(22.5)可进一步求得速度变换公式。将其中前 3 式对时间求导，考虑到 $t = t'$，可得
$$\frac{\mathrm{d}x'}{\mathrm{d}t'} = \frac{\mathrm{d}x}{\mathrm{d}t} - u, \quad \frac{\mathrm{d}y'}{\mathrm{d}t'} = \frac{\mathrm{d}y}{\mathrm{d}t}, \quad \frac{\mathrm{d}z'}{\mathrm{d}t'} = \frac{\mathrm{d}z}{\mathrm{d}t}$$
式中
$$\frac{\mathrm{d}x'}{\mathrm{d}t'} = v_x', \quad \frac{\mathrm{d}y'}{\mathrm{d}t'} = v_y', \quad \frac{\mathrm{d}z'}{\mathrm{d}t'} = v_z'$$
与
$$\frac{\mathrm{d}x}{\mathrm{d}t} = v_x, \quad \frac{\mathrm{d}y}{\mathrm{d}t} = v_y, \quad \frac{\mathrm{d}z}{\mathrm{d}t} = v_z$$
分别为 S' 系与 S 系中的各个速度分量，因此可得速度变换公式为
$$v_x' = v_x - u, \quad v_y' = v_y, \quad v_z' = v_z \tag{22.6}$$
式(22.6)中的三式可以合并成一个矢量式，即
$$\boldsymbol{v}' = \boldsymbol{v} - \boldsymbol{u} \tag{22.7}$$
这正是在第 1 章中已导出的伽利略速度变换公式(1.39)。由上面的推导可以看出它是以绝对的时空概念为基础的。

将式(22.7)再对时间求导，可得出加速度变换公式。由于 $\boldsymbol{u}$ 与时间无关，所以有
$$\frac{\mathrm{d}\boldsymbol{v}'}{\mathrm{d}t'} = \frac{\mathrm{d}\boldsymbol{v}}{\mathrm{d}t}$$
即
$$\boldsymbol{a}' = \boldsymbol{a} \tag{22.8}$$
这说明同一质点的加速度在不同的惯性系内测得的结果是一样的。

在牛顿力学里，质点的质量和运动速度没有关系，因而也不受参考系的影响。牛顿力学中的力只跟质点的相对位置或相对运动有关，因而也是和参考系无关的。因此，只要 $\boldsymbol{F} = m\boldsymbol{a}$ 在参考系 S 中是正确的，那么，对于参考系 S' 来说，由于 $\boldsymbol{F}' = \boldsymbol{F}$，$m' = m$ 以及式(22.8)，则必然有
$$\boldsymbol{F}' = m'\boldsymbol{a}' \tag{22.9}$$
即对参考系 S' 说，牛顿定律也是正确的。一般地说，牛顿定律对任何惯性系都是正确的。

这样，我们就由牛顿的绝对时空概念(以及"绝对质量"概念)得到了牛顿相对性原理。

22.2 爱因斯坦相对性原理和光速不变

在牛顿等对力学进行深入研究之后，人们对其他物理现象，如光和电磁现象的研究也逐步深入了。19 世纪中叶，已形成了比较严整的电磁理论——麦克斯韦理论。它预言光是一种电磁波，而且不久也为实验所证实。在分析与物体运动有关的电磁现象时，也发现有符合相对性原理的实例。例如在电磁感应现象中，只是磁体和线圈的相对运动决定线圈内产生的感生电动势。因此，也提出了同样的问题，对于不同的惯性系，电磁现象的基本规律的形式是一样的吗？如果用伽利略变换对电磁现象的基本规律进行变换，发现这些规律对不同的惯性系并不具有相同的形式。就这样，伽利略变换和电磁现象符合相对性原理的设想发生了矛盾。

在这个问题中，光速的数值起了特别重要的作用。以 c 表示在某一参考系 S 中测得的光在真空中的速率，以 c' 表示在另一参考系 S' 中测得的光在真空的速率，如果根据伽利略变换，就应该有

$$c' = c \pm u$$

式中 u 为 S' 相对于 S 的速度，它前面的正负号由 c 和 u 的方向相反或相同而定。但是麦克斯韦的电磁场理论给出的结果与此不相符，该理论给出的光在真空中的速率

$$c = \frac{1}{\sqrt{\varepsilon_0 \mu_0}} \tag{22.10}$$

其中 $\varepsilon_0 = 6.85 \times 10^{-12} \text{C}^2 \cdot \text{N}^{-1} \cdot \text{m}^{-2}$（或 F/m），$\mu_0 = 1.26 \times 10^{-6} \text{N} \cdot \text{s}^2 \cdot \text{C}^{-2}$（或 H/m），是两个电磁学常量。将这两个值代入上式，可得

$$c = 2.99 \times 10^8 \text{ m/s}$$

由于 ε_0, μ_0 与参考系无关，因此 c 也应该与参考系无关。这就是说在任何参考系内测得的光在真空中的速率都应该是这一数值。这一结论还为后来的很多精确的实验（最著名的是 1887 年迈克尔逊和莫雷做的实验）和观察所证实。它们都明确无误地证明光速的测量结果与光源和测量者的相对运动无关，亦即与参考系无关。这就是说，光或电磁波的运动不服从伽利略变换！

正是根据光在真空中的速度与参考系无关这一性质，在精密的激光测量技术的基础上，现在把光在真空中的速率规定为一个基本的物理常量，其值规定为

$$c = 299\ 792\ 458 \text{ m/s}$$

SI 的长度单位"m"就是在光速的这一规定的基础上规定的（参看 1.1 节）。

光速与参考系无关这一点是与人们的预计相反的，因日常经验总是使人们确信伽利略变换是正确的。但是要知道，日常遇到的物体运动的速率比起光速来是非常小的，炮弹飞出炮口的速率不过 10^3 m/s，人造卫星的发射速率也不过 10^4 m/s，不及光速的万分之一。我们本来不能，也不应该轻率地期望在低速情况下适用的规律在很高速的情况下也一定能适用。

伽利略变换和电磁规律的矛盾促使人们思考下述问题：是伽利略变换是正确的，而电磁现象的基本规律不符合相对性原理呢？还是已发现的电磁现象的基本规律是符合相对性原理的，而伽利略变换，实际上是绝对时空概念，应该修正呢？爱因斯坦对这个问题进行了深

入的研究,并在1905年发表了《论动体的电动力学》这篇著名的论文,对此问题作出了对整个物理学都有根本变革意义的回答。在该文中他把下述"思想"提升为"公设"即基本假设:

物理规律对所有惯性系都是一样的,不存在任何一个特殊的(例如"绝对静止"的)惯性系。

爱因斯坦称这一假设为相对性原理,我们称之为**爱因斯坦相对性原理**。和牛顿相对性原理加以比较,可以看出前者是后者的推广,使相对性原理不仅适用于力学现象,而且适用于所有物理现象,包括电磁现象在内。这样,我们就可以料到,在任何一个惯性系内,不但是力学实验,而且任何物理实验都不能用来确定本参考系的运动速度。绝对运动或绝对静止的概念,从整个物理学中被排除了。

在把相对性原理作为基本假设的同时,爱因斯坦在那篇著名论文中还把另一论断,即**在所有惯性系中,光在真空中的速率都相等**,作为另一个基本假设提了出来。这一假设称为**光速不变原理**[①]。就是在看来这样简单而且最一般的两个假设的基础上,爱因斯坦建立了一套完整的理论——狭义相对论,而把物理学推进到了一个新的阶段。由于在这里涉及的只是无加速运动的惯性系,所以叫**狭义相对论**,以别于后来爱因斯坦发展的**广义相对论**,在那里讨论了作加速运动的参考系。

既然选择了相对性原理,那就必须修改伽利略变换,爱因斯坦从考虑**同时性的相对性**开始导出了一套新的时空变换公式——洛伦兹变换。

22.3 同时性的相对性和时间延缓

爱因斯坦对物理规律和参考系的关系进行考查时,不仅注意到了物理规律的具体形式,而且注意到了更根本更普遍的问题——关于时间和长度的测量问题,首先是时间的概念。他对牛顿的绝对时间概念提出了怀疑,并且,据他说,从16岁起就开始思考这个问题了。经过10年的思考,终于得到了他的异乎寻常的结论:时间的量度是相对的! 对于不同的参考系,同样的先后两个事件之间的时间间隔是不同的。

爱因斯坦的论述是从讨论"同时性"概念开始的[②]。在1905年发表的《论动体的电动力学》那篇著名论文中,他写道:"如果我们要描述一个质点的运动,我们就以时间的函数来给出它的坐标值。现在我们必须记住,这样的数学描述,只有在我们十分清楚懂得'时间'在这里指的是什么之后才有物理意义。我们应该考虑到:凡是时间在里面起作用的我们的一切判断,总是关于同时的事件的判断。比如我们说,'那列火车7点钟到达这里',这大概是说,'我的表的短针指到7同火车到达是同时的事件'。"

[①] 如果把光速当成一个"物理规律",则光速不变原理就成了相对性原理的一个推论,无须作为一条独立的假设提出。更应注意的是,相对论理论不应该是电磁学的一个分支,不应该依赖光速的极限性。可以在空间的均匀性和各向同性的"基本假设"的基础上,根据相对性原理导出洛伦兹变换而建立相对论理论。这就更说明了爱因斯坦的相对性思想的普遍性和基础意义。关于不用光速的相对论论证可看看:Mermin N D. Relativity without light. Am J Phys, 1984, 52(2):119~124; Terletskii Y P. Paradoxes in the Theory of Relativity. New York: Plenum Press, 1968, Sec. 7.

[②] 杨振宁称同时性的相对性是"关键性、革命性的思想",他还评论说:"洛伦兹有其数学,没有其物理;庞加莱有其哲学,也没有其物理。而26岁的爱因斯坦敢于质疑人类关于时间的错误的原始观念,坚持同时性是相对的,才能从而打开了通向新的微观物理之门。"——见:物理与工程,2005,6,2.

注意到了同时性,我们就会发现,和光速不变紧密联系在一起的是:在某一惯性系中同时发生的两个事件,在相对于此惯性系运动的另一惯性系中观察,并不是同时发生的。这可由下面的理想实验看出来。

仍设如图 22.2 所示的两个参考系 S 和 S',设在坐标系 S' 中的 x' 轴上的 A', B' 两点各放置一个接收器,每个接收器旁各有一个静止于 S' 的钟,在 $A'B'$ 的中点 M' 上有一闪光光源(图 22.3)。今设光源发出一闪光,由于 $M'A' = M'B'$,而且向各个方向的光速是一样的,所以闪光必将同时传到两个接收器,或者说,光到达 A' 和到达 B' 这两个事件在 S' 系中观察是同时发生的。

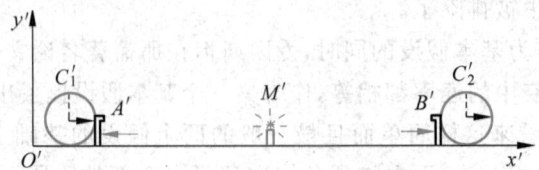

图 22.3 在 S' 系中观察,光同时到达 A' 和 B'

在 S 系中观察这两个同样的事件,其结果又如何呢?如图 22.4 所示,在光从 M' 发出到达 A' 这一段时间内,A' 已迎着光线走了一段距离,而在光从 M' 出发到达 B' 这段时间内,B' 却背着光线走了一段距离。

显然,光线从 M' 发出到达 A' 所走的距离比到达 B' 所走的距离要短。因为这两个方向的光速还是一样的(光速与光源和观察者的相对运动无关),所以光必定先到达 A' 而后到达 B',或者说,光到达 A' 和到达 B' 这两个事件在 S 系中观察并不是同时发生的。这就说明,**同时性是相对的**。

如果 M, A, B 是固定在 S 系的 x 轴上的一套类似装置,则用同样分析可以得出,在 S 系中同时发生的两个事件,在 S' 系中观察,也不是同时发生的。分析这两种情况的结果还可以得出下一结论:沿两个惯性系相对运动方向发生的两个事件,在其中一个惯性系中表现为同时的,在另一惯性系中观察,则总是**在前一惯性系运动的后方的那一事件先发生**。

由图 22.4 也很容易了解,S' 系相对于 S 系的速度越大,在 S 系中所测得的沿相对速度方向配置的两事件之间的时间间隔就越长。这就是说,对不同的参考系,沿相对速度方向配置的同样的两个事件之间的时间间隔是不同的。这也就是说,**时间的测量是相对的**。

下面我们来导出时间量度和参考系相对速度之间的关系。

如图 22.5(a)所示,设在 S' 系中 A' 点有一闪光光源,它近旁有一只钟 C'。在平行于 y' 轴方向离 A' 距离为 d 处放置一反射镜,镜面向 A'。今令光源发出一闪光射向镜面又反射回 A',光从 A' 发出到再返回 A' 这两个事件相隔的时间由钟 C' 给出,它应该是

$$\Delta t' = \frac{2d}{c} \tag{22.11}$$

在 S 系中测量,光从 A' 发出再返回 A' 这两个事件相隔的时间又是多长呢?首先,我们看到,由于 S' 系的运动,这两个事件并不发生在 S 系中的同一地点。为了测量这一时间间隔,必须利用沿 x 轴配置的许多静止于 S 系的经过校准而同步的钟 C_1, C_2 等,而待测时间间隔由光从 A' 发出和返回 A' 时,A' 所邻近的钟 C_1 和 C_2 给出。我们还可以看到,在 S 系中测量时,光线由发出到返回并不沿同一直线进行,而是沿一条折线(图 22.5(b)、(c))。为了

22.3 同时性的相对性和时间延缓

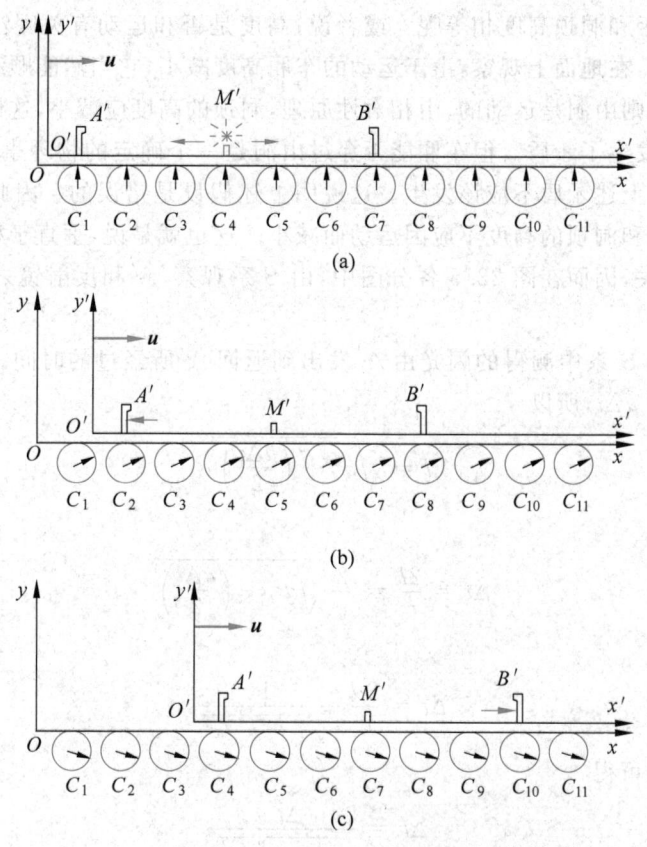

图 22.4 在 S 系中观察
(a) 光由 M' 发出；(b) 光到达 A'；(c) 光到达 B'

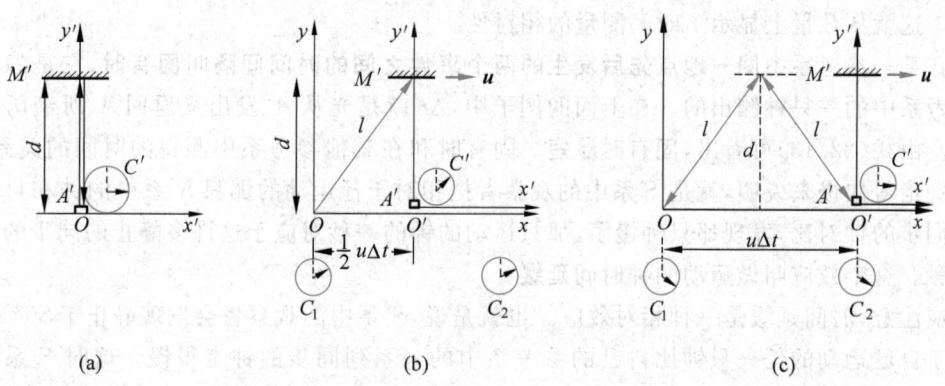

图 22.5 光由 A' 到 M'，再返回 A'
(a) 在 S' 系中测量；(b)、(c) 在 S 系中测量

计算光经过这条折线的时间，需要算出在 S 系中测得的斜线 l 的长度。为此，我们先说明，在 S 系中测量，沿 y 方向从 A' 到镜面的距离也是 d（这里应当怀疑一下牛顿的绝对长度的概念），这可以由下述火车钻洞的假想实验得出。

设在山洞外停有一列火车，车厢高度与洞顶高度相等。现在使车厢匀速地向山洞开去。

这时它的高度是否和洞顶高度相等呢？或者说，高度是否和运动有关呢？假设高度由于运动而变小了，这样，在地面上观察，由于运动的车厢高度减小，它当然能顺利地通过山洞。如果在车厢上观察，则山洞是运动的，由相对性原理，洞顶的高度应减小，这样车厢势必在山洞外被阻住。这就发生了矛盾。但车厢能否穿过山洞是一个确定的物理事实，应该和参考系的选择无关，因而上述矛盾不应该发生。这说明上述假设是错误的。因此在满足相对性原理的条件下，车厢和洞顶的高度不应因运动而减小。这也就是说，垂直于相对运动方向的长度测量与运动无关，因而在图 22.5 各分图中，由 S 系观察，A' 和反射镜之间沿 y 方向的距离都是 d。

以 Δt 表示在 S 系中测得的闪光由 A' 发出到返回 A' 所经过的时间。由于在这段时间内，A' 移动了距离 $u\Delta t$，所以

$$l = \sqrt{d^2 + \left(\frac{u\Delta t}{2}\right)^2} \tag{22.12}$$

由光速不变，又有

$$\Delta t = \frac{2l}{c} = \frac{2}{c}\sqrt{d^2 + \left(\frac{u\Delta t}{2}\right)^2}$$

由此式解出

$$\Delta t = \frac{2d}{c}\frac{1}{\sqrt{1-u^2/c^2}}$$

和式（22.11）比较可得

$$\Delta t = \frac{\Delta t'}{\sqrt{1-u^2/c^2}} \tag{22.13}$$

此式说明，如果在某一参考系 S' 中发生在同一地点的两个事件相隔的时间是 $\Delta t'$，则在另一参考系 S 中测得的这两个事件相隔的时间 Δt 总是要长一些，二者之间差一个 $\sqrt{1-u^2/c^2}$ 因子。这就从数量上显示了时间测量的相对性。

在某一参考系中同一地点先后发生的两个事件之间的时间间隔叫**固有时**，它是静止于此参考系中的一只钟测出的。在上面的例子中，$\Delta t'$ 就是光从 A' 发出又返回 A' 所经历的固有时。由式（22.13）可看出，**固有时最短**。固有时和在其他参考系中测得的时间的关系，如果用钟走得快慢来说明，就是 S 系中的观察者把相对于他运动的那只 S' 系中的钟和自己的许多同步的钟对比，发现那只钟慢了，那只运动的钟的一秒对应于这许多静止的同步的钟的好几秒。这个效应叫做运动的钟**时间延缓**。

应注意，时间延缓是一种相对效应。也就是说，S' 系中的观察者会发现静止于 S 系中而相对于自己运动的任一只钟比自己的参考系中的一系列同步的钟走得慢。这时 S 系中的一只钟给出固有时，S' 系中的钟给出的不是固有时。

由式（22.13）还可以看出，当 $u \ll c$ 时，$\sqrt{1-u^2/c^2} \approx 1$，而 $\Delta t \approx \Delta t'$。这种情况下，同样的两个事件之间的时间间隔在各参考系中测得的结果都是一样的，即时间的测量与参考系无关。这就是牛顿的绝对时间概念。由此可知，牛顿的绝对时间概念实际上是相对论时间概念在参考系的相对速度很小时的近似。

例 22.1

一飞船以 $u=9\times 10^3$ m/s 的速率相对于地面（我们假定为惯性系）匀速飞行。飞船上的钟走了 5 s 的时间，用地面上的钟测量是经过了多少时间？

解 因为 $\Delta t'$ 为固有时，$u=9\times 10^3$ m/s，$\Delta t'=5$ s，所以

$$\Delta t = \frac{\Delta t'}{\sqrt{1-u^2/c^2}} = \frac{5}{\sqrt{1-[(9\times 10^3)/(3\times 10^8)]^2}}\text{s}$$
$$\approx 5\left[1+\frac{1}{2}\times(3\times 10^{-5})^2\right]\text{s} = 5.000\,000\,002 \text{ s}$$

此结果说明对于飞船的这样大的速率来说，时间延缓效应实际上是很难测量出来的。

例 22.2

带正电的 π 介子是一种不稳定的粒子。当它静止时，平均寿命为 2.5×10^{-8} s，过后即衰变为一个 μ 介子和一个中微子。今产生一束 π 介子，在实验室测得它的速率为 $u=0.99c$，并测得它在衰变前通过的平均距离为 52 m。这些测量结果是否一致？

解 如果用平均寿命 $\Delta t'=2.5\times 10^{-8}$ s 和速率 u 相乘，得

$$0.99\times 3\times 10^8 \times 2.5\times 10^{-8}\text{m} = 7.4\text{ m}$$

这和实验结果明显不符。若考虑相对论时间延缓效应，$\Delta t'$ 是静止 π 介子的平均寿命，为固有时，当 π 介子运动时，在实验室测得的平均寿命应是

$$\Delta t = \frac{\Delta t'}{\sqrt{1-u^2/c^2}} = \frac{2.5\times 10^{-8}}{\sqrt{1-0.99^2}}\text{s} = 1.8\times 10^{-7}\text{ s}$$

在实验室测得它通过的平均距离应该是

$$u\Delta t = 0.99\times 3\times 10^8 \times 1.8\times 10^{-7}\text{m} = 53\text{ m}$$

和实验结果很好地符合。

这是符合相对论的一个高能粒子的实验。实际上，近代高能粒子实验，每天都在考验着相对论，而相对论每次也都经受住了这种考验。

22.4 长度收缩

现在讨论长度的测量。22.3 节已说过，垂直于运动方向的长度测量是与参考系无关的。沿运动方向的长度测量又如何呢？

应该明确的是，长度测量是和同时性概念密切相关的。在某一参考系中测量棒的长度，就是要测量它的两端点在**同一时刻**的位置之间的距离。这一点在测量静止的棒的长度时并不明显地重要，因为它的两端的位置不变，不管是否同时记录两端的位置，结果总是一样的。但在测量运动的棒的长度时，同时性的考虑就带有决定性的意义了。如图 22.6 所示，要测量正在行进的汽车的长度 l，就**必须在同一时刻记录车头的位**

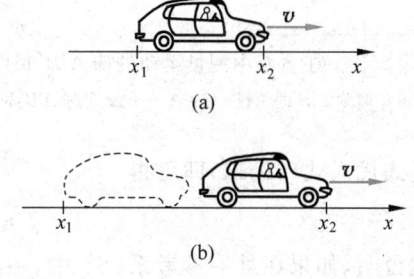

图 22.6 测量运动的汽车的长度
(a) 同时记录 x_1 和 x_2；(b) 先记录 x_1，后记录 x_2

置 x_2 和车尾的位置 x_1，然后算出来 $l=x_2-x_1$（图 22.6(a)）。如果两个位置不是在同一时刻记录的，例如在记录了 x_1 之后过一会儿再记录 x_2（图 22.6(b)），则 x_2-x_1 就和两次记录的时间间隔有关系，它的数值显然不代表汽车的长度。

根据爱因斯坦的观点，既然同时性是相对的，那么长度的测量也必定是相对的。长度测量和参考系的运动有什么关系呢？

仍假设如图 22.2 所示的两个参考系 S 和 S'。有一根棒 $A'B'$ 固定在 x' 轴上，在 S' 系中测得它的长度为 l'。为了求出它在 S 系中的长度 l，我们假想在 S 系中某一时刻 t_1，B' 端经过 x_1，如图 22.7(a)，在其后 $t_1+\Delta t$ 时刻 A' 经过 x_1。由于棒的运动速度为 u，在 $t_1+\Delta t$ 这一时刻 B' 端的位置一定在 $x_2=x_1+u\Delta t$ 处，如图 22.7(b)。根据上面所说长度测量的规定，在 S 系中棒长就应该是

$$l=x_2-x_1=u\Delta t \tag{22.14}$$

现在再看 Δt，它是 B' 端和 A' 端相继通过 x_1 点这两个事件之间的时间间隔。由于 x_1 是 S 系中一个固定地点，所以 Δt 是这两个事件之间的固有时。

从 S' 系看来，棒是静止的，由于 S 系向左运动，x_1 这一点相继经过 B' 和 A' 端（图 22.8）。由于棒长为 l'，所以 x_1 经过 B' 和 A' 这两个事件之间的时间间隔 $\Delta t'$，在 S' 系中测量为

$$\Delta t'=\frac{l'}{u} \tag{22.15}$$

Δt 和 $\Delta t'$ 都是指同样两个事件之间的时间间隔，根据时间延缓关系，有

$$\Delta t=\Delta t'\sqrt{1-u^2/c^2}=\frac{l'}{u}\sqrt{1-u^2/c^2}$$

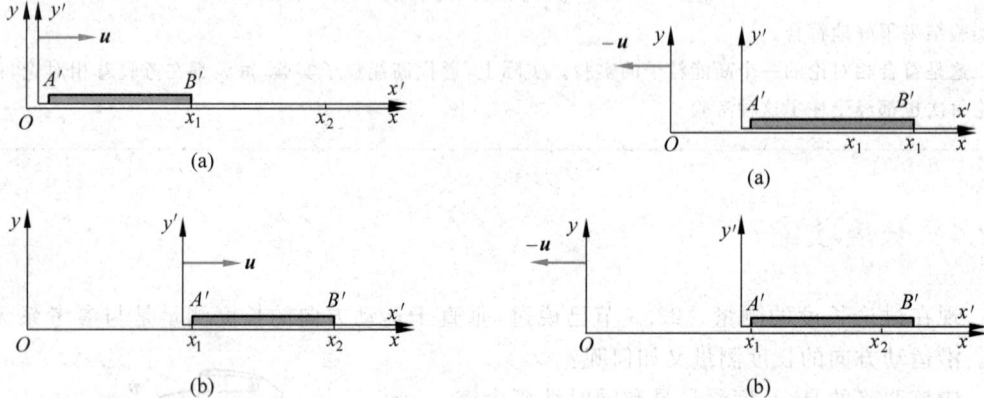

图 22.7　在 S 系中测量运动的棒 $A'B'$ 长度
(a) 在 t_1 时刻 $A'B'$ 的位置；(b) 在 $t_1+\Delta t$ 时刻 $A'B'$ 的位置

图 22.8　在 S' 系中观察的结果
(a) x_1 经过 B' 点；(b) x_1 经过 A' 点

将此式代入式(22.14)即可得

$$l=l'\sqrt{1-u^2/c^2} \tag{22.16}$$

此式说明，如果在某一参考系（S'）中，一根静止的棒的长度是 l'，则在另一参考系中测得的同一根棒的长度 l 总要短些，二者之间相差一个因子 $\sqrt{1-u^2/c^2}$。这就是说，**长度的测量也是相对的**。

棒静止时测得的它的长度叫棒的**静长**或**固有长度**。上例中的 l' 就是固有长度。由式 (22.16) 可看出，**固有长度最长**。这种长度测量值的不同显然只适用于棒沿着运动方向放置的情况。这种效应叫做运动的棒（纵向）的**长度收缩**。

也应该指出，长度收缩也是一种相对效应。静止于 S 系中沿 x 方向放置的棒，在 S' 系中测量，其长度也要收缩。此时，l 是固有长度，而 l' 不是固有长度。

由式 (22.16) 可以看出，当 $u \ll c$ 时，$l \approx l'$。这时又回到了牛顿的绝对空间的概念：空间的量度与参考系无关。这也说明，牛顿的绝对空间概念是相对论空间概念在相对速度很小时的近似。

例 22.3

固有长度为 5 m 的飞船以 $u = 9 \times 10^3$ m/s 的速率相对于地面匀速飞行时，从地面上测量，它的长度是多少？

解 l' 即为固有长度，$l' = 5$ m，$u = 9 \times 10^3$ m/s，所以

$$l = l'\sqrt{1 - u^2/c^2} = 5\sqrt{1 - [(9 \times 10^3)/(3 \times 10^8)]^2} \text{ m}$$
$$\approx 5\left[1 - \frac{1}{2} \times (3 \times 10^{-5})^2\right] \text{ m} = 4.999\,999\,998 \text{ m}$$

这个结果和静长 5 m 的差别是难以测出的。

例 22.4

试从 π 介子在其中静止的参考系来考虑 π 介子的平均寿命（参照例 22.2）。

解 从 π 介子的参考系看来，实验室的运动速率为 $u = 0.99\,c$，实验室中测得的距离 $l = 52$ m 为固有长度。在 π 介子参考系中测量此距离应为

$$l' = l\sqrt{1 - u^2/c^2} = 52 \times \sqrt{1 - 0.99^2} \text{ m} = 7.3 \text{ m}$$

而实验室飞过这一段距离所用的时间为

$$\Delta t' = l'/u = 7.3/0.99c = 2.5 \times 10^{-8} \text{ s}$$

这正好就是静止 π 介子的平均寿命。

22.5 洛伦兹坐标变换

在 22.1 节中我们根据牛顿的绝对时空概念导出了伽利略坐标变换。现在我们根据爱因斯坦的相对论时空概念导出相应的另一组坐标变换式——洛伦兹坐标变换。

仍然设 S, S' 两个参考系如图 22.9 所示，S' 以速度 u 相对于 S 运动，二者原点 O, O' 在 $t = t' = 0$ 时重合。我们求由两个坐标系测出的在某时刻发生在 P 点的一个事件（例如一次爆炸）的两套坐标值之间的关系。在该时刻，在 S' 系中测量（图 22.9(b)）时刻为 t'，从 $y'z'$ 平面到 P 点的距离为 x'。在 S 系中测量（图 22.9(a)），该同一时刻为 t，从 yz 平面到 P 点的距离 x 应等于此时刻两原点之间的距离 ut 加上 $y'z'$ 平面到 P 点的距离。但这后一段距离在 S 系中测量，其数值不再等于 x'，根据长度收缩，应等于 $x'\sqrt{1 - u^2/c^2}$，因此在 S 系中测量的结果应为

$$x = ut + x'\sqrt{1-u^2/c^2} \tag{22.17}$$

或者

$$x' = \frac{x - ut}{\sqrt{1-u^2/c^2}} \tag{22.18}$$

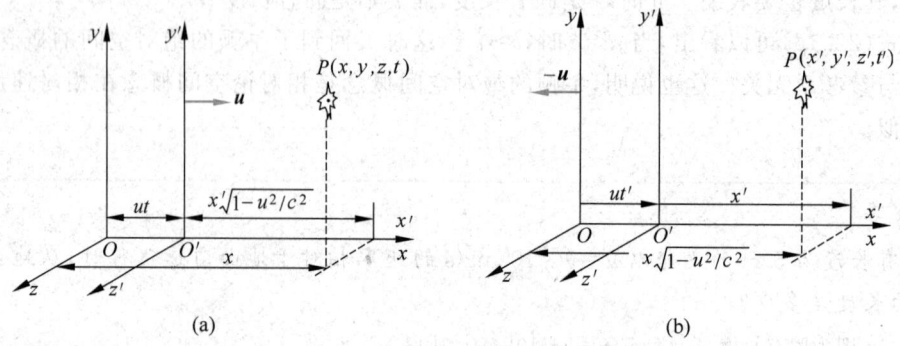

图 22.9 洛伦兹坐标变换的推导
(a) 在 S 系中测量；(b) 在 S' 系中测量

为了求得时间变换公式,可以先求出以 x 和 t' 表示的 x' 的表示式。在 S' 系中观察时, yz 平面到 P 点的距离应为 $x\sqrt{1-u^2/c^2}$,而 OO' 的距离为 ut',这样就有

$$x' = x\sqrt{1-u^2/c^2} - ut' \tag{22.19}$$

在式(22.17)、式(22.19)中消去 x',可得

$$t' = \frac{t - \dfrac{u}{c^2}x}{\sqrt{1-u^2/c^2}} \tag{22.20}$$

在 22.3 节中已经指出,垂直于相对运动方向的长度测量与参考系无关,即 $y'=y$, $z'=z$,将上述变换式列到一起,有

$$x' = \frac{x-ut}{\sqrt{1-u^2/c^2}}, \quad y'=y, \quad z'=z, \quad t' = \frac{t-\dfrac{u}{c^2}x}{\sqrt{1-u^2/c^2}} \tag{22.21}$$

式(22.21)称为**洛伦兹坐标变换**①。

可以明显地看出,当 $u \ll c$ 时,洛伦兹坐标变换就约化为伽利略坐标变换。这也正如已指出过的,牛顿的绝对时空概念是相对论时空概念在参考系相对速度很小时的近似。

与伽利略坐标变换相比,洛伦兹坐标变换中的时间坐标明显地和空间坐标有关。这说明,在相对论中,时间空间的测量**互相不能分离**,它们联系成一个整体了。因此在相对论中常把一个事件发生时的位置和时刻联系起来称为它的**时空坐标**。

在现代相对论的文献中,常用下面两个恒等符号:

$$\beta \equiv \frac{u}{c}, \quad \gamma \equiv \frac{1}{\sqrt{1-\beta^2}} \tag{22.22}$$

---

① 这一套坐标变换是洛伦兹先于爱因斯坦导出的,但他未正确地说明它的深刻的物理含意。1905 年爱因斯坦根据相对论思想重新导出了这一套公式。为尊重洛伦兹的贡献,爱因斯坦把它取名为洛伦兹[坐标]变换。

这样,洛伦兹坐标变换就可写成

$$x' = \gamma(x - \beta ct), \quad y' = y, \quad z' = z, \quad t' = \gamma\left(t - \frac{\beta}{c}x\right) \tag{22.23}$$

对此式解出 x,y,z,t,可得**逆变换公式**

$$x = \gamma(x' + \beta ct'), \quad y = y', \quad z = z', \quad t = \gamma\left(t' + \frac{\beta}{c}x'\right) \tag{22.24}$$

此逆变换公式也可以根据相对性原理,在正变换式(22.23)中把带撇的量和不带撇的量相互交换,同时把 β 换成 $-\beta$ 得出。

这时应指出一点,在式(22.21)中,$t=0$ 时,

$$x' = \frac{x}{\sqrt{1 - u^2/c^2}}$$

如果 $u \geqslant c$,则对于各 x 值,x' 值将只能以无穷大值或虚数值和它对应,这显然是没有物理意义的。因而两参考系的相对速度不可能等于或大于光速。由于参考系总是借助于一定的物体(或物体组)而确定的,所以我们也可以说,根据狭义相对论的基本假设,任何物体相对于另一物体的速度不能等于或超过真空中的光速,即在真空中的光速 c 是一切实际物体运动速度的极限。其实这一点我们从式(22.13)已经可以看出了,在 22.9 节中还要介绍关于这一结论的直接实验验证。

这里可以指出,洛伦兹坐标变换式(22.21)在理论上具有根本性的重要意义,这就是,基本的物理定律,包括电磁学和量子力学的基本定律,都在而且应该在洛伦兹坐标变换下保持不变。这种不变显示出物理定律对匀速直线运动的对称性,这种对称性也是自然界的一种基本的对称性——**相对论性对称性**。

例 22.5

长度收缩验证。用洛伦兹坐标变换验证长度收缩公式(22.16)。

解 设在 S' 系中沿 x' 轴放置一根静止的棒,它的长度为 $l' = x_2' - x_1'$。由洛伦兹坐标变换,得

$$l' = \frac{x_2 - ut_2}{\sqrt{1 - u^2/c^2}} - \frac{x_1 - ut_1}{\sqrt{1 - u^2/c^2}} = \frac{x_2 - x_1}{\sqrt{1 - u^2/c^2}} - \frac{u(t_2 - t_1)}{\sqrt{1 - u^2/c^2}}$$

遵照测量运动棒的长度时棒两端的位置必须同时记录的规定,要使 $x_2 - x_1 = l$ 表示在 S 系中测得的棒长,就必须有 $t_2 = t_1$。这样上式就给出

$$l' = \frac{l}{\sqrt{1 - u^2/c^2}} \quad \text{或} \quad l = l'\sqrt{1 - u^2/c^2}$$

这就是式(22.16)。

例 22.6

同时性的相对性验证。用洛伦兹坐标变换验证同时性的相对性。

解 从根本上说,洛伦兹坐标变换来源于爱因斯坦的同时性的相对性,它自然也能反过来把这一相对性表现出来。例如,对于 S 系中的两个事件 $A(x_1, 0, 0, t_1)$ 和 $B(x_2, 0, 0, t_2)$,在 S' 系中它的时空坐标将是 $A(x_1', 0, 0, t_1')$ 和 $B(x_2', 0, 0, t_2')$。由洛伦兹变换,得

$$t_1' = \frac{t_1 - \frac{u}{c^2}x_1}{\sqrt{1 - u^2/c^2}}, \quad t_2' = \frac{t_2 - \frac{u}{c^2}x_2}{\sqrt{1 - u^2/c^2}}$$

因此

$$t_2' - t_1' = \frac{(t_2 - t_1) - \frac{u}{c^2}(x_2 - x_1)}{\sqrt{1 - u^2/c^2}} \tag{22.25}$$

如果在 S 系中，A,B 是在不同的地点（即 $x_2 \neq x_1$），但是在同一时刻（即 $t_2 = t_1$）发生，则由上式可得 $t_2' \neq t_1'$，即在 S' 系中观察，A,B 并不是同时发生的。这就说明了同时性的相对性。

关于事件发生的时间顺序

由式(22.25)还可以看出，如果 $t_2 > t_1$，即在 S 系中观察，B 事件迟于 A 事件发生，则对于不同的 $(x_2 - x_1)$ 值，$(t_2' - t_1')$ 可以大于、等于或小于零，即在 S' 系中观察，B 事件可能迟于、同时或先于 A 事件发生。这就是说，两个事件发生的时间顺序，在不同的参考系中观察，有可能颠倒。不过，应该注意，这只限于两个互不相关的事件。

对于有因果关系的两个事件，它们发生的顺序，在任何惯性系中观察，都是不应该颠倒的。所谓的 A,B 两个事件有因果关系，就是说 B 事件是 A 事件引起的。例如，在某处的枪口发出子弹算作 A 事件，在另一处的靶上被此子弹击穿一个洞算作 B 事件，这 B 事件当然是 A 事件引起的。又例如在地面上某雷达站发出一雷达波算作 A 事件，在某人造地球卫星上接收到此雷达波算作 B 事件，这 B 事件也是 A 事件引起的。一般地说，A 事件引起 B 事件的发生，必然是从 A 事件向 B 事件传递了一种"作用"或"信号"，例如上面例子中的子弹或无线电波。这种"信号"在 t_1 时刻到 t_2 时刻这段时间内，从 x_1 到达 x_2 处，因而传递的速度是

$$v_s = \frac{x_2 - x_1}{t_2 - t_1}$$

这个速度就叫**信号速度**。由于信号实际上是一些物体或无线电波、光波等，因而信号速度总不能大于光速。对于这种有因果关系的两个事件，式(22.25)可改写成

$$t_2' - t_1' = \frac{t_2 - t_1}{\sqrt{1 - u^2/c^2}} \left(1 - \frac{u}{c^2} \frac{x_2 - x_1}{t_2 - t_1}\right)$$

$$= \frac{t_2 - t_1}{\sqrt{1 - u^2/c^2}} \left(1 - \frac{u}{c^2} v_s\right)$$

由于 $u < c$，$v_s \leq c$，所以 uv_s/c^2 总小于 1。这样，$(t_2' - t_1')$ 就总跟 $(t_2 - t_1)$ 同号。这就是说，在 S 系中观察，如果 A 事件先于 B 事件发生（即 $t_2 > t_1$），则在任何其他参考系 S' 中观察，A 事件也总是先于 B 事件发生，时间顺序不会颠倒。狭义相对论在这一点上是符合因果关系的要求的。

例 22.7

北京和上海直线相距 1000 km，在某一时刻从两地同时各开出一列火车。现有一艘飞船沿从北京到上海的方向在高空掠过，速率恒为 $u = 9$ km/s。求宇航员测得的两列火车开出时刻的间隔，哪一列先开出？

解 取地面为 S 系，坐标原点在北京，以北京到上海的方向为 x 轴正方向，北京和上海的位置坐标分别是 x_1 和 x_2。取飞船为 S' 系。

现已知两地距离是

$$\Delta x = x_2 - x_1 = 10^6 \text{ m}$$

而两列火车开出时刻的间隔是

$$\Delta t = t_2 - t_1 = 0$$

以 t_1' 和 t_2' 分别表示在飞船上测得的从北京发车的时刻和从上海发车的时刻，则由洛伦兹变换可知

$$t'_2 - t'_1 = \frac{(t_2 - t_1) - \frac{u}{c^2}(x_2 - x_1)}{\sqrt{1 - u^2/c^2}} = \frac{-\frac{u}{c^2}(x_2 - x_1)}{\sqrt{1 - u^2/c^2}}$$

$$= \frac{-\frac{9 \times 10^3}{(3 \times 10^8)^2} \times 10^6}{\sqrt{1 - \left(\frac{9 \times 10^3}{3 \times 10^8}\right)^2}} \text{s} \approx -10^{-7} \text{ s}$$

这一负的结果表示:宇航员发现从上海发车的时刻比从北京发车的时刻早 10^{-7} s。

22.6 相对论速度变换

在讨论速度变换时,我们首先注意到,各速度分量的定义如下:

在 S 系中 $\qquad v_x = \dfrac{\mathrm{d}x}{\mathrm{d}t}, \quad v_y = \dfrac{\mathrm{d}y}{\mathrm{d}t}, \quad v_z = \dfrac{\mathrm{d}z}{\mathrm{d}t}$

在 S' 系中 $\qquad v'_x = \dfrac{\mathrm{d}x'}{\mathrm{d}t'}, \quad v'_y = \dfrac{\mathrm{d}y'}{\mathrm{d}t'}, \quad v'_z = \dfrac{\mathrm{d}z'}{\mathrm{d}t'}$

在洛伦兹变换公式(22.23)中,对 t' 求导,可得

$$\frac{\mathrm{d}x'}{\mathrm{d}t'} = \frac{\frac{\mathrm{d}x'}{\mathrm{d}t}}{\frac{\mathrm{d}t'}{\mathrm{d}t}} = \frac{\frac{\mathrm{d}x}{\mathrm{d}t} - \beta c}{1 - \frac{\beta}{c}\frac{\mathrm{d}x}{\mathrm{d}t}}$$

$$\frac{\mathrm{d}y'}{\mathrm{d}t'} = \frac{\frac{\mathrm{d}y'}{\mathrm{d}t}}{\frac{\mathrm{d}t'}{\mathrm{d}t}} = \frac{\frac{\mathrm{d}y}{\mathrm{d}t}}{\gamma\left(1 - \frac{\beta}{c}\frac{\mathrm{d}x}{\mathrm{d}t}\right)}$$

$$\frac{\mathrm{d}z'}{\mathrm{d}t'} = \frac{\frac{\mathrm{d}z'}{\mathrm{d}t}}{\frac{\mathrm{d}t'}{\mathrm{d}t}} = \frac{\frac{\mathrm{d}z}{\mathrm{d}t}}{\gamma\left(1 - \frac{\beta}{c}\frac{\mathrm{d}x}{\mathrm{d}t}\right)}$$

利用上面的速度分量定义公式,这些式子可写作

$$\left. \begin{aligned} v'_x &= \frac{v_x - \beta c}{1 - \frac{\beta}{c}v_x} = \frac{v_x - u}{1 - \frac{uv_x}{c^2}} \\ v'_y &= \frac{v_y}{\gamma\left(1 - \frac{\beta}{c}v_x\right)} = \frac{v_y}{1 - \frac{uv_x}{c^2}}\sqrt{1 - u^2/c^2} \\ v'_z &= \frac{v_z}{\gamma\left(1 - \frac{\beta}{c}v_x\right)} = \frac{v_z}{1 - \frac{uv_x}{c^2}}\sqrt{1 - u^2/c^2} \end{aligned} \right\} \qquad (22.26)$$

这就是**相对论速度变换公式**,可以明显地看出,当 u 和 v 都比 c 小很多时,它们就约化为伽利略速度变换公式(22.6)。

对于光,设在 S 系中一束光沿 x 轴方向传播,其速率为 c,则在 S' 系中,$v_x = c$, $v_y = v_z = 0$ 按式(22.26),光的速率应为

$$v' = v'_x = \frac{c-u}{1-\frac{cu}{c^2}} = c$$

仍然是 c。这一结果和相对速率 u 无关。也就是说，光在任何惯性系中速率都是 c。正应该这样，因为这是相对论的一个出发点。

在式(22.26)中，将带撇的量和不带撇的量互相交换，同时把 u 换成 $-u$，可得速度的逆变换式如下：

$$\left.\begin{aligned}v_x &= \frac{v'_x + \beta c}{1+\frac{\beta}{c}v'_x} = \frac{v'_x + u}{1+\frac{uv'_x}{c^2}} \\ v_y &= \frac{v'_y}{\gamma\left(1+\frac{\beta}{c}v'_x\right)} = \frac{v'_y}{1+\frac{uv'_x}{c^2}}\sqrt{1-u^2/c^2} \\ v_z &= \frac{v'_z}{\gamma\left(1+\frac{\beta}{c}v'_x\right)} = \frac{v'_z}{1+\frac{uv'_x}{c^2}}\sqrt{1-u^2/c^2}\end{aligned}\right\} \quad (22.27)$$

例 22.8

速度变换。在地面上测到有两个飞船分别以 $+0.9c$ 和 $-0.9c$ 的速度向相反方向飞行。求一飞船相对于另一飞船的速度有多大？

解 如图 22.10，设 S 为速度是 $-0.9c$ 的飞船在其中静止的参考系，则地面对此参考系以速度 $u=0.9c$ 运动。以地面为参考系 S'，则另一飞船相对于 S' 系的速度为 $v'_x = 0.9c$，由公式(22.27)可得所求速度为

$$v_x = \frac{v'_x + u}{1+uv'_x/c^2} = \frac{0.9c+0.9c}{1+0.9\times0.9} = \frac{1.80}{1.81}c = 0.994c$$

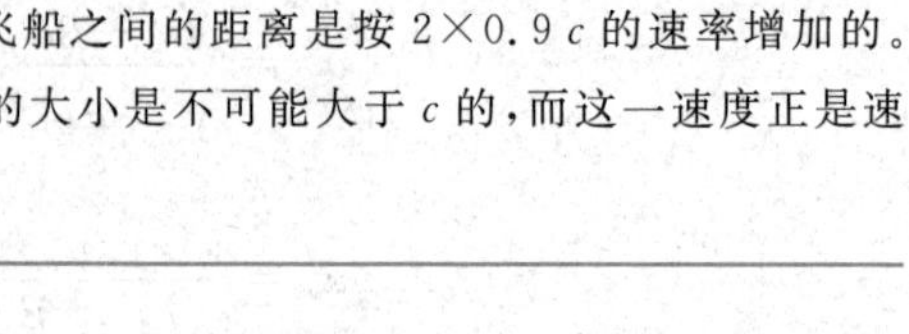

这和伽利略变换($v_x = v'_x + u$)给出的结果($1.8c$)是不同的，此处 $v_x < c$。一般地说，按相对论速度变换，在 u 和 v' 都小于 c 的情况下，v 不可能大于 c。

图 22.10 例 22.8 用图

值得指出的是，相对于地面来说，上述两飞船的"相对速度"确实等于 $1.8c$，这就是说，由地面上的观察者测量，两飞船之间的距离是按 $2\times0.9c$ 的速率增加的。但是，就一个物体来讲，它对任何其他物体或参考系，其速度的大小是不可能大于 c 的，而这一速度正是速度这一概念的真正含义。

22.7 相对论质量

上面讲了相对论运动学，现在开始介绍相对论动力学。动力学中一个基本概念是质量，在牛顿力学中是通过比较物体在相同的力作用下产生的加速度来比较物体的质量并加以量度的(见 2.1 节)。在高速情况下，$F=ma$ 不再成立，这样质量的概念也就无意义了。这时我们注意到动量这一概念。在牛顿力学中，一个质点的动量的定义是

$$\boldsymbol{p} = m\boldsymbol{v} \quad (22.28)$$

式中质量与质点的速率无关,也就是质点静止时的质量可以称为**静止质量**。根据式(22.28),一个质点的动量是和速率成正比的,在高速情况下,实验发现,质点(例如电子)的动量也随其速率增大而增大,但比正比增大要快得多。在这种情况下,如果继续以式(22.28)定义质点的动量,就必须把这种非正比的增大归之于质点的质量随其速率的增大而增大。以 m 表示一般的质量,以 m_0 表示静止质量。实验给出的质点的动量比 $p/m_0 v$ 也就是质量比 m/m_0 随质点的速率变化的图线如图 22.11 所示。

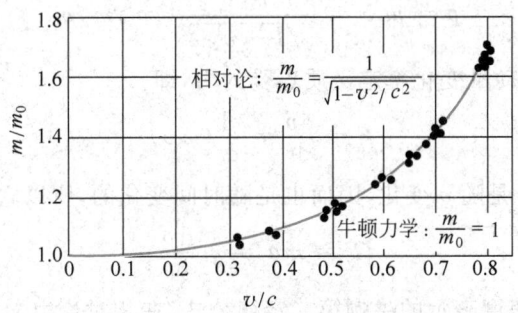

图 22.11 电子的 m/m_0 随速率 v 变化的曲线

我们已指出过,动量守恒定律是比牛顿定律更为基本的自然规律(见 3.2 节和 4.7 节)。根据这一定律的要求,采用式(22.28)的动量定义,利用洛伦兹变换可以导出一相对论质量-速率关系:

$$m = \frac{m_0}{\sqrt{1-v^2/c^2}} = \gamma m_0 \tag{22.29}$$

式中,m 是比牛顿质量(静止质量 m_0)意义更为广泛的质量,称为**相对论质量**(本节末给出一种推导)。静止质量是质点相对于参考系静止时的质量,它是一个确定的不变的量。

要注意式(22.29)中的速率是质点相对于相关的参考系的速率,而**不是**两个参考系的相对速率。同一质点相对于不同的参考系可以有不同的质量,式(22.29)中的 $\gamma=(1-v^2/c^2)^{-1/2}$,虽然形式上和式(22.22)中的 $\gamma=(1-u^2/c^2)^{-1/2}$ 相同,但 v 和 u 的意义是不相同的。

当 $v \ll c$ 时,式(22.29)给出 $m \approx m_0$,这时可以认为物体的质量与速率无关,等于其静质量。这就是牛顿力学讨论的情况。从这里也可以看出牛顿力学的结论是相对论力学在速度非常小时的近似。

实际上,在一般技术中宏观物体所能达到的速度范围内,质量随速率的变化非常小,因而可以忽略不计。例如,当 $v=10^4$ m/s 时,物体的质量和静质量相比的相对变化为

$$\frac{m-m_0}{m_0} = \frac{1}{\sqrt{1-\beta^2}} - 1 \approx \frac{1}{2}\beta^2$$

$$= \frac{1}{2} \times \left(\frac{10^4}{3 \times 10^8}\right)^2 = 5.6 \times 10^{-10}$$

在关于微观粒子的实验中,粒子的速率经常会达到接近光速的程度,这时质量随速率的改变就非常明显了。例如,当电子的速率达到 $v=0.98c$ 时,按式(22.29)可以算出此时电子的质量为

$$m = 5.03 m_0$$

有一种粒子，例如光子，具有质量，但总是以速度 c 运动。根据式(22.29)，在 m 有限的情况下，只可能是 $m_0 = 0$。这就是说，以光速运动的粒子其静质量为零。

由式(22.29)也可以看到，当 $v > c$ 时，m 将成为虚数而无实际意义。这也说明，在真空中的光速 c 是一切物体运动速度的极限。

利用相对论质量表示式(22.29)，相对论动量可表示为

$$\boldsymbol{p} = m\boldsymbol{v} = \frac{m_0 \boldsymbol{v}}{\sqrt{1 - v^2/c^2}} = \gamma m_0 \boldsymbol{v} \tag{22.30}$$

在相对论力学中仍然用动量变化率定义质点受的力，即

$$\boldsymbol{F} = \frac{\mathrm{d}\boldsymbol{p}}{\mathrm{d}t} = \frac{\mathrm{d}}{\mathrm{d}t}(m\boldsymbol{v}) \tag{22.31}$$

仍是正确的。但由于 m 是随 v 变化，因而也是随时间变化的，所以它不再和表示式

$$\boldsymbol{F} = m\boldsymbol{a} = m\frac{\mathrm{d}\boldsymbol{v}}{\mathrm{d}t}$$

等效。这就是说，用加速度表示的牛顿第二定律公式，在相对论力学中不再成立。

式(22.29)的推导

如图 22.12，设在 S' 系中有一粒子，原来静止于原点 O'，在某一时刻此粒子分裂为完全相同的两半 A 和 B，分别沿 x' 轴的正向和反向运动。根据动量守恒定律，这两半的速率应该相等，我们都以 u 表示。

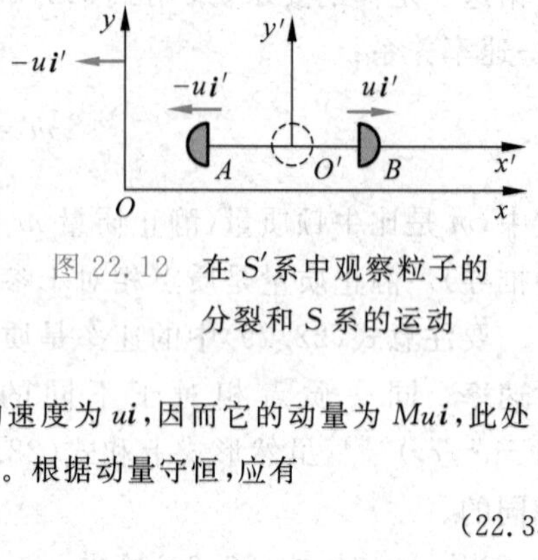

设另一参考系 S，以 u 的速率沿 $-i'$ 方向运动。在此参考系中，A 将是静止的，而 B 是运动的。我们以 m_A 和 m_B 分别表示二者的质量。由于 O' 的速度为 $u\boldsymbol{i}$，所以根据相对论速度变换，B 的速度应是

$$v_B = \frac{2u}{1 + u^2/c^2} \tag{22.32}$$

图 22.12　在 S' 系中观察粒子的分裂和 S 系的运动

方向沿 x 轴正向。在 S 系中观察，粒子在分裂前的速度，即 O' 的速度为 $u\boldsymbol{i}$，因而它的动量为 $M u \boldsymbol{i}$，此处 M 为粒子分裂前的总质量。在分裂后，两个粒子的总动量为 $m_B v_B \boldsymbol{i}$。根据动量守恒，应有

$$M u \boldsymbol{i} = m_B v_B \boldsymbol{i} \tag{22.33}$$

在此我们合理地假定在 S 参考系中粒子在分裂前后质量也是守恒的，即 $M = m_A + m_B$，上式可改写成

$$(m_A + m_B) u = \frac{2 m_B u}{1 + u^2/c^2} \tag{22.34}$$

如果用牛顿力学中质量的概念，质量和速率无关，则应有 $m_A = m_B$，这样式(22.34)不能成立，动量也不再守恒了。为了使动量守恒定律在任何惯性系中都成立，而且动量定义仍然保持式(22.28)的形式，就不能再认为 m_A 和 m_B 都和速率无关，而必须认为它们都是各自速率的函数。这样 m_A 将不再等于 m_B，由式(22.34)可解得

$$m_B = m_A \frac{1 + u^2/c^2}{1 - u^2/c^2}$$

再由式(22.32)，可得

$$u = \frac{c^2}{v_B}\left(1 - \sqrt{1 - v_B^2/c^2}\right)$$

代入上一式消去 u 可得

$$m_B = \frac{m_A}{\sqrt{1-v_B^2/c^2}} \tag{22.35}$$

这一公式说明,在 S 系中观察,m_A,m_B 有了差别。由于 A 是静止的,它的质量叫**静质量**,以 m_0 表示。粒子 B 如果静止,质量也一定等于 m_0,因为这两个粒子是完全相同的。B 是以速率 v_B 运动的,它的质量不等于 m_0。以 v 代替 v_B,并以 m 代替 m_B 表示粒子以速率 v 运动时的质量,则式(22.32)可写作

$$m = \frac{m_0}{\sqrt{1-v^2/c^2}}$$

这正是我们要证明的式(22.29)。

*22.8　力和加速度的关系

在相对论力学中,式(22.31)给出

$$\boldsymbol{F} = m\frac{\mathrm{d}\boldsymbol{v}}{\mathrm{d}t} + \boldsymbol{v}\frac{\mathrm{d}m}{\mathrm{d}t} \tag{22.36}$$

为了具体说明力和加速度的关系,考虑运动的法向和切向,上式可写成

$$\boldsymbol{F} = \boldsymbol{F}_n + \boldsymbol{F}_t = m\left(\frac{\mathrm{d}\boldsymbol{v}}{\mathrm{d}t}\right)_n + m\left(\frac{\mathrm{d}\boldsymbol{v}}{\mathrm{d}t}\right)_t + \boldsymbol{v}\frac{\mathrm{d}m}{\mathrm{d}t}$$

$$= m\boldsymbol{a}_n + m\boldsymbol{a}_t + \boldsymbol{v}\frac{\mathrm{d}m}{\mathrm{d}t}$$

由于 $a_n = v^2/R$,$a_t = \mathrm{d}v/\mathrm{d}t$,而且 $\boldsymbol{v}\dfrac{\mathrm{d}m}{\mathrm{d}t}$ 也沿切线方向,所以由此式可得法向分量式

$$F_n = ma_n = \frac{m_0}{(1-v^2/c^2)^{1/2}}a_n \tag{22.37}$$

和切向分量式

$$F_t = ma_t + v\frac{\mathrm{d}m}{\mathrm{d}t} = \frac{\mathrm{d}(mv)}{\mathrm{d}t} = \frac{m_0}{(1-v^2/c^2)^{3/2}}\frac{\mathrm{d}v}{\mathrm{d}t}$$

或

$$F_t = \frac{m_0}{(1-v^2/c^2)^{3/2}}a_t \tag{22.38}$$

由式(22.37)和式(22.38)可知,在高速情况下,物体受的力不但在数值上不等于质量乘以加速度,而且由于两式中 a_n 和 a_t 的系数不同,所以力的方向和加速度的方向也不相同(图 22.13)。还可以看出,随着物体速度的增大,要再增大物体的速度,就需要越来越大的外力,因而也就越来越困难,而且增加速度的大小比起改变速度的方向更加困难。近代粒子加速器的建造正是遇到了并且逐步克服着这样的困难。

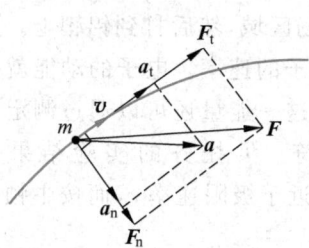

图 22.13　力和加速度的关系

对于匀速圆周运动,由于 $a_t = 0$,所以质点的运动就只由式(22.37)决定。这一公式和此情况下牛顿力学的公式相同,所以关于力、速度、半径、周期的计算都可以套用牛顿力学给出的结果,不过其中的质量要用式(22.29)表示的相对论质量代入。

22.9 相对论动能

在相对论动力学中,动能定理(式(4.9))仍被应用,即力 F 对一质点做的功使质点的速率由零增大到 v 时,力所做的功等于质点最后的动能。以 E_k 表示质点速率为 v 时的动能,则可由质速关系式(22.29)导出(见本节末),即有

$$E_k = mc^2 - m_0 c^2 \tag{22.39}$$

这就是**相对论动能**公式,式中 m 和 m_0 分别是质点的相对论质量和静止质量。

式(22.39)显示,质点的相对论动能表示式和其牛顿力学表示式 $\left(E_k = \dfrac{1}{2} m v^2\right)$ 明显不同。但是,当 $v \ll c$ 时,由于

$$\frac{1}{\sqrt{1 - v^2/c^2}} = 1 + \frac{1}{2} \frac{v^2}{c^2} + \cdots \approx 1 + \frac{1}{2} \frac{v^2}{c^2}$$

则由式(22.39)可得

$$E_k = \frac{m_0 c^2}{\sqrt{1 - v^2/c^2}} - m_0 c^2 \approx m_0 c^2 \left(1 + \frac{1}{2} \frac{v^2}{c^2}\right) - m_0 c^2 = \frac{1}{2} m_0 v^2$$

这时又回到了牛顿力学的动能公式。

注意,相对论动量公式(22.28)和相对论动量变化率公式(22.31),在形式上都与牛顿力学公式一样,只是其中 m 要换成相对论质量。但相对论动能公式(22.39)和牛顿力学动能公式形式上不一样,只是把后者中的 m 换成相对论质量并不能得到前者。

由式(22.39)可以得到粒子的速率由其动能表示为

$$v^2 = c^2 \left[1 - \left(1 + \frac{E_k}{m_0 c^2}\right)^{-2} \right] \tag{22.40}$$

此式表明,当粒子的动能 E_k 由于力对它做的功增多而增大时,它的速率也逐渐增大。但无论 E_k 增到多大,速率 v 都不能无限增大,而有一极限值 c。我们又一次看到,对粒子来说,存在着一个极限速率,它就是光在真空中的速率 c。

粒子速率有一极限这一结论,已于 1962 年被贝托齐用实验直接证实,他的实验装置大致如图 22.14(a)所示。电子由静电加速器加速后进入一无电场区域,然后打到铝靶上。电子通过无电场区域的时间可以由示波器测出,因而可以算出电子的速率。电子的动能就是它在加速器中获得的能量,等于电子电量和加速电压的乘积。这一能量还可以通过测定铝靶由于电子撞击而获得的热量加以核算,结果二者相符。贝托齐的实验结果如图 22.14(b)所示,它明确地显示出电子动能增大时,其速率趋近于极限速率 c,而按牛顿公式电子速率是会很快地无限制地增大的。

式(22.39)的推导

对静止质量为 m_0 的质点,应用动能定理式(4.9)可得

$$E_k = \int_{(v=0)}^{(v)} \boldsymbol{F} \cdot \mathrm{d}\boldsymbol{r} = \int_{(v=0)}^{(v)} \frac{\mathrm{d}(m\boldsymbol{v})}{\mathrm{d}t} \cdot \mathrm{d}\boldsymbol{r} = \int_{(v=0)}^{(v)} \boldsymbol{v} \cdot \mathrm{d}(m\boldsymbol{v})$$

由于 $\boldsymbol{v} \cdot \mathrm{d}(m\boldsymbol{v}) = m\boldsymbol{v} \cdot \mathrm{d}\boldsymbol{v} + \boldsymbol{v} \cdot \boldsymbol{v} \mathrm{d}m = mv\mathrm{d}v + v^2 \mathrm{d}m$,又由式(22.29),可得

$$m^2 c^2 - m^2 v^2 = m_0^2 c^2$$

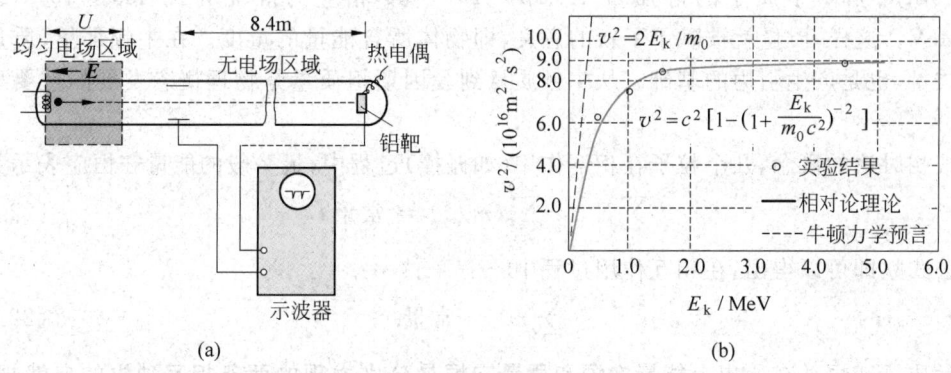

图 22.14 贝托齐极限速率实验
(a) 装置示意图; (b) 实验结果

两边求微分,有

$$2mc^2 dm - 2mv^2 dm - 2m^2 v dv = 0$$

即

$$c^2 dm = v^2 dm + mv dv$$

所以有

$$\boldsymbol{v} \cdot d(m\boldsymbol{v}) = c^2 dm$$

代入上面求 E_k 的积分式内可得

$$E_k = \int_{m_0}^{m} c^2 dm$$

由此得

$$E_k = mc^2 - m_0 c^2$$

这正是**相对论动能**公式(22.39)。

22.10 相对论能量

在相对论动能公式(22.39) $E_k = mc^2 - m_0 c^2$ 中,等号右端两项都具有能量的量纲,可以认为 $m_0 c^2$ 表示粒子静止时具有的能量,叫**静能**。而 mc^2 表示粒子以速率 v 运动时所具有的能量,这个能量是在相对论意义上粒子的总能量,以 E 表示此相对论能量,则

$$E = mc^2 \tag{22.41}$$

在粒子速率等于零时,总能量就是静能[①]

$$E_0 = m_0 c^2 \tag{22.42}$$

这样式(22.39)也可以写成

$$E_k = E - E_0 \tag{22.43}$$

即粒子的动能等于粒子该时刻的总能量和静能之差。

把粒子的能量 E 和它的质量 m(甚至是静质量 m_0)直接联系起来的结论是相对论最有意义的结论之一。**一定的质量相应于一定的能量,二者的数值只相差一个恒定的因子 c^2**。按式(22.42)计算,和一个电子的静质量 0.911×10^{-30} kg 相应的静能为 8.19×10^{-14} J 或

---

① 对静质量 $m_0 = 0$ 的粒子,静能为零,即不存在处于静止状态的这种粒子。

0.511 MeV，和一个质子的静质量 1.673×10^{-27} kg 相应的静能为 1.503×10^{-10} J 或 938 MeV。这样，质量就被赋予了新的意义，即物体所含能量的量度。在牛顿那里，质量是惯性质量，也是产生引力的基础。从牛顿质量到爱因斯坦质量是物理概念发展的重要事例之一。

按相对论的概念，几个粒子在相互作用（如碰撞）过程中，最一般的能量守恒应表示为

$$\sum_i E_i = \sum_i (m_i c^2) = 常量① \qquad (22.44)$$

由此公式立即可以得出，在相互作用过程中

$$\sum_i m_i = 常量 \qquad (22.45)$$

这表示质量守恒。在历史上**能量守恒和质量守恒是分别发现的两条相互独立的自然规律，在相对论中二者完全统一起来了**。应该指出，在科学史上，质量守恒只涉及粒子的静质量，它只是相对论质量守恒在粒子能量变化很小时的近似。一般情况下，当涉及的能量变化比较大时，以上守恒给出的粒子的静质量也是可以改变的。爱因斯坦在 1905 年首先指出："就一个粒子来说，如果由于自身内部的过程使它的能量减小了，它的静质量也将相应地减小。"他又接着指出："用那些所含能量是高度可变的物体（比如用镭盐）来验证这个理论，不是不可能成功的。"后来的事实正如他预料的那样，在放射性蜕变、原子核反应以及高能粒子实验中，无数事实都证明了式(22.41)所表示的质量能量关系的正确性。原子能时代可以说是随同这一关系的发现而到来的。

在核反应中，以 m_{01} 和 m_{02} 分别表示反应粒子和生成粒子的总的静质量，以 E_{k1} 和 E_{k2} 分别表示反应前后它们的总动能。利用能量守恒定律式(22.43)，有

$$m_{01}c^2 + E_{k1} = m_{02}c^2 + E_{k2}$$

由此得

$$E_{k2} - E_{k1} = (m_{01} - m_{02})c^2 \qquad (22.46)$$

$E_{k2} - E_{k1}$ 表示核反应后与前相比，粒子总动能的增量，也就是核反应所释放的能量，通常以 ΔE 表示；$m_{01} - m_{02}$ 表示经过反应后粒子的总的静质量的减小，叫**质量亏损**，以 Δm_0 表示。这样式(22.46)就可以表示成

$$\Delta E = \Delta m_0 c^2 \qquad (22.47)$$

这说明核反应中释放一定的能量相应于一定的质量亏损。这个公式是关于原子能的一个基本公式。

例 22.9

如图 22.15 所示，在参考系 S 中，有两个静质量都是 m_0 的粒子 A, B 分别以速度 $v_A = v\boldsymbol{i}, v_B = -v\boldsymbol{i}$ 运动，相撞后合在一起为一个静质量为 M_0 的粒子，求 M_0。

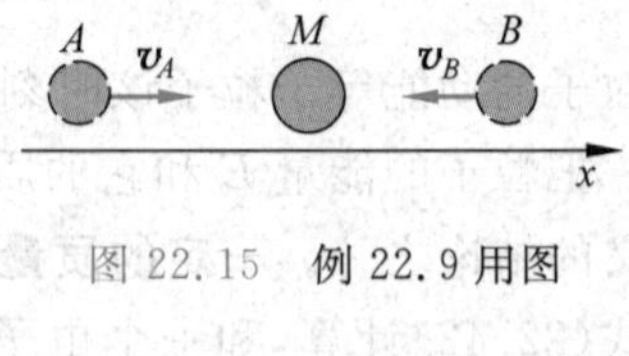

解 以 M 表示合成粒子的质量，其速度为 $\boldsymbol{V}$，则根据动量守恒

$$m_B \boldsymbol{v}_B + m_A \boldsymbol{v}_A = M\boldsymbol{V}$$

图 22.15 例 22.9 用图

---

① 若有光子参与，需计入光子的能量 $E = h\nu$ 以及质量 $m = h\nu/c^2$。

由于 A,B 的静质量一样,速率也一样,因此 $m_A = m_B$,又因为 $\boldsymbol{v}_A = -\boldsymbol{v}_B$,所以上式给出 $\boldsymbol{V} = 0$,即合成粒子是静止的,于是有

$$M = M_0$$

根据能量守恒

$$M_0 c^2 = m_A c^2 + m_B c^2$$

即

$$M_0 = m_A + m_B = \frac{2m_0}{\sqrt{1 - v^2/c^2}}$$

此结果说明,M_0 不等于 $2m_0$,而是大于 $2m_0$。

例 22.10

热核反应。在一种热核反应

$$_1^2\mathrm{H} + {}_1^3\mathrm{H} \longrightarrow {}_2^4\mathrm{He} + {}_0^1\mathrm{n}$$

中,各种粒子的静质量如下:

氘核($_1^2\mathrm{H}$)　　$m_\mathrm{D} = 3.3437 \times 10^{-27}$ kg

氚核($_1^3\mathrm{H}$)　　$m_\mathrm{T} = 5.0049 \times 10^{-27}$ kg

氦核($_2^4\mathrm{He}$)　　$m_\mathrm{He} = 6.6425 \times 10^{-27}$ kg

中子(n)　　$m_\mathrm{n} = 1.6750 \times 10^{-27}$ kg

求这一热核反应释放的能量是多少?

解　这一反应的质量亏损为

$$\Delta m_0 = (m_\mathrm{D} + m_\mathrm{T}) - (m_\mathrm{He} + m_\mathrm{n})$$
$$= [(3.3437 + 5.0049) - (6.6425 + 1.6750)] \times 10^{-27}\,\mathrm{kg}$$
$$= 0.0311 \times 10^{-27}\,\mathrm{kg}$$

相应释放的能量为

$$\Delta E = \Delta m_0 c^2 = 0.0311 \times 10^{-27} \times 9 \times 10^{16}\,\mathrm{J} = 2.799 \times 10^{-12}\,\mathrm{J}$$

1kg 的这种核燃料所释放的能量为

$$\frac{\Delta E}{m_\mathrm{D} + m_\mathrm{T}} = \frac{2.799 \times 10^{-12}}{6.3486 \times 10^{-27}}\,\mathrm{J/kg} = 3.35 \times 10^{14}\,\mathrm{J/kg}$$

这一数值是 1 kg 优质煤燃烧所释放热量(约 7×10^6 cal/kg $= 2.93 \times 10^7$ J/kg)的 1.15×10^7 倍,即 1 千多万倍!即使这样,这一反应的"释能效率",即所释放的能量占燃料的相对论静能之比,也不过是

$$\frac{\Delta E}{(m_\mathrm{D} + m_\mathrm{T})c^2} = \frac{2.799 \times 10^{-12}}{6.3486 \times 10^{-27} \times (3 \times 10^8)^2} = 0.37\%$$

例 22.11

中微子质量。大麦哲伦云中超新星1987A爆发时发出大量中微子。以 m_ν 表示中微子的静质量,以 E 表示其能量($E \gg m_\nu c^2$)。已知大麦哲伦云离地球的距离为 d(约 1.6×10^5 l.y.),求中微子发出后到达地球所用的时间。

解　由式(22.41),有

$$E = mc^2 = \frac{m_\nu c^2}{\sqrt{1 - v^2/c^2}}$$

得

$$v = c\left[1 - \left(\frac{m_\nu c^2}{E}\right)^2\right]^{1/2}$$

由于 $E \gg m_\nu c^2$，所以可得
$$v = c\left[1 - \frac{(m_\nu c^2)^2}{2E^2}\right]$$

由此得所求时间为
$$t = \frac{d}{v} = \frac{d}{c}\left[1 - \frac{(m_\nu c^2)^2}{2E^2}\right]^{-1} = \frac{d}{c}\left[1 + \frac{(m_\nu c^2)^2}{2E^2}\right]$$

此式曾用于测定 1987A 发出的中微子的静质量。实际上是测出了两束能量相近的中微子到达地球上接收器的时间差（约几秒）和能量 E_1 和 E_2，然后根据式
$$\Delta t = t_2 - t_1 = \frac{d}{c}\frac{(m_\nu c^2)^2}{2}\left(\frac{1}{E_2^2} - \frac{1}{E_1^2}\right)$$

来求出中微子的静质量。用这种方法估算出的结果是 $m_\nu c^2 \leqslant 20 \text{ eV}$。

22.11 动量和能量的关系

将相对论能量公式 $E = mc^2$ 和动量公式 $\boldsymbol{p} = m\boldsymbol{v}$ 相比，可得
$$\boldsymbol{v} = \frac{c^2}{E}\boldsymbol{p} \tag{22.48}$$

将 v 值代入能量公式 $E = mc^2 = m_0c^2/\sqrt{1-v^2/c^2}$ 中，整理后可得
$$E^2 = p^2c^2 + m_0^2c^4 \tag{22.49}$$

这就是相对论动量能量关系式。如果以 E, pc 和 m_0c^2 分别表示一个三角形三边的长度，则它们正好构成一个直角三角形（图 22.16）。

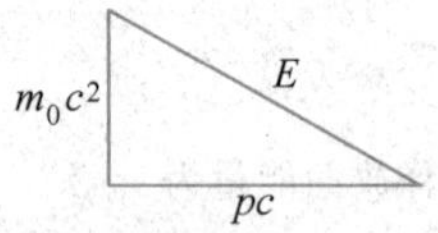

对动能是 E_k 的粒子，用 $E = E_k + m_0c^2$ 代入式（22.49）可得
$$E_k^2 + 2E_k m_0 c^2 = p^2 c^2$$

当 $v \ll c$ 时，粒子的动能 E_k 要比其静能 $m_0 c^2$ 小得多，因而上式中第一项与第二项相比，可以略去，于是得

图 22.16　相对论动量能量三角形

$$E_k = \frac{p^2}{2m_0}$$

我们又回到了牛顿力学的动能表达式。

例 22.12

资用能。在高能实验室内，一个静质量为 m，动能为 $E_k (E_k \gg mc^2)$ 的高能粒子撞击一个静止的、静质量为 M 的靶粒子时，它可以引发后者发生转化的资用能多大？

解　在讲解例 4.9 时曾得出结论，在完全非弹性碰撞中，碰撞系统的机械能总有一部分要损失而变为其他形式的能量，而这损失的能量等于碰撞系统在其质心系中的能量。这一部分能量为转变成其他形式能量的资用能，在高能粒子碰撞过程中这一部分能量就是转化为其他种粒子的能量。由于粒子速度一般很大，所以要用相对论动量、能量公式求解。

粒子碰撞时，先是要形成一个复合粒子，此复合粒子迅即分裂转化为其他粒子。以 M' 表示此复合粒子的静质量。考虑碰撞开始到形成复合粒子的过程。

碰撞前，入射粒子的能量为
$$E_m = E_k + mc^2 = \sqrt{p^2c^2 + m^2c^4}$$

由此可得

$$p^2c^2 = E_k^2 + 2mc^2 E_k$$

其中 p 为入射粒子的动量。

碰撞前,两个粒子的总能量为

$$E = E_m + E_M = E_k + (m+M)c^2$$

碰撞所形成的复合粒子的能量为

$$E' = \sqrt{p'^2c^2 + M'^2c^4}$$

其中 p' 表示复合粒子的动量。由动量守恒知 $p' = p$,因而有

$$E' = \sqrt{p^2c^2 + M'^2c^4} = \sqrt{E_k^2 + 2mc^2 E_k + M'^2c^4}$$

由能量守恒 $E' = E$,可得

$$\sqrt{E_k^2 + 2mc^2 E_k + M'^2c^4} = E_k + (m+M)c^2$$

此式两边平方后移项可得

$$M'c^2 = \sqrt{2Mc^2 E_k + [(m+M)c^2]^2}$$

由于 M' 是复合粒子的静质量,所以 $M'c^2$ 就是它在自身质心系中的能量,也就是可以引起粒子转化的资用能。因此以动能 E_k 入射的粒子的资用能就是

$$E_{av} = \sqrt{2Mc^2 E_k + [(m+M)c^2]^2}$$

欧洲核子研究中心的超质子加速器原来是用能量为 270 GeV 的质子(静质量为 938 MeV≈1 GeV)去轰击静止的质子,其资用能按上式算为

$$E_{av} = \sqrt{2 \times 1 \times 270 + (1+1)^2} = \sqrt{544} = 23 \text{ (GeV)}$$

可见效率是非常低的。为了改变这种状况,1982 年将这台加速器改装成了对撞机,它使能量都是 270 GeV 的质子发生对撞。这时由于实验室参考系就是对撞质子的质心系,所以资用能为 $270 \times 2 = 540$ (GeV),因而可以引发需要高能量的粒子转化。正是因为这样,翌年就在这台对撞机上发现了静能分别为 81.8 GeV 和 92.6 GeV 的 $W^{\pm}$ 粒子和 Z^0 粒子,从而证实了电磁力和弱力统一的理论预测,强有力地支持了该理论的成立。

在研究高速物体的运动时,有时需要在不同的参考系之间对动量和能量进行变换。下面介绍这种变换的公式。

仍如前设 S, S' 两参考系(见图 22.9),先看动量的 x' 方向分量

$$p'_x = \frac{m_0 v'_x}{\sqrt{1 - v'^2/c^2}}$$

利用速度变换公式可先求得

$$\sqrt{1 - v'^2/c^2} = \sqrt{1 - (v'^2_x + v'^2_y + v'^2_z)/c^2}$$

$$= \frac{\sqrt{(1-u^2/c^2)(1-v^2/c^2)}}{1 - \frac{uv_x}{c^2}}$$

将此式和 v'_x 的变换式(22.26)代入 p'_x,并利用式(22.29)和式(22.41),得

$$p'_x = \frac{m_0(v_x - u)}{\sqrt{(1-u^2/c^2)(1-v^2/c^2)}}$$

$$= \frac{m_0 v_x}{\sqrt{(1-u^2/c^2)(1-v^2/c^2)}} - \frac{m_0 u c^2}{\sqrt{(1-u^2/c^2)(1-v^2/c^2)}c^2}$$

$$= \frac{1}{\sqrt{1-u^2/c^2}}[p_x - uE/c^2]$$

或写成

$$p'_x = \gamma(p_x - \beta E/c)$$

其中

$$\gamma = (1-u^2/c^2)^{-1/2}, \quad \beta = u/c$$

用类似的方法可得

$$p'_y = \frac{m_0 v'_y}{\sqrt{1-v'^2/c^2}} = \frac{m_0 v_y \sqrt{1-u^2/c^2}}{\sqrt{(1-u^2/c^2)(1-v^2/c^2)}}$$

$$= \frac{m_0 v_y}{\sqrt{1-v^2/c^2}}$$

即

$$p'_y = p_y$$

同理

$$p'_z = p_z$$

而

$$E' = m'c^2 = \frac{m_0 c^2}{\sqrt{1-v'^2/c^2}} = \frac{m_0 c^2 \left(1 - \frac{uv_x}{c^2}\right)}{\sqrt{(1-u^2/c^2)(1-v^2/c^2)}}$$

$$= \gamma(E - \beta c p_x)$$

将上述有关变换式列在一起，可得相对论动量-能量变换式如下：

$$\left.\begin{aligned} p'_x &= \gamma\left(p_x - \frac{\beta E}{c}\right) \\ p'_y &= p_y \\ p'_z &= p_z \\ E' &= \gamma(E - \beta c p_x) \end{aligned}\right\} \tag{22.50}$$

将带撇的和不带撇的量交换，并把 β 换成 $-\beta$，可得逆变换式如下：

$$\left.\begin{aligned} p_x &= \gamma\left(p'_x + \frac{\beta E'}{c}\right) \\ p_y &= p'_y \\ p_z &= p'_z \\ E &= \gamma(E' + \beta c p'_x) \end{aligned}\right\} \tag{22.51}$$

值得注意的是，在相对论中动量和能量在变换时紧密地联系在一起了。这一点实际上是相对论时空量度的相对性及紧密联系的反映。

还可以注意的是，式(22.50)所表示的 **p** 和 E/c^2 的变换关系和洛伦兹变换式(22.23)所表示的 **r** 和 t 的变换关系一样，即用 p_x, p_y, p_z 和 E/c^2 分别代替式(22.23)中的 x, y, z, t 就可以得到式(22.50)。

提 要

1. **牛顿绝对时空观**：长度和时间的测量与参考系无关。
   伽利略坐标变换式　　　$x'=x-ut,\quad y'=y,\quad z'=z,\quad t'=t$
   伽利略速度变换式　　　$v'_x=v_x-u,\quad v'_y=v_y,\quad v'_z=v_z$

2. **狭义相对论基本假设**
   爱因斯坦相对性原理；
   光速不变原理。

3. **同时性的相对性**

   时间延缓　　　$\Delta t=\dfrac{\Delta t'}{\sqrt{1-u^2/c^2}}$　（$\Delta t'$ 为固有时）

   长度收缩　　　$l=l'\sqrt{1-u^2/c^2}$　（l' 为固有长度）

4. **洛伦兹变换**
   坐标变换式

   $$x'=\dfrac{x-ut}{\sqrt{1-u^2/c^2}},\quad y'=y,\quad z'=z,$$

   $$t'=\dfrac{t-\dfrac{u}{c^2}x}{\sqrt{1-u^2/c^2}}$$

   速度变换式

   $$v'_x=\dfrac{v_x-u}{1-\dfrac{uv_x}{c^2}}$$

   $$v'_y=\dfrac{v_y}{1-\dfrac{uv_x}{c^2}}\sqrt{1-u^2/c^2}$$

   $$v'_z=\dfrac{v_z}{1-\dfrac{uv_x}{c^2}}\sqrt{1-u^2/c^2}$$

5. **相对论质量**

   $$m=\dfrac{m_0}{\sqrt{1-v^2/c^2}}\quad (m_0\ \text{为静质量})$$

6. **相对论动量**

   $$\boldsymbol{p}=m\boldsymbol{v}=\dfrac{m_0\boldsymbol{v}}{\sqrt{1-v^2/c^2}}$$

7. **相对论能量**：　　　$E=mc^2$
   相对论动能　　　$E_k=E-E_0=mc^2-m_0c^2$
   相对论动量能量关系式　　　$E^2=p^2c^2+m_0^2c^4$

8. 相对论动量-能量变换式

$$p'_x = \gamma\left(p_x - \frac{\beta E}{c}\right), \quad p'_y = p_y$$
$$p'_z = p_z, \quad E' = \gamma(E - \beta c p_x)$$

习题

22.1 一根直杆在 S 系中观察,其静止长度为 l,与 x 轴的夹角为 θ,试求它在 S' 系中的长度和它与 x' 轴的夹角。

22.2 静止时边长为 a 的正立方体,当它以速率 u 沿与它的一个边平行的方向相对于 S' 系运动时,在 S' 系中测得它的体积将是多大?

22.3 S 系中的观察者有一根米尺固定在 x 轴上,其两端各装一手枪。固定于 S' 系中的 x' 轴上有另一根长刻度尺。当后者从前者旁边经过时,S 系的观察者同时扳动两枪,使子弹在 S' 系中的刻度上打出两个记号。求在 S' 尺上两记号之间的刻度值。在 S' 系中观察者将如何解释此结果。

22.4 在 S 系中观察到在同一地点发生两个事件,第二事件发生在第一事件之后 2 s。在 S' 系中观察到第二事件在第一事件后 3 s 发生。求在 S' 系中这两个事件的空间距离。

22.5 在 S 系中观察到两个事件同时发生在 x 轴上,其间距离是 1 m。在 S' 系中观察这两个事件之间的距离是 2 m。求在 S' 系中这两个事件的时间间隔。

22.6 一只装有无线电发射和接收装置的飞船,正以 $\frac{4}{5}c$ 的速度飞离地球。当宇航员发射一无线电信号后,信号经地球反射,60 s 后宇航员才收到返回信号。

(1) 在地球反射信号的时刻,从飞船上测得的地球离飞船多远?

(2) 当飞船接收到反射信号时,地球上测得的飞船离地球多远?

22.7 一宇宙飞船沿 x 方向离开地球(S 系,原点在地心),以速率 $u=0.80\,c$ 航行,宇航员观察到在自己的参考系(S' 系,原点在飞船上)中,在时刻 $t' = -6.0\times10^8$ s, $x' = 1.8\times10^{17}$ m, $y' = 1.2\times10^{17}$ m, $z' = 0$ 处有一超新星爆发,他把这一观测通过无线电发回地球,在地球参考系中该超新星爆发事件的时空坐标如何? 假定飞船飞过地球时其上的钟与地球上的钟的示值都指零。

22.8 地球上的观察者发现一只以速率 $0.60\,c$ 向东航行的宇宙飞船将在 5 s 后同一个以速率 $0.80\,c$ 向西飞行的彗星相撞。

(1) 飞船中的人们看到彗星以多大速率向他们接近。

(2) 按照他们的钟,还有多少时间允许他们离开原来航线避免碰撞。

22.9 一个静质量为 m_0 的质点在恒力 $\boldsymbol{F}=F\boldsymbol{i}$ 的作用下开始运动,经过时间 t,它的速度 v 和位移 x 各是多少? 在时间很短($t\ll m_0 c/F$)和时间很长($t\gg m_0 c/F$)的两种极限情况下,v 和 x 的值又各是多少?

22.10 在什么速度下粒子的动量等于非相对论动量的 2 倍? 又在什么速度下粒子的动能等于非相对论动能的 2 倍。

22.11 在北京正负电子对撞机中,电子可以被加速到动能为 $E_k=2.8\times10^9$ eV。

(1) 这种电子的速率和光速相差多少 m/s?

(2) 这样的一个电子动量多大?

(3) 这种电子在周长为 240 m 的储存环内绕行时,它受的向心力多大? 需要多大的偏转磁场?

22.12 最强的宇宙射线具有 50 J 的能量,如果这一射线是由一个质子形成的,这样一个质子的速率和光速差多少 m/s?

22.13 一个质子的静质量为 $m_p=1.672\,65\times10^{-27}$ kg,一个中子的静质量为 $m_n=1.674\,95\times10^{-27}$ kg,

一个质子和一个中子结合成的氘核的静质量为 $m_\text{D}=3.343\ 65\times10^{-27}$ kg。求结合过程中放出的能量是多少 MeV？这能量称为氘核的结合能，它是氘核静能量的百分之几？

一个电子和一个质子结合成一个氢原子，结合能是 13.58 eV，这一结合能是氢原子静能量的百分之几？已知氢原子的静质量为 $m_\text{H}=1.673\ 23\times10^{-27}$ kg。

22.14 两个质子以 $\beta=0.5$ 的速率从一共同点反向运动，求：

(1) 每个质子相对于共同点的动量和能量；

(2) 一个质子在另一个质子处于静止的参考系中的动量和能量。

22.15 能量为 22 GeV 的电子轰击静止的质子时，其资用能多大？

科学家介绍

爱因斯坦

(Albert Einstein, 1879—1955 年)

爱因斯坦

《论动体的电动力学》一文的首页

  爱因斯坦,犹太人,1879年出生于德国符腾堡的乌尔姆市。智育发展很迟,小学和中学学习成绩都较差。1896年进入瑞士苏黎世工业大学学习并于1900年毕业。大学期间在学习上就表现出"离经叛道"的性格,颇受教授们责难。毕业后即失业。1902年到瑞士专利局工作,直到1909年开始当教授。他早期一系列最有创造性的具有历史意义的研究工作,如相对论的创立等,都是在专利局工作时利用业余时间进行的。从1914年起,任德国威廉皇家学会物理研究所所长兼柏林大学教授。由于希特勒法西斯的迫害,他于1933年到美国定居,任普林斯顿高级研究院研究员,直到1955年逝世。

  爱因斯坦的主要科学成就有以下几方面:

  (1) 创立了狭义相对论。他在1905年发表了题为《论动体的电动力学》的论文(载德国《物理学杂志》第4篇,17卷,1905年),完整地提出了狭义相对论,揭示了空间和时间的联系,引起了物理学的革命。同年又提出了质能相当关系,在理论上为原子能时代开辟了道路。

(2) 发展了量子理论。他在 1905 年同一本杂志上发表了题为《关于光的产生和转化的一个启发性观点》的论文,提出了光的量子论。正是由于这篇论文的观点使他获得了 1921 年的诺贝尔物理学奖。以后他又陆续发表文章提出受激辐射理论(1916 年)并发展了量子统计理论(1924 年)。前者成为 20 世纪 60 年代崛起的激光技术的理论基础。

(3) 建立了广义相对论。他在 1915 年建立了广义相对论,揭示了空间、时间、物质、运动的统一性,几何学和物理学的统一性,解释了引力的本质,从而为现代天体物理学和宇宙学的发展打下了重要的基础。

此外,他对布朗运动的研究(1905 年)曾为气体动理论的最后胜利作出了贡献。他还开创了现代宇宙学,他努力探索的统一场论的思想,指出了现代物理学发展的一个重要方向。20 世纪 60 至 70 年代在这方面已取得了可喜的成果。

爱因斯坦所以能取得这样伟大的科学成就,归因于他的勤奋、刻苦的工作态度与求实、严谨的科学作风,更重要的应归因于他那对一切传统和现成的知识所采取的独立的批判精神。他不因循守旧,别人都认为一目了然的结论,他会觉得大有问题,于是深入研究,非彻底搞清楚不可。他不迷信权威,敢于离经叛道,敢于创新。他提出科学假设的胆略之大,令人惊奇,但这些假设又都是他的科学作风和创新精神的结晶。除了他的非凡的科学理论贡献之外,这种伟大革新家的革命精神也是他对人类提供的一份宝贵的遗产。

爱因斯坦的精神境界高尚。在巨大的荣誉面前,他从不把自己的成就全部归功于自己,总是强调前人的工作为他创造了条件。例如关于相对论的创立,他曾讲过:"我想到的是牛顿给我们的物体运动和引力的理论,以及法拉第和麦克斯韦借以把物理学放到新基础上的电磁场概念。相对论实在可以说是对麦克斯韦和洛伦兹的伟大构思画了最后一笔。"他还谦逊地说:"我们在这里并没有革命行动,而不过是一条可以回溯几世纪的路线的自然继续。"

爱因斯坦不但对自己的科学成就这么看,而且对人与人的一般关系也有类似的看法。他曾说过:"人是为别人而生存的。""人只有献身于社会,才能找出那实际上是短暂而有风险的生命的意义。""一个获得成功的人,从他的同胞那里所取得的总无可比拟地超过他对他们所作的贡献。然而看一个人的价值,应当看他贡献什么,而不应当看他取得什么。"

爱因斯坦是这样说,也是这样做的。在他的一生中,除了孜孜不倦地从事科学研究外,他还积极参加正义的社会斗争。他旗帜鲜明地反对德国法西斯政权和它发动的侵略战争。战后,在美国他又积极参加了反对扩军备战政策和保卫民主权利的斗争。

爱因斯坦关心青年,关心教育,在《论教育》一文中,他根据自己的经验说出了十分有见解的话:"学校的目标应当是培养有独立行动和独立思考的个人,不过他们要把为社会服务看做是自己人生的最高目的。""学校的目标始终应当是:青年人在离开学校时,是作为一个和谐的人,而不是作为一个专家。……发展独立思考和独立判断的一般能力,应当始终放在首位,而不应当把专业知识放在首位。如果一个人掌握了他的学科的基础理论,并且学会了独立思考和工作,他必定会找到自己的道路,而且比起那种主要以获得细节知识为其培训内容的人来,他一定会更好地适应进步和变化。"

爱因斯坦于 1922 年底赴日本讲学的来回旅途中,曾两次在上海停留。第一次,北京大学曾邀请他讲学,但正式邀请信为邮程所阻,他以为邀请已被取消而未能成功。第二次适逢元旦,他曾作了一次有关相对论的演讲。巧合的是,正是在上海他得到了瑞典领事的关于他获得了 1921 年诺贝尔物理奖的正式通知。

今日物理趣闻

弯曲的时空——广义相对论简介

自1687年《自然哲学的数学原理》问世以来,牛顿力学取得了很大的成功与发展。很少有理论能和万有引力定律的预言的准确性相比拟。但即使如此,牛顿的理论也不是十分完善的。一个例子是水星的近日点的进动(图G.1)。水星轨道长轴的方向在空间不是固定的,在一世纪内会转动5601″([角]秒)。用牛顿理论计算出所有行星对它的影响后,还差43″,与观测不符。另外,牛顿引力理论有一个很严重的缺陷,就是它认为引力的传播不需要时间。例如,如果太阳表面某处突然爆发日珥(喷出明亮的气团),按牛顿理论,其引力变化在地球上应该即时就能发现。这一点直接违反了狭义相对论,因为这一理论指出任何信号的传播速度是不能大于光速的。

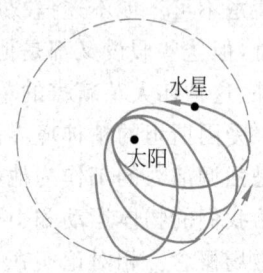

图G.1 水星近日点的进动

建立狭义相对论之后,爱因斯坦即开始研究关于引力的新理论,并且终于在1915年创立了广义相对论。狭义相对论告诉我们,空间和时间不是绝对的,它们和参考系的运动有关。广义相对论则告诉我们,在引力物体的近旁,空间和时间要被扭曲。行星的轨道运动并不是由于什么引力的作用,而是由于这种时空的扭曲。引力就是弯曲时空的表现。

G.1 等效原理

关于引力作用的一个重要事实是伽利略首先在比萨斜塔上演示给人们的,即:在地面上一个范围不大的空间内,一切物体都以同一加速度 g 下落。由这一事实可以导出:一个物体的惯性质量 m_i 等于其引力质量 m_g。因为,由牛顿第二定律和万有引力定律可得,对一个自由落体来说,

$$\frac{GMm_g}{r^2} = m_i g$$

从而有

$$\frac{m_i}{m_g} = \frac{gr^2}{GM}$$

式中 r 为物体距地心的距离,M 为地球的质量,G 为引力恒量。既然事实证明,一切物体的

加速度 g 都相同,那么,对一切物体,m_i/m_g 就是一个常数。在选取各量的适当单位后,就可以得出 $m_i=m_g$ 的结论。

是爱因斯坦首先注意到这一结论的重要性的。他曾写道:"……在引力场中一切物体都具有同一加速度。这条定律也可以表述为惯性质量同引力质量相等的定律。它当时就使我认识到它的全部重要性。我为它的存在感到极为惊奇,并猜想其中必定有一把可以更加深入地了解惯性和引力的钥匙。"

根据上述事实以及由它得出的 $m_i=m_g$ 的结论,可以设想,如果建造一个可以自由运动的小实验室,并在其中观察物体的运动,则当这个实验室自由下落时,将会看到室内物体处于完全失重的状态,即没有引力作用的状态。实际上,在绕地球的轨道上运行的太空船就是这样的实验室,它也具有加速度 g,其中物体和宇航员都处于完全失重的状态(图 G.2)。从宇航员看来,所有飞船内的物体都好像没有受到引力一样。在飞船这样的参考系内,重力的影响消除了。不受外力作用时,静止的物体将保持静止,运动的物体将保持匀速直线运动,就好像发生在惯性系内一样。一个在引力作用下自由下落的参考系叫**局部惯性系**。这样一个参考系只能是"局部的",因为范围一大,其中各处 g 的方向和大小就可能有显著的不同,而通过参考系的运动同时对其中所有物体都消除重力的影响就是不可能的了。现代灵敏的加速度计甚至能测出飞船两端 g 的不同。但在下面的讨论中我们将忽略这个不同。

图 G.2　英国物理学家史蒂芬·霍金
2007 年 4 月 26 日体验失重飞行,他不是在太空船中,而是在飞机中。该飞机升空后,先是从 7300 m 高度冲上 9800 m 高度,接着又俯冲回 7300 m 高度。沿这一段弧形轨道运动类似在太空船中,提供了 24 s 的失重环境

局部惯性系和真正的惯性系没有本质差别这一点说明:不仅匀速直线运动有相对性,而且加速运动也有相对性——在自由下落的飞船内,宇航员无法通过任何力学实验来查出飞船的加速度。1911 年,爱因斯坦在形成广义相对论之前就提出,这一广义的运动相对性不仅适用于力学现象,而且适用于其他物理现象。他把这个关于引力的假设叫做**等效原理**。他写道:"在一个局部惯性系中,重力的效应消失了;在这样一个参考系中,所有物理定律和在一个在太空中远离任何引力物体的真正惯性系中的一样。反过来说,一个在太空中加速的参考系中将会出现表观的引力;在这样的参考系中,物理定律就和该参考系静止于一个引力物体附近一样。"简单说来,就是引力和加速度等效。这个原理是广义相对论的基础。下面我们看从这一原理可以得出些什么结论。

G.2 光线的偏折和空间弯曲

从等效原理可以得出的第一个结论是在引力场中各处光的速率应当相等。设想在太阳周围各处有许多太空船，他们都瞬时静止（对太阳），但是已开始自由下落。在每一个太空船中，引力已消失。等效原理要求在这些太空船中光的速率都和在真正惯性系中的一样，即 3×10^8 m/s。由于这些太空船是对太阳瞬时静止的，所以在它们内部测出的光速也等于在太阳引力场中各处的光速，因而它们也都应该相等。

从等效原理可以得出的另一结论是光线在引力场中要发生偏折。设想一太空船正向太阳自由下落。由于在船内引力已消失，在太空船中和在惯性系中一样，从太空船一侧垂直船壁射向另一侧的光将直线前进（图 G.3(a)）。但在太阳坐标系中观察，由于太空船加速下落，所以光线将沿曲线传播。根据等效原理，光线将沿引力的方向偏折（图 G.3(b)）。

光线的引力偏折在自然界中应能观察到，例如，从地球上观察某一发光星体，当太阳移近光线时，从星体发的光将从太阳表面附近经过。太阳引力的作用将使光线发生偏折，从而星体的视位置将偏离它的实际位置（图 G.4）。由于星光比太阳光弱得多，所以要观察这种星体的视位置偏离只可能在日全食时进行。事实上 1919 年日全食时，天文学家的确观察到了这种偏离，之后还进行了多次这种观察。星体位置偏离大致都在 1.5″ 到 2.0″ 之间，和广义相对论的理论预言值 1.75″ 符合得相当好。

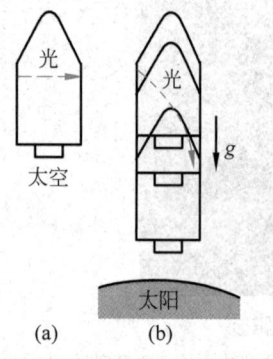

图 G.3 光线在引力场中偏折

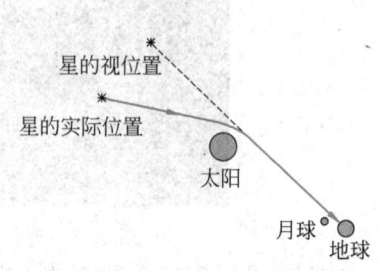

图 G.4 日全食时对星的观察

近年来关于光线偏折的更可靠的验证是利用了类星体发射的无线电波。进行这种观察，当然要等到太阳、类星体和地球差不多在一条直线上的时候。可巧人们发现类星体 3C279 每年 10 月 8 日都在这样的位置上。利用这样的时机测得的无线电波经过太阳表面附近时发生的偏折为 1.7″ 或 1.8″。

值得注意的是，光线在太阳附近的偏折意味着光速在太阳附近要减小。为了说明这一点，在图 G.5 中画出了光波波面传播的情形。波面总是垂直于光线的，正像以横队前进的士兵的排面和队伍前进的方向垂直一样。从图中可以明显地看出光线的偏折就意味着波面的转向，而这又意味着波面靠近太阳那一侧的速率要减小。这正如前进中的横队向右转时，排面右部的士兵要减慢前进的速度一样。

光速在太阳附近要减小这一预言已经用雷达波（波长几厘米）直接证实了。人们曾向金星(以及水星、人造天体)发射雷达波并接收其反射波。当太阳行将跨过金星和地球之间时,雷达波在往返的路上都要经过太阳附近。实验测出,在这种情况下,雷达波往返所用的时间比雷达波不经过太阳附近时的确要长些,而且所增加的数值和理论计算也符合得很好。这一现象叫**雷达回波延迟**。

光速在太阳附近要减小这一事实和前面提过的,光速应不受引力影响的结论是相矛盾的。怎样解决这个矛盾呢?答案只能是这样:从地球到金星的距离,当经过太阳附近时,由于引力的作用而变长了,因而光所经过的时间要长些,并不是因为光速变小了,而是因为距离变长了。这是和欧几里得几何学的推断不相同的。例如,考虑一个由相互垂直的四边组成的正方形(图 G.6),靠近太阳那一边(AB)比离太阳远的那一边(CD)要长。欧几里得几何学在此失效了——**空间不再是平展的,而是被引力弯曲或扭曲了的**。

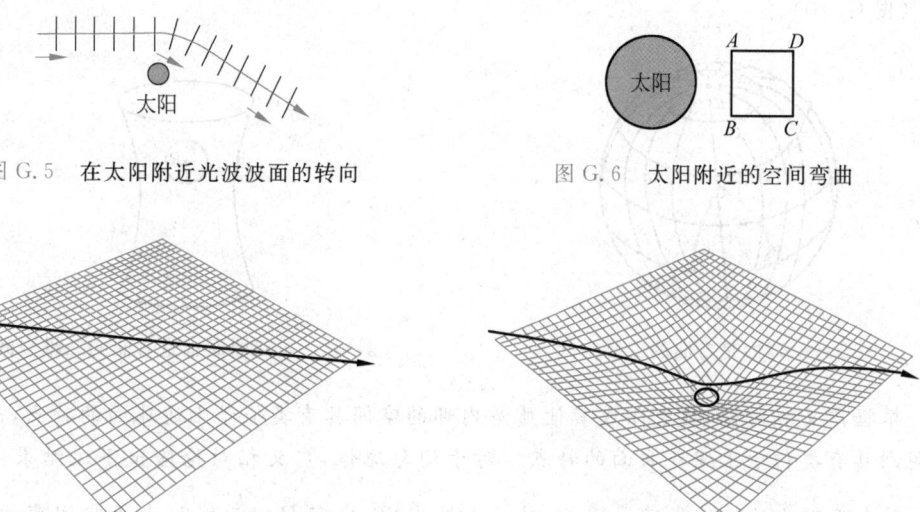

图 G.5　在太阳附近光波波面的转向　　　　图 G.6　太阳附近的空间弯曲

图 G.7　平展的二维空间　　　　　　　　图 G.8　弯曲的二维空间

为了得到这种弯曲空间的直观形象,让我们设想二维空间的情形。图 G.7 画出一个平展的二维空间,图 G.8 画出了当一个"太阳"放入这二维空间时的情形:这二维空间产生了一个坑。在这畸变的二维空间上两点 AB 之间的距离比它们之间的直线距离(即平展时的距离)要长些,由于光速不变,它从"太阳"附近经过时用的时间自然应该长些,这就解决了上述矛盾。计算表明,对于刚擦过太阳传播的光来说,从金星到地球的距离增加了约 30 km (总距离为 2.6×10^8 km)。

以上说明了如何由等效原理得到太阳附近空间是弯曲的结论。弯曲的空间是爱因斯坦广义相对论的出发点。

G.3　广义相对论

广义相对论的基本论点是:**引力来源于弯曲**。太阳或其质量周围的空间发生弯曲,这种弯曲影响光和行星的运动,使它按照现在实际的方式运动。太阳对光和行星并没有任何力的作用,它只是使时空发生弯曲,而光或行星只是沿这一弯曲时空中的可能的"最短"的路线运动。因此爱因斯坦的广义相对论是一种**关于引力的几何理论**,有人把它称做"几何动力学",即和物质有相互作用的、动力学的、弯曲时空的几何学。

我们不可能想象出一个弯曲的三维空间图像,因为那需要事先想象出第四维或第五维,以便三维空间能弯曲到里面去。但幸运的是,我们可以查知三维空间的弯曲而不要进入更高的维中从外面来看它。为此还利用二维空间模型。考虑一个小甲虫在一个二维空间即一个曲面上活动而不能离开它。如果曲面是一个球面,它可以通过下面的测量来知道它活动的空间是弯曲的。如图 G.9 所示,它可以测量一个圆的周长及半径,而发现周长小于半径的 2π 倍。它还可以测一个三角形(其三个边都是三个顶点间的最短线)的三内角和,发现它大于 $180°$。和欧几里得几何学的结论相比,甲虫就知道它所活动的空间是弯曲的。如果甲虫在一个双曲面上活动,它将发现圆的周长大于半径的 2π 倍,而三角形的三内角和将小于 $180°$(图 G.10)。

图 G.9 球面是弯曲的二维空间

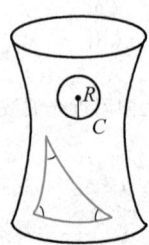

图 G.10 双曲面也是弯曲的二维空间

根据广义相对论,在太阳或其他质量内部的空间具有类似于上述球面的特点,而外部的空间则具有类似于上述双曲面的特点。对于均匀球体,广义相对论给出下述结果:以 R 和 C 分别表示测出的球的半径和周长,对于平展空间,应有 $R - \frac{C}{2\pi} = 0$,由于空间弯曲,半径 R 要比 $\frac{C}{2\pi}$ 大一数值 ΔR,

$$\Delta R = R - \frac{C}{2\pi} \tag{G.1}$$

广义相对论给出

$$\Delta R \approx \frac{4GM}{3c^2} \tag{G.2}$$

式中,M 是球体质量,G 和 c 分别是万有引力恒量和光速。广义相对论还给出球体内的三角形的三内角和比 $180°$ 大的数值为

$$\Delta \theta \approx \frac{\sqrt{2}GM}{Rc^2} \tag{G.3}$$

把上述公式用于地球,可得地球周长比 $2\pi R$ 要小 5.9 mm,$\Delta \theta \approx 2.0 \times 10^{-4}{}''$。对于太阳来说,其周长比 $2\pi R$ 约小 23 km,$\Delta \theta \approx 0.62''$。

对于太阳和地球来说,广义相对论所预言的空间弯曲是太小了,根本不可能直接用测量来验证,只能通过它的影响间接地显示出来,例如上面讲过的雷达回波延迟。另一个显示空间弯曲的现象就是水星近日点的进动。在平展空间中,牛顿理论给出水星将沿椭圆运动。

按照广义相对论,太阳周围的空间像"碗"一样地弯曲了,近似于一个"圆锥"。图 G.11(a)画的是一个平展空间中的椭圆。要使此平面变成一个圆锥面从而近似碗状的弯曲空间,必须从面上切去一块(图 G.11(b)),然后把切口接合起来,这样一来,在轨道的接合处就出现了一个交叉。当行星运动到此交叉点时,它将不再进入原来的轨道,而要越过原来的轨道向前了(图 G.11(c))。这就是广义相对论对水星近日点进动的模拟说明。理论的计算结果在量上也是符合实际观察结果的。这可由表 G.1 列出的几个行星的近日点进动的观测值和理论值的比较看出。近年来关于 PSR1913+16 脉冲双星的近星点进动值测得为 $4.226\,621(11)°/a$,也与广义相对论的理论结果相符。由于这个值比行星进动值大数万倍,它更是对理论的强有力的验证。

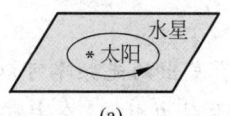 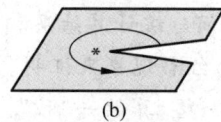 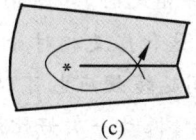

(a)   (b)   (c)

图 G.11   空间弯曲导致近日点的进动

表 G.1   几个行星的近日点进动值

行　　星	观　测　值	理　论　值
水星	$(43.11''\pm 0.45'')/100a$	$43.03''/100a$
金星	$(8.4''\pm 4.8'')/100a$	$8.6''/100a$
地球	$(5.0''\pm 1.2'')/100a$	$3.8''/100a$
伊卡鲁斯小行星	$(9.8''\pm 0.8'')/100a$	$10.3''/100a$

G.4   引力时间延缓

上面介绍了空间的弯曲。实际上,广义相对论给出的结论比这要复杂得多。它指出,不但空间弯曲,而且有与之相联系的时间"弯曲"。对于图 G.6 所示的情况,不但四边形靠近太阳那一边的长度比远离太阳那一边的长,而且靠近太阳的地方时间也要长些,或者说,靠近太阳的钟比远离太阳的钟走得要慢一些,这种效应叫**引力时间延缓**。它也是等效原理的一个推论。

如图 G.12(a)所示,设想在地面建造一间实验室,在室内地板和天花板上各安装一只同样的钟。为了比较这两只钟的快慢,我们设下面的钟和一个无线电发报机联动,每秒(或每几分之一秒)向上发出一信号,同时上面的钟附有一收报机,它可以把收到的无线电信号的频率与自己走动的频率相比较。现在应用等效原理,将此实验室用一太空船代替。如果此船以加速度 $-\bm{g}$ 运动,则在船内发生的一切将和地面实验室发生的一样。为方便起见,设太空船在太空惯性系中从静止开始运动

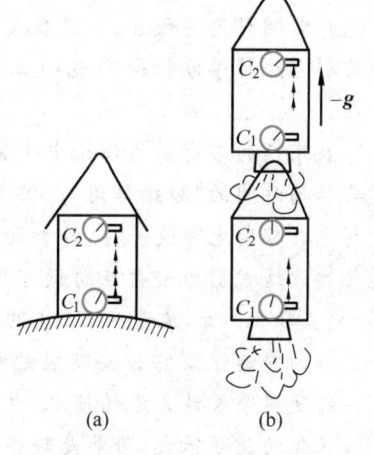

图 G.12   引力时间延缓

时,下面的发报机开始发报。由于太空船作加速度运动,所以当信号经过一定的时间到达上面的收报机时,这收报机已具有了一定的速度。又由于这速度的方向和信号传播的方向相同,所以收报机收到的连续两次信号之间的时间间隔一定比它近旁的钟所示的一秒的时间长。由于上下两只钟的快慢是通过这无线电信号加以比较的,所以下面的钟走得比上面的钟慢。用等效原理再回到地球上的实验室里,就得到靠近地面的那只钟比上面的钟慢。这就是引力时间延缓效应。

引力时间延缓效应是非常小的,地面上的钟因此比远高空的钟仅慢 10^{-9}。但用现代非常精密的原子钟,还是能测出这微小的效应。1972 年有人曾做过这样的实验:用两组原子钟,一组留在地面上,另一组装入喷气客机作高空(约一万米)环球飞行。当飞行的钟返回原地与留下的钟相比时,扣除由于运动引起的狭义相对论时间延缓效应,得到高空的钟快了 1.5×10^{-7} s,这和广义相对论引力时间延缓计算结果相符合。

引力时间延缓效应也可以用引力红移现象来证明。原子发出的光频率可以看做是一种钟的计时信号,振动一次好比秒针走一格,算做一"秒"。由于引力效应,在太阳表面上的钟慢,即在太阳表面上原子发出的光的频率比远离太阳的地方的同种原子发出的光的频率要低。因此,在地面上接收到的太阳上钾原子发出的光比地面上的钾原子发出的光的频率要低。由于在可见光范围内,从紫到红频率越来越低,所以这种光的频率减小的现象叫红移。又因为这种红移是引力引起的,所以叫**引力红移**。根据广义相对论,太阳引起的引力红移将使频率减小 2×10^{-6},对太阳光谱的分析证实了这一预言。

引力红移在地面实验室也测到了。1960 年在哈佛大学曾利用 20 m 高的楼进行了这一实验。在楼顶安置一个 γ 射线源,在楼底安装接收器,由于 γ 射线的吸收过程严格地和频率有关,所以可以测出 γ 射线由楼顶到达楼底时频率的改变。尽管广义相对论预言这一高度引起的引力红移只有 2×10^{-15},但实验还是成功了,准确度达到了 $1‰$。1976 年还进行了利用火箭把原子钟带到 10^4 km 高空来测定引力的时间效应的实验。在这一高度的钟比地面的钟要快 4.5×10^{-10}。实验结果和这一理论值相符,误差小于 0.01%。

G.5 引力波

广义相对论的预言,除了在上述的光线的引力偏折,雷达回波延迟,行星近日点的进动以及引力红移等方面得到观测证实以外,近年来另一个有说服力的证实是关于引力波的存在。

在牛顿的万有引力理论中是完全没有引力波的概念的,因为牛顿的万有引力是一种不需要传播时间的"超距作用"。但是广义相对论指出,正像加速运动(如作圆运动或振动)的电荷向外辐射电磁波一样,作加速运动的质量也向外辐射**引力波**。引力波是横波而且以光速传播。这种引力波存在的预言长期未被证实,原因是引力波实在太弱了。例如,用一根长 20 m,直径 1.6 m,质量为 500 t 的圆棒,让它绕垂直轴高速转动,它将发射引力波。但是即使圆棒的转速达到它将要断裂的程度(约 28 r/s),它发射引力波的功率也不过 2.2×10^{-19} W。即使用今天最先进的技术,也不可能测出这样小的功率。

天体的质量很大,可能是较强的引力辐射源。行星绕日公转时,也会向外发射引力波。以最大的行星——木星——为例,它由于公转而发射引力波的功率也只有 10^{-17} W。双星虽然发出引力波的功率较大,但是它们发出的引力波到达地球表面时的强度非常小。例如天琴座 β 双星发出的引力波到达地面时的强度只有 3.8×10^{-18} W/m²,仙后座 η 双星发来的则只有 1.4×10^{-32} W/m²(地面上太阳光的强度约 10^3 W/m²)。这样弱的强度目前还是无法测出的。虽然有人曾设计并制造了接收来自空间的引力波的"天线"(一个直径 96 cm,长 151 cm,质量为 3.5 t 的铝棒),但是还是没有获得收到引力波信号的确切结果。看来,目前直接检测到引力波的可能性很小。

关于引力波存在的证实在 1974 年出现了一个小的转折。当年赫尔斯(R. A. Hulse)和泰勒(J. H. Taylor)发现一个其中之一是脉冲星的双星系统。该脉冲星代号为 PSR 1913+16(PSR 表示脉冲星,1913 是赤经的小时和分,+16 是赤纬的度数)。该脉冲星和它的伴星的质量差不多相等,都约为太阳质量的 1.4 倍。它们围绕共同的质心运动,二者的距离约等于月球到地球距离的几倍,轨道偏心率为 0.617。它们的轨道速率约为光速的千分之一。这样大质量而相距很近的星体以这样高的速率沿偏心率很大的轨道运动应该是一个发射较强引力波的系统,它们构成了一个检验广义相对论预言的一个理想的"天空实验室"。

这一天空实验室的成功还特别得力于那颗脉冲星。脉冲星是一种星体演化末期形成的"中子星"。它全由中子构成,密度很大(10^{17} kg/m³),体积很小(半径约 10 km)。它具有很强的磁场(表面磁场可达 $10^8\sim10^9$ T,PSR 1913+16 的表面磁场为 2.3×10^6 T,而地磁场约为 10^{-5} T),带电粒子不能从外部到星体上,但在两磁极处除外,在这里带电粒子可以沿磁感线加速冲进。这样便在两磁极处形成两个电磁辐射锥(图 G.13)。在一般情况下,中子星的磁轴和自转轴并不重合,因此电磁辐射锥便在空间扫过一个锥面。如果凑巧辐射锥扫过地球,地球上就能接收到它扫过时形成的电磁脉冲。这就是脉冲星的脉冲来源。脉冲周期就是中子星的自转周期,实验测出的脉冲周期具有高度稳定性。PSR 1913+16 脉冲星的周期是 59 ms,这一自转周期还有一稳定的增长。PSR 1913+16 脉冲星的自转周期增长速率是大约每秒增长 8.6×10^{-18} s。

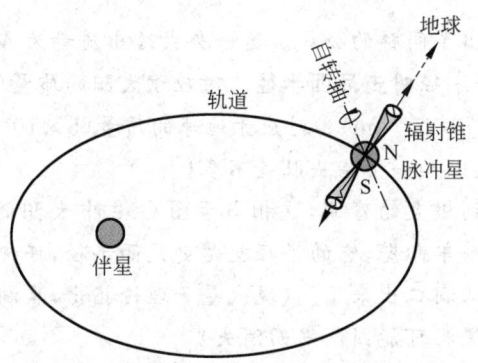

图 G.13　PSR 1913+16 脉冲星运动示意图

对验证广义相对论有重要意义的现象是双星的轨道周期的变化。图 G.13 画出了在伴星坐标系中脉冲星轨道运动的示意图。根据所测到的脉冲周期的变化,按多普勒效应可算出脉冲星的轨道周期。1975 年测量的结果是 27 906.981 61 s,1993 年测量的结果是 27 906.980 780 7(9) s(约 7 h 45 min)。逐年测量结果显示轨道周期逐渐减小,这减小可用广义相对论的引力辐射理论说明。由于引力辐射,双星系统要损失能量,因而其轨道运动周期就减小。对 PSR 1913+16 脉冲星说,这一轨道周期的减小率的理论值是 $(2.4025\pm0.0001)\times10^{-12}$ s/s,长达 18 年的连续观测得到的周期减小率为大约每秒减小 $(2.4101\pm0.0085)\times10^{-12}$ s,其符合程度是相当高的。

上述长期的连续的对于 PSR 1913+16 脉冲双星运动的观测与研究是赫尔斯和泰勒于 1974 年发现该脉冲双星后有目的地完成的。由于他们的辛勤工作及其结果对验证广义相对论的重要意义,他们获得了 1993 年诺贝尔物理学奖。

G.6 黑洞

在太阳系内爱因斯坦广义相对论效应是非常小的,牛顿理论和爱因斯坦理论的差别只有用非常精密的仪器才能测出来。为了发现明显的广义相对论效应,必须在宇宙中寻找引力特别强的地方。现代宇宙学指出,引力特别强的地方是黑洞。从理论上讲,黑洞是星体演化的"最后"阶段,这时星体由于其本身的质量的相互吸引而塌缩成体积"无限小"而密度"无限大"的奇态。在这种状态下星体只表现为非常强的引力场。任何物质,不管是电子、质子、原子、太空船等等,一旦进入黑洞就永远不可能再逃出了。甚至连光子也没有逃出黑洞的希望。因此在外面看不见黑洞,这也是它所以被叫做黑洞的原因。

我们已经知道,对于一个半径为 R,质量为 M 的均匀球状星体,牛顿定律给出的逃逸速度是

$$v = \sqrt{\frac{2GM}{R}} \qquad (G.4)$$

如果此星体的质量非常大以至于这一公式给出的速度比光速还大时,光就不能从中射出了。这个星体就变成了黑洞。用光速 c 代替此式中的 v,可以得到

$$R = \frac{2GM}{c^2} \qquad (G.5)$$

很凑巧,广义相对论也给出了同样的公式。这一公式给出质量为 M 的物体成为黑洞时所应该具有的最大半径。这一半径叫**史瓦西半径**。对应于太阳的质量(2×10^{30} kg),这一半径为 3.0 km(现时太阳半径为 7×10^{5} km)。对应于地球的质量(6×10^{24} kg),这一半径为 9 mm,即地球变成黑洞时它的大小和一个指头肚差不多!

在黑洞附近,空间受到极大的弯曲,这相当于图 G.8 中太阳的位置处出现了一个无底洞,在这个洞边上围有一个单向壁,它的半径就是史瓦西半径,任何物体跨过此单向壁后,只能越陷越深,永远不能再从洞口出来了。(现代量子理论指出,黑洞有"蒸发"现象,可以有物质从黑洞逸出,以致小的黑洞可能因蒸发而消失)

在一个黑洞内部,空间和时间是能相互转换的。从单向壁向黑洞中心不是一段空间距离,而是一段时间间隔,黑洞的中心点不是一个空间点,而是一个时间的点。因此在黑洞中,引力场不是恒定的,而是随时间变化的。这引力场将演变到黑洞中各处引力场的强度都变成无限大为止。这种演变是很快的。例如对于一个具有太阳质量的黑洞,这段演变只需 10^{-5} s。但是从外面看,黑洞并没有任何演变,它将永远保持它的形态不变。这个看来是矛盾的结论其根源在于引力时间延缓。

前面说过引力能使时钟变慢,在黑洞附近引力时间延缓效应很大。在到达单向壁时,这

一时间延缓效应是如此之大,以至此处的钟和远处同样的钟相比就慢得停下来了。如果我们设想一个宇航员驾驶飞船到了单向壁上,则从外面远离黑洞的人看来,他的一切生命过程(脉搏、呼吸、肌肉动作)几乎都停下来了,他好像被冻起来了一样。可是宇航员本身并未发现自己有什么变化,他自我感觉正常,只是周围远处的一切都加速了。与此相似,从外面看,黑洞中发生任何变化都需要无限长的时间。也就是说,看不出它有什么变化。

现在天文学家认为有些星体就是黑洞,其中最出名的是天鹅座 X−1,它是天鹅座内一个强 X 射线源。天文学家经过分析认为天鹅 X−1 是一对双星,它由两个星组成。一个是通常的发光星体,它有 30 倍于太阳的质量。另一个猜想就是黑洞,它大约有 10 倍于太阳的质量,而直径小于 300 km。这两个星体相距很近,都绕着共同的质心运动,周期大约是 5.6 d,黑洞不断地从亮星拉出物质。这些物质先是绕着黑洞旋转,在进入黑洞前要被黑洞的强大引力加速,并且由于被压缩而发热,温度可高达 1 亿度。在这样高温下的物质中粒子发生碰撞时就能向外发射 X 射线,这就是地面上观察到的 X 射线。一旦这些物质进入单向壁,就什么也不能再向外发射了。因此,黑洞是黑的,但是它周围的物质由于发射 X 光而发亮。

有些天文学家认为我们的银河系以及河外中可能存在着许多黑洞,但在地球上能用我们的仪器看到的黑洞只有那些类似上面所述的双星系统。孤立的黑洞都隐藏在宇宙空间,它们是看不见的,我们只能通过它们的引力来检测它们。

第 6 篇 量子物理

量子概念是1900年普朗克首先提出的,到今天已经过去了100余年。这期间,经过爱因斯坦、玻尔、德布罗意、玻恩、海森伯、薛定谔、狄拉克等许多物理大师的创新努力,到20世纪30年代,就已经建成了一套完整的量子力学理论。这一理论是关于微观世界的理论。和相对论一起,它们已成为现代物理学的理论基础。量子力学已在现代科学和技术中获得了很大的成功,尽管它的哲学意义还在科学家中间争论不休。应用到宏观领域时,量子力学就转化为经典力学,正像在低速领域相对论转化为经典理论一样。

量子力学是一门奇妙的理论。它的许多基本概念、规律与方法都和经典物理的基本概念、规律和方法截然不同。本篇将介绍有关量子力学的基础知识。第23章先介绍量子概念的引入——微观粒子的二象性,由此而引起的描述微观粒子状态的特殊方法——波函数,以及微观粒子不同于经典粒子的基本特征——不确定关系。然后在第24章介绍微观粒子的基本运动方程(非相对论形式)——薛定谔方程。对于此方程,首先把它应用于势阱中的粒子,得出微观粒子在束缚态中的基本特征——能量量子化、势垒穿透等。

第25章用量子概念介绍了电子在原子中运动的规律,包括能量、角动量的量子化,自旋的概念,泡利不相容原理,原子中电子的排布。

第 23 章

波粒二象性

量子物理理论起源于对波粒二象性的认识。本章着重说明波粒二象性的发现过程、定量表述和它们的深刻含义。先介绍普朗克在研究热辐射时提出的能量子概念,再介绍爱因斯坦引入的光子概念以及用光子概念对康普顿效应的解释,然后说明德布罗意引入的物质波概念。最后讲解概率波、概率幅和不确定关系的意义。这些基本概念都是对经典物理的突破,对了解量子物理具有基础性的意义,它们的形成过程也是很发人深思的。

23.1 黑体辐射

当加热铁块时,开始看不出它发光。随着温度的不断升高,它变得暗红、赤红、橙色而最后成为黄白色。其他物体加热时发的光的颜色也有类似的随温度而改变的现象。这似乎说明在不同温度下物体能发出频率不同的电磁波。事实上,仔细的实验证明,在任何温度下,物体都向外发射各种频率的电磁波。只是在不同的温度下所发出的各种电磁波的能量按频率有不同的分布,所以才表现为不同的颜色。这种能量按频率的分布随温度而不同的电磁辐射叫做**热辐射**。

为了定量地表明物体热辐射的规律,引入**光谱辐射出射度**的概念。频率为 ν 的光谱辐射出射度是指单位时间内从物体单位表面积发出的频率在 ν 附近单位频率区间的电磁波的能量。光谱辐射出射度(按频率分布)用 M_ν 表示,它的 SI 单位为 $W/(m^2 \cdot Hz)$。实验测得的 100 W 白炽灯钨丝表面在 2750 K 时以及太阳表面的 M_ν 和 ν 的关系如图 23.1 所示(注意图中钨丝和太阳的 M_ν 的标度不同,太阳的吸收谱线在图中都忽略了)。从图中可以看出,钨丝发的光的绝大部分能量在红外区域,而太阳发的光中,可见光占相当大的成分。

物体在辐射电磁波的同时,还吸收照射到它表面的电磁波。如果在同一时间内从物体表面

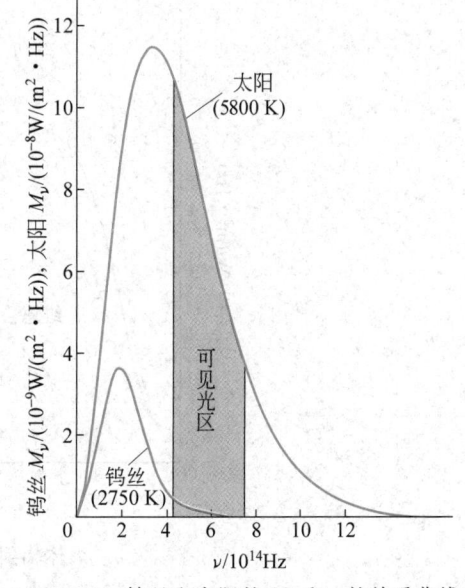

图 23.1 钨丝和太阳的 M_ν 和 ν 的关系曲线

辐射的电磁波的能量和它吸收的电磁波的能量相等,物体和辐射就处于温度一定的热平衡状态。这时的热辐射称为**平衡热辐射**。下面只讨论平衡热辐射。

在温度为 T 时,物体表面吸收的频率在 ν 到 $\nu+\mathrm{d}\nu$ 区间的辐射能量占全部入射的该区间的辐射能量的份额,称做物体的**光谱吸收比**,以 $a(\nu)$ 表示。实验表明,辐射能力越强的物体,其吸收能力也越强。理论上可以证明,尽管各种材料的 M_ν 和 $a(\nu)$ 可以有很大的不同,但在同一温度下二者的比 ($M_\nu/a(\nu)$) 却与材料种类无关,而是一个确定的值。能完全吸收照射到它上面的各种频率的光的物体称做**黑体**。对于黑体,$a(\nu)=1$。它的光谱辐射出射度应是各种材料中最大的,而且只与频率和温度有关。因此研究黑体辐射的规律就具有更基本的意义。

煤烟是很黑的,但也只能吸收 99% 的入射光能,还不是理想黑体。不管用什么材料制成一个空腔,如果在腔壁上开一个小洞(图 23.2),则射入小洞的光就很难有机会再从小洞出来了。这样一个小洞实际上就能完全吸收各种波长的入射电磁波而成了一个黑体。加热这个空腔到不同温度,小洞就成了不同温度下的黑体。用分光技术测出由它发出的电磁波的能量按频率的分布,就可以研究**黑体辐射**的规律。

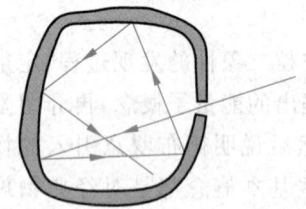

图 23.2 黑体模型

19 世纪末,在德国钢铁工业大发展的背景下,许多德国的实验和理论物理学家都很关注黑体辐射的研究。有人用精巧的实验测出了黑体的 M_ν 和 ν 的关系曲线,有人就试图从理论上给以解释。1896 年,维恩(W. Wien)从经典的热力学和麦克斯韦分布律出发,导出了一个公式,即**维恩公式**

$$M_\nu = \alpha\nu^3 \mathrm{e}^{-\beta\nu/T} \qquad (23.1)$$

式中 α 和 β 为常量。这一公式给出的结果,在高频范围和实验结果符合得很好,但在低频范围有较大的偏差(图 23.3)。

1900 年 6 月瑞利发表了他根据经典电磁学和能量均分定理导出的公式(后来由金斯

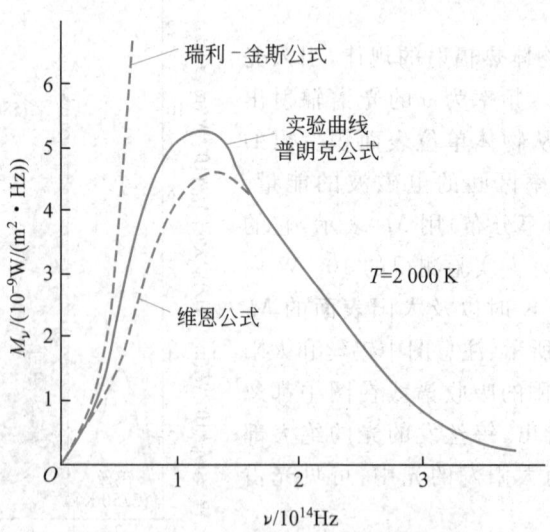

图 23.3 黑体辐射的理论和实验结果的比较

(J.H.Jeans)稍加修正),即**瑞利-金斯公式**

$$M_\nu = \frac{2\pi\nu^2}{c^2}kT \qquad (23.2)$$

这一公式给出的结果,在低频范围内还能符合实验结果;在高频范围就和实验值相差甚远,甚至趋向无限大值(图 23.3)。在黑体辐射研究中出现的这一经典物理的失效,曾在当时被有的物理学家惊呼为"紫外灾难"。

1900 年 12 月 14 日普朗克(Max Planck)发表了他导出的黑体辐射公式,即**普朗克公式**

$$M_\nu = \frac{2\pi h}{c^2}\frac{\nu^3}{e^{h\nu/kT}-1} \qquad (23.3)$$

这一公式在全部频率范围内都和实验值相符(图 23.3)!

普朗克所以能导出他的公式,是由于在热力学分析的基础上,他"幸运地猜到",同时为了和实验曲线更好地拟合,他"绝望地"、"不惜任何代价地"(普朗克语)提出了**能量量子化**的假设。对空腔黑体的热平衡状态,他认为是组成腔壁的带电谐振子和腔内辐射交换能量而达到热平衡的结果。他大胆地假定谐振子可能具有的能量不是连续的,而是只能取一些离散的值。以 E 表示一个频率为 ν 的谐振子的能量,普朗克假定

$$E = nh\nu, \quad n = 0,1,2,\cdots \qquad (23.4)$$

式中 h 是一常量,后来就叫**普朗克常量**。它的现代最优值为

$$h = 6.626\,075\,5 \times 10^{-34}\ \text{J}\cdot\text{s}$$

普朗克把式(23.4)给出的每一个能量值称做"**能量子**",这是物理学史上第一次提出量子的概念。由于这一概念的革命性和重要意义,普朗克获得了 1918 年诺贝尔物理学奖。

至于普朗克本人,在提出量子概念后,还长期尝试用经典物理理论来解释它的由来,但都失败了。直到 1911 年,他才真正认识到量子化的全新的、基础性的意义。它是根本不能由经典物理导出的。

读者可以证明,在高频范围内,普朗克公式就转化为维恩公式;在低频范围内,普朗克公式则转化为瑞利-金斯公式。

从普朗克公式还可以导出当时已被证实的两条实验定律。一条是关于黑体的全部**辐射出射度**的**斯特藩-玻耳兹曼定律**:

$$M = \int_0^\infty M_\nu\,\mathrm{d}\nu = \sigma T^4 \qquad (23.5)$$

式中 σ 称做**斯特藩-玻耳兹曼常量**,其值为

$$\sigma = 5.670\,51 \times 10^{-8}\ \text{W}/(\text{m}^2\cdot\text{K}^4)$$

另一条是**维恩位移律**。它说明,在温度为 T 的黑体辐射中,光谱辐射出射度最大的光的频率 ν_m 由下式决定:

$$\nu_\text{m} = C_\nu T \qquad (23.6)$$

式中 C_ν 为一常量,其值为

$$C_\nu = 5.880 \times 10^{10}\ \text{Hz/K}$$

此式说明,当温度升高时,ν_m 向高频方向"位移"(图 23.4)。

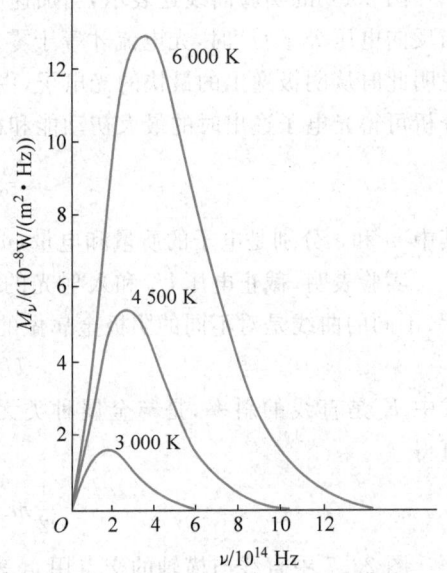

图 23.4　不同温度下的普朗克热辐射曲线

23.2 光电效应

19世纪末，人们已发现，当光照射到金属表面上时，电子会从金属表面逸出。这种现象称为光电效应。

图23.5所示为光电效应的实验装置简图，图中GD为光电管（管内为真空）。当光通过石英窗口照射阴极K时，就有电子从阴极表面逸出，这电子叫**光电子**。光电子在电场加速下向阳极A运动，就形成**光电流**。

实验发现，当入射光频率一定且光强一定时，光电流 i 和两极间电压 U 的关系如图23.6中的曲线所示。它表明，光强一定时，光电流随加速电压的增加而增加，当加速电压增加到一定值时，光电流不再增加，而达到一**饱和值** i_m。饱和现象说明这时单位时间内从阴极逸出的光电子已全部被阳极接收了。实验还表明饱和电流的值 i_m 和光强 I 成正比。这又说明单位时间内从阴极逸出的光电子数和光强成正比。

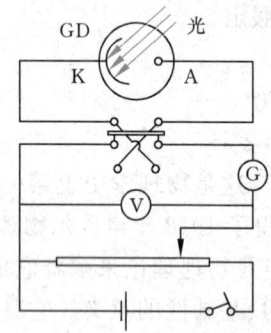

图23.5 光电效应实验装置简图

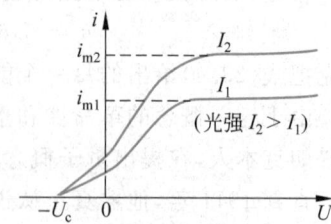

图23.6 光电流和电压的关系曲线

图23.6的实验曲线还表示，当加速电压减小到零并改为负值时，光电流并不为零。仅当反向电压等于 U_c 时，光电流才等于零。这一电压值 U_c 称为**截止电压**。截止电压的存在说明此时从阴极逸出的最快的光电子，由于受到电场的阻碍，也不能到达阳极了。根据能量分析可得光电子逸出时的最大初动能和截止电压 U_c 的关系应为

$$\frac{1}{2}mv_m^2 = eU_c \tag{23.7}$$

其中 m 和 e 分别是电子的质量和电量，v_m 是光电子逸出金属表面时的最大速度。

实验表明，截止电压 U_c 和入射光的频率 ν 有关，它们的关系由图23.7的实验曲线表示，不同的曲线是对不同的阴极金属做的。这一关系为线性关系，可用数学式表示为

$$U_c = K\nu - U_0 \tag{23.8}$$

式中 K 是直线的斜率，是与金属种类无关的一个普适常量。将式(23.8)代入式(23.7)，可得

$$\frac{1}{2}mv_m^2 = eK\nu - eU_0 \tag{23.9}$$

图23.7中直线与横轴的交点用 ν_0 表示。它具有这样的物理意义：当入射光的频率等于大于 ν_0 时，$U_c \geqslant 0$，据式(23.7)，电子能逸出金属表面，形成光电流；当入射光的频率小于

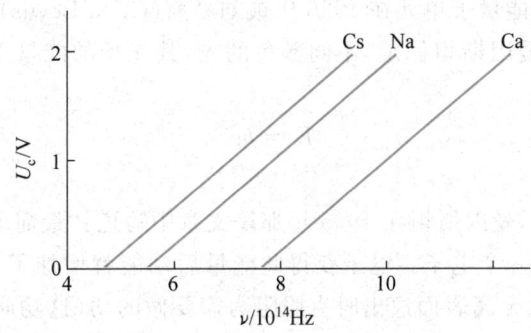

图 23.7 截止电压与入射光频率的关系

ν_0 时,电子将不具有足够的速度以逸出金属表面,因而就不会产生光电效应。由图 23.7 可知,对于不同的金属有不同的 ν_0。要使某种金属产生光电效应,必须使入射光的频率大于其相应的频率 ν_0 才行。因此,这一频率叫光电效应的**红限频率**,相应的波长就叫**红限波长**。由式(23.8)可知,红限频率 ν_0 应为

$$\nu_0 = \frac{U_0}{K} \tag{23.10}$$

几种金属的红限频率如表 23.1 所列。

表 23.1 几种金属的逸出功和红限频率

金 属	钨	锌	钙	钠	钾	铷	铯
红限频率 $\nu_0/10^{14}$ Hz	10.95	8.065	7.73	5.53	5.44	5.15	4.69
逸出功 A/eV	4.54	3.34	3.20	2.29	2.25	2.13	1.94

此外,实验还发现,光电子的逸出,几乎是在光照到金属表面上的同时发生的,其延迟时间在 10^{-9} s 以下。

19 世纪末叶所发现的上述光电效应和入射光频率的关系以及延迟时间甚小的事实,是当时大家已完全认可的光的波动说——麦克斯韦电磁理论——完全不能解释的。这是因为,光的波动说认为光的强度和光振动的振幅有关,而且光的能量是连续地分布在光场中的。

23.3 光的二象性 光子

当普朗克还在寻找他的能量子的经典根源时,爱因斯坦在能量子概念的发展上前进了一大步。普朗克当时认为只有振子的能量是量子化的,而辐射本身,作为广布于空间的电磁波,它的能量还是连续分布的。爱因斯坦在他于 1905 年发表的"关于光的产生和转换的一个有启发性的观点"的文章中,论及光电效应等的实验结果时,这样写道:"尽管光的波动理论永远不会被别的理论所取代,……,但仍可以设想,用连续的空间函数表述的光的理论在应用到光的发射和转换的现象时可能引发矛盾。"于是他接着假定:"从一个点光源发出的光线的能量并不是连续地分布在逐渐扩大的空间范围内的,而是由有限个数的能量子组成的。这些能量子个个都只占据空间的一些点,运动时不分裂,只能以完整的单元产生或被吸收。"

在这里首次提出的光的能量子单元在 1926 年被刘易斯(G. N. Lewis)定名为"**光子**"。

关于光子的能量，爱因斯坦假定，不同颜色的光，其光子的能量不同。频率为 ν 的光的一个光子的能量为

$$E = h\nu \tag{23.11}$$

其中 h 为普朗克常量。

为了解释光电效应，爱因斯坦在 1905 年那篇文章中写道："最简单的方法是设想一个光子将它的全部能量给予一个电子。"电子获得此能量后动能就增加了，从而有可能逸出金属表面。以 A 表示电子从金属表面逸出时克服阻力需要做的功（这功叫**逸出功**），则由能量守恒可得一个电子逸出金属表面后的最大动能应为

$$\frac{1}{2}mv_m^2 = h\nu - A \tag{23.12}$$

将此式与式(23.9)相比，可知它可以完全解释光电效应的红限频率和截止电压的存在。式(23.12)就叫**光电效应方程**。对比式(23.12)和式(23.9)可得

$$h = eK \tag{23.13}$$

1916 年密立根(R. A. Milikan)曾对光电效应进行了精确的测量，他利用 U_c-ν 图像（图 23.7）中的正比直线的斜率 K 计算出的普朗克常数值为

$$h = 6.56 \times 10^{-34} \text{ J} \cdot \text{s}$$

这和当时用其他方法测得的值符合得很好。

对比式(23.12)和式(23.9)还可以得到

$$A = eU_0$$

再由式(23.10)可得

$$\nu_0 = \frac{A}{eK} = \frac{A}{h} \tag{23.14}$$

这说明红限频率与逸出功有一简单的数量关系。因此，可以由红限频率计算金属的逸出功。不同金属的逸出功也列在表 23.1 中。

饱和电流和光强的关系可作如下简单解释：入射光强度大表示单位时间内入射的光子数多，因而产生的光电子也多，这就导致饱和电流的增大。

光电效应的延迟时间短是由于光子被电子一次吸收而增大能量的过程需时很短，这也是容易理解的。

就这样，光子概念被证明是正确的。

在 19 世纪，通过光的干涉、衍射等实验，人们已认识到光是一种波动——电磁波，并建立了光的电磁理论——麦克斯韦理论。进入 20 世纪，从爱因斯坦起，人们又认识到光是粒子流——光子流。综合起来，关于光的本性的全面认识就是：**光既具有波动性，又具有粒子性**，相辅相成。在有些情况下，光突出地显示出其波动性，而在另一些情况下，则突出地显示出其粒子性。光的这种本性被称做**波粒二象性**。光既不是经典意义上的"单纯的"波，也不是经典意义上的"单纯的"粒子。

光的波动性用光波的波长 λ 和频率 ν 描述，光的粒子性用光子的质量、能量和动量描述。由式(23.11)，一个光子的能量为

$$E = h\nu$$

根据相对论的质能关系

$$E = mc^2 \tag{23.15}$$

一个光子的质量为

$$m = \frac{h\nu}{c^2} = \frac{h}{c\lambda} \tag{23.16}$$

我们知道,粒子质量和运动速度的关系为

$$m = \frac{m_0}{\sqrt{1-\left(\dfrac{v}{c}\right)^2}}$$

对于光子,$v=c$,而 m 是有限的,所以只能是 $m_0=0$,即光子是**静止质量为零**的一种粒子。但是,由于光速不变,光子对于任何参考系都不会静止,所以在任何参考系中光子的质量实际上都不会是零。

根据相对论的能量-动量关系

$$E^2 = p^2c^2 + m_0^2c^4$$

对于光子,$m_0=0$,所以光子的动量为

$$p = \frac{E}{c} = \frac{h\nu}{c} \tag{23.17}$$

或

$$p = \frac{h}{\lambda} \tag{23.18}$$

式(23.11)和式(23.18)是描述光的性质的基本关系式,式中左侧的量描述光的粒子性,右侧的量描述光的波动性。注意,光的这两种性质在数量上是通过普朗克常量联系在一起的。

例 23.1

在某次光电效应实验中,测得某金属的截止电压 U_c 和入射光频率的对应数据如下:

U_c/V	0.541	0.637	0.714	0.80	0.878
$\nu/10^{14}$ Hz	5.644	5.888	6.098	6.303	6.501

试用作图法求:

(1) 该金属光电效应的红限频率;

(2) 普朗克常量。

解 以频率 ν 为横轴,以截止电压 U_c 为纵轴,选取适当的比例画出曲线如图 23.8 所示。

(1) 曲线与横轴的交点即该金属的红限频率,由图上读出红限频率

$$\nu_0 = 4.27 \times 10^{14} \text{ Hz}$$

(2) 由图求得直线的斜率为

$$K = 3.91 \times 10^{-5} \text{ V} \cdot \text{s}$$

根据式(23.13)得

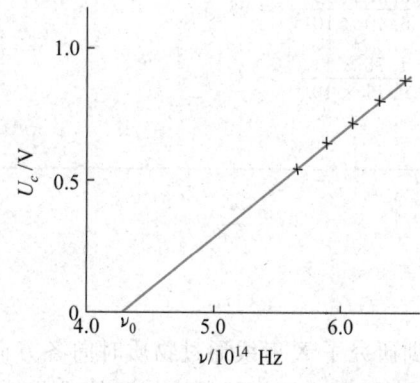

图 23.8 例 23.1 的 U_c 和 ν 的关系曲线

$$h = eK = 6.26 \times 10^{-34} \text{ J} \cdot \text{s}$$

例 23.2

求下述几种辐射的光子的能量、动量和质量:(1) $\lambda = 700$ nm 的红光;(2) $\lambda = 7.1 \times 10^{-2}$ nm 的 X 射线;(3) $\lambda = 1.24 \times 10^{-3}$ nm 的 γ 射线;并与经 $U = 100$ V 电压加速后的电子的动能、动量和质量相比较。

解 光子的能量、动量和质量可分别由式(23.11)、式(23.18)、式(23.16)求得。至于电子的动能、动量等的计算,由于经 100 V 电压加速后,电子的速度不大,所以可以不考虑相对论效应。这样可得电子的动能为

$$E_e = eU = 100 \text{ eV}$$

电子的质量近似于其静止质量,为

$$m_e = 9.11 \times 10^{-31} \text{ kg}$$

电子的动量为

$$p_e = m_e v = \sqrt{2 m_e E_e} = \sqrt{2 \times 9.11 \times 10^{-31} \times 100 \times 1.6 \times 10^{-19}} = 5.40 \times 10^{-24} \text{ kg} \cdot \text{m} \cdot \text{s}^{-1}$$

经过计算可得本题结果如下:

(1) 对 $\lambda = 700$ nm 的光子

$$E = 1.78 \text{ eV}, \qquad \frac{E}{E_e} = \frac{1.78}{100} \approx 2\%$$

$$p = 9.47 \times 10^{-28} \text{ kg} \cdot \text{m} \cdot \text{s}^{-1}, \qquad \frac{p}{p_e} = \frac{9.47 \times 10^{-28}}{5.40 \times 10^{-24}} \approx 2 \times 10^{-4}$$

$$m = 3.16 \times 10^{-36} \text{ kg}, \qquad \frac{m}{m_e} = \frac{3.16 \times 10^{-36}}{9.11 \times 10^{-31}} \approx 3 \times 10^{-6}$$

(2) 对 $\lambda = 7.1 \times 10^{-2}$ nm 的光子

$$E = 1.75 \times 10^4 \text{ eV}, \qquad \frac{E}{E_e} = \frac{1.75 \times 10^4}{100} = 175$$

$$p = 9.34 \times 10^{-24} \text{ kg} \cdot \text{m} \cdot \text{s}^{-1}, \qquad \frac{p}{p_e} = \frac{9.34 \times 10^{-24}}{5.40 \times 10^{-24}} \approx 2$$

$$m = 3.11 \times 10^{-32} \text{ kg}, \qquad \frac{m}{m_e} = \frac{3.11 \times 10^{-32}}{9.11 \times 10^{-31}} \approx 3\%$$

(3) 对 $\lambda = 1.24 \times 10^{-3}$ nm 的光子

$$E = 1.00 \times 10^6 \text{ eV}, \qquad \frac{E}{E_e} = \frac{1.00 \times 10^6}{100} = 10^4$$

$$p = 5.35 \times 10^{-22} \text{ kg} \cdot \text{m} \cdot \text{s}^{-1}, \qquad \frac{p}{p_e} = \frac{5.35 \times 10^{-22}}{5.40 \times 10^{-24}} = 99$$

$$m = 1.78 \times 10^{-30} \text{ kg}, \qquad \frac{m}{m_e} = \frac{1.78 \times 11^{-30}}{9.11 \times 10^{-31}} \approx 2$$

以上计算给出了关于光的粒子性质的一些数量概念。

23.4 康普顿散射

1923 年康普顿(A. H. Compton)及其后不久吴有训研究了 X 射线通过物质时向各方向散射的现象。他们在实验中发现,在散射的 X 射线中,除了有波长与原射线相同的成分外,

还有波长较长的成分。这种有波长改变的散射称为**康普顿散射**(或称康普顿效应),这种散射也可以用光子理论加以圆满的解释。

根据光子理论,X 射线的散射是单个光子和单个电子发生弹性碰撞的结果。对于这种碰撞的分析计算如下。

在固体如各种金属中,有许多和原子核联系较弱的电子可以看做自由电子。由于这些电子的热运动平均动能(约百分之几电子伏特)和入射的 X 射线光子的能量($10^4 \sim 10^5$ eV)比起来,可以略去不计,因而这些电子在碰撞前,可以看做是**静止的**。一个电子的静止能量为 $m_0 c^2$,动量为零。设入射光的频率为 ν_0,它的一个光子就具有能量 $h\nu_0$,动量 $\dfrac{h\nu_0}{c}\boldsymbol{e}_0$。再设弹性碰撞后,电子的能量变为 mc^2,动量变为 $m\boldsymbol{v}$;散射光子的能量为 $h\nu$,动量为 $\dfrac{h\nu}{c}\boldsymbol{e}$,散射角为 φ。这里 $\boldsymbol{e}_0$ 和 $\boldsymbol{e}$ 分别为在碰撞前和碰撞后的光子运动方向上的单位矢量(图 23.9)。按照能量和动量守恒定律,应该分别有

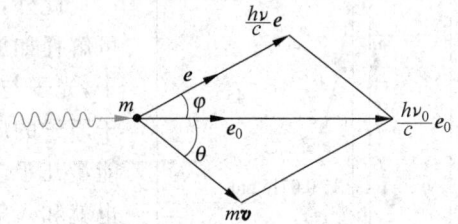

图 23.9 光子与静止的自由电子的碰撞分析矢量图

$$h\nu_0 + m_0 c^2 = h\nu + mc^2 \tag{23.19}$$

和

$$\frac{h\nu_0}{c}\boldsymbol{e}_0 = \frac{h\nu}{c}\boldsymbol{e} + m\boldsymbol{v} \tag{23.20}$$

考虑到反冲电子的速度可能很大,式中 $m = m_0 \Big/ \sqrt{1-\dfrac{v^2}{c^2}}$。由上述两个式子可解得[①]

$$\Delta\lambda = \lambda - \lambda_0 = \frac{h}{m_0 c}(1 - \cos\varphi) \tag{23.21}$$

式中 λ 和 λ_0 分别表示散射光和入射光的波长。此式称为**康普顿散射公式**。式中 $\dfrac{h}{m_0 c}$ 具有波长的量纲,称为电子的**康普顿波长**,以 λ_C 表示。将 h, c, m_0 的值代入可算出

$$\lambda_C = 2.43 \times 10^{-3} \text{ nm}$$

它与短波 X 射线的波长相当。

---

① 康普顿散射公式(23.21)的推导:
将式(23.20)改写为

$$m\boldsymbol{v} = \frac{h\nu_0}{c}\boldsymbol{e}_0 - \frac{h\nu}{c}\boldsymbol{e}$$

两边平方得

$$m^2 v^2 = \left(\frac{h\nu_0}{c}\right)^2 + \left(\frac{h\nu}{c}\right)^2 - 2\frac{h^2\nu_0\nu}{c^2}\boldsymbol{e}_0 \cdot \boldsymbol{e}$$

由于 $\boldsymbol{e}_0 \cdot \boldsymbol{e} = \cos\varphi$,所以由上式可得

$$m^2 v^2 c^2 = h^2\nu_0^2 + h^2\nu^2 - 2h^2\nu_0\nu\cos\varphi \tag{23.22}$$

将式(23.19)改写为

$$mc^2 = h(\nu_0 - \nu) + m_0 c^2$$

将此式平方,再减去式(23.22),并将 m^2 换写成 $m_0^2/(1-v^2/c^2)$,化简后即可得

$$\frac{c}{\nu} - \frac{c}{\nu_0} = \frac{h}{m_0 c}(1 - \cos\varphi)$$

将 ν 换用波长 λ 表示,即得式(23.21)。

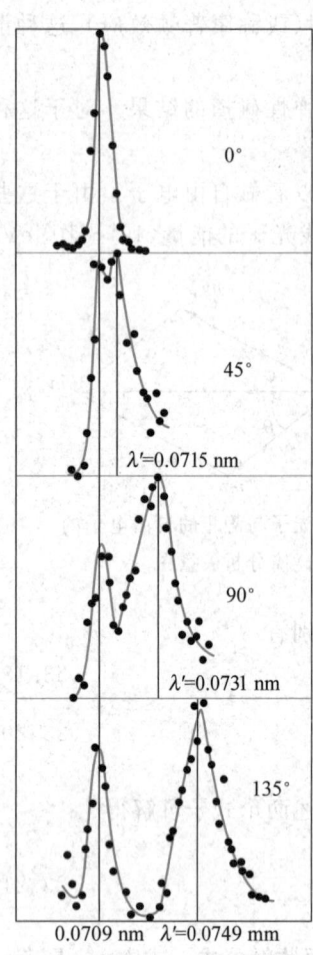

图 23.10 康普顿做的 X 射线散射结果

从上述分析可知，入射光子和电子碰撞时，把一部分能量传给了电子。因而光子能量减少，频率降低，波长变长。波长偏移 $\Delta\lambda$ 和散射角 φ 的关系式(23.21)也与实验结果定量地符合（图 23.10）。式(23.21)还表明，波长的偏移 $\Delta\lambda$ 与散射物质以及入射 X 射线的波长 λ_0 无关，而只与散射角 φ 有关。这一规律也已为实验证实。

此外，在散射线中还观察到有与原波长相同的射线。这可解释如下：散射物质中还有许多被原子核束缚得很紧的电子，光子与它们的碰撞应看做是光子和整个原子的碰撞。由于原子的质量远大于光子的质量，所以在弹性碰撞中光子的能量几乎没有改变，因而散射光子的能量仍为 $h\nu_0$，它的波长也就和入射线的波长相同。这种波长不变的散射叫**瑞利散射**，它可以用经典电磁理论解释。

康普顿散射的理论和实验的完全相符，曾在量子论的发展中起过重要的作用。它不仅有力地证明了光具有二象性，而且还证明了光子和微观粒子的相互作用过程也是严格地遵守动量守恒定律和能量守恒定律的。

应该指出，康普顿散射只有在入射波的波长与电子的康普顿波长可以相比拟时，才是显著的。例如入射波波长 $\lambda_0 = 400$ nm 时，在 $\varphi = \pi$ 的方向上，散射波波长偏移 $\Delta\lambda = 4.8 \times 10^{-3}$ nm，$\Delta\lambda/\lambda_0 = 10^{-5}$。这种情况下，很难观察到康普顿散射。当入射波波长 $\lambda_0 = 0.05$ nm，$\varphi = \pi$ 时，虽然波长的偏移仍是 $\Delta\lambda = 4.8 \times 10^{-3}$ nm，但 $\Delta\lambda/\lambda_0 \approx 10\%$，这时就能比较明显地观察到康普顿散射了。这也就是选用 X 射线观察康普顿散射的原因。

在光电效应中，入射光是可见光或紫外线，所以康普顿效应不显著。

现在说明一个理论问题。上面指出，光子和自由电子碰撞时，"把一部分能量传给了电子"。这就意味着在碰撞过程中，光子分裂了。这是否和爱因斯坦提出的光子"运动中不分裂"相矛盾呢？不是的。上面的分析是就光子和电子碰撞的全过程说的。量子力学的分析指出：康普顿散射是一个"**二步过程**"，而且这二步又可以采取两种可能的方式。一种方式是自由电子先整体吸收入射光子，然后再放出一个散射光子（先吸后放）；另一种方式是自由电子先放出一个散射光子，然后再吸收入射光子（先放后吸）。每一步中光子都是"以完整的单元产生或被吸收的"。无论哪一种方式，所经历的时间都是非常短的。这样的二步过程可以用"费恩曼图"表示（图 23.11）。值得注意的是，两步中的每一步都遵守动量守恒定律，全过程自然也满足动量守恒定律。但是每一步并不遵守能量守恒定律，只是全过程总地满足能量守恒定律。这种对能量守恒定律的违反，在量子力学理论中是允许的（见 23.7 节"不确定关系"）。

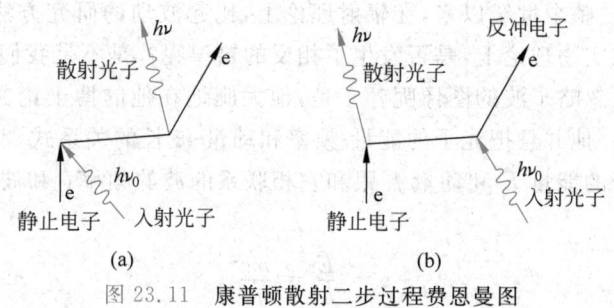

图 23.11 康普顿散射二步过程费恩曼图
(a) 先吸后放;(b) 先放后吸

例 23.3

波长 $\lambda_0 = 0.01$ nm 的 X 射线与静止的自由电子碰撞。在与入射方向成 $90°$ 角的方向上观察时,散射 X 射线的波长多大?反冲电子的动能和动量各如何?

解 将 $\varphi = 90°$ 代入式(23.21)可得

$$\Delta\lambda = \lambda - \lambda_0 = \lambda_C(1 - \cos\varphi) = \lambda_C(1 - \cos 90°) = \lambda_C$$

由此得康普顿散射波长为

$$\lambda = \lambda_0 + \lambda_C = 0.01 + 0.0024 = 0.0124 \text{ (nm)}$$

当然,在这一散射方向上还有波长不变的散射线。

至于反冲电子,根据能量守恒,它所获得的动能 E_k 就等于入射光子损失的能量,即

$$E_k = h\nu_0 - h\nu = hc\left(\frac{1}{\lambda_0} - \frac{1}{\lambda}\right) = \frac{hc\Delta\lambda}{\lambda_0\lambda} = \frac{6.63 \times 10^{-34} \times 3 \times 10^8 \times 0.0024 \times 10^{-9}}{0.01 \times 10^{-9} \times 0.0124 \times 10^{-9}}$$
$$= 3.8 \times 10^{-15} \text{ (J)} = 2.4 \times 10^4 \text{ (eV)}$$

计算电子的动量,可参看图 23.12,其中 $\boldsymbol{p}_e$ 为电子碰撞后的动量。根据动量守恒,有

$$p_e\cos\theta = \frac{h}{\lambda_0}, \quad p_e\sin\theta = \frac{h}{\lambda}$$

两式平方相加并开方,得

$$p_e = \frac{(\lambda_0^2 + \lambda^2)^{\frac{1}{2}}}{\lambda_0\lambda}h$$

$$= \frac{[(0.01 \times 10^{-9})^2 + (0.0124 \times 10^{-9})^2]^{1/2}}{0.01 \times 10^{-9} \times 0.0124 \times 10^{-9}} \times 6.63 \times 10^{-34}$$

$$= 8.5 \times 10^{-23} \text{ (kg·m/s)}$$

$$\cos\theta = \frac{h}{p_e\lambda_0} = \frac{6.63 \times 10^{-34}}{0.01 \times 10^{-9} \times 8.5 \times 10^{-23}} = 0.78$$

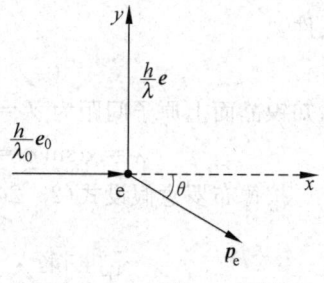

图 23.12 例 23.3 用图

由此得

$$\theta = 38°44'$$

23.5 粒子的波动性

1924 年,法国博士研究生德布罗意在光的二象性的启发下想到:自然界在许多方面都是明显地对称的,如果光具有波粒二象性,则实物粒子,如电子,也应该具有波粒二象性。他

提出了这样的问题:"整个世纪以来,在辐射理论上,比起波动的研究方法来,是过于忽略了粒子的研究方法;在实物理论上,是否发生了相反的错误呢?是不是我们关于'粒子'的图像想得太多,而过分地忽略了波的图像呢?"于是,他大胆地在他的博士论文中提出假设:**实物粒子也具有波动性**。他并且把光子的能量-频率和动量-波长的关系式(23.11)和式(23.18)借来,认为一个粒子的能量 E 和动量 p 跟和它相联系的波的频率 ν 和波长 λ 的定量关系与光子的一样,即有

$$\nu = \frac{E}{h} = \frac{mc^2}{h} \tag{23.23}$$

$$\lambda = \frac{h}{p} = \frac{h}{mv} \tag{23.24}$$

应用于粒子的这些公式称为**德布罗意公式**或德布罗意假设。和粒子相联系的波称为物质波或德布罗意波,式(23.24)给出了相应的**德布罗意波长**。

德布罗意是采用类比方法提出他的假设的,当时并没有任何直接的证据。但是,爱因斯坦慧眼有识。当他被告知德布罗意提出的假设后就评论说:"我相信这一假设的意义远远超出了单纯的类比。"事实上,德布罗意的假设不久就得到了实验证实,而且引发了一门新理论——量子力学——的建立。

1927 年,戴维孙(C. J. Davisson)和革末(L. A. Germer)在爱尔萨塞(Elsasser)的启发下,做了电子束在晶体表面上散射的实验,观察到了和 X 射线衍射类似的电子衍射现象,首先证实了电子的波动性。他们用的实验装置简图如图 23.13(a)所示,使一束电子射到镍晶体的特选晶面上,同时用探测器测量沿不同方向散射的电子束的强度。实验中发现,当入射电子的能量为 54 eV 时,在 $\varphi=50°$ 的方向上散射电子束强度最大(图 23.13(b))。按类似于 X 射线在晶体表面衍射的分析,由图 23.13(c)可知,散射电子束极大的方向应满足下列条件:

$$d\sin\varphi = \lambda \tag{23.25}$$

已知镍晶面上原子间距为 $d = 2.15 \times 10^{-10}$ m,式(23.25)给出"电子波"的波长应为

$$\lambda = d\sin\varphi = 2.15 \times 10^{-10} \times \sin 50° = 1.65 \times 10^{-10} \text{(m)}$$

按德布罗意假设式(23.24),该"电子波"的波长应为

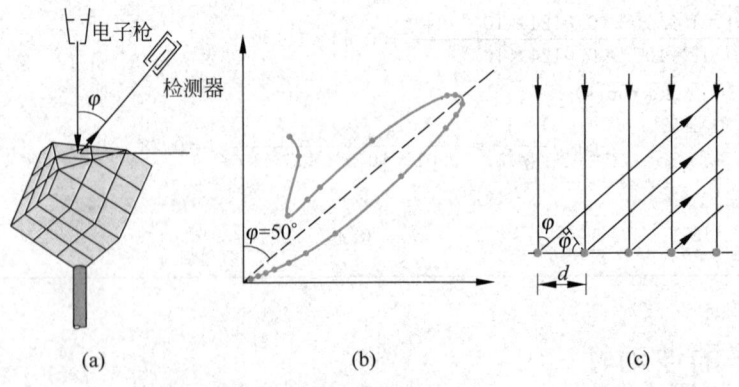

图 23.13 戴维孙-革末实验
(a) 装置简图;(b) 散射电子束强度分布;(c) 衍射分析

$$\lambda = \frac{h}{m_e v} = \frac{h}{\sqrt{2m_e E_k}} = \frac{6.63 \times 10^{-34}}{\sqrt{2 \times 0.91 \times 10^{-31} \times 54 \times 1.6 \times 10^{-19}}}$$
$$= 1.67 \times 10^{-10} (\text{m})$$

这一结果和上面的实验结果符合得很好。

同年,汤姆孙(G. P. Thomson)做了电子束穿过多晶薄膜的衍射实验(图 23.14(a)),成功地得到了和 X 射线通过多晶薄膜后产生的衍射图样极为相似的衍射图样(图 23.14(b))。

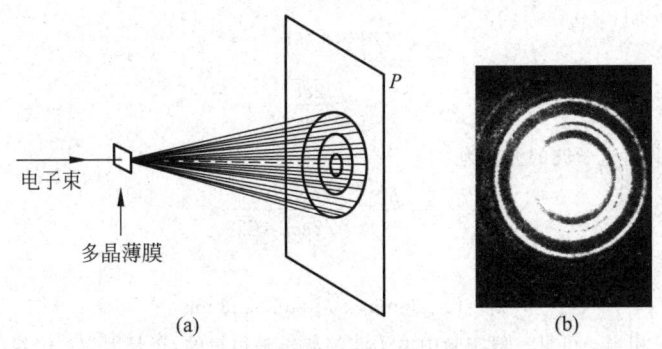

图 23.14 汤姆孙电子衍射实验
(a) 实验简图;(b) 衍射图样

图 23.15 是一幅波长相同的 X 射线和电子衍射图样对比图。后来,1961 年约恩孙(C. Jönsson)做了电子的单缝、双缝、三缝等衍射实验,得出的明暗条纹(图 23.16)更加直接地说明了电子具有波动性。

除了电子外,以后还陆续用实验证实了中子、质子以及原子甚至分子等都具有波动性,德布罗意公式对这些粒子同样正确。这就说明,一切微观粒子都具有波粒二象性,德布罗意公式就是描述微观粒子波粒二象性的基本公式。

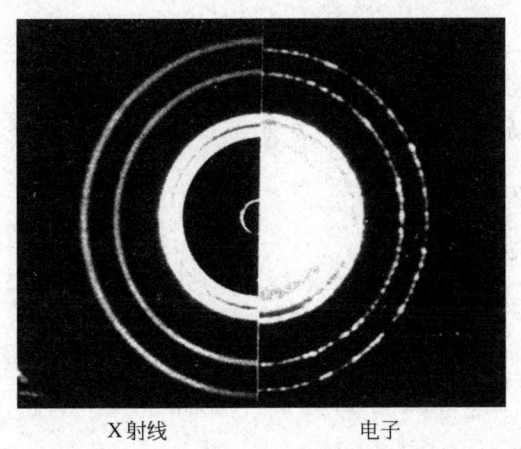

图 23.15 电子和 X 射线衍射图样对比图

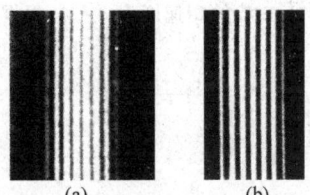

图 23.16 约恩孙电子衍射图样
(a) 双缝;(b) 四缝

粒子的波动性已有很多的重要应用。例如,由于低能电子波穿透深度较 X 光小,所以低能电子衍射被广泛地用于固体表面性质的研究。由于中子易被氢原子散射,所以中子衍射就被用来研究含氢的晶体。电子显微镜利用了电子的波动性更是大家熟知的。由于电子的波长可以很短,电子显微镜的分辨能力可以达到 0.1 nm。

例 23.4

计算电子经过 $U_1=100$ V 和 $U_2=10\,000$ V 的电压加速后的德布罗意波长 λ_1 和 λ_2 分别是多少？

解 经过电压 U 加速后,电子的动能为

$$\frac{1}{2}mv^2=eU$$

由此得

$$v=\sqrt{\frac{2eU}{m}}$$

根据德布罗意公式,此时电子波的波长为

$$\lambda=\frac{h}{mv}=\frac{h}{\sqrt{2em}}\frac{1}{\sqrt{U}}$$

将已知数据代入计算可得

$$\lambda_1=0.123 \text{ nm}, \quad \lambda_2=0.0123 \text{ nm}①$$

这都和 X 射线的波长相当。可见一般实验中电子波的波长是很短的,正是因为这个缘故,观察电子衍射时就需要利用晶体。

例 23.5

计算质量 $m=0.01$ kg,速率 $v=300$ m/s 的子弹的德布罗意波长。

解 根据德布罗意公式可得

$$\lambda=\frac{h}{mv}=\frac{6.63\times10^{-34}}{0.01\times300}=2.21\times10^{-34} \text{ (m)}$$

可以看出,因为普朗克常量是个极微小的量,所以宏观物体的波长小到实验难以测量的程度,因而宏观物体仅表现出粒子性。

例 23.6

证明物质波的相速度 u 与相应粒子运动速度 v 之间的关系为

$$u=\frac{c^2}{v}$$

证 波的相速度为 $u=\nu\lambda$,根据德布罗意公式,可得

$$\lambda=\frac{h}{mv}, \quad \nu=\frac{mc^2}{h}$$

两式相乘即可得

$$u=\lambda\nu=\frac{c^2}{v}$$

此式表明物质波的相速度并不等于相应粒子的运动速度②。

---

① 由于此时电子速度已大到 0.2c,故需考虑相对论效应,根据相对论计算出的 $\lambda_2=0.0122$ nm,上面结果误差约为 1%。

② 由于 $v<c$,所以 $u>c$,即相速度大于光速。这并不和相对论矛盾。因为对一个粒子,其能量或质量是以群速度传播的。德布罗意曾证明,和粒子相联系的物质波的群速度等于粒子的运动速度。

23.6 概率波与概率幅

德布罗意提出的波的物理意义是什么呢？他本人曾认为那种与粒子相联系的波是引导粒子运动的"导波"，并由此预言了电子的双缝干涉的实验结果。这种波以相速度 $u=c^2/v$ 传播而其群速度就正好是粒子运动的速度 v。对这种波的本质是什么，他并没有给出明确的回答，只是说它是虚拟的和非物质的。

量子力学的创始人之一薛定谔在 1926 年曾说过，电子的德布罗意波描述了电量在空间的连续分布。为了解释电子是粒子的事实，他认为电子是许多波合成的波包。这种说法很快就被否定了。因为，第一，波包总是要发散而解体的，这和电子的稳定性相矛盾；第二，电子在原子散射过程中仍保持稳定也很难用波包来说明。

当前得到公认的关于德布罗意波的实质的解释是玻恩（M. Born）在 1926 年提出的。在玻恩之前，爱因斯坦谈及他本人论述的光子和电磁波的关系时曾提出电磁场是一种"鬼场"。这种场引导光子的运动，而各处电磁波振幅的平方决定在各处的单位体积内一个光子存在的概率。玻恩发展了爱因斯坦的思想。他保留了粒子的微粒性，而认为物质波描述了粒子在各处被发现的概率。这就是说，**德布罗意波是概率波**。

玻恩的概率波概念可以用电子双缝衍射的实验结果来说明[①]。图 23.16(a) 的电子双缝衍射图样和光的双缝衍射图样完全一样，显示不出粒子性，更没有什么概率那样的不确定特征。但那是用大量的电子（或光子）做出的实验结果。如果减弱入射电子束的强度以致使一个一个电子依次通过双缝，则随着电子数的积累，衍射"图样"将依次如图 23.17 中各图所示。图 (a) 是只有一个电子穿过双缝所形成的图像，图 (b) 是几个电子穿过后形成的图像，图 (c) 是几十个电子穿过后形成的图像。这几幅图像说明电子确是粒子，因为图像是由点组成的。它们同时也说明，电子的去向是完全不确定的，一个电子到达何处完全是概率事件。随着入射电子总数的增多，衍射图样依次如 (d), (e), (f) 诸图所示，电子的堆积情况逐渐显示出了条纹，最后就呈现明晰的衍射条纹，这条纹和大量电子短时间内通过双缝后形成的条纹（图 23.16(a)）一样。这些条纹把单个电子的概率行为完全淹没了。这又说明，尽管单个电子的去向是概率性的，但其概率在一定条件（如双缝）下还是有确定的规律的。这些就是玻恩概率波概念的核心。

图 23.17 表示的实验结果明确地说明了物质波并不是经典的波。经典的波是一种运动形式。在双缝实验中，不管入射波强度如何小，经典的波在缝后的屏上都"应该"显示出强弱连续分布的衍射条纹，只是亮度微弱而已。但图 23.17 明确地显示物质波的主体仍是粒子，而且该种粒子的运动并不具有经典的振动形式。

图 23.17 表示的实验结果也说明微观粒子并不是经典的粒子。在双缝实验中，大量电子形成的衍射图样是若干条强度大致相同的较窄的条纹，如图 23.18(a) 所示。如果只开一条缝，另一条缝闭合，则会形成单缝衍射条纹，其特征是几乎只有强度较大的较宽的中央明纹（图 23.18(b) 中的 P_1 和 P_2）。如果先开缝 1，同时关闭缝 2，经过一段时间后改开缝 2，同时关闭缝 1，这样做实验的结果所形成的总的衍射图样 P_{12} 将是两次单缝衍射图样的叠加，

[①] 关于光的双缝衍射实验，也做出了完全相似的结果。

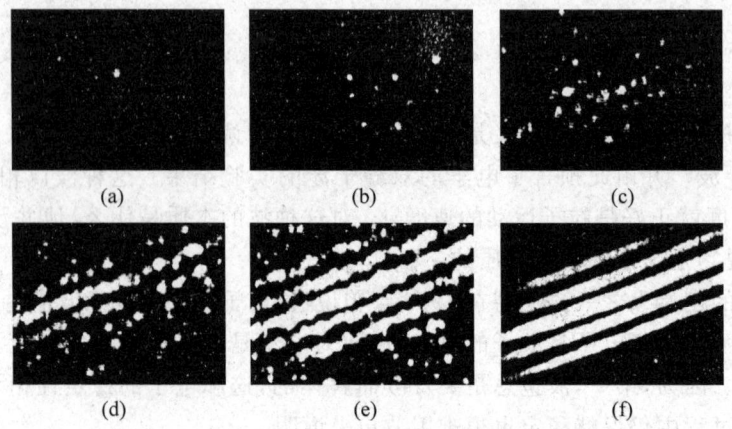

图 23.17 电子逐个穿过双缝的衍射实验结果

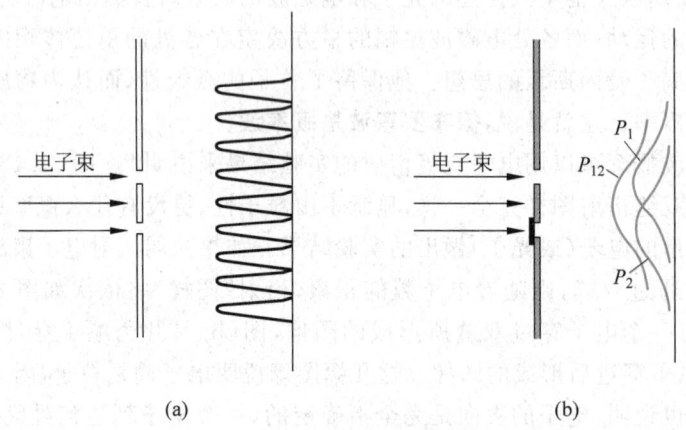

图 23.18 电子双缝衍射实验示意图
(a) 两缝同时打开；(b) 依次打开一个缝

其强度分布和同时打开两缝时的双缝衍射图样是截然不同的。

  如果是经典的粒子，它们通过双缝时，都各自有确定的轨道，不是通过缝1就是通过缝2。通过缝1的那些粒子，如果也能衍射的话，将形成单缝衍射图样。通过缝2的那些粒子，将形成另一幅单缝衍射图样。不管是两缝同时开，还是依次只开一个缝，最后形成的衍射条纹都应该是图23.18(b)那样的两个单缝衍射图样的叠加。实验结果显示实际的微观粒子的表现并不是这样。这就说明，微观粒子并不是经典的粒子。在只开一条缝时，实际粒子形成单缝衍射图样。在两缝同时打开时，实际粒子的运动就有两种可能：或是通过缝1或是通过缝2。如果还按经典粒子设想，为了解释双缝衍射图样，就必须认为通过这个缝时，它好像"知道"另一个缝也在开着，于是就按双缝条件下的概率来行动了。这种说法只是一种"拟人"的想象，实际上不可能从实验上测知某个微观粒子"到底"是通过了哪个缝，我们**只能说**它通过双缝时有两种可能。微观粒子由于其波动性而表现得如此不可思议地奇特！但客观事实的确就是这样！

  为了定量地描述微观粒子的状态，量子力学中引入了**波函数**，并用 Ψ 表示。一般来讲，波函数是空间和时间的函数，并且是复函数，即 $\Psi = \Psi(x, y, z, t)$。将爱因斯坦的"鬼场"和

光子存在的概率之间的关系加以推广,玻恩假定 $|\Psi|^2 = \Psi\Psi^*$ 就是粒子的**概率密度**,即在时刻 t,在点 (x,y,z) 附近单位体积内发现粒子的概率。波函数 Ψ 因此就称为**概率幅**。对双缝实验来说,以 Ψ_1 表示单开缝 1 时粒子在底板附近的概率幅分布,则 $|\Psi_1|^2 = P_1$ 即粒子在底板上的概率分布,它对应于单缝衍射图样 P_1(图 23.18(b))。以 Ψ_2 表示单开缝 2 时的概率幅,则 $|\Psi_2|^2 = P_2$ 表示粒子此时在底板上的概率分布,它对应于单缝衍射图样 P_2。如果两缝同时打开,经典概率理论给出,这时底板上粒子的概率分布应为

$$P_{12} = P_1 + P_2 = |\Psi_1|^2 + |\Psi_2|^2$$

但事实不是这样!两缝同开时,入射的每个粒子的去向有两种可能,它们可以"任意"通过其中的一条缝。这时不是概率相叠加,而是**概率幅叠加**,即

$$\Psi_{12} = \Psi_1 + \Psi_2 \tag{23.26}$$

相应的概率分布为

$$P_{12} = |\Psi_{12}|^2 = |\Psi_1 + \Psi_2|^2 \tag{23.27}$$

这里最后的结果就会出现 Ψ_1 和 Ψ_2 的交叉项。正是这交叉项给出了两缝之间的干涉效果,使双缝同开和两缝依次单开的两种条件下的衍射图样不同。

概率幅叠加这样的奇特规律,被费恩曼(R. P. Feynman)在他的著名的《物理学讲义》中称为"量子力学的第一原理"。他这样写道:"如果一个事件可能以几种方式实现,则该事件的概率幅就是各种方式单独实现时的概率幅之和。于是出现了干涉。"

在物理理论中引入概率概念在哲学上有重要的意义。它意味着:在已知给定条件下,不可能精确地预知结果,只能预言某些可能的结果的概率。这也就是说,不能给出唯一的肯定结果,只能用统计方法给出结论。这一理论是和经典物理的严格因果律直接矛盾的。玻恩在 1926 年曾说过:"粒子的运动遵守概率定律,但概率本身还是受因果律支配的。"这句话虽然以某种方式使因果律保持有效,但概率概念的引入在人们了解自然的过程中还是一个非常大的转变。因此,尽管所有物理学家都承认,由于量子力学预言的结果和实验异常精确地相符,所以它是一个很成功的理论,但是关于量子力学的哲学基础仍然有很大的争论。哥本哈根学派,包括玻恩、海森伯(W. Heisenberg)等量子力学大师,坚持波函数的概率或统计解释,认为它就表明了自然界的最终实质。费恩曼也写过(1965 年):"现时我们限于计算概率。我们说'现时',但是我们强烈地期望将永远是这样——解除这一困惑是不可能的——自然界就是按这样的方式行事的。"

另一些人不同意这样的结论,最主要的反对者是爱因斯坦。他在 1927 年就说过:"上帝并不是跟宇宙玩掷骰子游戏。"德布罗意的话(1957 年)更发人深思。他认为:不确定性是物理实质,这样的主张"并不是完全站得住的。将来对物理实在的认识达到一个更深的层次时,我们可能对概率定律和量子力学作出新的解释,即它们是目前我们尚未发现的那些变量的完全确定的数值演变的结果。我们现在开始用来击碎原子核并产生新粒子的强有力的方法可能有一天向我们揭示关于这一更深层次的目前我们还不知道的知识。阻止对量子力学目前的观点作进一步探索的尝试对科学发展来说是非常危险的,而且它也背离了我们从科学史中得到的教训。实际上,科学史告诉我们,已获得的知识常常是暂时的,在这些知识之外,肯定有更广阔的新领域有待探索。"最后,还可以引述一段量子力学大师狄拉克(P. A. M. Dirac)在 1972 年的一段话:"在我看来,我们还没有量子力学的基本定律。目前还在使用的定律需要作重要的修改,……。当我们作出这样剧烈的修改后,当然,我们用统计计算

对理论作出物理解释的观念可能会被彻底地改变。"

23.7 不确定关系

23.6 节讲过,波动性使得实际粒子和牛顿力学所设想的"经典粒子"根本不同。根据牛顿力学理论(或者说是牛顿力学的一个基本假设),质点的运动都沿着一定的轨道,在轨道上任意时刻质点都有确定的位置和动量。在牛顿力学中也正是用位置和动量来描述一个质点在任一时刻的运动状态的。对于实际的粒子则不然,由于其粒子性,可以谈论它的位置和动量,但由于其波动性,它的空间位置需要用概率波来描述,而概率波只能给出粒子在各处出现的概率,所以在任一时刻粒子都不具有确定的位置,与此相联系,粒子在各时刻也不具有确定的动量。这也可以说,由于二象性,在任意时刻粒子的位置和动量都有一个不确定量。

量子力学理论证明,在某一方向,例如 x 方向上,粒子的位置不确定量 Δx 和在该方向上的动量的不确定量 Δp_x 有一个简单的关系,这一关系叫做**不确定[性]关系**(也曾叫做测不准关系)。下面我们借助于电子单缝衍射实验来粗略地推导这一关系。

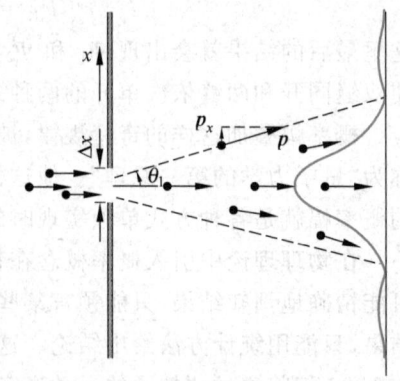

图 23.19 电子单缝衍射说明

如图 23.19 所示,一束动量为 p 的电子通过宽为 Δx 的单缝后发生衍射而在屏上形成衍射条纹。让我们考虑一个电子通过缝时的位置和动量。对一个电子来说,我们不能确定地说它是从缝中哪一点通过的,而只能说它是从宽为 Δx 的缝中通过的,因此它在 x 方向上的位置不确定量就是 Δx。它沿 x 方向的动量 p_x 是多大呢?如果说它在缝前的 p_x 等于零,在过缝时,p_x 就不再是零了。因为如果还是零,电子就要沿原方向前进而不会发生衍射现象了。屏上电子落点沿 x 方向展开,说明电子通过缝时已有了不为零的 p_x 值。忽略次级极大,可以认为电子都落在中央亮纹内,因而电子在通过缝时,运动方向可以有大到 θ_1 角的偏转。根据动量矢量的合成,可知一个电子在通过缝时在 x 方向动量的分量 p_x 的大小为下列不等式所限:

$$0 \leqslant p_x \leqslant p\sin\theta_1$$

这表明,一个电子通过缝时在 x 方向上的动量不确定量为

$$\Delta p_x = p\sin\theta_1$$

考虑到衍射条纹的次级极大,可得

$$\Delta p_x \geqslant p\sin\theta_1 \tag{23.28}$$

由单缝衍射公式,第一级暗纹中心的角位置 θ_1 由下式决定:

$$\Delta x \sin\theta_1 = \lambda$$

此式中 λ 为电子波的波长,根据德布罗意公式

$$\lambda = \frac{h}{p}$$

所以有

$$\sin\theta_1 = \frac{h}{p\Delta x}$$

将此式代入式(23.28)可得

$$\Delta p_x \geqslant \frac{h}{\Delta x}$$

或

$$\Delta x \Delta p_x \geqslant h \tag{23.29}$$

更一般的理论给出

$$\Delta x \Delta p_x \geqslant \frac{h}{4\pi}$$

对于其他的分量,类似地有

$$\Delta y \Delta p_y \geqslant \frac{h}{4\pi}$$

$$\Delta z \Delta p_z \geqslant \frac{h}{4\pi}$$

引入另一个常用的量

$$\hbar = \frac{h}{2\pi} = 1.054\,588\,7 \times 10^{-34}\,\text{J}\cdot\text{s} \tag{23.30}$$

也叫普朗克常量,上面三个公式就可写成

$$\Delta x \Delta p_x \geqslant \frac{\hbar}{2} \tag{23.31}$$

$$\Delta y \Delta p_y \geqslant \frac{\hbar}{2} \tag{23.32}$$

$$\Delta z \Delta p_z \geqslant \frac{\hbar}{2} \tag{23.33}$$

这三个公式就是位置坐标和动量的不确定关系。它们说明粒子的位置坐标不确定量越小,则同方向上的动量不确定量越大。同样,某方向上动量不确定量越小,则此方向上粒子位置的不确定量越大。总之,这个不确定关系告诉我们,在表明或测量粒子的位置和动量时,它们的精度存在着一个终极的不可逾越的限制。

不确定关系是海森伯于 1927 年给出的,因此常被称为海森伯不确定关系或不确定原理。它的根源是波粒二象性。费恩曼曾把它称做"自然界的根本属性",并且还说"现在我们用来描述原子以及亚原子,实际上,所有物质的量子力学的全部理论都有赖于不确定原理的正确性。"

除了坐标和动量的不确定关系外,对粒子的行为说明还常用到能量和时间的不确定关系。考虑一个粒子在一段时间 Δt 内的动量为 p,能量为 E。根据相对论,有

$$p^2 c^2 = E^2 - m_0^2 c^4$$

而其动量的不确定量为

$$\Delta p = \Delta\left(\frac{1}{c}\sqrt{E^2 - m_0^2 c^4}\right) = \frac{E}{c^2 p}\Delta E$$

在 Δt 时间内,粒子可能发生的位移为 $v\Delta t = \frac{p}{m}\Delta t$。这位移也就是在这段时间内粒子的位置坐标不确定度,即

$$\Delta x = \frac{p}{m}\Delta t$$

将上两式相乘,得

$$\Delta x \Delta p = \frac{E}{mc^2}\Delta E \Delta t$$

由于 $E=mc^2$,再根据不确定关系式(23.31),就可得

$$\Delta E \Delta t \geqslant \frac{\hbar}{2} \tag{23.34}$$

这就是关于能量和时间的不确定关系。

例 23.7

设子弹的质量为 0.01 kg,枪口的直径为 0.5 cm,试用不确定性关系计算子弹射出枪口时的横向速度。

解 枪口直径可以当做子弹射出枪口时的位置不确定量 Δx,由于 $\Delta p_x = m\Delta v_x$,所以由式(23.31)可得

$$\Delta x \cdot m\Delta v_x \geqslant \hbar/2$$

取等号计算,

$$\Delta v_x = \frac{\hbar}{2m\Delta x} = \frac{1.05 \times 10^{-34}}{2 \times 0.01 \times 0.5 \times 10^{-2}} = 1.1 \times 10^{-30} \,(\text{m/s})$$

这也就是子弹的横向速度。和子弹飞行速度每秒几百米相比,这一速度引起的运动方向的偏转是微不足道的。因此对于子弹这种宏观粒子,它的波动性不会对它的"经典式"运动以及射击时的瞄准带来任何实际的影响。

例 23.8

求线性谐振子的最小可能能量(又叫零点能)。

解 线性谐振子沿直线在平衡位置附近振动,坐标和动量都有一定限制。因此可以用坐标-动量不确定关系来计算其最小可能能量。

已知沿 x 方向的线性谐振子能量为

$$E = \frac{1}{2}mv^2 + \frac{1}{2}kx^2 = \frac{p^2}{2m} + \frac{1}{2}m\omega^2 x^2$$

由于振子在平衡位置附近振动,所以可取

$$\Delta x \approx x, \quad \Delta p \approx p$$

这样,

$$E = \frac{(\Delta p)^2}{2m} + \frac{1}{2}m\omega^2 (\Delta x)^2$$

利用式(23.31),取等号,可得

$$E = \frac{\hbar^2}{8m(\Delta x)^2} + \frac{1}{2}m\omega^2 (\Delta x)^2 \tag{23.35}$$

为求 E 的最小值,先计算

$$\frac{\mathrm{d}E}{\mathrm{d}(\Delta x)} = -\frac{\hbar^2}{4m(\Delta x)^3} + m\omega^2 (\Delta x)$$

令 $\mathrm{d}E/\mathrm{d}(\Delta x) = 0$,可得 $(\Delta x)^2 = \frac{\hbar}{2m\omega}$。将此值代入式(23.35)可得最小可能能量为

$$E_{\min} = \frac{1}{2}\hbar\omega = \frac{1}{2}h\nu$$

提 要

1. 黑体辐射：能量按频率的分布随温度改变的电磁辐射。

普朗克量子化假设：谐振子能量为
$$E = nh\nu, \quad n = 1, 2, 3, \cdots$$

普朗克热辐射公式：黑体的光谱辐射出射度
$$M_\nu = \frac{2\pi h}{c^2} \frac{\nu^3}{e^{h\nu/kT} - 1}$$

斯特藩-玻耳兹曼定律：黑体的总辐射出射度
$$M = \sigma T^4$$

其中 $\sigma = 5.670\,3 \times 10^{-8}$ W/(m² · K⁴)

维恩位移律：光谱辐射出射度最大的光的频率为
$$\nu_m = C_\nu T$$

其中 $C_\nu = 5.880 \times 10^{10}$ Hz/K

2. 光电效应：光射到物质表面上有电子从表面释出的现象。

光子：光（电磁波）是由光子组成的。

每个光子的能量　　　$E = h\nu$

每个光子的动量　　　$p = \dfrac{E}{c} = \dfrac{h}{\lambda}$

光电效应方程　　　$\dfrac{1}{2} m v_{\max}^2 = h\nu - A$

光电效应的红限频率　　　$\nu_0 = A/h$

3. 康普顿散射：X 射线被散射后出现波长较入射 X 射线的波长大的成分。这现象可用光子和静止的电子的碰撞解释。

散射公式：　　　$\Delta\lambda = \lambda - \lambda_0 = \dfrac{h}{m_0 c}(1 - \cos\varphi)$

康普顿波长（电子）：　　　$\lambda_C = 2.4263 \times 10^{-3}$ nm

4. 粒子的波动性

德布罗意假设：粒子的波长
$$\lambda = h/p = h/mv$$

5. 概率波与概率幅

德布罗意波是概率波，它描述粒子在各处被发现的概率。

用波函数 Ψ 描述微观粒子的状态。Ψ 叫概率幅，$|\Psi|^2$ 为概率密度。概率幅具有叠加性。同一粒子的同时的几个概率幅的叠加出现干涉现象。

6. 不确定关系：它是粒子二象性的反映。

位置动量不确定关系：　　　$\Delta x \Delta p_x \geqslant \dfrac{\hbar}{2}$

能量时间不确定关系：　　　$\Delta E \Delta t \geqslant \dfrac{\hbar}{2}$

习题

23.1 夜间地面降温主要是由于地面的热辐射。如果晴天夜里地面温度为 $-5\,^\circ\mathrm{C}$,按黑体辐射计算,$1\,\mathrm{m}^2$ 地面失去热量的速率多大?

23.2 太阳的光谱辐射出射度 M_ν 的极大值出现在 $\nu_m = 3.4\times 10^{14}\,\mathrm{Hz}$ 处。(1)求太阳表面的温度 T;(2)求太阳表面的辐射出射度 M。

23.3 在地球表面,太阳光的强度是 $1.0\times 10^3\,\mathrm{W/m}^2$。一太阳能水箱的涂黑面直对阳光,按黑体辐射计,热平衡时水箱内的水温可达几摄氏度?忽略水箱其他表面的热辐射。

23.4 太阳的总辐射功率为 $P_\mathrm{S}=3.9\times 10^{26}\,\mathrm{W}$。

(1)以 r 表示行星绕太阳运行的轨道半径。试根据热平衡的要求证明:行星表面的温度 T 由下式给出:

$$T^4 = \frac{P_\mathrm{S}}{16\pi\sigma r^2}$$

其中 σ 为斯特藩-玻耳兹曼常量。(行星辐射按黑体计。)

(2)用上式计算地球和冥王星的表面温度,已知地球 $r_\mathrm{E}=1.5\times 10^{11}\,\mathrm{m}$,冥王星 $r_\mathrm{P}=5.9\times 10^{12}\,\mathrm{m}$。

23.5 Procyon B 星距地球 11 l.y.,它发的光到达地球表面的强度为 $1.7\times 10^{-12}\,\mathrm{W/m}^2$,该星的表面温度为 6 600 K,求该星的线度。

23.6 铝的逸出功是 4.2 eV,今用波长为 200 nm 的光照射铝表面,求:

(1)光电子的最大动能;

(2)截止电压;

(3)铝的红限波长。

23.7 银河系间宇宙空间内星光的能量密度为 $10^{-15}\,\mathrm{J/m}^3$,相应的光子数密度多大?假定光子平均波长为 500 nm。

23.8 在距功率为 1.0 W 的灯泡 1.0 m 远的地方垂直于光线放一块钾片(逸出功为 2.25 eV)。钾片中一个电子要从光波中收集到足够的能量以便逸出,需要多长的时间?假设一个电子能收集入射到半径为 $1.3\times 10^{-10}\,\mathrm{m}$(钾原子半径)的圆面积上的光能量。(注意,实际的光电效应的延迟时间不超过 $10^{-9}\,\mathrm{s}$!)

23.9 入射的 X 射线光子的能量为 0.60 MeV,被自由电子散射后波长变化了 20%。求反冲电子的动能。

23.10 一个静止电子与一能量为 $4.0\times 10^3\,\mathrm{eV}$ 的光子碰撞后,它能获得的最大动能是多少?

23.11 电子和光子各具有波长 0.20 nm,它们的动量和总能量各是多少?

23.12 室温(300 K)下的中子称为热中子。求热中子的德布罗意波长。

23.13 一电子显微镜的加速电压为 40 keV,经过这一电压加速的电子的德布罗意波长是多少?

23.14 德布罗意关于玻尔角动量量子化的解释。以 r 表示氢原子中电子绕核运行的轨道半径,以 λ 表示电子波的波长。氢原子的稳定性要求电子在轨道上运行时电子波应沿整个轨道形成整数波长(图 23.20)。试由此并结合德布罗意公式(23.24)导出电子轨道运动的角动量应为

$$L = m_\mathrm{e}rv = n\hbar,\quad n=1,2,\cdots$$

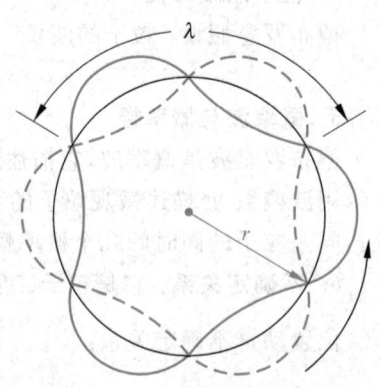

图 23.20 习题 23.14 用图

这正是当时已被玻尔提出的电子轨道角动量量子化的假设。

23.15 一质量为 10^{-15} kg 的尘粒被封闭在一边长均为 1 μm 的方盒内（这在宏观上可以说是"精确地"确定其位置了）。根据不确定关系，估算它在此盒内的最大可能速率及它由此壁到对壁单程最少要多长时间。可以从宏观上认为它是静止的吗？

26.16 卢瑟福的 α 散射实验所用 α 粒子的能量为 7.7 MeV。α 粒子的质量为 6.7×10^{-27} kg，所用 α 粒子的波长是多少？对原子的线度 10^{-10} m 来说，这种 α 粒子能像卢瑟福做的那样按经典力学处理吗？

23.17 为了探测质子和中子的内部结构，曾在斯坦福直线加速器中用能量为 22 GeV 的电子做探测粒子轰击质子。这样的电子的德布罗意波长是多少？已知质子的线度为 10^{-15} m，这样的电子能用来探测质子内部的情况吗？

23.18 铀核的线度为 7.2×10^{-15} m。

(1) 核中的 α 粒子（$m_\alpha = 6.7 \times 10^{-27}$ kg）的动量值和动能值各约是多大？

(2) 一个电子在核中的动能的最小值约是多少 MeV？（电子的动能要用相对论能量动量关系计算，结果为 13.2 MeV，此值比核的 β 衰变放出的电子的动能（约 1 MeV）大得多。这说明在核中不可能存在单个的电子。β 衰变放出的电子是核内的中子衰变为质子时"临时制造"出来的。）

23.19 证明：一个质量为 m 的粒子在边长为 a 的正立方盒子内运动时，它的最小可能能量（零点能）为

$$E_{\min} = \frac{3\hbar^2}{8ma^2}$$

科学家介绍

德布罗意

(Prince Louis Victor de Broglie,1892—1987 年)

LOUIS DE BROGLIE

The wave nature of the electron

Nobel Lecture, December 12, 1929

When in 1920 I resumed my studies of theoretical physics which had long been interrupted by circumstances beyond my control, I was far from the idea that my studies would bring me several years later to receive such a high and envied prize as that awarded by the Swedish Academy of Sciences each year to a scientist: the Nobel Prize for Physics. What at that time drew me towards theoretical physics was not the hope that such a high distinction would ever crown my work; I was attracted to theoretical physics by the mystery enshrouding the structure of matter and the structure of radiations, a mystery which deepened as the strange quantum concept introduced by Planck in 1900 in his research on black-body radiation continued to encroach on the whole domain of physics.

To assist you to understand how my studies developed, I must first depict for you the crisis which physics had then been passing through for some twenty years.

For a long time physicists had been wondering whether light was composed of small, rapidly moving corpuscles. This idea was put forward by the philosophers of antiquity and upheld by Newton in the 18th century. After Thomas Young's discovery of interference phenomena and following the admirable work of Augustin Fresnel, the hypothesis of a granular structure of light was entirely abandoned and the wave theory unanimously adopted. Thus the physicists of last century spurned absolutely the idea of an atomic structure of light. Although rejected by optics, the atomic theories began making great headway not only in chemistry, where they provided a simple interpretation of the laws of definite proportions, but also in the physics of matter where they made possible an interpretation of a large number of properties of solids, liquids, and gases. In particular they were instrumental in the elaboration of that admirable kinetic theory of gases which, generalized under the name of statistical mechanics, enables a clear meaning to be given to the abstract concepts of thermodynamics. Experiment also yielded decisive proof in favour of an atomic constitution of electricity; the concept of the

获诺贝尔物理奖仪式上演讲稿的首页

法国理论物理学家德布罗意 1892 年 8 月 15 日出生于法国迪埃普的一个贵族家庭。少年时期酷爱历史和文学,在巴黎大学学习法制史,大学毕业时获历史学士学位。

他的哥哥是法国著名的物理学家,是第一届索尔威国际物理学会议的参加者,是第二和第三届索尔威国际物理学会议的秘书。当德布罗意在哥哥处了解到现代物理学最迫近的课题后,决定从文史转到自然科学上来,用自己全部精力弄清量子的本质。

第一次世界大战期间,德布罗意中断了物理学的研究,在法国工兵中服役,他的主要精力用在巴黎埃菲尔铁塔的无线电台上。

1920 年开始在他哥哥的私人实验室研究 X 射线,并逐渐产生了波和粒子相结合的想法。1922 年发表了他研究绝对黑体辐射的量子理论的初步成果。1923 年关于微观世界中波粒二象性的想法已趋成熟,发表了题为《波和量子》,《光的量子,衍射和干涉》,《量子,气体动力学理论和费马原理》等三篇论文。

1924年德布罗意顺利地通过了博士论文,题目是《量子理论的研究》。文章中德布罗意把光的二象性推广到实物粒子,特别是电子上去,用

$$\lambda = \frac{h}{mv}$$

表示物质波的波长,并指出可以用晶体对电子的衍射实验加以证明。

德布罗意关于物质波的思想,几乎没有引起物理学家们的注意。但是,他的导师把他的论文寄给了爱因斯坦,立即引起了这位伟大的物理学家的重视,爱因斯坦认为他的工作"揭开了巨大帷幕的一角",他的文章是"非常值得注意的文章"。两年后奥地利物理学家薛定谔在此基础上加以数学论证,提出了著名的薛定谔方程,建立了现代物理学的基础——量子力学。

3年后,也就是1927年,美国物理学家戴维孙和革末以及英国物理学家G.P.汤姆孙分别在实验中发现了电子衍射,证明了物质波的存在。后来德国物理学家施特恩在实验中发现了原子、分子也具有波动性,进一步证明了德布罗意物质波假设的正确性。

1929年德布罗意因对实物的波动性的发现而获得诺贝尔物理奖。在法国他享有崇高的威望。

德布罗意发表过许多著作,如《波和粒子》,《新物理学和量子》,《物质和光》,《连续和不连续》,《关于核理论的波动力学》,《知识和发现》,《波动力学和分子生物学》等。至死他仍然关心着各种最新的科学问题:基本粒子理论,原子能,控制论等。

德布罗意自己讲,他对普遍性和哲学性概念极为爱好,关于物质波的概念是他在不断探索可以把波动观点和微粒观点结合起来的一般综合概念的过程中产生的。

许多科学史专家认为,德布罗意能够作出这项发现的关键在于对动力学和光学的发展做了历史学的和方法论的分析。

从20世纪50年代开始,德布罗意对薛定谔等人在量子力学中引入概率持批评态度,他在不断寻求着波动力学的因果性解释,他认为统计理论在各个我们的实验技术不能测量的量的背后隐藏着一种完全确定的、可查明的真实性。

第24章

薛定谔方程

薛定谔方程是量子力学的基本动力学方程。本章先列出了该方程,包括不含时和含时的形式,并简要地介绍了薛定谔"建立"他的方程的思路。然后将不含时的薛定谔方程应用于无限深方势阱中的粒子、遇有势垒的粒子以及谐振子等情况。着重说明根据对波函数的单值、有限和连续的要求,由薛定谔方程可自然地得出能量量子化的结果。接着说明了隧道效应这种量子粒子不同于经典粒子的重要特征。本章最后介绍了关于谐振子的波函数和能量量子化的结论。

24.1 薛定谔得出的波动方程

德布罗意引入了和粒子相联系的波。粒子的运动用波函数$\Psi = \Psi(x, y, z, t)$来描述,而粒子在时刻t在各处的概率密度为$|\Psi|^2$。但是,怎样确定在给定条件(一般是给定一势场)下的波函数呢?

1925年在瑞士,德拜(P. J. W. Debye)让他的学生薛定谔作一个关于德布罗意波的学术报告。报告后,德拜提醒薛定谔:"对于波,应该有一个波动方程。"薛定谔此前就曾注意到爱因斯坦对德布罗意假设的评论,此时又受到了德拜的鼓励,于是就努力钻研。几个月后,他就向世人拿出了一个波动方程,这就是现在大家称谓的薛定谔方程。

薛定谔方程在量子力学中的地位和作用相当于牛顿方程在经典力学中的地位和作用。用薛定谔方程可以求出在给定势场中的波函数,从而了解粒子的运动情况。作为一个基本方程,薛定谔方程不可能由其他更基本的方程推导出来。它只能通过某种方式建立起来,然后主要看所得的结论应用于微观粒子时是否与实验结果相符。薛定谔当初就是"猜"加"凑"出来的(他建立方程的步骤见本节[注])。以他的名字命名的方程[①]为(一维情形)

$$-\frac{\hbar^2}{2m}\frac{\partial^2 \Psi}{\partial x^2} + U(x,t)\Psi = i\hbar\frac{\partial \Psi}{\partial t} \tag{24.1}$$

式中$\Psi = \Psi(x,t)$是粒子(质量为m)在势场$U = U(x,t)$中运动的波函数。我们没有可能全面讨论式(24.1)那样的**含时薛定谔方程**(那是量子力学课程的任务),下面只着重讨论粒子

---

① 薛定谔是1926年发表他的方程的,该方程是**非相对论形式**的。1928年狄拉克(P. A. M. Dirac)把该方程发展为相对论形式,可以讨论磁性、粒子的湮灭和产生等更为广泛的问题。

在恒定势场 $U=U(x)$（包括 $U(x)=$ 常量，因而粒子不受力的势场）中运动的情形。在这种情形下，式(24.1)可用分离变量法求解。作为"波"函数，应包含时间的周期函数，而此时波函数应有下述形式：

$$\Psi(x,t) = \psi(x)e^{-iEt/\hbar} \tag{24.2}$$

式中，E 是粒子的能量。将此式代入式(24.1)，可知波函数 Ψ 的空间部分 $\psi=\psi(x)$ 应该满足的方程为

$$-\frac{\hbar^2}{2m}\frac{\partial^2 \psi}{\partial x^2} + U\psi = E\psi \tag{24.3}$$

此方程称为**定态薛定谔方程**。本章的后几节将利用此方程说明一些粒子运动的基本特征。函数 $\psi=\psi(x)$ 叫粒子的**定态波函数**，它描写的粒子的状态叫**定态**。

关于薛定谔方程式(24.1)和式(24.3)需要说明两点。第一，它们都是**线性微分方程**。这就意味着作为它们的解的波函数或概率幅 ψ 和 Ψ 都满足叠加原理。

第二，从数学上来说，对于任何能量 E 的值，方程式(24.3)都有解，但并非对所有 E 值的解都能满足物理上的要求。这些要求最一般的是，作为有物理意义的波函数，这些解必须是**单值的**，**有限的**和**连续的**。这些条件叫做波函数的**标准条件**。令人惊奇的是，根据这些条件，由薛定谔方程"自然地"、"顺理成章地"就能得出微观粒子的重要特征——量子化条件。这些量子化条件在普朗克和玻尔那里都是"强加"给微观系统的。作为量子力学基本方程的薛定谔方程当然还给出了微观系统的许多其他奇异的性质。

对于微观粒子的三维运动，定态薛定谔方程式(24.3)的直角坐标形式为

$$-\frac{\hbar^2}{2m}\left(\frac{\partial^2 \psi}{\partial x^2}+\frac{\partial^2 \psi}{\partial y^2}+\frac{\partial^2 \psi}{\partial z^2}\right)+U\psi=E\psi \quad (24.4)$$

相应的球坐标(图 24.1)形式为

$$-\frac{\hbar^2}{2m}\left[\frac{\partial^2 \psi}{\partial r^2}+\frac{2}{r}\frac{\partial \psi}{\partial r}+\frac{1}{r^2 \sin\theta}\frac{\partial}{\partial \theta}\left(\sin\theta\frac{\partial \psi}{\partial \theta}\right)+\right.$$

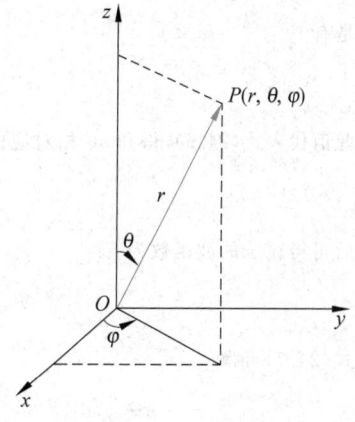

图 24.1 球坐标

$$\left.\frac{1}{r^2\sin^2\theta}\frac{\partial^2 \psi}{\partial \varphi^2}\right]+U\psi=E\psi \tag{24.5}$$

其中 r 为粒子的径矢的大小，θ 为极角，φ 为方位角。

例 24.1

一质量为 m 的粒子在自由空间绕一定点做圆周运动，圆半径为 r。求粒子的波函数并确定其可能的能量值和角动量值。

解 取定点为坐标原点，圆周所在平面为 xy 平面。由于 r 和 $\theta(\theta=\pi/2)$ 都是常量，所以 ψ 只是方位角 φ 的函数。令 $\psi=\Phi(\varphi)$ 表示此波函数。又因为 $U=0$，所以粒子的薛定谔方程式(24.5)变为

$$-\frac{\hbar^2}{2mr^2}\frac{d^2\Phi}{d\varphi^2}=E\Phi$$

或

$$\frac{d^2\Phi}{d\varphi^2} + \frac{2mr^2 E}{\hbar^2}\Phi = 0$$

这一方程类似于简谐运动的运动方程,其解为

$$\Phi = A e^{im_l \varphi} \tag{24.6}$$

其中

$$m_l = \pm \sqrt{\frac{2mr^2 E}{\hbar^2}} \tag{24.7}$$

式(24.6)是 φ 的**有限连续**函数。要使 Φ 再满足在任一给定 φ 值时为**单值**,就需要

$$\Phi(\varphi) = \Phi(\varphi + 2\pi)$$

或

$$e^{im_l \varphi} = e^{im_l(\varphi + 2\pi)}$$

由此得

$$e^{im_l 2\pi} = 1 \tag{24.8}$$

式(24.8)给出 m_l 必须是整数[①],即

$$m_l = \pm 1, \pm 2, \cdots \tag{24.9}$$

为了求出式(24.6)中 A 的值,我们注意到粒子在所有 φ 值范围内的总概率为 1——归一化条件,由此得

$$1 = \int_0^{2\pi} |\Phi|^2 d\varphi = \int_0^{2\pi} A^2 d\varphi = 2\pi A^2$$

于是有

$$A = \frac{1}{\sqrt{2\pi}}$$

将此值代入式(24.6),得和 m_l 相对应的定态波函数为

$$\Phi_{m_l} = \frac{1}{\sqrt{2\pi}} e^{im_l \varphi} \tag{24.10}$$

最后可得粒子的波函数为

$$\Psi_{m_l} = \Phi_{m_l} e^{i2\pi \frac{E}{h} t} = \frac{1}{\sqrt{2\pi}} e^{i(m_l \varphi + 2\pi Et/h)} \tag{24.11}$$

由式(24.7)可得

$$E = \frac{\hbar^2}{2mr^2} m_l^2 \tag{24.12}$$

此式说明,由于 m_l 是整数,所以粒子的能量只能取离散的值。这就是说,这个做圆周运动的粒子的能量"量子化"了。在这里,能量量子化这一微观粒子的重要特征很自然地从薛定谔方程和波函数的标准条件得出了。m_l 叫做**量子数**。

根据能量和动量关系有 $p = \sqrt{2mE_k}$,而此处 $E_k = E$,再由式(24.12)可得这个作圆周运动的粒子的角动量(此角动量矢量沿 z 轴方向)为

$$L = rp = m_l \hbar \tag{24.13}$$

即角动量也量子化了,而且等于 $\hbar$ 的整数倍。

[注] 薛定谔建立他的方程的大致过程

薛定谔注意到德布罗意波的相速与群速的区别以及德布罗意波的相速度(非相对论情形)为

$$u = \lambda \nu = \frac{E}{p} = \frac{E}{\sqrt{2mE_k}} = \frac{E}{\sqrt{2m(E-U)}} \tag{24.14}$$

---

① 由欧拉公式 $e^{im_l 2\pi} = \cos(m_l 2\pi) + i\sin(m_l 2\pi) = 1$,由此得 $\cos(m_l \cdot 2\pi) = 1$,于是 $m_l =$ 整数。

其中 m 为粒子的质量，E 为粒子的总能量，$U=U(x,y,z)$ 为粒子在给定的保守场中的势能。$\sqrt{2m(E-U)}$，于是就有式(24.14)。对于一个波，薛定谔假设其波函数 $\Psi(x,y,z,t)$ 通过一个振动因子

$$\exp[-\mathrm{i}\omega t]=\exp[-2\pi\mathrm{i}\nu t]=\exp\left[-2\pi\mathrm{i}\frac{E}{h}t\right]=\exp[-\mathrm{i}Et/\hbar]$$

和时间 t 有关，式中 $\mathrm{i}=\sqrt{-1}$ 为虚数单位。于是有

$$\Psi(x,y,z,t)=\psi(x,y,z)\exp\left[-\mathrm{i}\frac{E}{\hbar}t\right]$$

其中 $\psi(x,y,z)$ 可以是空间坐标的复函数。下面先就一维的情况进行讨论，即 Ψ 取式(24.2)那样的形式

$$\Psi(x,t)=\psi(x)\exp\left[-\mathrm{i}\frac{E}{\hbar}t\right] \tag{24.15}$$

将式(24.15)和式(24.14)代入波动方程的一般形式

$$\frac{\partial^2\Psi}{\partial x^2}=\frac{1}{u^2}\frac{\partial^2\Psi}{\partial t^2}$$

稍加整理，即可得

$$-\frac{\hbar^2}{2m}\frac{\partial^2\psi}{\partial x^2}+U\psi=E\psi \tag{24.16}$$

式中 $\hbar=h/2\pi$。由式(24.15)可得粒子的概率密度为

$$|\Psi|^2=\Psi\Psi^*=\psi(x)\exp\left[-\mathrm{i}\frac{E}{\hbar}t\right]\psi(x)\exp\left[\mathrm{i}\frac{E}{\hbar}t\right]=|\psi(x)|^2$$

由于此概率密度与时间无关，所以式(24.15)中的 $\psi=\psi(x)$ 称为粒子的定态波函数，而决定这一波函数的微分方程式(24.16)就是定态薛定谔方程式(24.3)。这一方程是研究原子系统的定态的基本方程。

原子系统可以从一个定态转变到另一个定态，例如氢原子的发光过程。在这一过程中，原子系统的能量 E 将发生变化。注意到这种随时间变化的情况，薛定谔认为这时 E 不应该出现在他的波动方程中。他于是用式(24.15)来消去式(24.16)中的 E。式(24.15)可换写为

$$\psi(x)=\Psi\exp\left[\mathrm{i}\frac{E}{\hbar}t\right]$$

将此式回代入式(24.16)可以得到

$$-\frac{\hbar^2}{2m}\frac{\partial^2\Psi}{\partial x^2}+U\Psi=E\Psi \tag{24.17}$$

由式(24.15)可得

$$E\Psi=\mathrm{i}\hbar\frac{\partial\Psi}{\partial t}$$

所以由式(24.17)又可得

$$-\frac{\hbar^2}{2m}\frac{\partial^2\Psi}{\partial x^2}+U\Psi=\mathrm{i}\hbar\frac{\partial\Psi}{\partial t}$$

式中的 U 可以推广为也是时间 t 的函数。此式就是式(24.1)。这是关于粒子运动的普遍的运动方程，是非相对论量子力学的基本方程。

从以上介绍可知，薛定谔建立他的方程时，虽然也有些"根据"，但并不是什么严格的推理过程。实际上，可以说，式(24.1)和式(24.3)都是"凑"出来的。这种根据少量的事实，半猜半推理的思维方式常常萌发出全新的概念或理论。这是一种创造性的思维方式。这种思维得出的结论的正确性主要不是靠它的"来源"，而是靠它的预言和大量事实或实验结果相符来证明的。物理学发展史上这样的例子是很多的。普朗克的量子概念，爱因斯坦的相对论，德布罗意的物质波大致都是这样。薛定谔得出他的方程后，就把它应用于氢原子中的电子，所得结论和已知的实验结果相符，而且比当时用于解释氢原子的玻尔理论更为合理和"顺畅"。这一尝试曾大大增强了他的自信，也使得当时的学者们对他的方程倍加关注，经过

玻恩、海森伯、狄拉克等诸多物理学家的努力,几年的时间内就建成了一套完整的和经典理论迥然不同的量子力学理论。

24.2 无限深方势阱中的粒子

本节讨论粒子在一种简单的外力场中做一维运动的情形,分析薛定谔方程会给出什么结果。粒子在这种外力场中的势能函数为

$$U = \begin{cases} 0, & 0 \leqslant x \leqslant a \\ \infty, & x < 0, x > a \end{cases} \tag{24.18}$$

这种势能函数的势能曲线如图 24.2 所示。由于图形像井,所以这种势能分布叫**势阱**。

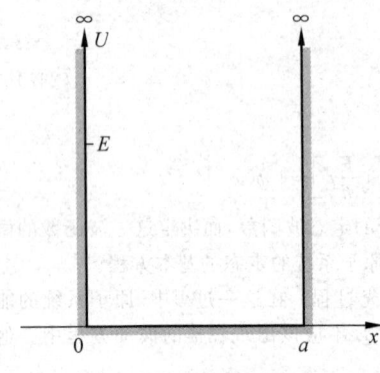

图 24.2 无限深方势阱

图 24.2 中的井深无限,所以叫**无限深方势阱**。在阱内,由于势能是常量,所以粒子不受力而作自由运动,在边界 $x=0$ 和 a 处,势能突然增至无限大,所以粒子会受到无限大的指向阱内的力。因此,粒子的位置就被限制在阱内,粒子这时的状态称为**束缚态**。

势阱是一种简单的理论模型。自由电子在金属块内部可以自由运动,但很难逸出金属表面。这种情况下,自由电子就可以认为是处于以金属块表面为边界的无限深势阱中。在粗略地分析自由电子的运动(不考虑点阵离子的电场)时,就可以利用无限深方势阱这一模型。

为研究粒子的运动,利用薛定谔方程式(24.3)

$$-\frac{\hbar^2}{2m}\frac{\partial^2 \psi}{\partial x^2} + U\psi = E\psi$$

在势阱外,即 $x<0$ 和 $x>a$ 的区域,由于 $U=\infty$,所以必须有

$$\psi = 0, \quad x < 0 \text{ 和 } x > a \tag{24.19}$$

否则式(24.3)将给不出任何有意义的解。$\psi=0$ 说明粒子不可能到达这些区域,这是和经典概念相符的。

在势阱内,即 $0 \leqslant x \leqslant a$ 的区域,由于 $U=0$,式(24.3)可写成

$$\frac{\partial^2 \psi}{\partial x^2} = -\frac{2mE}{\hbar^2}\psi = -k^2\psi \tag{24.20}$$

式中

$$k = \sqrt{2mE}/\hbar \tag{24.21}$$

式(24.20)和简谐运动的微分方程式形式上一样,其解应为

$$\psi = A\sin(kx + \varphi), \quad 0 \leqslant x \leqslant a \tag{24.22}$$

由式(24.19)和式(24.22)分别表示的在各区域的解在各区域内显然是单值而有限且连续的,但整个波函数还被要求在 $x=0$ 和 $x=a$ 处是连续的,即在 $x=0$ 处应有

$$A\sin\varphi = 0 \tag{24.23}$$

而在 $x=a$ 处应有

24.2 无限深方势阱中的粒子

$$A\sin(ka+\varphi)=0 \tag{24.24}$$

式(24.23)给出 $\varphi=0$，于是式(24.24)又给出

$$ka=n\pi,\quad n=1,2,3,\cdots \tag{24.25}$$

将此结果代入式(24.22)，可得

$$\psi=A\sin\frac{n\pi}{a}x,\quad n=1,2,3,\cdots \tag{24.26}$$

振幅 A 的值，可以根据**归一化条件**，即粒子在空间各处的概率的总和应该等于 1 来求得。利用概率和波函数的关系分区积分可得

$$1=\int_{-\infty}^{+\infty}|\psi|^2\mathrm{d}x=\int_{-\infty}^{0}|\psi|^2\mathrm{d}x+\int_{0}^{a}|\psi|^2\mathrm{d}x+\int_{a}^{+\infty}|\psi|^2\mathrm{d}x$$

$$=\int_{0}^{a}A^2\sin^2\frac{n\pi}{a}x=\frac{a}{2}A^2$$

由此得

$$A=\sqrt{2/a} \tag{24.27}$$

于是，最后得粒子在无限深方势阱中的波函数为

$$\psi_n=\sqrt{\frac{2}{a}}\sin\frac{n\pi}{a}x,\quad n=1,2,3,\cdots \tag{24.28}$$

n 等于某个整数，ψ_n 表示粒子的相应的定态波函数，相应的粒子的能量可以由式(24.21)代入式(24.25)求出，即有

$$E_n=\frac{\pi^2\hbar^2}{2ma^2}n^2,\quad n=1,2,3,\cdots \tag{24.29}$$

式中 n 只能取整数值。这样，根据标准条件的要求由薛定谔方程就自然地得出：束缚在势阱内的粒子的能量只能取**离散**的值，即**能量是量子化**的。每一个能量值对应于一个**能级**。这些能量值称为**能量本征值**，而 n 称为**量子数**。

将式(24.28)代入式(24.2)，即可得全部波函数为

$$\Psi_n=\psi_n\exp(-2\pi\mathrm{i}E_n t/h) \tag{24.30}$$

这些波函数叫做**能量本征波函数**。由每个本征波函数所描述的粒子的状态称为粒子的**能量本征态**，其中能量最低的态称为**基态**，其上的能量较大的系统称为**激发态**。

式(24.26)所表示的波函数和坐标的关系如图 24.3 中的实线所示。图中虚线表示相应的 $|\psi_n|^2$-x 关系，即概率密度与坐标的关系。注意，这里由粒子的波动性给出的概率密度的周期性分布和经典粒子的完全不同。按经典理论，粒子在阱内来来回回自由运动，在各处的概率密度应该是相等的，而且与粒子的能量无关。

和经典粒子不同的另一点是，由式(24.29)知，量子粒子的最小能量，即基态能量为 $E_1=\pi^2\hbar^2/(2ma^2)$，不等于零。这是符合不确定关系的，因为量子粒子在有限空间内运动，其速度不可能为零，而经典粒子可能处于静止的能量为零的最低能态。

由式(24.29)可以得到粒子在势阱中运动的动量为

$$p_n=\pm\sqrt{2mE_n}=\pm n\frac{\pi\hbar}{a}=\pm k\hbar \tag{24.31}$$

相应地，粒子的德布罗意波长为

$$\lambda_n=\frac{h}{p_n}=\frac{2a}{n}=\frac{2\pi}{k} \tag{24.32}$$

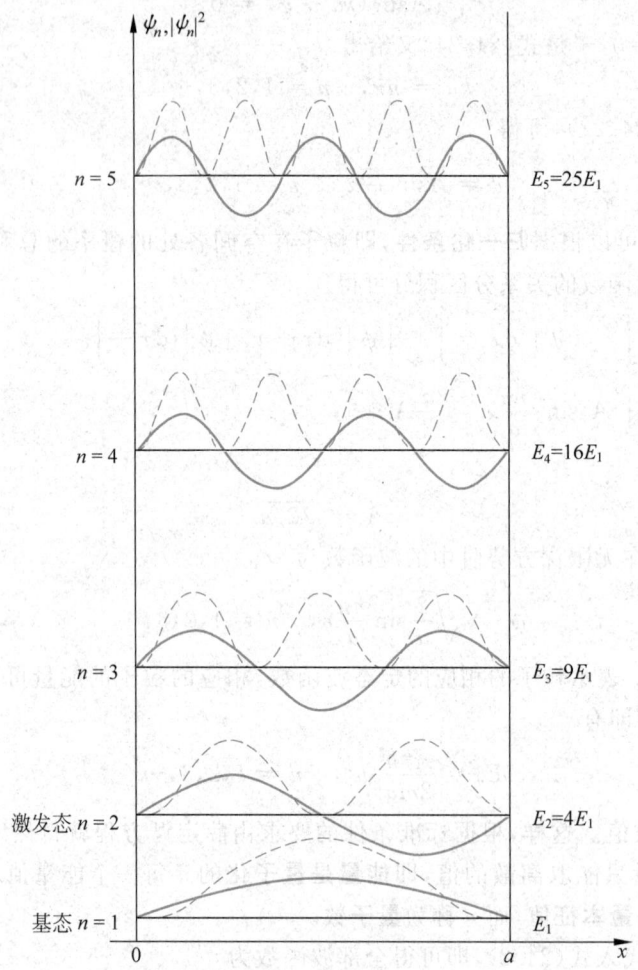

图 24.3 无限深方势阱中粒子的能量本征函数 ψ_n（实线）
及概率密度 $|\psi_n|^2$（虚线）与坐标的关系

此波长也量子化了，它只能是势阱宽度两倍的整数分之一。这使我们回想起两端固定的弦中产生驻波的情况。图 24.3 和图 18.25 是一样的，而式(24.32)和式(18.39)相同。因此可以说，**无限深方势阱中粒子的每一个能量本征态对应于德布罗意波的一个特定波长的驻波。**

例 24.2

在核内的质子和中子可粗略地当成是处于无限深势阱中而不能逸出，它们在核中的运动也可以认为是自由的。按一维无限深方势阱估算，质子从第 1 激发态($n=2$)到基态($n=1$)转变时，放出的能量是多少 MeV？核的线度按 1.0×10^{-14} m 计。

解 由式(24.29)，质子的基态能量为

$$E_1 = \frac{\pi^2 \hbar^2}{2m_p a^2} = \frac{\pi^2 \times (1.05 \times 10^{-34})^2}{2 \times 1.67 \times 10^{-27} \times (1.0 \times 10^{-14})^2}$$

$$= 3.3 \times 10^{-13} \, (\text{J})$$

第 1 激发态的能量为

$$E_2 = 4E_1 = 13.2 \times 10^{-13} (\text{J})$$

从第 1 激发态转变到基态所放出的能量为

$$E_2 - E_1 = 13.2 \times 10^{-13} - 3.3 \times 10^{-13}$$
$$= 9.9 \times 10^{-13} (\text{J}) = 6.2 (\text{MeV})$$

实验中观察到的核的两定态之间的能量差一般就是几 MeV，上述估算和此事实大致相符。

24.3 势垒穿透

让我们考虑"半无限深方势阱"中的粒子。这势阱的势能函数为

$$U = \begin{cases} \infty, & x < 0 \\ 0, & 0 \leqslant x \leqslant a \\ U_0, & x > a \end{cases} \quad (24.33)$$

势能曲线如图 24.4 所示。

在 $x < 0$ 而 $U = \infty$ 的区域，粒子的波函数 $\psi = 0$。

在阱内部，即 $0 \leqslant x \leqslant a$ 的区域，粒子具有小于 U_0 的能量 E。薛定谔方程和式(24.20)一样，为

$$\frac{\partial^2 \psi}{\partial x^2} = -\frac{2mE}{\hbar^2}\psi = -k^2\psi \quad (24.34)$$

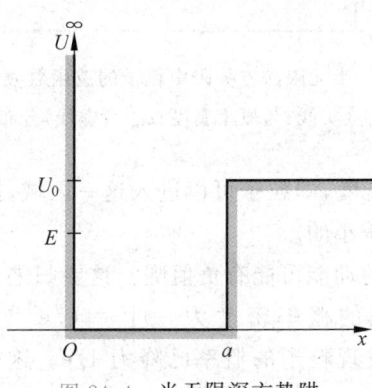

图 24.4　半无限深方势阱

式中 $k = \sqrt{2mE}/\hbar$。此式的解仍具有式(24.22)的形式，即

$$\psi = A\sin(kx + \varphi) \quad (24.35)$$

在 $x > a$ 的区域，薛定谔方程式(24.3)可写成

$$\frac{\partial^2 \psi}{\partial x^2} = \frac{2m}{\hbar^2}(U_0 - E)\psi = k'^2\psi \quad (24.36)$$

其中

$$k' = \sqrt{2m(U_0 - E)}/\hbar \quad (24.37)$$

式(24.36)的解一般应为

$$\psi = Ce^{-k'x} + De^{k'x}$$

其中 C, D 为常数。为了满足 $x \to \infty$ 时波函数有限的条件，必须 $D = 0$。于是得

$$\psi = Ce^{-k'x} \quad (24.38)$$

为了满足此波函数在 $x = a$ 处连续，由式(24.35)和式(24.38)得出

$$A\sin(ka + \varphi) = Ce^{-k'a} \quad (24.39)$$

此外，$\mathrm{d}\psi/\mathrm{d}x$ 在 $x = a$ 处也应连续（否则 $\mathrm{d}^2\psi/\mathrm{d}x^2$ 将变为无限大而与式(24.34)和式(24.36)表明的 $\mathrm{d}^2\psi/\mathrm{d}x^2$ 有限相矛盾），因而又有

$$kA\cos(ka + \varphi) = -k'Ce^{-k'a} \quad (24.40)$$

式(24.39)和式(24.40)将给出：对于束缚在阱内的粒子(即 $E < U_0$)，**其能量也是量子化的**，不过其能量的本征值不再能用式(24.29)表示。由于数学过程较为复杂，我们不再讨论其能量本征值的具体数值。这里只想着重指出，式(24.38)说明，在 $x > a$ 而势能有限的区

域,粒子出现的概率**不为零**,即粒子在运动中可能到达这一区域,不过到达的概率随 x 的增大而按指数规律减小。粒子处于可能的基态和第 1,2 激发态(U_0 太小时,粒子不能被束缚在阱内)的波函数如图 24.5 中的实线所示,虚线表示粒子的概率密度分布。

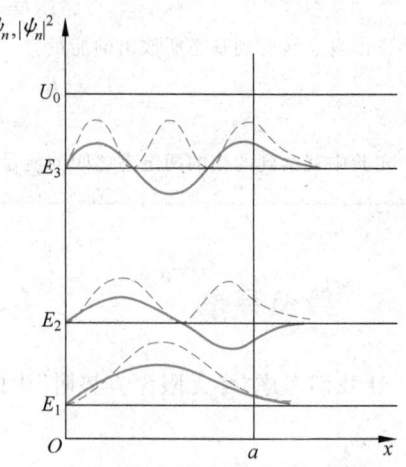

图 24.5　半无限深方势阱中粒子的波函数 ψ_n（实线）与概率密度 $|\psi_n|^2$（虚线）分布

在这里我们又一次看到量子力学给出的结果与经典力学给出的不同。不但处于束缚态的粒子的能量量子化了,而且还需注意的是,在 $E<U_0$ 的情况下,按经典力学,粒子只能在阱内（即 $0<x<a$）运动,不可进入其能量小于势能的 $x>a$ 的区域,因为在这一区域粒子的动能 E_k($E_k = E - U_0$)将为负值。这在经典力学中是不可能的。但是,量子力学理论给出,在其势能大于其总能量的区域内,如图 24.5 所示,粒子仍有一定的概率密度,即粒子可以进入这一区域,虽然这概率密度是按指数规律随进入该区域的深度而很快减小的。

怎样理解量子力学给出的这一结果呢？为什么粒子的动能可能有负值呢？这要归之于不确定关系。根据式(24.38),粒子在 $E<U_0$ 的区域的概率密度为 $|\psi|^2 = C^2 e^{-2k'x}$。$x = 1/2k'$ 可以看做粒子进入该区域的典型深度,在此处发现粒子的概率已降为 $1/e$。这一距离可以认为是在此区域内发现粒子的位置不确定度,即

$$\Delta x = \frac{1}{2k'} = \frac{\hbar}{2\sqrt{2m(U_0 - E)}} \tag{24.41}$$

根据不确定关系,粒子在这段距离内的动量不确定度为

$$\Delta p \geqslant \frac{\hbar}{\Delta x} = \sqrt{2m(U_0 - E)} \tag{24.42}$$

粒子进入的速度可认为是

$$v = \Delta v = \frac{\Delta p}{m} \geqslant \sqrt{\frac{2(U_0 - E)}{m}} \tag{24.43}$$

于是粒子进入的时间不确定度为

$$\Delta t = \frac{\Delta x}{v} \leqslant \frac{\hbar}{4(U_0 - E)} \tag{24.44}$$

由此,按能量-时间的不确定关系式,粒子能量的不确定度为

$$\Delta E \geqslant \frac{\hbar}{2\Delta t} \geqslant 2(U_0 - E) \tag{24.45}$$

这时,粒子的总能量将为 $E + \Delta E$,而其动能的不确定度为

$$\Delta E_k = E + \Delta E - U_0 \geqslant U_0 - E \tag{24.46}$$

这就是说,粒子在到达的区域内,其动能的不确定度大于其名义上的负动能的值。因此,负动能被不确定关系"掩盖"了,它只是一种观察不到的"虚"动能。这和实验中能观察到的能量守恒并不矛盾。(上述关于式(24.46)的计算有些巧合,它实质上是说明薛定谔方程给出的粒子的行为是符合量子力学不确定关系的要求的。)

24.3 势垒穿透

由于粒子可以进入 $U_0 > E$ 的区域，如果这一高势能区域是有限的，即粒子在运动中为一**势垒**所阻（如图 24.6 所示），则粒子就有可能穿过势垒而到达势垒的另一侧。这一量子力学现象叫做**势垒穿透**或**隧道效应**。

隧道效应的一个例子是 α 粒子从放射性核中逸出，即 α 衰变。如图 24.7 所示，核半径为 R，α 粒子在核内由于核力的作用其势能是很低的。在核边界上有一个因库仑力而产生的势垒。对 ^{238}U 核，这一库仑势垒可高达 35 MeV，而这种核在 α 衰变过程中放出的 α 粒子的能量 $E_α$ 不过 4.2 MeV。理论计算表明，这些 α 粒子就是通过隧道效应穿透库仑势垒而跑出的。

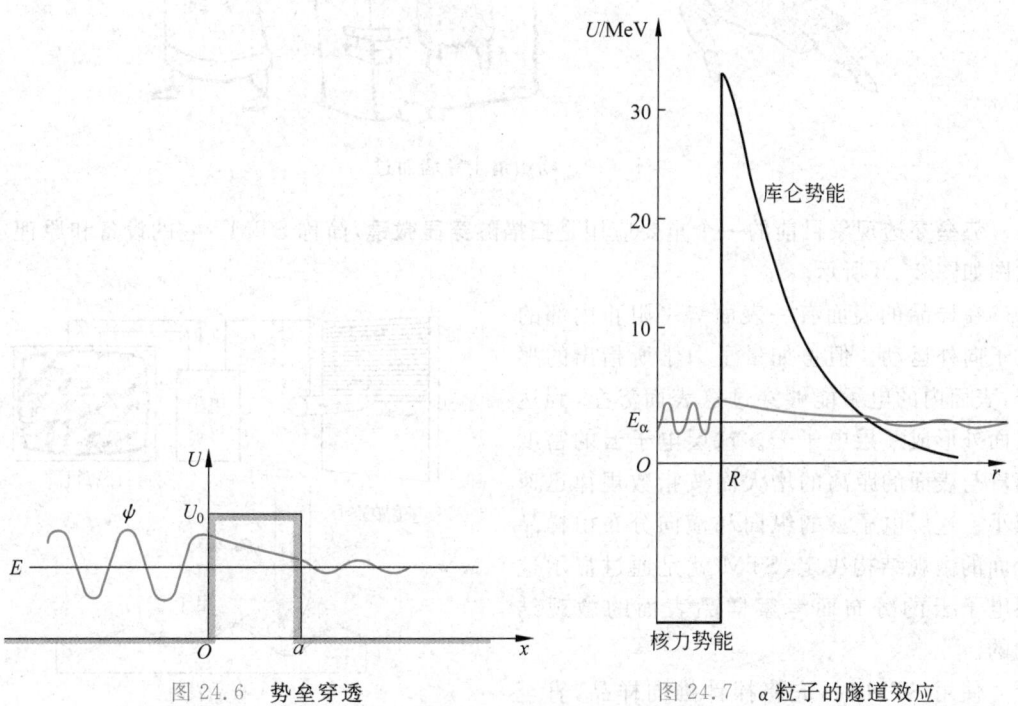

图 24.6　势垒穿透　　　　　图 24.7　α 粒子的隧道效应

黑洞的边界是一个物质（包括光）只能进不能出的"单向壁"。这单向壁对黑洞内的物质来说就是一个绝高的势垒。理论物理学家霍金（S. W. Hawking）认为黑洞并不是绝对黑的。黑洞内部的物质能通过量子力学隧道效应而逸出。但他估计，这种过程很慢。一个质量等于太阳质量的黑洞温度约为 10^{-6} K，约需 10^{67} a 才能完全"蒸发"消失。不过据信有一些微型黑洞（质量大约是太阳质量的 10^{-20} 倍）产生于宇宙大爆炸初期，经过 2×10^{10} a 到现在已经蒸发完了。

热核反应所释放的核能是两个带正电的核，如 ^{2}H 和 ^{3}H，聚合时产生的。这两个带正电的核靠近时将为库仑斥力所阻，这斥力的作用相当于一个高势垒。^{2}H 和 ^{3}H 就是通过隧道效应而聚合到一起的。这些核的能量越大，它们要穿过的势垒厚度越小，聚合的概率就越大。这就是为什么热核反应需要高达 10^8 K 的高温的原因。

隧道效应的一个重要的实际应用是扫描隧穿显微镜，用它可以观测固体表面原子排列的状况。

在《聊斋志异》中，蒲松龄讲述了一个故事，说的是一个崂山道士能够穿墙而过

(图 24.8)。这虽然是虚妄之谈,但从量子力学的观点来看,也还不能说是完全没有道理吧!只不过是概率"小"了一些。

图 24.8 崂山道士穿墙而过

势垒穿透现象目前的一个重要应用是**扫描隧穿显微镜**,简称 STM。它的设备和原理示意图如图 24.9 所示。

在样品的表面有一表面势垒阻止内部的电子向外运动。但正如量子力学所指出的那样,表面内的电子能够穿过这表面势垒,到达表面外形成一层电子云。这层电子云的密度随着与表面的距离增大而按指数规律迅速减小。这层电子云的纵向和横向分布由样品表面的微观结构决定,STM 就是通过显示这层电子云的分布而考察样品表面的微观结构的。

使用 STM 时,先将探针推向样品,直至二者的电子云略有重叠为止。这时在探针和样品间加上电压,电子便会通过电子云形成

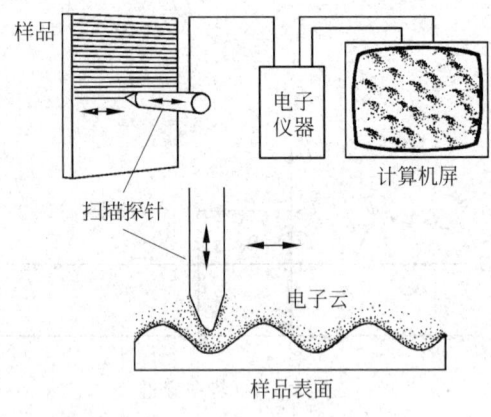

图 24.9 STM 示意图

隧穿电流。由于电子云密度随距离迅速变化,所以隧穿电流对针尖与表面间的距离极其敏感。例如,距离改变一个原子的直径,隧穿电流会变化 1000 倍。当探针在样品表面上方全面横向扫描时,根据隧穿电流的变化利用一反馈装置控制针尖与表面间保持一恒定的距离。把探针尖扫描和起伏运动的数据送入计算机进行处理,就可以在荧光屏或绘图机上显示出样品表面的三维图像,和实际尺寸相比,这一图像可放大到 1 亿倍。

目前用 STM 已对石墨、硅、超导体以及纳米材料等的表面状况进行了观察,取得了很好的结果。图 24.10 是 STM 的石墨表面碳原子排列的计算机照片。

STM 不但可以当作"眼"来观察材料表面的细微结构,而且可以用作"手"来摆弄单个原子。可以用它的探针尖吸住一个孤立原子,然后把该原子放到另一个位置。这就迈出了人类用单个原子这样的"砖块"来建造"大厦"即各种理想材料的第一步。图 24.11 是 IBM 公司的科学家精心制作的"**量子围栏**"的计算机照片。他们在 4 K 的温度下用 STM 的针尖一

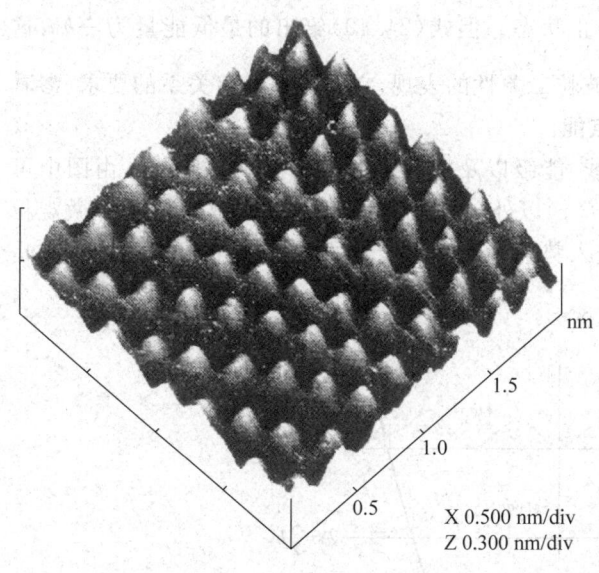
图 24.10 石墨表面的 STM 照片

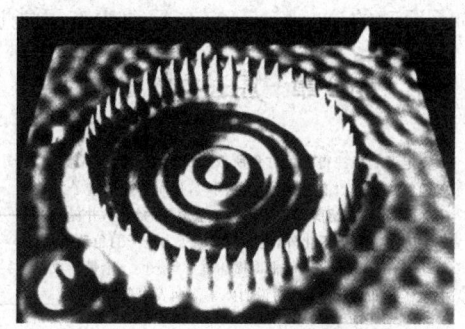
图 24.11 量子围栏照片

个个地把 48 个铁原子"栽"到了一块精制的铜表面上,围成一个圆圈,圈内就形成了一个势阱,把在该处铜表面运动的电子圈了起来。图中圈内的圆形波纹就是这些电子的波动图景,它的大小及图形和量子力学的预言符合得非常好。

24.4 谐振子

本节讨论粒子在略为复杂的势场中作一维运动的情形,即谐振子的运动。这也是一个很有用的模型,固体中原子的振动就可以用这种模型加以近似地研究。

一维谐振子的势能函数为

$$U = \frac{1}{2}kx^2 = \frac{1}{2}m\omega^2 x^2 \tag{24.47}$$

其中 $\omega = \sqrt{k/m}$ 是振子的固有角频率,m 是振子的质量,k 是振子的等效劲度系数。将此式代入式(24.3),可得一维谐振子的薛定谔方程为

$$\frac{d^2\psi}{dx^2} + \frac{2m}{\hbar^2}\left(E - \frac{1}{2}m\omega^2 x^2\right)\psi = 0 \tag{24.48}$$

这是一个变系数的常微分方程,求解较为复杂。因此我们将不再给出波函数的解析式,只是着重指出:为了使波函数 ψ 满足单值、有限和连续的标准条件,谐振子的能量只能是

$$E_n = \left(n + \frac{1}{2}\right)\hbar\omega = \left(n + \frac{1}{2}\right)h\nu, \quad n = 0,1,2,\cdots \tag{24.49}$$

这说明,谐振子的能量也只能取离散的值,即也是量子化的,n 就是相应的量子数。和无限深方势阱中粒子的能级不同的是,谐振子的能级是等间距的。

谐振子的能量量子化概念是普朗克首先提出的(见式(23.4))。但在普朗克那里,这种能量量子化是一个大胆的有创造性的假设。在这里,它成了量子力学理论的一个自然推论。从量上说,式(23.4)和式(24.49)还有不同。式(23.4)给出的谐振子的最低能量为零,这符

合经典概念,即认为粒子的最低能态为静止状态。但式(24.49)给出的最低能量为 $\frac{1}{2}h\nu$,这意味着微观粒子不可能完全静止。这是波粒二象性的表现,它满足不确定关系的要求(参看例 23.8)。这一谐振子的最低能量叫**零点能**。

图 24.12 中画出了谐振子的势能曲线、能级以及概率密度与 x 的关系曲线。由图中可以看出,在任一能级上,在势能曲线 $U=U(x)$ 以外,概率密度并不为零。这也表示了微观粒子运动的这一特点:它在运动中有可能进入势能大于其总能量的区域,这在经典理论看来是不可能出现的。

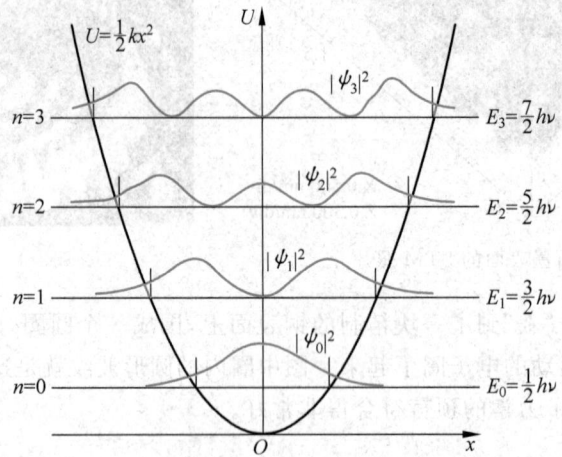

图 24.12　一维谐振子的能级和概率密度分布图

例 24.3

设想一质量为 $m=1$ g 的小珠子悬挂在一个小轻弹簧下面做振幅为 $A=1$ mm 的谐振动。弹簧的劲度系数为 $k=0.1$ N/m。按量子理论计算,此弹簧振子的能级间隔多大? 和它现有的振动能量对应的量子数 n 是多少?

解 弹簧振子的角频率是

$$\omega = \sqrt{\frac{k}{m}} = \sqrt{\frac{0.1}{10^{-3}}} = 10 \text{ (s}^{-1}\text{)}$$

据式(24.49),能级间隔为

$$\Delta E = \hbar\omega = 1.05 \times 10^{-34} \times 10 = 1.05 \times 10^{-33} \text{ (J)}$$

振子现有的能量为

$$E = \frac{1}{2}kA^2 = \frac{1}{2} \times 0.1 \times (10^{-3})^2 = 5 \times 10^{-8} \text{ (J)}$$

再由式(24.49)可知相应的量子数

$$n = \frac{E}{\hbar\omega} - \frac{1}{2} = 4.7 \times 10^{25}$$

这说明,用量子的概念,宏观谐振子是处于能量非常高的状态的。相对于这种状态的能量,两个相邻能级的间隔 ΔE 是完全可以忽略的。因此,当宏观谐振子的振幅发生变化时,它的能量将连续地变化。这就是经典力学关于谐振子能量的结论。

1. 薛定谔方程（一维）

$$-\frac{\hbar^2}{2m}\frac{\partial^2 \Psi}{\partial x^2}+U\Psi=i\hbar\frac{\partial \Psi}{\partial t}, \quad \Psi=\Psi(x,t)$$

定态薛定谔方程

$$-\frac{\hbar^2}{2m}\frac{\partial^2 \psi}{\partial x^2}+U\psi=E\psi$$

波函数 $\Psi=\psi(x)e^{-iEt/\hbar}$，其中 $\psi(x)$ 为定态波函数。

以上微分方程的线性表明波函数 $\Psi=\Psi(x,t)$ 和定态波函数 $\psi=\psi(x)$ 都服从叠加原理。
波函数必须满足的标准物理条件：单值，有限，连续。

2. 一维无限深方势阱中的粒子

能量量子化：

$$E=\frac{\pi^2\hbar^2}{2ma^2}n^2, \quad n=1,2,3,\cdots$$

概率密度分布不均匀。

德布罗意波长量子化：

$$\lambda_n=2a/n=\frac{2\pi}{k}$$

此式类似于经典的两端固定的弦驻波。

3. 势垒穿透

微观粒子可以进入其势能（有限的）大于其总能量的区域，这是由不确定关系决定的。
在势垒有限的情况下，粒子可以穿过势垒到达另一侧，这种现象又称隧道效应。

4. 谐振子

能量量子化：

$$E=\left(n+\frac{1}{2}\right)h\nu, \quad n=0,1,2,\cdots$$

零点能：

$$E_0=\frac{1}{2}h\nu$$

24.1 一个细胞的线度为 10^{-5} m，其中一粒子质量为 10^{-14} g。按一维无限深方势阱计算，这个粒子的 $n_1=100$ 和 $n_2=101$ 的能级和它们的差各是多大？

24.2 一个氧分子被封闭在一个盒子内。按一维无限深方势阱计算，并设势阱宽度为 10 cm。
(1) 该氧分子的基态能量是多大？

(2) 设该分子的能量等于 $T=300$ K 时的平均热运动能量 $\frac{3}{2}kT$，相应的量子数 n 的值是多少？这第 n 激发态和第 $n+1$ 激发态的能量差是多少？

24.3 一粒子在一维无限深方势阱中运动而处于基态。从阱宽的一端到离此端 1/4 阱宽的距离内它出现的概率多大？

24.4 一维无限深方势阱中的粒子的波函数在边界处为零。这种定态物质波相当于两端固定的弦中的驻波，因而势阱宽度 a 必须等于德布罗意波的半波长的整数倍。试由此求出粒子能量的本征值为

$$E_n = \frac{\pi^2 \hbar^2}{2ma^2} n^2$$

24.5 一粒子处于一正立方盒子中，盒子边长为 a。试利用驻波概念导出粒子的能量为

$$E = \frac{\pi^2 \hbar^2}{2ma^2}(n_x^2 + n_y^2 + n_z^2)$$

其中 n_x, n_y, n_z 为相互独立的正整数。

24.6 谐振子的基态波函数为 $\psi = Ae^{-ax^2}$，其中 A, a 为常量。将此式代入式(24.48)，试根据所得出的式子在 x 为任何值时均成立的条件导出谐振子的零点能为

$$E_0 = \frac{1}{2}h\nu$$

科学家介绍

薛 定 谔

(E. Schrödinger, 1887—1961 年)

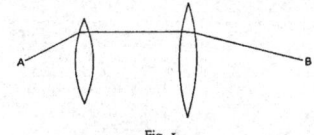

获诺贝尔物理奖演讲稿的首页

奥地利物理学家薛定谔 1887 年 8 月 12 日出生于奥地利首都维也纳。父亲是漆布厂企业主,幼年时受到很好的培养和教育。由于他聪明过人,基础好,上学后在班上始终名列前茅。

薛定谔 23 岁时获哲学博士。后来担任实验物理方面的工作,受到很好的实际锻炼。

第一次世界大战期间,薛定谔参军服役,担任炮兵军官。在此期间,他仍用零星时间阅读专业文献,1916 年在广义相对论刚刚发表后,他就以极大的兴趣阅读了这篇论文。

战后,先在维也纳物理研究所工作,后到耶鲁大学任讲师,并做实验物理学家 M. 玻恩的助手。

1921 年任苏黎世大学教授。1924 年受德布罗意物质波理论的影响,着手把物质波概念用于束缚电子,以改进玻尔的原子模型。起初,薛定谔把相对论力学用于电子的运动,但因未考虑电子的自旋,结果与实验不符。1926 年薛定谔发表了他的非相对论形式的研究结果,提出了著名的薛定谔方程,建立了新型的量子理论。

1927年受聘去柏林大学接替普朗克的职务,任理论物理学教授。在此,他经常和普朗克、爱因斯坦等探讨理论物理中的重大疑难问题。

英国理论物理学家狄拉克,考虑了电子的自旋和氢原子能级的精细结构,于1928年提出了相对论性的运动方程——狄拉克方程,对量子论的发展作出了突出的贡献。

1933年,薛定谔和狄拉克分享了该年度的诺贝尔物理奖。

1938年,薛定谔受爱尔兰首相瓦列拉的邀请去爱尔兰,建立了一个高级研究所。在这里,他专心致志从事科学研究工作达17年之久。在这期间,他进一步发展了波动力学,同时还研究宇宙论和统一场论。

1956年,在他70岁高龄时返回维也纳。维也纳大学的物理研究所为他提供了一个特设研究室,他继续进行研究,直到逝世。

薛定谔除了在量子力学方面的重大贡献和相对论以及统一场论等方面的工作外,他还把量子力学理论应用到生命现象中,发展了生物物理这一边缘学科,撰写了《生命是什么》一书。

此外,他对哲学也很感兴趣,还很注意普及科学知识,酷爱文学。他撰写的文章有《精神和物质》、《我的世界观》、《自然科学和人道主义》、《自然规律是什么?》等。此外,还发表过诗集。

第25章

原子中的电子

薛定谔利用他得到的方程(非相对论情况)所取得的第一个突出成就是,它更合理地解决了当时有关氢原子的问题,从而开始了量子力学理论的建立。本章先介绍薛定谔方程关于氢原子的结论,并提及多电子原子。除了能量量子化外,还要说明原子内电子的角动量(包括自旋角动量)的量子化。然后根据描述电子状态的4个量子数讲解原子中电子排布的规律,从而说明元素周期表中各元素的排序。

25.1 氢原子

氢原子是一个三维系统,其电子在质子的库仑场内运动,处于束缚状态。它的势能为

$$U(r) = -\frac{e^2}{4\pi\varepsilon_0 r} \tag{25.1}$$

其中 r 为电子到质子的距离。由于此势能具有球对称性,为方便求解,就利用定态薛定谔方程式(24.5),即

$$-\frac{\hbar^2}{2m}\left[\frac{\partial^2 \psi}{\partial r^2}+\frac{2}{r}\frac{\partial \psi}{\partial r}+\frac{1}{r^2\sin\theta}\frac{\partial}{\partial \theta}\left(\sin\theta\frac{\partial \psi}{\partial \theta}\right)+\frac{1}{r^2\sin^2\theta}\frac{\partial^2 \psi}{\partial \varphi^2}\right]-\frac{e^2}{4\pi\varepsilon_0 r}\psi = E\psi \tag{25.2}$$

其中波函数应为 r,θ 和 φ 的函数,即 $\psi=\psi(r,\theta,\varphi)$。

式(25.2)可以用分离变量法求解,即有

$$\psi(r,\theta,\varphi) = R(r)\Theta(\theta)\Phi(\varphi)$$

由于求解的过程和 ψ 的具体形式比较复杂,下面只给出关于波函数 ψ 的一些结论。

根据处于束缚态的粒子的波函数必须满足的标准条件,求解式(25.2)时就自然地(即不是作为假设条件提出的)得出了量子化的结果,即氢原子中电子的状态由3个量子数 n,l,m_l 决定,它们的名称和可能取值如表25.1所示。

表 25.1 氢原子的量子数

名 称	符 号	可 能 取 值
主量子数	n	$1,2,3,4,5,\cdots$
轨道量子数	l	$0,1,2,3,4,\cdots,n-1$
轨道磁量子数	m_l	$-l,-(l-1),\cdots,0,1,2,\cdots,l$

主量子数 n 和波函数的径向部分($R(r)$)有关，它决定电子的（也就是整个氢原子在其质心坐标系中的）能量。这一能量的表示式为[①]

$$E_n = -\frac{m_e e^4}{2(4\pi\varepsilon_0)^2 \hbar^2} \frac{1}{n^2} \tag{25.3}$$

其中 m_e 是电子的质量。此式表示氢原子的能量只能取离散的值，这就是**能量的量子化**。式(25.3)也可以写成

$$E_n = -\frac{e^2}{2(4\pi\varepsilon_0) a_0} \frac{1}{n^2} \tag{25.4}$$

式中

$$a_0 = \frac{4\pi\varepsilon_0 \hbar^2}{m_e e^2} \tag{25.5}$$

具有长度的量纲，叫**玻尔半径**。将各常量值代入可得其值为

$$a_0 = 0.529 \times 10^{-10} \text{ m} = 0.0529 \text{ nm}$$

$n=1$ 的状态叫氢原子的**基态**。代入各常量后，可得氢原子的基态能量为

$$E_1 = -\frac{m_e e^4}{2(4\pi\varepsilon_0)^2 \hbar^2} = -13.6 \text{ eV}$$

式(25.3)给出的每一个能量的可能取值叫做一个能级。氢原子的能级可以用图 25.1 所示的能级图表示。$E>0$ 的情况表示电子已脱离原子核的吸引，即氢原子已电离。这时的电子成为自由电子，其能量可以具有大于零的连续值。

使氢原子电离所必需的最小能量叫**电离能**，它的值就等于 $|E_1|$。

$n>1$ 的状态统称为**激发态**。在通常情况下，氢原子就处在能量最低的基态。但当外界供给能量时，氢原子也可以跃迁到某一激发态。常见的激发方式之一是氢原子吸收一个光子而得到能量 $h\nu$。处于激发态的原子是不稳定的，经过或长或短的时间（典型的为 10^{-8} s），它会跃迁到能量较低的状态而以光子或其他方式放出能量。不论向上或向下跃迁，氢原子所吸收或放出的能量都必须等于相应的能级差。就吸收或放出光子来说，必须有

$$h\nu = E_h - E_l \tag{25.6}$$

其中 E_h 和 E_l 分别表示氢原子的高能级和低能级。式(25.6)叫**玻尔频率条件**[②]。

在氢气放电管放电发光的过程中，氢原子可以被激发到各个高能级中。从这些高能级向不同的较低能级跃迁时，就会发出各种相应的频率的光。经过分光镜后，每种频率的光会形成一条**谱线**。氢原子发出的光组成一组组的**谱线系**，如图 25.1 所示。从较高能级回到基态的跃迁形成**莱曼系**，这些光在紫外区。从较高能级回到 $n=2$ 的能级的跃迁发出的光形成**巴耳末系**，处于可见光区。从较高能级回到 $n=3$ 的能级的跃迁发出的光形成**帕邢系**，在红

---

① 对于**类氢离子**，即一个电子围绕一个具有 Z 个质子的核运动的情况，式(25.1)的势能函数应为 $U(r) = -Ze^2/4\pi\varepsilon_0 r$，而式(25.3)的能量表示式相应地为

$$E_n = -\frac{m_e Z^2 e^4}{2(4\pi\varepsilon_0)^2 \hbar^2} \frac{1}{n^2}$$

② 根据不确定关系式(23.34)，氢原子的各能级的能量值不可能"精确地"由式(25.3)决定，而是各有一定的不确定量 ΔE，因而氢原子在各能级上存在的时间也就有一个不确定量 Δt（基态除外）。这样，处于激发态的原子就会经历或长或短($\sim 10^{-8}$ s)的时间后，自发地跃迁到较低能态而发射出光子。由于能级的宽度模糊，也使得所发出的光子的频率不"单纯"而具有一定的"自然宽度"。

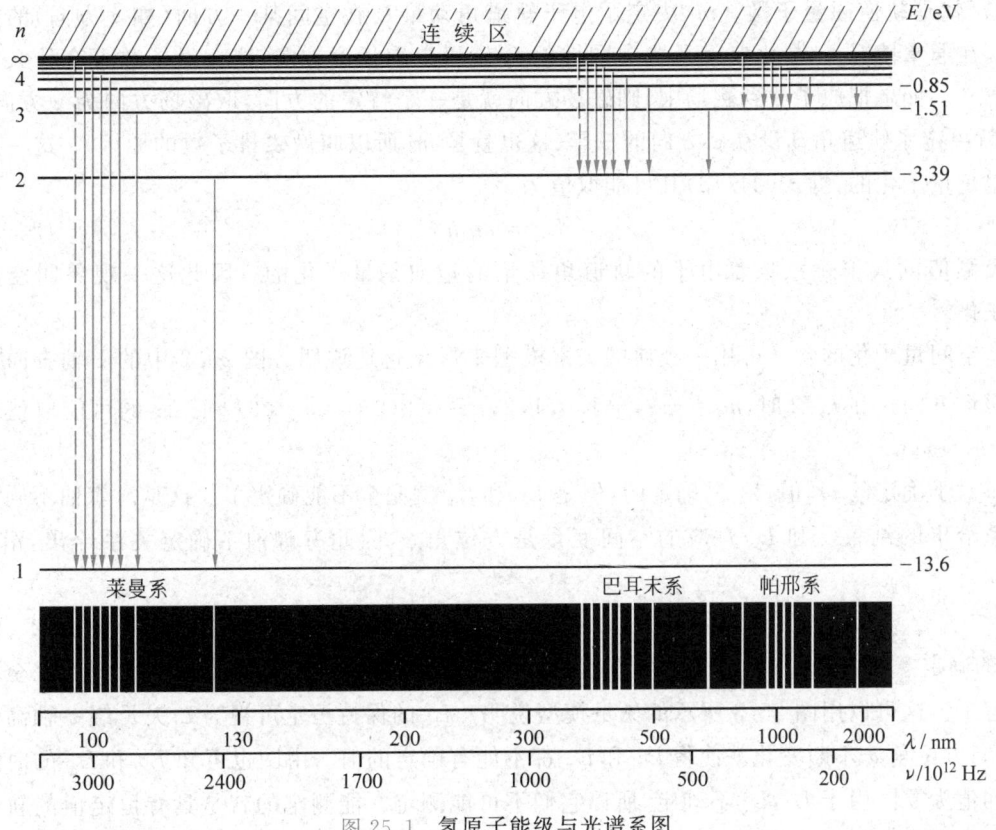

图 25.1 氢原子能级与光谱系图

外区,等等。

例 25.1

求巴耳末系光谱的最大和最小波长。

解 由 $h\nu = E_h - E_l$ 和 $\lambda\nu = c$ 可得最大波长为

$$\lambda_{max} = \frac{ch}{E_3 - E_2} = \frac{3 \times 10^8 \times 6.63 \times 10^{-34}}{[-13.6/3^2 - (-13.6/2^2)] \times 1.6 \times 10^{-19}} = 6.58 \times 10^{-7} (\text{m}) = 658 (\text{nm})$$

这一波长的光为红光。最小波长为

$$\lambda_{min} = \frac{ch}{E_\infty - E_2} = \frac{3 \times 10^8 \times 6.63 \times 10^{-34}}{0 - (-13.6/2^2) \times 1.6 \times 10^{-19}} = 3.66 \times 10^{-7} (\text{m}) = 366 (\text{nm})$$

这一波长的光在近紫外区,此波长叫巴耳末系的**极限波长**。$E > 0$ 的自由电子跃迁到 $n = 2$ 的能级所发的光在此极限波长之外形成连续谱。

表 25.1 中的**轨道量子数** l 和波函数的 $\Theta(\theta)$ 部分有关,它决定了电子的轨道角动量的大小 L。电子在核周围运动的角动量的可能取值为

$$L = \sqrt{l(l+1)}\hbar \tag{25.7}$$

这说明轨道角动量的数值也是量子化的。

波函数 ψ 中的 $\Phi(\varphi)$ 部分可证明就是例 24.1 求出的式 (24.10),即 $\Phi_{m_l} = \frac{1}{\sqrt{2\pi}} e^{im_l\varphi}$,其

中 m_l 就是**轨道磁量子数**。m_l 决定了电子轨道角动量 **L** 在空间某一方向（如 z 方向）的投影。在通常情况下，自由空间是各向同性的，z 轴可以取任意方向，这一量子数没有什么实际意义。如果把原子放到磁场中，则磁场方向就是一个特定的方向，取磁场方向为 z 方向，m_l 就决定了轨道角动量在 z 方向的投影（这也就是 m_l 所以叫做**磁量子数**的原因）。这一投影也是量子化的，据式(24.13)其可能取值为

$$L_z = m_l \hbar \tag{25.8}$$

此投影值的量子化意味着电子的轨道角动量的指向是量子化的。因此这一现象叫**空间量子化**。

空间量子化的含义可用一经典的矢量模型来形象化地说明。图 25.2 中的 z 轴方向为外磁场方向。在 $l=2$ 时，$m_l=-2,-1,0,1,2$，$L=\sqrt{2(2+1)}\hbar=\sqrt{6}\hbar$，而 L_z 的可能取值为 $\pm 2\hbar, \pm \hbar, 0$。

对于确定的 m_l 值，L_z 是确定的，但是 L_x 和 L_y 就完全不能确定了。这是海森伯不确定关系给出的结果。和 L_z 对应的空间变量是方位角 φ，因此海森伯不确定关系给出，沿 z 方向

$$\Delta L_z \Delta \varphi \geqslant \hbar/2 \tag{25.9}$$

L_z 的确定意味着 $\Delta L_z = 0$，而 $\Delta \varphi$ 变为无限大，即 φ 就完全不确定了，因此 L_x, L_y 也就完全不确定了。这可以用图 25.3 所示的矢量模型说明。L_z 的保持恒定可视为 **L** 矢量绕 z 轴高速进动，方位角 φ 不断变化就使得 L_x 和 L_y 都不能有确定的值。由图也可知 L_x 和 L_y 的时间平均值为零。由于 L_x, L_y 不确定，所以它们不可能测定。能测定的就是具有恒定值的轨道角动量的大小 L 及其分量 L_z。

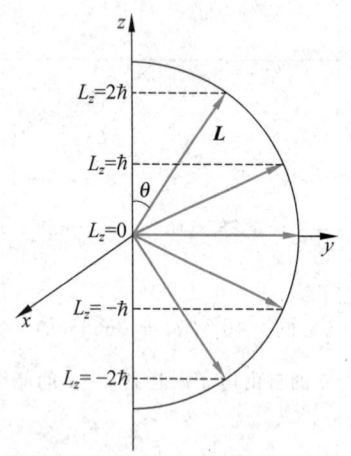

图 25.2　空间量子化的矢量模型

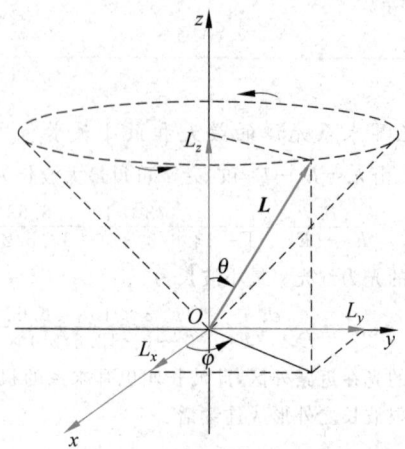

图 25.3　电子角动量变化的矢量模型

有确定量子数 n,l,m_l 的电子状态的波函数记作 $\psi_{n,l,m_l} = R_{n,l}(r)\Theta_{l,m_l}(\theta)\Phi_{m_l}(\varphi)$。对于基态，$n=1, l=0, m_l=0$，其波函数为

$$\psi_{1,0,0} = \frac{1}{\sqrt{\pi}a_0^{3/2}} e^{-r/a_0} \tag{25.10}$$

此状态下的电子概率密度分布为

$$|\psi_{1,0,0}|^2 = \frac{1}{\pi a_0^3} e^{-2r/a_0} \tag{25.11}$$

这是一个球对称分布。以点的密度表示概率密度的大小,则基态下氢原子中电子的概率密度分布可以形象化地用图 25.4 表示。这种图常被说成是"**电子云**"图。注意,量子力学对电子绕原子核**运动**的图像(或意义)只是给出这个疏密分布,即只能说出电子在空间某处小体积内出现的概率多大,而没有经典的位移随时间变化的概念,因而也就没有轨道的概念。早期量子论,如玻尔最先提出的原子模型,认为电子是绕原子核在确定的轨道上运动的,这种概念今天看来是过于简单了。上面提到角动量时所加的"轨道"二字只是沿用的词,不能认为是电子沿某封闭轨道运动时的角动量。现在可以理解为"和位置变动相联系的"角动量,以区别于在 25.2 节将要讨论的"自旋角动量"。

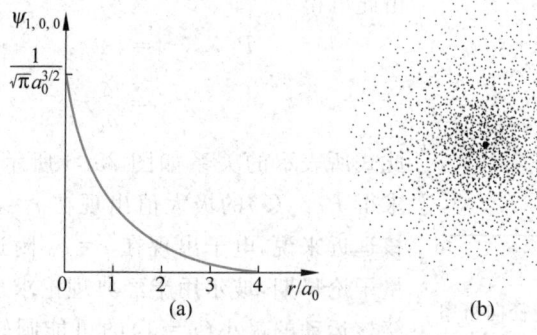

图 25.4 氢原子基态的(a)波函数曲线和(b)电子云图

对于 $n=2$ 的状态,l 可取 0 和 1 两个值。$l=0$ 时,$m_l=0$;$l=1$ 时,$m_l=-1,0$ 或 $+1$。这几个状态下氢原子电子云图如图 25.5 所示。$l=0, m_l=0$ 的电子云分布具有球对称性。$l=1, m_l=\pm 1$ 这两个状态的电子云分布是完全一样的。它们和 $l=1, m_l=0$ 的状态的电子云分布都具有对 z 轴的轴对称性。对孤立的氢原子来说,空间没有确定的方向,可以认为电子平均地往返于这三种状态之间。如果把这三种状态的概率密度加在一起,就发现总和也是球对称的。由此我们可以把 $l=1$ 的三个相互独立的波函数归为一组。一般地说,l 相同的波函数都可归为一组,这样的一组叫一个**次壳层**,其中电子概率密度分布的总和具有球对称性。$l=0,1,2,3,4,\cdots$ 的次壳层分别依次命名为 $s,p,d,f,g,\cdots$ 次壳层。

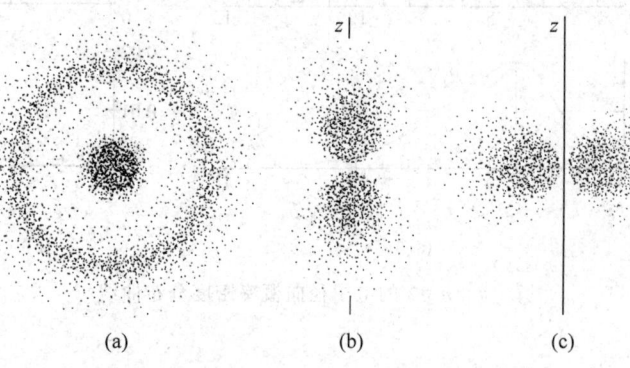

图 25.5 氢原子 $n=2$ 的各状态的电子云图
(a) $l=0, m_l=0$; (b) $l=1, m_l=0$; (c) $l=1, m_l=\pm 1$

由式(25.3)可以看到氢原子的能量只和主量子数 n 有关[①],n 相同而 l 和 m_l 不同的各状态的能量是相同的。这种情形叫能级的**简并**。具有同一能级的各状态称为**简并态**。具有同一主量子数的各状态可以认为组成一组,这样的一组叫做一个**壳层**。$n=1,2,3,4,\cdots$ 的壳层分别依次命名为 $K,L,M,N,\cdots$ 壳层。联系到上面提到的次壳层的意义及其可能取值可知,主量子数为 n 的壳层内共有 n 个次壳层。

对于概率密度分布,考虑到势能的球对称性,我们更感兴趣的是**径向概率密度** $P(r)$。它的定义是:在半径为 r 和 $r+\mathrm{d}r$ 的两球面间的体积内电子出现的概率为 $P(r)\mathrm{d}r$。对于氢原子基态,由于式(25.11)表示的概率密度分布是球对称的,因此可以有

$$P_{1,0,0}(r)\mathrm{d}r = |\psi_{1,0,0}|^2 \cdot 4\pi r^2 \mathrm{d}r$$

由此可得

$$P_{1,0,0}(r) = |\psi_{1,0,0}|^2 \cdot 4\pi r^2$$
$$= \frac{4}{a_0^3} r^2 \mathrm{e}^{-2r/a_0} \tag{25.12}$$

此式所表示的关系如图 25.6 所示。由式(25.12)可求得 $P_{1,0,0}(r)$ 的极大值出现在 $r=a_0$ 处,即从离原子核远近来说,电子出现在 $r=a_0$ 附近的概率最大。在量子论早期,玻尔用半经典理论求出的氢原子中电子绕核运动的最小($n=1$)的可能圆轨道的半径就是这个 a_0 值,这也是把 a_0 叫做玻尔半径的原因。

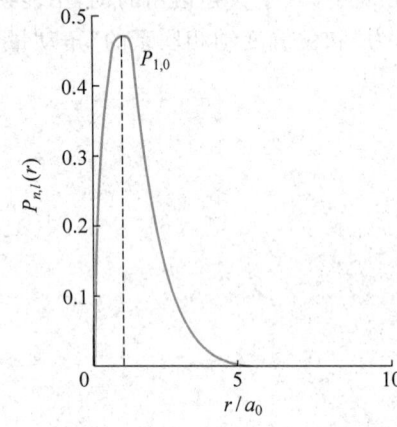

图 25.6 氢原子基态的电子径向概率密度分布曲线

$n=2,l=0$ 的径向概率密度分布如图 25.7(a) 中的 $P_{2,0}$ 曲线(图(b)为(a)的局部放大图)所示,它对应于图 25.5(a) 的电子云分布。$n=2,l=1$ 的径向概率密度分布如图 25.7(a) 中的 $P_{2,1}$ 曲线所示,它对应于图 25.5(b),(c) 叠加后的电子云分布。$P_{2,1}$ 曲线的极大值出现在 $r=4a_0$ 的地方(这也就是玻尔理论中 $n=2$ 的轨道半径)。

$n=3,l=0,1,2$ 的电子径向概率密度分布如图 25.8 所示,$P_{3,2}$ 曲线的最大值出现在 $r=9a_0$

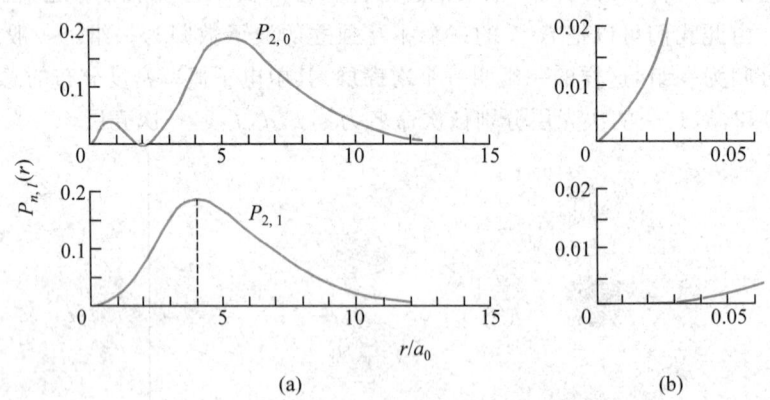

图 25.7 $n=2$ 的电子径向概率密度分布曲线

[①] 实际上还和电子的自旋状态有关,见 25.2 节。

的地方(这也就是玻尔理论中 $n=3$ 的轨道半径)。

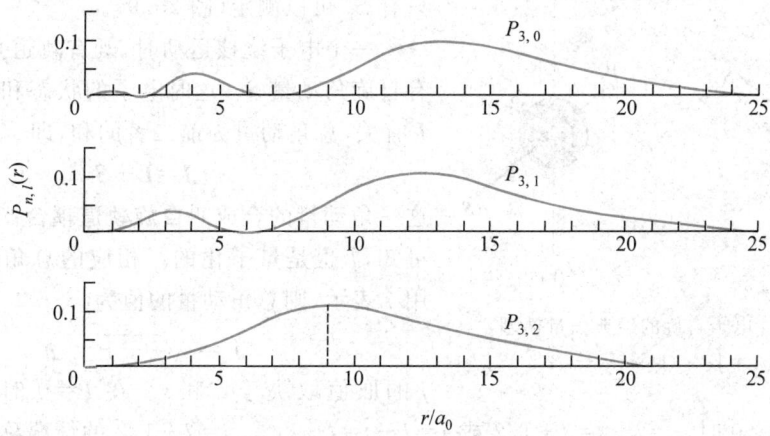

图 25.8 $n=3$ 的电子径向概率密度分布曲线

例 25.2

求氢原子处于基态时,电子处于半径为玻尔半径的球面内的概率。

解 由式(25.12)可得所求概率为

$$P_{\text{int}} = \int_0^{a_0} P_{1,0,0}(r)\mathrm{d}r = \int_0^{a_0} \frac{4}{a_0^3} r^2 \mathrm{e}^{-2r/a_0} \mathrm{d}r = \left[1 - \mathrm{e}^{-2r/a_0}\left(1 + \frac{2r}{a_0} + \frac{2r^2}{a_0^2}\right)\right]_{r=a_0}$$

$$= 1 - 5\mathrm{e}^{-2} = 0.32$$

25.2 电子的自旋与自旋轨道耦合

原子中的电子不但具有轨道角动量,而且具有**自旋角动量**。这一事实的经典模型是太阳系中地球的运动。地球不但绕太阳运动具有轨道角动量,而且由于围绕自己的轴旋转而具有自旋角动量。但是,正像不能用轨道概念来描述电子在原子核周围的运动一样,也不能把经典的小球的自旋图像硬套在电子的自旋上。电子的自旋和电子的电量及质量一样,是一种"内禀的",即本身固有的性质。由于这种性质具有角动量的一切特征(例如参与角动量守恒),所以称为自旋角动量,也简称**自旋**。

电子的自旋也是量子化的。对应的**自旋量子数**用 s 表示。和轨道量子数 l 不同,s 只能取 1/2 这一个值。电子自旋的大小为

$$S = \sqrt{s(s+1)}\,\hbar = \sqrt{\frac{3}{4}}\,\hbar \tag{25.13}$$

电子自旋在空间某一方向的投影为

$$S_z = m_s \hbar \tag{25.14}$$

其中 m_s 叫电子的**自旋磁量子数**,它只取 $\frac{1}{2}$ 和 $-\frac{1}{2}$ 两个值,即

$$m_s = -\frac{1}{2}, \frac{1}{2} \tag{25.15}$$

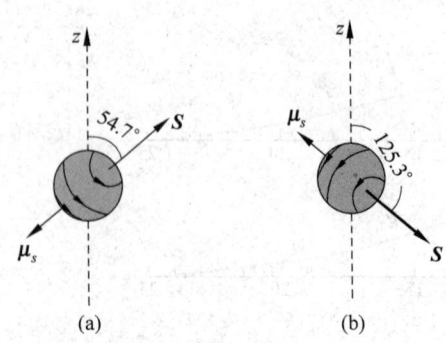

和轨道角动量一样，自旋角动量 S 是不能测定的，只有 S_z 可以测定(图 25.9)。

一个电子绕核运动时，既有轨道角动量 L，又有自旋角动量 S。这时电子的状态和总的角动量 J 有关，总角动量为前二者的和，即

$$J = L + S \qquad (25.16)$$

图 25.9 电子自旋的经典矢量模型
(a) $m_s = 1/2$；(b) $m_s = -1/2$

这一角动量的合成叫**自旋轨道耦合**。由量子力学可知，J 也是量子化的。相应的总角动量量子数用 j 表示，则总角动量的值为

$$J = \sqrt{j(j+1)}\,\hbar \qquad (25.17)$$

j 的取值取决于 l 和 s。在 $l=0$ 时，$J=S$，$j=s=1/2$。在 $l\neq 0$ 时，$j=l+s=l+1/2$ 或 $j=l-s=l-1/2$。$j=l+1/2$ 的情况称为自旋和轨道角动量平行；$j=l-1/2$ 的情况称为自旋和轨道角动量反平行。图 25.10 画出 $l=1$ 时这两种情况下角动量合成的经典矢量模型图，其中 $S=\sqrt{3}\hbar/2, L=\sqrt{2}\hbar, J=\sqrt{15}\hbar/2$ 或 $\sqrt{3}\hbar/2$。

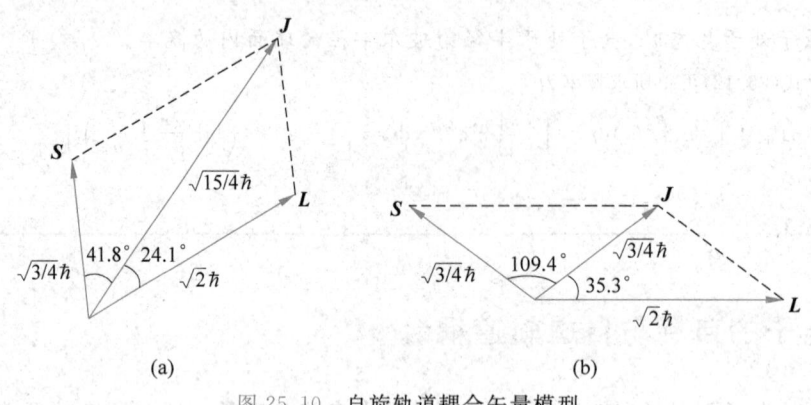

图 25.10 自旋轨道耦合矢量模型
(a) $j = \dfrac{3}{2}$；(b) $j = \dfrac{1}{2}$

在实际的氢原子中，自旋轨道耦合可以用图 25.11 所示的玻尔模型图来定性地说明。在原子核参考系中(图 25.11(a))，原子核 p 静止，电子 e 围绕它做圆周运动。在电子参考系中(图 25.11(b),(c))电子是静止的，而原子核绕电子做相同转向的圆周运动，因而在电子所在处产生向上的磁场 B。以 B 的方向为 z 方向，则电子的角动量相对于此方向，只可能有平行与反平行两个方向。图 25.11(b),(c)分别画出了这两种情况。

自旋轨道耦合使得电子在 l 为某一值($l=0$ 除外)时，其能量由单一的 $E_{n,l}$ 值分裂为两个值，即同一个 l 能级分裂为 $j=l+1/2$ 和 $j=l-1/2$ 两个能级。这是因为和电子的自旋相联系，电子具有内禀**自旋磁矩** $\boldsymbol{\mu}_s$。量子理论给出，电子的自旋磁矩与自旋角动量 S 有以下关系：

$$\boldsymbol{\mu}_s = -\dfrac{e}{m_e}\boldsymbol{S} \qquad (25.18)$$

它在 z 方向的投影为

25.2 电子的自旋与自旋轨道耦合

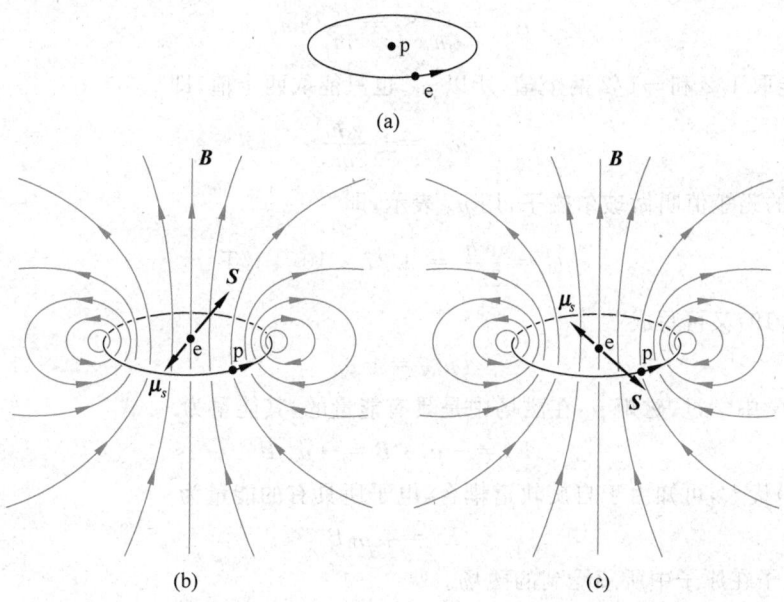

图 25.11 自旋轨道耦合的简单说明

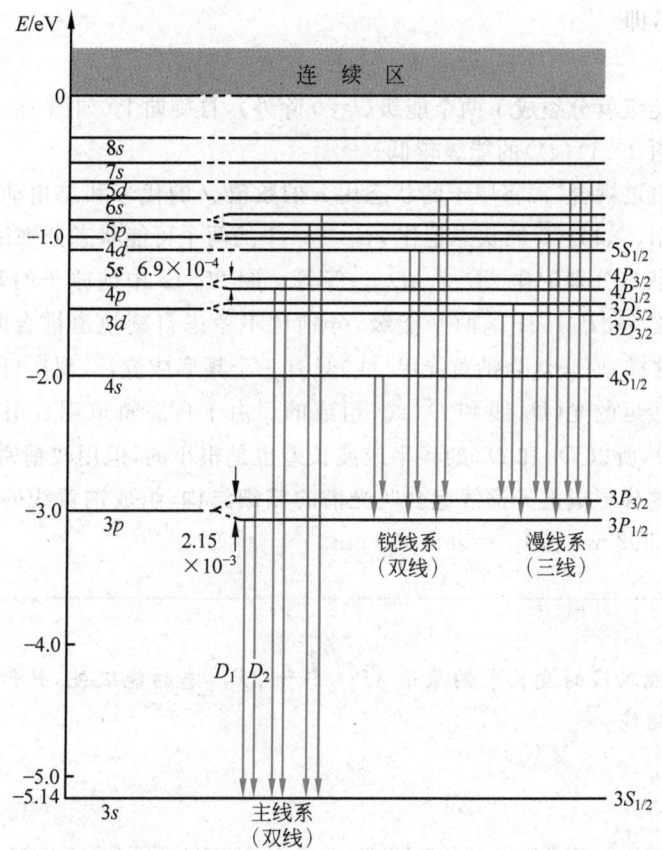

图 25.12 钠原子能级的分裂和光谱线的精细结构

第 25 章 原子中的电子

$$\mu_{s,z} = \frac{e}{m_e} S_z = \frac{e}{m_e} \hbar m_s$$

由于 m_s 只能取 $1/2$ 和 $-1/2$ 两个值,所以 $\mu_{s,z}$ 也只能取两个值,即

$$\mu_{s,z} = \pm \frac{e\hbar}{2m_e} \tag{25.19}$$

此式所表示的磁矩值叫做**玻尔磁子**,用 μ_B 表示,即

$$\mu_B = \frac{e\hbar}{2m_e} = 9.27 \times 10^{-24} \text{ J/T} \tag{25.20}$$

因此,式(25.19)又可写成[1]

$$\mu_{s,z} = \pm \mu_B \tag{25.21}$$

在电磁学中学过,磁矩 $\boldsymbol{\mu}_s$ 在磁场中是具有能量的,其能量为

$$E_s = -\boldsymbol{\mu}_s \cdot \boldsymbol{B} = -\mu_{s,z} B \tag{25.22}$$

将式(25.21)代入,可知由于自旋轨道耦合,电子所具有的能量为

$$E_s = \mp \mu_B B \tag{25.23}$$

其中 B 是电子在原子中所感受到的磁场。

对孤立的原子来说,电子在某一主量子数 n 和轨道量子数 l 所决定的状态内,还可能有自旋向上($m_s = 1/2$)和自旋向下($m_s = -1/2$)两个状态,其能量应为轨道能量 $E_{n,l}$ 和自旋轨道耦合能 E_s 之和,即

$$E_{n,l,s} = E_{n,l} + E_s = E_{n,l} \pm \mu_B B \tag{25.24}$$

这样,$E_{n,l}$ 这一个能级就分裂成了两个能级($l=0$ 除外),自旋向上(如图 25.11(b))的能级较高,自旋向下(如图 25.11(c))的能级较低。

考虑到自旋轨道耦合,常将原子的状态用 n 的数值、l 的代号和总角动量量子数 j 的数值(作为下标)表示。如 $l=0$ 的状态记作 $nS_{1/2}$;$l=1$ 的两个可能状态分别记作 $nP_{3/2}$,$nP_{1/2}$;$l=2$ 的两个可能状态分别记作 $nD_{5/2}$,$nD_{3/2}$;等等。图 25.12 中钠原子的基态能级 $3S_{1/2}$ 不分裂,$3P$ 能级分裂为 $3P_{3/2}$,$3P_{1/2}$ 两个能级,分别比不考虑自旋轨道耦合时的能级($3P$)大 $\mu_B B$ 和小 $\mu_B B$。这样,原来认为钠黄光(D 线)只有一个频率或波长,现在可以看到它实际上是由两种频率很接近的光(D_1 线和 D_2 线)组成的。由于自旋轨道耦合引起的能量差很小(典型值 10^{-5} eV),所以 D_1 和 D_2 的频率或波长差也是很小的,但用较精密的光谱仪还是很容易观察到的。这样形成的光谱线组合叫光谱的**精细结构**,组成钠黄线的两条谱线的波长分别为 $\lambda_{D_1} = 589.592$ nm 和 $\lambda_{D_2} = 588.995$ nm。

例 25.3

试根据钠黄线双线的波长求钠原子 $3P_{1/2}$ 态和 $3P_{3/2}$ 态的能级差,并估算在该能级时价电子所感受到的磁场。

解 由于

---

[1] 在高等量子理论,即量子电动力学中,$\mu_{s,z}$ 的值不是正好等于式(25.20)的 μ_B,而是等于它的 1.001 159 652 38 倍。这一结果已被实验在实验精度范围内确认了。理论和实验在这么多的有效数字范围内相符合,被认为是物理学的惊人的突出成就之一。

25.2 电子的自旋与自旋轨道耦合

$$h\nu_{D_1} = \frac{hc}{\lambda_{D_1}} = E_{3P_{1/2}} - E_{3S_{1/2}}$$

$$h\nu_{D_2} = \frac{hc}{\lambda_{D_2}} = E_{3P_{3/2}} - E_{3S_{1/2}}$$

所以有

$$\Delta E = E_{3P_{3/2}} - E_{3P_{1/2}} = hc\left(\frac{1}{\lambda_{D_2}} - \frac{1}{\lambda_{D_1}}\right) = 6.63 \times 10^{-34} \times 3 \times 10^8 \times \left(\frac{1}{588.995} - \frac{1}{589.592}\right) \times \frac{1}{10^{-9}}$$

$$= 3.44 \times 10^{-22} (\text{J}) = 2.15 \times 10^{-3} (\text{eV})$$

又由于 $\Delta E = 2\mu_B B$,所以有

$$B = \frac{\Delta E}{2\mu_B} = \frac{3.44 \times 10^{-22}}{2 \times 9.27 \times 10^{-24}} = 18.6 (\text{T})$$

这是一个相当强的磁场。

施特恩-格拉赫实验

1924 年泡利(W. Pauli)在解释氢原子光谱的精细结构时就引入了量子数 1/2,但是未能给予物理解释。1925 年乌伦贝克(G. E. Uhlenbeck)和哥德斯密特(S. A. Goudsmit)提出电子自旋的概念,并给出式(25.13),指出自旋量子数为 1/2。1928 年狄拉克(P. A. M. Dirac)用相对论波动方程自然地得出了电子具有自旋的结论。但在实验上,1922 年施特恩(O. Stern)和格拉赫(W. Gerlach)已得出了角动量空间量子化的结果。这一结果只能用电子自旋的存在来解释。

施特恩和格拉赫所用实验装置如图 25.13 所示,在高温炉中,银被加热成蒸气,飞出的银原子经过准直屏后形成银原子束。这一束原子经过异形磁铁产生的不均匀磁场后打到玻璃板上淀积下来。实验结果是在玻璃板上出现了对称的两条银迹。这一结果说明银原子束在不均匀磁场作用下分成了两束,而这又只能用银原子的磁矩在磁场中只有两个取向来说明。由于原子的磁矩和角动量的方向相同(或相反),所以此结果就说明了角动量的空间量子化。实验者当时就是这样下结论的。

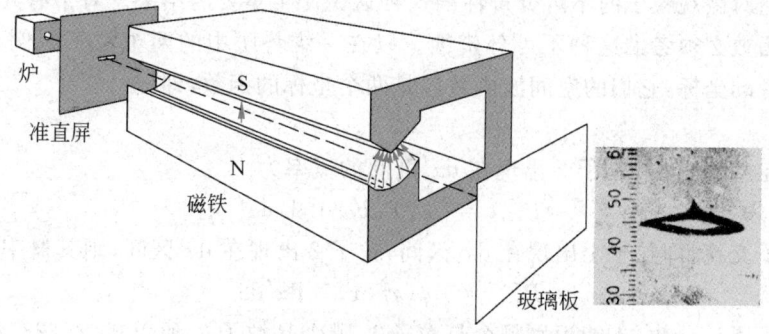

图 25.13 施特恩-格拉赫实验装置简图

后来知道银原子的轨道角动量为零,其总角动量就是其价电子的自旋角动量。银原子在不均匀磁场中分为两束就证明原子的自旋角动量的空间量子化,而且这一角动量沿磁场方向的分量只可能有两个值。这一实验结果的定量分析如下。

电子磁矩在磁场中的能量由式(25.23)给出。在不均匀磁场中,电子磁矩会受到磁场力 F_m 的作用,而

$$F_m = -\frac{\partial E_s}{\partial z} = -\frac{d}{dz}(\mp \mu_B B) = \pm \mu_B \frac{dB}{dz} \tag{25.25}$$

此力与磁场增强的方向相同或相反,视磁矩的方向而定,如图 25.14 所示。在此力作用下,银原子束将向相反方向偏折。以 m 表示银原子的质量,则银原子受力而产生的垂直于初速方向的加速度为

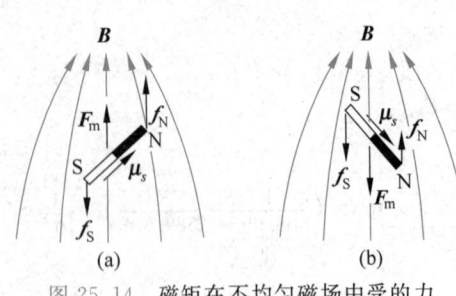

图 25.14 磁矩在不均匀磁场中受的力
(a) 自旋向下；(b) 自旋向上

$$a = \frac{F_m}{m} = \pm \frac{\mu_B}{m} \frac{dB}{dz}$$

以 d 表示磁铁极隙的长度，以 v 表示银原子的速度，则可得出两束银原子飞出磁场时的间隔为

$$\Delta z = 2 \times \frac{1}{2} |a| \left(\frac{d}{v}\right)^2 = \frac{\mu_B}{m} \frac{dB}{dz} \left(\frac{d}{v}\right)^2$$

银原子的速度可由炉的温度 T 根据 $v = \sqrt{3kT/m}$ 求得。所以最后可得

$$\Delta z = \frac{\mu_B d^2}{3kT} \frac{dB}{dz} \quad (25.26)$$

实验中求得的 μ_B 值和式(25.20)相符，证明电子自旋概念是正确的。

*25.3 微观粒子的不可分辨性和泡利不相容原理

每一种微观粒子，如电子、质子、中子、氘核、α 粒子等，各个个体的质量、电荷、自旋等固有性质都是完全相同的，因而是不能区分的。在这一点上经典理论和量子理论的认识是一样的。但二者还有很大的差别。经典理论认为同种粒子虽然不能区分，但是它们在运动中可以识别。这是由于经典粒子在运动中各有一定的确定的轨道，我们可以沿轨道追踪所选定的粒子。例如，粒子 1 和粒子 2 碰撞前后，各有清晰的轨道可寻，因而在碰撞后我们还能认出哪个是碰前的粒子 1，哪个是碰前的粒子 2。量子理论则不同，由于粒子的波动性，它们并没有确定的轨道，两个粒子的"碰撞"必须用波函数的叠加来描述。由于这种"混合"，碰撞后哪个是碰前的粒子 1，哪个是碰前的粒子 2，再也不能识别了。可以说，量子物理对同类微观粒子不能区分的认识，更要"彻底"一些。量子物理把这种不能区分称做**不可分辨性**。

量子理论对微观粒子的不可分辨性的这种认识产生重要的结果。对于有几个粒子组成的系统的波函数必须考虑这种不可分辨性。以在一维势阱中的两个粒子为例。以 x 和 x' 分别表示二者的坐标，它们的空间波函数应是两个坐标的函数，即

$$\psi = \psi(x, x') \quad (25.27)$$

粒子 1 出现在 dx 区间和粒子 2 出现在 dx' 区间的概率为

$$P_{x,x'} = |\psi(x, x')|^2 dx dx' \quad (25.28)$$

如果将两粒子交换，即粒子 1 出现在 dx' 区间，粒子 2 出现在 dx 区间，则其概率为

$$P_{x',x} = |\psi(x', x)|^2 dx' dx \quad (25.29)$$

由于两个粒子无法分辨，不能识别哪个是粒子 1，哪个是粒子 2，所以式(25.28)和式(25.29)表示的概率必须相等，即

$$|\psi(x, x')|^2 = |\psi(x', x)|^2 \quad (25.30)$$

于是，两个粒子的波函数必须满足下列条件之一，即

$$\psi(x, x') = \psi(x', x) \quad (25.31)$$

或是

$$\psi(x, x') = -\psi(x', x) \quad (25.32)$$

满足式(25.31)的波函数称为**对称的**，波函数为对称的粒子叫做**玻色子**。满足式(25.32)的波函数称为**反对称的**，波函数是反对称的粒子称为**费米子**。实验证明，自旋量子数为半整数

(1/2,3/2,5/2 等)的粒子,如电子、质子、中子等是费米子;自旋量子数是 0 或正整数的粒子,如氚核、氢原子、α 粒子以及光子等是玻色子。

在应用式(25.28)和式(25.29)时还需注意,要完整地描述粒子的状态,其波函数除了包含空间波函数外,还需要包括自旋波函数 X。因此在交换坐标 x,x' 时,还需要交换自旋 m_s 和 m_s'。以电子为例,由于 m_s 和 m_s' 都只能取值 1/2 或 $-1/2$,我们将以"+"号和"-"号分别标记"自旋上"和"自旋下"的自旋波函数 X_+ 和 X_-。这样包含自旋的波函数的反对称性(式(25.32))可进一步表示为

$$\psi(x,x')X_+ + X_-' = -\psi(x',x)X_- X_+' \tag{25.33}$$

为了进一步说明这一反对称性的影响,我们假设在一维势阱中的两电子的相互影响可以忽略不计,它们的状态只由势阱的势函数决定。在两个电子都处于同一轨道状态时,它们每个的轨道的波函数相同,用 $\phi_1(x)$ 表示。每个电子的整个波函数(包括自旋)可表示为

$$\phi_1(x)X_+ \quad \text{或} \quad \phi_1(x)X_-$$

由于两个电子分别出现在 x 和 x' 处的概率为二者概率之积,这个两电子系统的整个波函数可写做

$$\psi(x,x',m_s,m_s') = \phi_1(x)X_{\pm}\phi_1(x')X_{\pm}'$$

或几个这样的积的叠加。考虑到反对称要求的式(25.32),唯一可能的叠加式是

$$\psi(x,x',m_s,m_s') = \phi_1(x)\phi_1(x')X_+ X_-' - \phi_1(x')\phi_1(x)m_s-X_- X_+' \tag{25.34}$$

注意,此式中两个粒子的自旋是**相反**的。这就是说,在轨道波函数相同(或说描述轨道运动的量子数都相同)的情况下,电子的自旋必须是相反的,即一个向上($m_s=1/2$),另一个向下($m_s=-1/2$)。于是我们得到一个重要结论:**对一个电子系统,如果描述状态的量子数包括自旋磁量子数,则该系统的任何一个确定的状态内不可能有多于一个的电子存在。**

上面的论证可用于任何**费米子**系统的任何状态,所得的上述结论叫**不相容原理**,它是泡利于 1925 年研究原子中电子的排布时在理论上提出的。

25.4 各种原子核外电子的组态

对于多电子原子,薛定谔方程不能完全精确地求解,但可以利用近似方法求得足够精确的解。其结果是在原子中每个电子的状态仍可以用 n,l,m_l 和 m_s 四个量子数来确定。主量子数 n 和电子的概率密度分布的径向部分有关,n 越大,电子离核越远。电子的能量主要由 n,较小程度上由 l 所决定。一般地,n 越大,l 越大,则电子能量越大。轨道磁量子数 m_l 决定电子的轨道角动量在 z 方向的分量。自旋磁量子数 m_s 决定自旋方向是"向上"还是"向下",它对电子的能量也稍有影响。由各量子数可能取值的范围可以求出电子以四个量子数为标志的可能状态数分布如下:

n,l,m_l 相同,但 m_s 不同的可能状态有 2 个。

n,l 相同,但 m_l,m_s 不同的可能状态有 $2(2l+1)$ 个,这些状态组成一个次壳层。

n 相同,但 l,m_l 和 m_s 不同的可能状态有 $2n^2$ 个,这些状态组成一个壳层。

原子处于基态时,其中各电子各处于一定的状态。这时各电子**实际上**处于哪个状态,由两条规律决定:

其一是能量最低原理,即电子总处于可能最低的能级;

其二是泡利不相容原理,即同一状态不可能有多于一个电子存在。

元素周期表中各元素是按原子序数 Z 由小到大依次排列的。原子序数就是各元素原子的核中的质子数,也就是正常情况下各元素原子中的核外电子数。这种电子的排布叫原子的**电子组态**。下面举几个典型例子说明电子排布的规律性。

氢(H,$Z=1$) 它的一个电子就在 K 壳层($n=1$)内,$m_s=1/2$ 或 $-1/2$。

氦(He,$Z=2$) 它的两个电子都在 K 壳层内,m_s 分别是 $1/2$ 和 $-1/2$。K 壳层已被填满了。

锂(Li,$Z=3$) 它的两个电子填满 K 壳层,第三个电子只能进入能量较高的 L 壳层($n=2$)的 s 次壳层($l=0$)内。这种排布记作 $1s^2 2s^1$,其中,数字表示壳层的 n 值,其后的字母是 n 壳层中次壳层的符号,指数表示在该次壳层中的电子数。

氖(Ne,$Z=10$) 电子组态为 $1s^2 2s^2 2p^6$。由于各次壳层的电子都已成对,所以总自旋角动量为零。又由于 p 次壳层都已填满,所以这一次壳层中电子的轨道角动量在各可能的方向都有(参看图 25.2 和图 25.3)。这些各可能方向的轨道角动量矢量叠加的结果,使得这一次壳层中电子的总轨道角动量也等于零。这一情况叫做次壳层的**闭合**。由于这一闭合,使得氖原子不容易和其他原子结合而成为"惰性"原子。

钠(Na,$Z=11$) 电子组态为 $1s^2 2s^2 2p^6 3s^1$。由于 3 个内壳层都是闭合的,而最外的一个电子离核又较远因而受核的束缚较弱,所以钠原子很容易失去这个电子而与其他原子结合,例如与氯原子结合。这就是钠原子化学活性很强的原因。

氯(Cl,$Z=17$) 电子组态为 $1s^2 2s^2 2p^6 3s^2 3p^5$。$3p$ 次壳层可以容纳 6 个电子而闭合,这里已有了 5 个电子,所以还有一个电子的"空位"。这使得氯原子很容易夺取其他原子的电子来填补这一空位而形成闭合次壳层,从而和其他原子形成稳定的分子。这使得氯原子也成为化学活性大的原子。

铁(Fe,$Z=26$) 电子组态是 $1s^2 2s^2 2p^6 3s^2 3p^6 3d^6 4s^2$,直到 $3p^6$ 的 18 个电子的组态是"正常"的。d 次壳层可以容纳 10 个电子,但 $3d$ 壳层还未填满,最后两个电子就进入了 $4s$ 次壳层。这是由于 $3d^6 4s^2$ 的组态的能量比 $3d^8$ 排布的能量还要低的缘故。这种组态的"反常"对电子较多的原子是常有的现象。可以附带指出,铁的铁磁性就和这两个 $4s$ 电子有关。

银(Ag,$Z=47$) 电子组态是 $1s^2 2s^2 2p^6 3s^2 3p^6 3d^{10} 4s^2 4p^6 4d^{10} 5s^1$。这一组态中,除了 $4f$($l=3$)次壳层似乎"应该"填入而没有填入,而最后一个电子就填入了 $5s$ 次壳层这种"反常"现象外,可以注意到已填入电子的各次壳层都已闭合,因而它们的总角动量为零,而银原子的总角动量就是这个 $5s$ 电子的自旋角动量。在施特恩-格拉赫实验中,银原子束的分裂能说明电子自旋的量子化就是这个缘故。

提要

1. 氢原子:由薛定谔方程得到 3 个量子数:

主量子数 $n=1,2,3,4,\cdots$

轨道量子数 $l=0,1,2,\cdots,n-1$

轨道磁量子数 $m_l=-l,-(l-1),\cdots,0,1,\cdots,l$

氢原子能级：
$$E_n = -\frac{m_e e^4}{2(4\pi\varepsilon_0)^2 \hbar^2}\frac{1}{n^2} = -\frac{e^2}{2(4\pi\varepsilon_0)a_0}\frac{1}{n^2} = -13.6 \times \frac{1}{n^2}$$

玻尔频率条件：$h\nu = E_h - E_l$

轨道角动量：$L = \sqrt{l(l+1)}\hbar$

轨道角动量沿某特定方向（如磁场方向）的分量：
$$L_z = m_l \hbar$$

原子内电子的运动不能用轨道描述，只能用波函数给出的概率密度描述，形象化地用电子云图来描绘。

简并态：能量相同的各个状态。

径向概率密度 $P(r)$：在半径为 r 和 $r+\mathrm{d}r$ 的两球面间的体积内电子出现的概率为 $P(r)\mathrm{d}r$。

*单价原子中核外电子的能量也和 l 有关。

2. 电子的自旋与自旋轨道耦合

电子自旋角动量是电子的内禀性质。它的大小是
$$S = \sqrt{s(s+1)}\,\hbar = \sqrt{\frac{3}{4}}\,\hbar$$

s 是电子的自旋量子数，只有一个值，即 $1/2$。

电子自旋在空间某一方向的投影为
$$S_z = m_s \hbar$$

m_s 只有 $1/2$（向上）和 $-1/2$（向下）两个值，叫自旋磁量子数。

轨道角动量和自旋角动量合成的角动量 $\boldsymbol{J}$ 的大小为
$$J = |\boldsymbol{L} + \boldsymbol{S}| = \sqrt{j(j+1)}\,\hbar$$

j 为总角动量量子数，可取值为 $j = l + \frac{1}{2}$ 和 $j = l - \frac{1}{2}$。

玻尔磁子：$\mu_B = \dfrac{e\hbar}{2m_e} = 9.27 \times 10^{-24}$ J/T

电子自旋磁矩在磁场中的能量：$E_s = \mp \mu_B B$

自旋轨道耦合使能级分裂，产生光谱的精细结构。

*3. **微观粒子的不可分辨性**：在同种粒子组成的系统中，在各状态间交换粒子并不产生新的状态。由此可知粒子分为两类：玻色子（波函数是对称的，自旋量子数为 0 或整数）和费米子（波函数是反对称的，自旋量子数为半整数）。电子是费米子。

4. 多电子原子的电子组态

电子的状态用 4 个量子数 n, l, m_l, m_s 确定。n 相同的状态组成一壳层，可容纳 $2n^2$ 个电子；l 相同的状态组成一次壳层，可容纳 $2(2l+1)$ 个电子。

基态原子的电子组态遵循两个规律：

(1) 能量最低原理，即电子总处于可能最低的能级。一般地说，n 越大，l 越大，能量就越高。

(2) 泡利不相容原理，即同一状态（四个量子数 n, l, m_l, m_s 都已确定）不可能有多于一

个电子存在。

习题

25.1　求氢原子光谱莱曼系的最小波长和最大波长。

25.2　一个被冷却到几乎静止的氢原子从 $n=5$ 的状态跃迁到基态时发出的光子的波长多大？氢原子反冲的速率多大？

25.3　1884年瑞士的一所女子中学的教师巴耳末仔细研究氢原子光谱的各可见光谱线的"波数"$\tilde{\nu}$（即$1/\lambda$）时，发现它们可以用下式表示：

$$\tilde{\nu} = R\left(\frac{1}{4} - \frac{1}{n^2}\right), \quad n = 3,4,5,\cdots$$

其中 R 为一常量，叫**里德伯常量**。试由氢原子的能级公式求里德伯常量的表示式并求其值（现代光谱学给出的数值是 $R = 1.097\,373\,153\,4 \times 10^7 \text{ m}^{-1}$）。

25.4　原则上讲，玻尔理论也适用于太阳系：太阳相当于核，万有引力相当于库仑电力，而行星相当于电子，其角动量是量子化的，即 $L_n = n\hbar$，而且其运动服从经典理论。

(1) 求地球绕太阳运动的可能轨道的半径的公式；

(2) 地球运行轨道的半径实际上是 1.50×10^{11} m，和此半径对应的量子数 n 是多少？

(3) 地球实际运行轨道和它的下一个较大的可能轨道的半径相差多少？

25.5　天文学家观察远处星系的光谱时，发现绝大多数星系的原子光谱谱线的波长都比观察到的地球上的同种原子的光谱谱线的波长长。这个现象就是**红移**，它可以用多普勒效应解释。在室女座外面一星系射来的光的光谱中发现有波长为 411.7 nm 和 435.7 nm 的两条谱线。

(1) 假设这两条谱线的波长可以由氢原子的两条谱线的波长乘以同一因子得出，它们相当于氢原子谱线的哪两条谱线？相乘因子多大？

(2) 按多普勒效应计算，该星系离开地球的退行速度多大？

25.6　证明：就氢原子基态来说，电子的径向概率密度（式(25.12)）对 r 从 0 到 ∞ 的积分等于 1。这一结果具有什么物理意义？

25.7　求银原子在外磁场中时，它的角动量和外磁场方向的夹角以及磁场能。设外磁场 $B = 1.2$ T。

25.8　证明：在原子内，

(1) n,l 相同的状态最多可容纳 $2(2l+1)$ 个电子；

(2) n 相同的状态最多可容纳 $2n^2$ 个电子。

25.9　写出硼（B, $Z=5$），氩（Ar, $Z=18$），铜（Cu, $Z=29$），溴（Br, $Z=35$）等原子在基态时的电子组态式。

科学家介绍

玻　尔

（Niels Bohr,1885—1962 年）

"三部曲"的首页

丹麦理论物理学家尼尔斯·玻尔,1885 年 10 月 7 日出生于哥本哈根。父亲是位有才华的生理学教授,幼年时的玻尔受到了良好的家庭教育和熏陶。

在哥本哈根大学学习期间,玻尔参加了丹麦皇家学会组织的优秀论文竞赛,题目是测定液体的表面张力,他提交的论文获丹麦科学院金质奖章。玻尔作为一名才华出众的物理系学生和一名著名的足球运动员而蜚声全校。

1911 年玻尔获哥本哈根大学哲学博士学位,论文是有关金属电子论的。由于玻尔别具一格的认真,此时他已开始领悟到了经典电动力学在描述原子现象时所遇到的困难。

获得博士学位后,玻尔到了剑桥大学,希望在电子的发现者汤姆孙的指导下,继续他的电子论研究,然而汤姆孙已对这个课题不感兴趣。不久他转到曼彻斯特卢瑟福实验室工作。

在这里,他和卢瑟福之间建立了终生不渝的友谊,并且奠定了他在物理学上取得伟大成就的基础。

1913年,玻尔回到哥本哈根,开始研究原子辐射问题。在受到巴耳末公式的启发后,他把作用量子引入原子系统,写成了长篇论文《论原子和分子结构》,并由卢瑟福推荐分三部分发表在伦敦皇家学会的《哲学杂志》上。后来人们称玻尔的这三部分论文为"三部曲"。论文的第一部分着重阐述有关辐射的发射和吸收,以及氢原子光谱的规律。大家熟悉的原子的稳定态,发射和吸收时的频率条件及角动量量子化条件就是在这一部分提出来的。第二和第三部分的标题分别是单原子核系统和多原子核系统,这两部分着重阐述原子和分子的结构。玻尔在论文中对比氢原子重的原子得出了正确的结论,提出了原子结构和元素性质相对应的论断。对于放射现象,玻尔认为,如果承认卢瑟福的原子模型,就只能得出一个结论,即 α 射线和 β 粒子都来自原子核,并给出了每放射一个 α 粒子或 β 粒子时原子结构的相应的变化规律。玻尔在论文最后做总述时,归纳了自己的假设,这就是著名的玻尔假设。当时以及后来的实验都证明了玻尔关于原子、分子的理论是正确的。

论文发表后,引起了物理学界的注意。1916年,玻尔在进一步研究的基础上,提出了"对应原理",指出经典行为和量子的关系。

1920年,丹麦理论物理研究所(现名玻尔研究所)建成,在玻尔领导下,研究所成了吸引年轻物理学家研究原子和微观世界的中心。海森伯、泡利、狄拉克、朗道等许多杰出的科学家都先后在这里工作过。

玻尔不断完善自己的原子论,他的开创性工作,加上1925年泡利提出的不相容原理,从根本上揭示了元素周期表的奥秘。

此后,德布罗意、海森伯、玻恩、约旦、狄拉克、薛定谔等人成功地创立了量子力学,海森伯提出了不确定性关系,玻尔提出了"并协原理",物理学取得了巨大进展。同时也引起了一场争论,特别是爱因斯坦和玻尔之间的争论持续了将近30年之久,争论的焦点是关于不确定性关系。爱因斯坦对于带有不确定性的任何理论,都是反对的,他说:"……从根本上说,量子理论的统计表现是由于这一理论所描述的物理体系还不完备。"他认为,玻尔还没有研究到根本上,反而把不完备的答案当成了根本性的东西。他相信,只要掌握了所有的定律,一切活动都是可以预言的。争论中,他提出不同的"假想实验"以实现对微观粒子的位置和动量或时间和能量进行准确的测量,结果都被玻尔理论所否定。然而爱因斯坦还是不喜欢玻尔提出的理论。在争论的基础上,玻尔写成了两部著作:《原子理论和对自然的描述》、《原子物理学和人类的知识》,分别在1931年和1958年出版。

在20世纪30年代中期,量子物理转向研究核物理,1936年玻尔发表了《中子的俘获及原子核的构成》一文,提出了原子核液滴模型。1939年和惠勒共同发表了关于原子核裂变力学机制的论文。在发现链式反应后,玻尔继续完善他的原子核分裂的理论。

二次世界大战期间,玻尔参加了制造原子弹的曼哈顿计划,但他坚决反对使用原子弹。

1952年欧洲核子研究中心成立,玻尔任主席。

玻尔一生中获得了许多荣誉、奖励和头衔,享有崇高的威望。1922年由于他对原子结构和原子放射性的研究获诺贝尔物理奖。

数值表

物理常量表

名称	符号	计算用值	2006 最佳值[①]
真空中的光速	c	3.00×10^8 m/s	2.997 924 58（精确）
普朗克常量	h	6.63×10^{-34} J·s	6.626 068 96(33)
	$\hbar$	$=h/2\pi$	
		$=1.05\times10^{-34}$ J·s	1.054 571 628(53)
玻耳兹曼常量	k	1.38×10^{-23} J/K	1.380 6504(24)
真空磁导率	μ_0	$4\pi\times10^{-7}$ N/A²	（精确）
		$=1.26\times10^{-6}$ N/A²	1.256 637 061…
真空介电常量	ε_0	$=1/\mu_0 c^2$	（精确）
		$=8.85\times10^{-12}$ F/m	8.854 187 817
引力常量	G	6.67×10^{-11} N·m²/kg²	6.674 28(67)
阿伏伽德罗常量	N_A	6.02×10^{23} mol⁻¹	6.022 141 79(30)
元电荷	e	1.60×10^{-19} C	1.602 176 487(40)
电子静质量	m_e	9.11×10^{-31} kg	9.109 382 15(45)
		5.49×10^{-4} u	5.485 799 0943(23)
		0.5110 MeV/c^2	0.510 998 910(13)
质子静质量	m_p	1.67×10^{-27} kg	1.672 621 637(83)
		1.0073 u	1.007 276 466 77(10)
		938.3 MeV/c^2	938.272 013(23)
中子静质量	m_n	1.67×10^{-27} kg	1.674 927 211(84)
		1.0087 u	1.008 664 915 97(43)
		939.6 MeV/c^2	939.565 346(23)
α 粒子静质量	m_α	4.0026 u	4.001 506 179 127(62)
玻尔磁子	μ_B	9.27×10^{-24} J/T	9.274 009 15(23)
电子磁矩	μ_e	-9.28×10^{-24} J/T	$-9.284\ 763\ 77(23)$
核磁子	μ_N	5.05×10^{-27} J/T	5.050 783 24(13)
质子磁矩	μ_p	1.41×10^{-26} J/T	1.410 606 662(37)
中子磁矩	μ_n	-0.966×10^{-26} J/T	$-0.966\ 236\ 41(23)$
里德伯常量	R	1.10×10^7 m⁻¹	1.097 373 156 8527(73)
玻尔半径	a_0	5.29×10^{-11} m	5.291 772 0859(36)
经典电子半径	r_e	2.82×10^{-15} m	2.817 940 2894(58)
电子康普顿波长	$\lambda_{C,e}$	2.43×10^{-12} m	2.426 310 2175(33)
斯特藩-玻耳兹曼常量	σ	5.67×10^{-8} W·m⁻²·K⁻⁴	5.670 400(40)

[①] 所列最佳值摘自《2006 CODATA INTERNATIONALLY RECOMMEDED VALUES OF THE FUNDAMENTAL PHYSICAL CONSTANTS》(www.physics.nist.gov)。

一些天体数据

名　称	计算用值
我们的银河系	
质量	10^{42} kg
半径	10^5 l. y.
恒星数	1.6×10^{11}
太阳	
质量	1.99×10^{30} kg
半径	6.96×10^8 m
平均密度	1.41×10^3 kg/m^3
表面重力加速度	274 m/s^2
自转周期	25 d(赤道), 37 d(靠近极地)
对银河系中心的公转周期	2.5×10^8 a
总辐射功率	4×10^{26} W
地球	
质量	5.98×10^{24} kg
赤道半径	6.378×10^6 m
极半径	6.357×10^6 m
平均密度	5.52×10^3 kg/m^3
表面重力加速度	9.81 m/s^2
自转周期	1 恒星日 = 8.616×10^4 s
对自转轴的转动惯量	8.05×10^{37} kg·m^2
到太阳的平均距离	1.50×10^{11} m
公转周期	1 a = 3.16×10^7 s
公转速率	29.8 m/s
月球	
质量	7.35×10^{22} kg
半径	1.74×10^6 m
平均密度	3.34×10^3 kg/m^3
表面重力加速度	1.62 m/s^2
自转周期	27.3 d
到地球的平均距离	3.82×10^8 m
绕地球运行周期	1 恒星月 = 27.3 d

几个换算关系

名　称	符号	计算用值	1998 最佳值
1 [标准] 大气压	atm	1 atm = 1.013×10^5 Pa	$1.013\ 250 \times 10^5$
1 埃	Å	1 Å = 1×10^{-10} m	(精确)
1 光年	l. y.	1 l. y. = 9.46×10^{15} m	
1 电子伏	eV	1 eV = 1.602×10^{-19} J	1.602 176 462(63)
1 特[斯拉]	T	1 T = 1×10^4 G	(精确)
1 原子质量单位	u	1 u = 1.66×10^{-27} kg = 931.5 MeV/c^2	1.660 538 73(13) 931.494 013(37)
1 居里	Ci	1 Ci = 3.70×10^{10} Bq	(精确)

习题答案

第 14 章

14.1 (1) 9.08×10^3 Pa； (2) 90.4 K，-182.8℃

14.2 47 min

14.3 196 K，6.65×10^{19} m^{-3}

14.4 84℃

14.5 25 cm^{-3}

14.6 (3) 0.29 atm

14.7 5.8×10^{-8} m，1.3×10^{-10} s

14.8 3.2×10^{17} m^{-3}，10^{-2} m（分子间很难相互碰撞），分子与器壁的平均碰撞频率为 4.7×10^4 s^{-1}。

14.9 80 m，0.13 s

14.10 (1) 6.00×10^{-21} J，4.00×10^{-21} J，10.00×10^{-21} J；
(2) 1.83×10^3 J； (3) 1.39 J

14.11 3.74×10^3 J/mol，6.23×10^3 J/mol，6.23×10^3 J/mol；
0.935×10^3 J，3.12×10^3 J，0.195×10^3 J

14.12 284 K

14.13 (1) $2/3v_0$； (2) $\frac{2}{3}$N，$\frac{1}{3}$N； (3) $11v_0/9$

14.14 对火星：5.0 km/s，$v_{rms,CO_2}=0.368$ km/s，$v_{rms,H_2}=1.73$ km/s
对木星：60 km/s，$v_{rms,H_2}=1.27$ km/s

14.15 8.8×10^{-3} m/s

14.16 (1) 2.00×10^{19}； (2) 3.31×10^{23} cm$^{-2}\cdot$s^{-1}； (3) 3.31×10^{23} cm$^{-2}\cdot$s^{-1}；
(4) 1 atm

第 15 章

15.1 (1) 600 K，600 K，300 K； (2) 2.81×10^3 J

15.2 (1) 424 J； (2) -486 J，放了热

15.3 (1) 2.08×10^3 J，2.08×10^3 J，0；
(2) 2.91×10^3 J，2.08×10^3 J，0.83×10^3 J

15.4 319 K

15.5 (1) 41.3 mol； (2) 4.29×10^4 J； (3) 1.71×10^4 J； (4) 4.29×10^4 J

15.6 0.21 atm，193 K； 934 J，-934 J

15.7 (1) 5.28 atm, 429 K； (2) $7.41×10^3$ J, $0.93×10^3$ J, $6.48×10^3$ J

15.8 (1) 0.652 atm, 317 K； (2) $1.90×10^3$ J, $-1.90×10^3$ J；
(3) 氮气体积由 20 L 变为 30 L，是非平衡过程，画不出过程曲线，从 30 L 变为 50 L 的过程曲线为绝热线。

15.9   29 m/s

15.10 (1) 6.7%； (2) 14 MW； (3) $6.5×10^2$ t/h

15.11 $1.05×10^4$ J

15.12 0.39 kW

15.13 $9.98×10^7$ J, 2.99 倍

第 17 章

17.1 (1) $8\pi s^{-1}$, 0.25 s, 0.05 m, $\pi/3$, 1.26 m/s, 31.6 m/s²；
(2) $25\pi/3$, $49\pi/3$, $241\pi/3$

17.2 (1) 0, $\pi/3$, $\pi/2$, $2\pi/3$, $4\pi/3$； (2) $x=0.05\cos\left(\dfrac{5}{6}\pi t-\dfrac{\pi}{3}\right)$

17.3 (1) 4.2 s； (2) $4.5×10^{-2}$ m/s²； (3) $x=0.02\cos\left(1.5t-\dfrac{\pi}{2}\right)$

17.4 (1) $x=0.02\cos(4\pi t+\pi/3)$； (2) $x=0.02\cos(4\pi t-2\pi/3)$

17.5 (1) $x_2=A\cos(\omega t+\varphi-\pi/2)$, $\Delta\varphi=-\pi/2$ (2) $\varphi=2\pi/3$, 图从略

17.6 (1) 0.25 m； (2) ± 0.18 m； (3) 0.2 J

17.7 $m\dfrac{d^2x}{dt^2}=-kx$, $T=2\pi\sqrt{\dfrac{m}{k}}$； 总能量是 $\dfrac{1}{2}kA^2$

17.8 $2\pi\sqrt{m(k_1+k_2)/k_1k_2}$

17.9 $2\pi\sqrt{2R/g}$

17.10 $x=0.06\cos(2t+0.08)$

17.11 (1) $314\ s^{-1}$, 0.16 m, $\pi/2$, $x=0.16\cos\left(314t+\dfrac{\pi}{2}\right)$； (2) 12.5 ms

第 18 章

18.1 $6.9×10^{-4}$ Hz, 10.8 h

18.2 $y=0.05\sin(4.0t-5x+2.64)$ 或 $y=0.05\sin(4.0t+5x+1.64)$

18.3 (1) $y=0.04\cos\left(0.4\pi t-5\pi x+\dfrac{\pi}{2}\right)$； (2) 图从略

18.4 (1) $x=n-8.4$, $n=0,\pm 1,\pm 2,\cdots$, -0.4 m, 4 s； (2) 图从略

18.5 (1) 0.12 m； (2) π

18.6 x 轴正向沿 AB 方向，原点取在 A 点，静止的各点的位置为 $x=15-2n$, $n=0,\pm 1,\pm 2,\cdots,\pm 7$

18.7 (1) 0.01 m, 37.5 m/s； (2) 0.157 m； (3) -8.08 m/s

18.8 (1) $y_i=A\cos\left(2\pi\nu t-\dfrac{2\pi\nu}{u}x-\dfrac{\pi}{2}\right)\left(0\leqslant x\leqslant\dfrac{3}{4}\lambda=\dfrac{3u}{4\nu}\right)$；

(2) $y_r = A\cos\left(2\pi\nu t + \frac{2\pi\nu}{u}x - \frac{\pi}{2}\right)\left(x \leqslant \frac{3}{4}\lambda = \frac{3u}{4\nu}\right)$ 波节在 P 点及距 P 点 $\lambda/2$ 处

18.9   415 Hz

18.10 1.66×10^3 Hz

18.11   超了

18.12   (1) 25.8°；(2) 13.6 s

18.13   (1) $y = 2A\cos(0.5x - 0.5t)\sin(4.5x - 9.5t)$；(2) 1 m/s；(3) 6.3 m

第 19 章

19.1 5×10^6

19.2 4.5×10^{-5} m

19.3   0.60 μm

19.4   895 nm, 0.8

19.5   6.6 μm

19.6   1.28 μm

19.7   反射加强 $\lambda = 480$ nm；
透射加强 $\lambda_1 = 600$ nm, $\lambda_2 = 400$ nm

19.8   70 nm

19.9   643 nm

19.10   0.111 μm, 590 nm(黄色)

19.11 $(99.6 + 199.3k)$ nm, $k = 0, 1, 2, \cdots$，最薄 99.6 nm

19.12   590 nm

第 20 章

20.1   5.46 mm

20.2   7.26 μm

20.3   428.6 nm

20.4   47°

20.5   8.9 km

20.6   1.0 cm

20.7   (1) 2.4 mm；(2) 2.4 cm；(3) 9

20.8 $\arcsin(\pm 0.1768k)$, $k = 0, 1, \cdots, 5$；
0°, ±10°11′, ±20°42′, ±32°2′, ±45°, ±62°7′

20.9   570 nm, 43.2°

20.10 2×10^{-6} m, 6.7×10^{-7} m

20.11   3646

第 21 章

21.1 $2.25 I_1$

21.2 (1) 54°44′; (2) 35°16′

21.4 48°26′, 41°34′, 互余

21.5 35°16′

21.6 1.60

21.7 48°

21.9 透射光的偏振方向在入射面内，在胶合面处全反射的光的偏振方向垂直于入射面

第 22 章

22.1 $l\left[1-\cos^2\theta\dfrac{u^2}{c^2}\right]^{1/2}, \arctan\left[\tan\theta\left(1-\dfrac{u^2}{c^2}\right)^{-\frac{1}{2}}\right]$

22.2 $a^3\left(1-\dfrac{u^2}{c^2}\right)^{1/2}$

22.3 $\dfrac{1}{\sqrt{1-u^2/c^2}}$ m

22.4 6.71×10^8 m

22.5 0.577×10^{-8} s

22.6 (1) $30c$ m; (2) $90c$ m

22.7 $x=6.0\times 10^{16}$ m, $y=1.2\times 10^{17}$ m, $z=0$, $t=-2.0\times 10^8$ s

22.8 (1) $0.95c$; (2) 4.00 s

22.9 $\dfrac{\frac{Ft}{m_0 c}}{\left[1+\left(\frac{Ft}{m_0 c}\right)^2\right]^{1/2}}c,\left\{\left[1+\left(\dfrac{Ft}{m_0 c}\right)^2\right]^{1/2}-1\right\}\dfrac{m_0 c^2}{F}$;

$at,\dfrac{1}{2}at^2\,(a=F/m_0)$; c, ct

22.10 $0.866c, 0.786c$

22.11 (1) 5.02 m/s; (2) 1.49×10^{-18} kg·m/s; (3) 1.9×10^{-12} N, 0.04 T

22.12 1.36×10^{-15} m/s

22.13 2.22 MeV, 0.12%, $1.45\times 10^{-6}\%$

22.14 (1) $0.58m_0 c, 1.15m_0 c^2$; (2) $1.33m_0 c, 1.67m_0 c^2$

22.15 6.7 GeV

第 23 章

23.1 292 W/m²

23.2 5.8×10^3 K, 6.4×10^7 W/m²

23.3 91℃

23.4 (2) 279 K, 45 K

23.5 2.6×10^7 m

23.6 (1) 2.0 eV; (2) 2.0 V; (3) 296 nm

习题答案

23.7　2.5×10^3 m^{-3}
23.8　85 s
23.9　0.10 MeV
23.10　62 eV
23.11　3.32×10^{-24} kg·m/s，3.32×10^{-24} kg·m/s；
　　　5.12×10^5 eV，6.19×10^3 eV
23.12　0.146 nm
23.13　6.1×10^{-12} m
23.15　0.5×10^{-13} m/s，9.6 d，是
23.16　5.2×10^{-15} m，能
23.17　5.7×10^{-17} m，能
23.18　(1) 7.29×10^{-21} kg·m/s，2.48×10^4 eV；
　　　(2) 13.2 MeV

第 24 章

24.1　5.4×10^{-37} J，5.5×10^{-37} J，0.11×10^{-37} J
24.2　(1) 1.0×10^{-40} J；(2) 7.8×10^9，1.6×10^{-30} J
24.3　0.091

第 25 章

25.1　91.4 nm，122 nm
25.2　95.2 nm，4.17 m/s
25.3　$me^4/2\pi(4\pi\varepsilon_0)^2\hbar^3 c$，$1.11\times10^7$ m^{-1}
25.4　(1) $n^2\hbar^2/GMm^2$；(2) 2.54×10^{74}；(3) 1.18×10^{-63} m
25.5　(1) 分别从 $n=6$ 和 5 跃迁到 $n=2$ 时发出的光形成的谱线，1.0009；
　　　(2) 2.9×10^5 m/s
25.7　54.7°，125.3°，1.1×10^{-23} J
25.9　B($1s^2 2s^2 2p^1$)，Ar($1s^2 2s^2 2p^6 3s^2 3p^6$)
　　　Cu($1s^2 2s^2 2p^6 3s^2 3p^6 3d^{10} 4s^1$)
　　　Br($1s^2 2s^2 2p^6 3s^2 3p^6 3d^{10} 4s^2 4p^5$)